获中国石油和化学工业优秀教材一等奖

"十二五"职业教育国家规划教材
经全国职业教育教材审定委员会审定

基础化学

赵玉娥　主　编

化学工业出版社

·北京·

本书自2004年第一版出版以来，受到多所高等职业教育学院和多所本科院校高职高专相关专业的普遍欢迎。本书第三版仍根据高等职业教育培养目标，从培养应用型技术人才的目的出发，本着“必需和够用”的原则，注重基础，加强应用性，在基本概念、基本理论、基本知识够用的前提下，突出理论和实践的结合。

本书第三版基本框架仍保留第二版的基本内容，包括：化学基本概念，物质结构基础，元素周期律，化学热力学基础，化学反应速率和化学平衡，酸碱平衡与酸碱滴定法，沉淀-溶解平衡与沉淀滴定法，氧化还原平衡与氧化还原滴定法，配位平衡与配位滴定法，脂肪烃，环烃，卤代烃，含氧有机化合物，含氮有机化合物，杂环化合物，糖类、脂类、蛋白质和核酸，共17章内容。

本书为高职高专制药工程、生物工程和化工工艺专业使用教材，也可供高职高专其他专业开设基础化学课选用。

图书在版编目（CIP）数据

基础化学/赵玉娥主编．—3版．—北京：化学工业出版社，2015.5（2022.7重印）
“十二五”职业教育国家规划教材
ISBN 978-7-122-23359-2

Ⅰ.①基… Ⅱ.①赵… Ⅲ.①化学-高等职业教育-教材 Ⅳ.①O6

中国版本图书馆CIP数据核字（2015）第053749号

责任编辑：于 卉　　文字编辑：刘志茹
责任校对：陶燕华　　装帧设计：韩 飞

出版发行：化学工业出版社（北京市东城区青年湖南街13号 邮政编码100011）
印　　装：三河市延风印装有限公司
787mm×1092mm 1/16 印张17½ 彩插1 字数460千字 2022年7月北京第3版第9次印刷

购书咨询：010-64518888　　售后服务：010-64518899
网　　址：http://www.cip.com.cn
凡购买本书，如有缺损质量问题，本社销售中心负责调换。

定　　价：38.00元

前　言

本书第二版出版发行后，受到许多兄弟院校的化学工程与工艺、制药工程、生物技术、环境工程等专业同行的重视，他们把使用本教材过程中的体会，发现的不妥之处，以及改进意见与本书编者进行了交流。编者对于关心这本教材，提出宝贵意见的各位同行，表示由衷的感谢。

本版在第二版的基础上，更新了部分章节的内容和结构，对部分章节进行了适当的增减和调整，并将绿色、低碳等现代理念融入教材，增加了应用实例。

本书再版修订由赵玉娥负责，参加编写的人有：赵玉娥（第1、2、4、8、10、11、17章）、王传胜（第3、5、6、7、9章）、徐雅君（第12、13、14、15、16章）。本书承蒙南开大学教授郑文君博士主审，他对本书提出了宝贵意见，并指出了不足之处，编者在此表示衷心的感谢。

本书电子资源含电子课件、习题解答等内容，可免费提供给采用本书作为教材的教师使用，如需要请联系：cipedu@163.com。

最后，对关心和使用本书的专家与师生致以最真诚的谢意。

编　者

2015年4月

第一版前言

高等学校的教材建设是高等学校教学工作的重要组成部分。随着高等职业教育的迅猛发展，迫切需要与之相适应的、面向21世纪的教材和教学参考书。编者遵照全国高职高专化工类教材的基本要求，根据高职高专教育与培养技术应用型人才的目标和高职高专院校的特点编写了这本教材。本书既可作为高职院校化学化工类各专业的教材，也可作为专科层次相关专业的教材和参考书。

本书共分23章和16个实验。教材内容以“必需和够用”为原则，注重基本概念和基本知识的阐述，并力求做到循序渐进、由浅入深，理论和实际结合，加强实用性，把知识的传授和培养学生分析问题及解决问题的能力结合起来，将本书编写成具有高职高专教育特色的教材。

本书由赵玉娥（北京联合大学生物化学工程学院）主编，并编写第1章、第9章、第11章和第12章；黄小崴（北京联合大学生物化学工程学院）编写第2章和第3章；王桥（首都医科大学）编写第4章和第23章；段天璇（北京中医药大学）编写第5章；王传胜（沈阳化工学院）编写第6章和第7章；贺晓唯（沈阳化工学院）编写第8章和第10章；李艳华（沈阳工业大学）编写第13章；孔祥文（沈阳化工学院）编写第14章和第16章；彭兆快（北京联合大学生物化学工程学院）编写第15章；张枫（首都医科大学）编写第17章；林强（北京联合大学生物化学工程学院）编写第18章；吴京平（北京联合大学师范学院）编写第19章和第20章；朱莹（首都医科大学）编写第21章和第22章。实验部分由赵玉娥、王传胜、孙瑞岩（长春中医学院）和宋学英（首都医科大学）共同编写。本书承蒙南开大学教授郑文君博士主审，他对本书提出了宝贵意见，编者在此表示衷心感谢。

高职高专教育正处于蓬勃发展阶段，本教材在高职高专教育特色方面做了尝试，但教学内容和体系改革是一个长期的、复杂的、需要反复探索和实践的系统的工程，限于编者的水平，疏漏之处在所难免，衷心希望专家和使用本书的师生予以匡正，对此谨致以最真诚的谢意。

编　者

2003年8月

第二版前言

本书在第一版编写之际，正逢我国高等职业教育的迅猛发展，因此，2004 年本书一出版，即受到了欢迎，为多所高等职业教育学院的化学工程与工艺、制药工程、生物技术、环境工程等专业用为教材，一些本科院校的高职高专的相关专业也使用本书作为教材。在近 5 年的使用中，许多用书院校的师生对本教材给出了较高的评价，认为《基础化学》涵盖了传统的四大化学及生物化学的基本内容，较好地实现了化学基础课程中相邻知识系列和相近学科知识的整合，具有较宽的知识面和适应性，有效地避免了以往教材体系中某些基础知识点多次重复的弊端，是一部优秀的高等职业教育的基础化学教材。有关专家也对本书做出了肯定，本书于 2007 年 1 月获第八届中国石油和化学工业优秀教材奖一等奖。于 2007 年 3 月被北京市教育委员会评为“2006 年北京高等教育精品教材”，同年《基础化学》第二版被列选为普通高等教育“十一五”国家级规划教材。

在本书出版之后的 5 年里，我国的高等职业教育的形势又发生了很大变化，使我们感到，原有的一些特色和创新现在已显落后，迫切需要我们对第一版进行修订；而且由于编者的水平，第一版中出现了一些疏漏和欠妥之处，也需要再版纠正。考虑到近 5 年中出版了一些基础化学实验教材，因此在本书中删去了基础化学实验部分，同时考虑到各个学校基础化学教学学时等具体情况，删去了分光光度法和对映异构体两章，对其他章节的内容也作一些适当的增减和调整。

本书再版修订由赵玉娥主要负责，参加编写的人有：赵玉娥（第 1、2、4、10、17 章）；王传胜（第 3、5、6、7、9 章）；徐雅君（第 12、13、14、15、16 章）；王喆（第 8、11 章）。本书承蒙南开大学教授郑文君博士主审，他对本书提出了宝贵意见，并指出了不足之处，编者在此表示衷心感谢！

本书电子资源含电子课件、习题解答等内容，可免费提供给采用本书作为教材的教师使用，如需要请联系：cipedu@163. com。

最后，对关心和使用本书的专家与师生致以最真诚的谢意。

编　者

2009 年 3 月

目　录

绪 论

1. 化学的研究对象与内容

化学是在分子、原子或离子水平上研究物质的组成、结构、性质及其变化规律和变化过程中的能量关系的一门科学。化学是自然科学中的一门重要学科。

化学是一门古老的科学，人类最早利用的化学反应是燃烧，对化学知识的掌握，标志着人类从野蛮走向了文明；化学又是一门生机勃勃的科学，随着化学工业的大发展，给化学科学提供了日益丰富的研究对象和物质技术条件，开辟了日益广阔的研究领域。

化学的研究范围极其广泛，按研究的对象或研究的目不同，可将化学分为无机化学、分析化学、有机化学、物理化学四大分支学科（即化学的二级学科）。

无机化学研究的对象是元素及其化合物（除碳氢化合物及其衍生物外）。它是化学最早发展起来的一门分支学科。当今无机材料化学、生物无机化学、有机金属化学是无机化学中最为活跃的一些领域，而物理无机化学、无机高分子化学、地球化学、宇宙化学、稀有元素化学等新型边缘学科也都生机勃勃。

分析化学研究物质化学组成的定性鉴定和定量测量、物理性能的测试、化学结构的确定以及相应原理，其特定任务是研究解决上述各种表征和测量问题的方法。分析化学是人们认识物质及其变化规律的眼睛。随着生命科学、信息科学和计算机技术的发展，使分析化学进入了一个崭新的阶段，有望把分析化学实验室搬到芯片上。

有机化学研究碳氢化合物及其衍生物，碳原子的正四面体结构是有机化合物结构的重要基础，故有人认为有机化学就是“碳的化学”。世界上每年合成的近百万个新化合物中的70%以上是有机化合物，这些化合物直接或间接地为人类提供大量的必需品。有机化学的迅速发展产生了不少分支学科（三级或四级学科），包括有机合成、金属有机、元素有机、天然有机、有机催化、有机方向、有机立体化学等。

物理化学应用物理测量方法和数学处理方法来研究物质及其反应，以寻求化学性质与物理性质间本质联系的普遍规律，其主要内容大致包括化学热力学、化学动力学和结构化学三个方面。化学热力学研究化学反应发生的方向和限度。化学动力学研究化学反应的速率和机理。结构化学研究原子、分子水平的微观结构以及这种结构和物质宏观性质间的相互关系，已成为量子化学的一个重要领域。

20世纪是化学取得巨大成就的世纪，化学的研究对象从微观世界到宏观世界，从人类社会到宇宙空间不断地发展，无论在化学的理论、研究方法、实验技术以及应用等方面都发生了巨大的变化。化学学科在其发展过程中与其他学科交叉结合衍生出许多交叉学科，如生物化学、环境化学、农业化学、医化学、材料化学、放射化学、激光化学、计算化学、星际化学等。

其中特别要提到生物化学，生物化学是一门交叉学科，主要应用化学的理论和方法来研究生命现象，在分子水平上阐明生命现象的化学本质，即研究生物体的化学组成及化学变化的规律。

2. 化学在社会发展中的作用和地位

化学作为一门中心的、实用的和创造性的科学，在人类生存、生存质量和安全方面将以新的思路、新的观念和新的方式发挥核心科学的作用。20 世纪的化学科学在保证人们衣食住行需求、提高人民生活水平和健康状态等方面起了重大作用。展望未来，人口、环境、资源、能源问题更趋严重，在这些方面未来的化学将仍然是提供解决人类赖以生存的物质基础这一难题的核心科学。

化学仍是解决食物短缺问题的主要科学之一。化学将在设计、合成功能分子和结构材料以及分子层次阐明和控制生物过程（如光合作用、动植物生长）的机理、研究开发高效安全肥料和高效农药、饲料添加剂、农用材料（如生物可降解的农用薄膜），特别是与环境友善的生物肥料和生物农药等方面发挥作用。化学家利用各种最先进的手段，有望揭示光合系统的分子机理，从而达到高效利用光能，为农业增产服务。

化学在能源和资源的合理开发和高效安全利用中起关键作用。化学家从事的新电池和新的燃料电池催化剂的研究可能在 21 世纪有所突破，电动汽车将向实用化迈进。研究高效洁净的转化技术和控制低品位燃料的化学反应，开发满足高效、洁净、经济、安全的新能源都是化学工作者面临的重大课题。

化学将继续推动材料科学的发展。各种结构材料和功能材料与粮食一样永远是人类赖以生存和发展的物质基础。在满足人类衣食住行的基本需求之后，为提高生存质量和安全，为可持续发展，对新材料的要求不断提高。新能源的开发，信息工程中的信息采集、处理和执行都需要各种功能材料。设计和合成具有各种特殊性能的新型材料是化学家施展才能的广阔天地。化学是新材料的“源泉”。

化学也是国防现代化的重要支撑。化学为导弹的生产、人造卫星的发射提供多种具有特殊性能的化学产品，如高能燃料、高能电池、高敏胶片、耐高温、耐辐射的材料、形状记忆合金及隐形材料等。

化学将从分子水平上了解病理过程，提出预警生物标志物的检测方法，建议预防途径。化学工作者将不断创制新药物，为攻克糖尿病、肿瘤、艾滋病、非典（非典型肺炎）等疾病做出贡献。

3. 化学与环境

环境的好坏，关系着人类的生存与兴衰。保护环境，已成为人类紧迫和重要的任务。化学的发展在不断促进人类进步的同时，在客观上可能污染了环境，但是起决定性的是人，最终要靠人们的认识不断提升来解决这个问题。一些著名的环境事件多数与化学有关，诸如臭氧层空洞、白色污染、酸雨和水体富营养化等；另一方面，把所有的环境问题都归结为化学的原因，显然有失公平，比如森林锐减、沙尘暴和煤的燃烧等都会造成环境恶化。现在，有些人把化学和化工当成了污染源。人们开始厌恶化学，进而对化学产生了莫名其妙的恐惧心理。事实上，监测、分析和治理环境的却恰恰是化学家。

科学不但要认识世界和改造世界，还要保护世界。化学也如此，为了应对人类所面临的挑战，提倡绿色化学刻不容缓。绿色化学又称环境无害化学、环境友好化学或清洁化学，是指化学反应和过程以“原子经济性”为基本原则，即在获取新物质的化学反应中充分利用参与反应的每个原料原子，在始端就采用实现污染预防的科学手段，因而过程和终端均为零排放和零污染，是一门从源头阻止污染的化学。绿色化学不同于环境保护，绿色化学不是被动地治理环境污染，而是主动地防止化学污染，从而在根本上切断污染源，所以绿色化学是更高层次的环境友好化学。

4.《基础化学》的内容和学习方法

《基础化学》是一门为高职高专化学工程与工艺、制药工程、生物技术、环境工程等专业开设的基础化学课程。它综合了现代无机化学、有机化学、物理化学、分析化学、生物化学的基本知识、基本理论及基本技能，全书以讲述化学基本知识和基本理论为主，适当考虑在工程中的应用。

本课程的教学目的是给学生高素质的化学通才教育。使学生对现代物质结构理论、化学热力学、化学平衡、分析化学、有机化学等学科，有一个较全面的了解，对一些与化学有关的实际问题有一定的分析和解决的能力，培养学生正确的学习和研究方法。

在学习《基础化学》时，首先要注意问题是怎样提出来的，解决问题的方法是什么，需要借助哪些理论和实验。在钻研教材的过程中，提倡独立思考、相互讨论，要辩证地思考教材，善于提出问题。着重培养自学能力，充分利用图书馆、资料室，通过参阅各种资料，更深刻地理解和掌握化学的基本理论和基本知识，并结合一些实际的化学问题，学会查阅参考文献和资料，为学习专业课程奠定必要的化学基础。

第 1 章　气体、溶液和胶体

一般来说，物质有三种不同的聚集状态，即气态、液态和固态。除此以外，还有外观像气态的等离子态以及外观像液态的液晶态。物质所处的状态与外界的温度、压力等条件有关。

1.1　气体

气体的基本特征是它的无限膨胀性和无限渗混性。不管容器的大小以及气体量的多少，气体都能充满整个容器，而且不同气体能以任意的比例相互混合从而形成均匀的气体混合物。物质处于气体状态时，分子彼此相距甚远，分子间的引力非常小，各个分子都在无规则地快速运动。气体的存在状态主要决定于四个因素，即体积、压力、温度和物质的量。反映这四个物理量之间关系的方程式称为气体状态方程式。

1.1.1　理想气体状态方程式

理想气体是一种假设的气体，实际上并不存在理想气体，理想气体模型要求气体分子之间完全没有作用力，气体分子本身也只是一个几何点，只占有位置而不占有体积。理想气体只能看作是真实气体在压力很低时的一种极限情况。当压力很低时，真实气体体积中所含气体分子的数目很少，分子间距离大，彼此间的引力可忽略不计，真实气体就接近理想气体。

当压力不太高（小于 101.325kPa）和温度不太低（大于 0℃）时的情况下，气体分子本身的体积和分子之间的作用力可以忽略，气体的温度、压力、体积以及物质的量之间的关系可以近似地用下式来表示

$$pV=nRT \tag{1-1}$$

式(1-1) 称为理想气体状态方程式。式中，n 为气体的物质的量，单位为 mol；V 为气体的体积，单位为 L；T 为气体的温度，单位为 K；p 为气体的压力，单位为 Pa；R 为气体常数，其值为 8.314kPa · L/(mol · K) [或 J/(mol · K)]。

理想气体状态方程式也可表示为另外一种形式。

$$pV=\frac{m}{M}RT \tag{1-2}$$

式中，m 为气体的质量，单位为 g；M 为气体的摩尔质量，单位为 g/mol。

在常温常压下，一般的真实气体可用理想气体状态方程式(1-1) 进行计算。在低温或高压时，由于真实气体与理想气体有较大差别，须将式(1-1) 加以修正。

【例 1-1】 已知淡蓝色氧气钢瓶容积为 50L，在 20℃时，当它的压力为 1000kPa 时，估算钢瓶内所剩余氧气的质量。

解　由 $pV=\frac{m}{M}RT$，得

$$m=\frac{MpV}{RT}=\frac{32\text{g/mol}\times1000\text{kPa}\times50\text{L}}{8.314\text{kPa}\cdot\text{L/(mol}\cdot\text{K)}\times(273+20)\text{K}}=656.8\text{g}$$

钢瓶内所剩氧气为656.8g。

1.1.2 气体分压定律

在科学实验和生产实际中，常遇到由几种气体组成的气体混合物。实验证明，只要各组分气体之间互不反应，就可视为互不干扰，就像各自单独存在一样。如果将几种互不发生化学反应的气体放入同一容器中，其中某一组分气体B对容器壁所施加的压力，称为该气体的分压（p_B），它等于在温度相同条件下，该组分气体单独占有与混合气体相同体积时所产生的压力。事实上，不可能测量出混合气体中某组分气体的分压，只可能测出混合气体的总压。1801年，英国物理学家道尔顿（J. Dalton）通过实验发现，混合气体的总压等于组成混合气体的各组分气体的分压之和，这一关系被称为分压定律。可表示为

$$p=\sum p_i$$

式中，p 为气体的总压力；p_i 为组分气体 i 的分压。

如混合气体中各气体物质的量之和为 $n_总$，温度 T 时混合气体总压为 $p_总$，体积为 V，则

$$p_总 V=n_总 RT$$

如以 n_i 表示混合气体中气体 i 的物质的量，p_i 表示其分压，V 为混合气体的体积，温度为 T，则

$$p_i V=n_i RT$$

将该式除以上式，得

$$\frac{p_i}{p_总}=\frac{n_i}{n_总}$$

或

$$p_i=p_总\frac{n_i}{n_总} \tag{1-3}$$

令

$$x_i=\frac{n_i}{n_总} \tag{1-4}$$

则

$$p_i=p_总 x_i \tag{1-5}$$

式中，x_i 表示组分气体 i 的物质的量与混合物的物质的量之比，称为组分气体 i 的摩尔分数（物质的量分数）。

混合气体中某一组分气体 i 的分压 p_i 等于总压 $p_总$ 乘以气体 i 的摩尔分数。这是分压定律的又一种表示形式。

对于混合气体来说，各组分气体的摩尔分数之和等于1，即 $\sum x_i=1$。

同理，在一定温度和压力下，混合气体中组分B的分体积（V_B）也可以定义为混合气体总体积乘以物质B的物质的量分数，即

$$V_B=V_总 x_B=V_总\frac{n_B}{n_总} \tag{1-6}$$

显然，各分体积之和等于总体积。在生产和科学实验中，常用体积分数来表示混合气体的组成。某组分的体积分数等于它的分体积除以混合气体的总体积（或再乘100%）。

根据式(1-5)和式(1-6)，可以整理出

$$\frac{p_B}{p_总}=\frac{V_B}{V_总}=\frac{n_B}{n_总} \tag{1-7}$$

【例1-2】 实验室用 $KClO_3$ 分解制取氧气时，25℃、100kPa压力下，用排水集气法收集到氧气0.245L（收集时瓶内外水面相齐）。已知25℃时水的饱和蒸气压为3.17kPa，求在0℃、100kPa时干燥氧气的体积。

解 令 $T_1=298K$，$V_1=0.245L$，由已知条件有

$$p_1=p(O_2)=p_湿-p(H_2O)=100kPa-3.17kPa=96.83kPa$$

令 $T_2=273\text{K}$，$p_2=100\text{kPa}$，则由理想气体状态方程可得

$$\frac{p_2V_2}{T_2}=\frac{p_1V_1}{T_1}$$

$$V_2=\frac{p_1V_1T_2}{T_1p_2}=\frac{96.83\text{kPa}\times0.245\text{L}\times273\text{K}}{298\text{K}\times100\text{kPa}}=0.217\text{L}$$

在0℃、100kPa压力下得干燥氧气的体积为0.217L。

随着世界工业经济的发展、人口的剧增、人类欲望的无限上升和生产生活方式的无节制，世界气候面临越来越严重的问题，二氧化碳排放量越来越大，地球臭氧层正遭受前所未有的危机，全球灾难性气候变化屡屡出现，已经严重危害到人类的生存环境和健康安全，即使人类曾经引以为豪的高速增长的GDP也因为环境污染、气候变化而“大打折扣”。空气污染物到2009年2月为止，已约有100多种。为了保护人类的生存环境，提出了“低碳环保生活”的理念。“低碳环保生活”，就是指人类生活时所耗用的能量要尽力减少，从而降低含碳化合物，特别是二氧化碳的排放量，从而减少对大气的污染，减缓生态恶化。这主要从节电、节气和回收三个环节来改变生活细节。对于我们普通人来说是一种态度，而不是能力，我们应该积极提倡并去实践“低碳生活”，注意节电、节水、节油、节气，从点滴做起。

1.2 溶液浓度的表示方法

溶液可以分为液态溶液（如糖水、食盐水）、固态溶液（如合金）、气态溶液（如空气）。通常所说的溶液指的是液态溶液，由溶质和溶剂组成。水是最常用的溶剂，如不特殊指明，本书讨论的溶液均指水溶液。

溶液的性质常与溶液中溶质和溶剂的相对含量有关。因此，在任何涉及溶液的定量工作中都必须指明溶液的浓度，即指出溶质与溶剂的相对含量。溶液的浓度可以用不同的方法表示，最常见的有以下几种。

（1）物质的量浓度　单位体积中所含溶质的物质的量称为该物质的物质的量浓度，简称浓度，用符号 c 表示。

$$c_{\text{B}}=\frac{n_{\text{B}}}{V} \tag{1-8}$$

式中，c_{B} 为溶质B的物质的量浓度，单位常用mol/L；n_{B} 为溶质B的物质的量，单位常用mol；V 为溶液的体积，单位常用L。

由于 $n=\frac{m}{M}=cV$，有

$$c=\frac{m}{MV} \tag{1-9}$$

式中，m 为溶质的质量，单位常用g；M 为溶质的摩尔质量，单位为g/mol。

（2）物质的量分数（摩尔分数）　溶液中某组分物质的量占溶液总物质的量的分数称为该物质的物质的量分数，用符号 x 表示。若其溶液是由A和B两种组分组成的，它们在溶液中的物质的量分别为 n_{A} 和 n_{B}，则

组分A的物质的量分数：
$$x_{\text{A}}=\frac{n_{\text{A}}}{n_{\text{A}}+n_{\text{B}}} \tag{1-10}$$

组分B的物质的量分数：
$$x_{\text{B}}=\frac{n_{\text{B}}}{n_{\text{A}}+n_{\text{B}}} \tag{1-11}$$

溶液各组分的物质的量分数之和等于1，即

$$x_A + x_B = 1 \tag{1-12}$$

（3）质量摩尔浓度　用每千克质量溶剂中所含溶质的物质的量表示的浓度叫做质量摩尔浓度，用符号 b 表示，即

$$b_B = \frac{n_B}{m} \tag{1-13}$$

式中，b_B 为溶质B的质量摩尔浓度，单位为 mol/kg；n_B 为溶质B的物质的量，单位为 mol；m 为溶剂的质量，单位常用 kg。

（4）质量分数　溶质的质量与整个溶液的总质量之比称为质量分数，用 w 表示，即

$$w_B = \frac{m_B}{m} \tag{1-14}$$

式中，m_B 为溶质B的质量，单位常用 kg；m 为溶液的总质量，单位常用 kg。质量分数 w_B 没有单位，过去常用百分含量表示，但不能称为质量百分比浓度。

【例 1-3】 已知质量分数为10%的盐酸溶液，密度为1.047g/mL。计算（1）HCl的物质的量浓度；（2）HCl的质量摩尔浓度；（3）HCl的物质的量分数。

解　1000mL此溶液中HCl的物质的量为：

$$n_{HCl} = \frac{0.10 \times 1000\text{mL} \times 1.047\text{g/mL} \times 10^3}{36.5\text{g/mol}} = 2.868\text{mol}$$

（1）盐酸溶液的物质的量浓度 c_{HCl}：

$$c_{HCl} = \frac{2.868\text{mol}}{1\text{L}} = 2.868\text{mol/L}$$

（2）盐酸溶液的质量摩尔浓度 b_{HCl}：

$$b_{HCl} = \frac{2.868\text{mol}}{(1.047\text{g/mL} - 1.047\text{g/mL} \times 10\%) \times 1000\text{mL} \times 10^{-3}} = 3.044\text{mol/kg}$$

（3）盐酸溶液的物质的量分数 x_{HCl}：

1L 10%的盐酸溶液中 H_2O 的物质的量为

$$n_{H_2O} = \frac{0.90 \times 1.047\text{g/mL} \times 10^3\text{mL}}{18\text{g/mol}} = 52.35\text{mol}$$

$$x_{HCl} = \frac{2.868\text{mol}}{2.868\text{mol} + 52.35\text{mol}} = 0.052$$

1.3 分配定律

在一定的温度下，一定量的饱和溶液中溶质的含量称为溶解度。习惯上用100g溶剂中所能溶解的溶质的最大克数表示溶解度，现在多用溶解后溶液的浓度来表示。

1.3.1 相似相溶原理

溶质在溶剂中溶解时，主要依赖于溶质分子与溶剂分子之间的相互作用力，特别是静电作用力。因此在溶剂和溶质之间静电引力越强，越易溶解。

关于溶解度的规律至今还没有完整的理论，因此无法准确预言物质在液体中的溶解度。大量的实验表明，两种物质能否混合形成溶液，与溶剂和溶质的极性密切相关。极性物质易溶于极性溶剂中，非极性物质易溶于非极性溶剂中。两种物质的极性越接近，相互溶解度就越大；反之两种物质的极性相差越大，相互溶解度越小；当两种物质的极性相差非常大时，

两个物质完全不互溶。这就是著名的“相似相溶原理”。

例如：水和乙醇都是极性分子，所以乙醇可以与水互溶，形成乙醇水溶液。苯和甲苯都是非极性分子，所以苯和甲苯可以互溶形成溶液。乙醚是非极性分子，而水是极性溶剂，所以水与乙醚不能互溶。非极性的烷烃分子易溶于乙醚，而不溶于水。

1.3.2　分配定律

当两液体完全混溶时，它们彼此不能分层。而彼此不互溶时，它们便分为两层。密度大的在下层，密度小的在上层。分配定律表示某溶质在两个互不相溶的溶剂中溶解度之间的关系。实验证明，在一定温度和压力下，将同一个溶质同时溶解到两种（A 和 B）互不相溶的溶剂中达到平衡时，溶质在这两溶剂中的溶解度之比等于常数。这就是分配定律，其数学表达式为：

$$k=\frac{c_A}{c_B} \tag{1-15}$$

式中，k 为分配系数；c_A 和 c_B 为溶质在溶剂 A 和溶剂 B 中的物质的量浓度。

实验表明，溶质在两溶剂中的溶解度越小，越符合分配定律。

【例 1-4】 25℃时，将 0.568g 的碘溶解于 50mL 的四氯化碳中，然后加入 500mL 的水一起摇动，达平衡时，在水中有 2.33×10^{-4} mol 的碘。计算 25℃时碘在四氯化碳中的溶解度和碘在水和四氯化碳中的分配系数（碘的摩尔质量为 253.8g/mol）。

解　平衡时碘在水中的溶解度为：

$$c_{H_2O}=\frac{2.33\times10^{-4}\text{mol}}{500\times10^{-3}\text{L}}=4.66\times10^{-4}\text{mol/L}$$

平衡时碘在四氯化碳中的物质的量为：

$$n_{CCl_4}=\frac{0.568\text{g}}{253.8\text{g/mol}}-2.33\times10^{-4}\text{mol}=0.002\text{mol}$$

$$c_{CCl_4}=\frac{0.002\text{mol}}{50\times10^{-3}\text{L}}=0.04\text{mol/L}$$

碘在水和四氯化碳中的分配系数：

$$k=\frac{c_{H_2O}}{c_{CCl_4}}=\frac{4.66\times10^{-4}\text{mol/L}}{0.04\text{mol/L}}=0.012$$

1.4　稀溶液的依数性

溶液的某些性质，如溶液的颜色、体积、导电性、酸碱性等，与溶质的本性有关，溶质不同，则性质各异。而溶液的另一类性质仅依赖于溶质粒子的数量，而与溶质自身性质无关，这类性质称为稀溶液的依数性。稀溶液的依数性包括：溶液的蒸气压下降、溶液的沸点升高、溶液的凝固点下降和溶液的渗透压等。

1.4.1　蒸气压下降

一恒定的温度下，密闭容器内溶液和其蒸气处于平衡状态时，蒸气所具有的压力，叫做该温度下饱和蒸气压，简称蒸气压。

向液态溶剂中添加少量的难挥发性的非电解质溶质，则该溶液就会表现出随着溶质总量的增加在溶液液面上蒸气压力减小的现象，这一现象称为溶液的蒸气压下降。降低的数值与溶解的非电解质的量有关，而与非电解质的种类无关。

1886 年，法国物理学家拉乌尔（F. M. Raoult）依据实验结果，得出如下结论：在一定

温度下，难挥发的非电解质稀溶液的蒸气压降低值与溶解在溶剂中的物质的量分数成正比，这种定量关系称为拉乌尔定律。即

$$\Delta p = p^{\circ} x_{溶质} \tag{1-16}$$

式中，Δp 为溶液的蒸气压降低值；p°为溶剂的蒸气压；$x_{溶质}$为溶质的物质的量分数。

拉乌尔定律的另一表达形式为

$$p_{溶液} = p^{\circ} x_{溶剂} \tag{1-17}$$

式中，$x_{溶剂}$为溶剂的物质的量分数。

拉乌尔定律是溶液最基本定律之一，是稀溶液其他依数性的基础。只有稀溶液中的溶剂才服从拉乌尔定律，溶质不服从拉乌尔定律。这是因为在稀溶液中溶质的量很少，对溶剂分子间的相互作用力几乎没有影响。但是由于溶质分子的存在，降低了溶液中溶剂分子在溶液表面的覆盖度，阻碍了溶剂分子的挥发，所以使溶剂的蒸气压降低。

溶液的蒸气压下降原理具有实际意义。如 $CaCl_2$、P_2O_5 以及浓 H_2SO_4 等做干燥剂就是由于这些物质表面吸收水蒸气后形成了溶液，其蒸气压比空气中水蒸气压要低。因此，将陆续吸收水蒸气，直到溶液变稀，蒸气压上升到与空气的水蒸气压相等，从而建立起液-汽平衡为止。

【例 1-5】 20℃时，将 114g 蔗糖溶解到 1kg 的水中形成糖水溶液，溶液的蒸气压力为 2.251kPa，求蔗糖摩尔质量（已知 20℃时纯水的饱和蒸气压为 2.265kPa，蔗糖摩尔质量的理论值为 342g/mol）。

解 溶液的压力降

$$\Delta p = p^{\circ} x_{B} = p^{\circ} - p_{溶液} = 2.265\times10^{3} - 2.251\times10^{3} = 14(\text{Pa})$$

根据拉乌尔定律

$$14 = 2.265\times10^{3}\times\frac{114/M_{B}}{114/M_{B}+1000/18}$$

$$M_{B} = 332\text{g/mol}$$

1.4.2 沸点升高

液体的沸点就是使液体的蒸气压力等于外压时的温度，用 T_b 表示。当外压为 101.325kPa 时的沸点称为液体的正常沸点。非电解质稀溶液会表现出随着溶质总量的增加沸点升高的现象，这一现象称为溶液的沸点升高。如果蒸气压力下降，就必须提高温度使液体沸腾。溶液的沸点总是比纯溶剂的高（见图 1-1）。

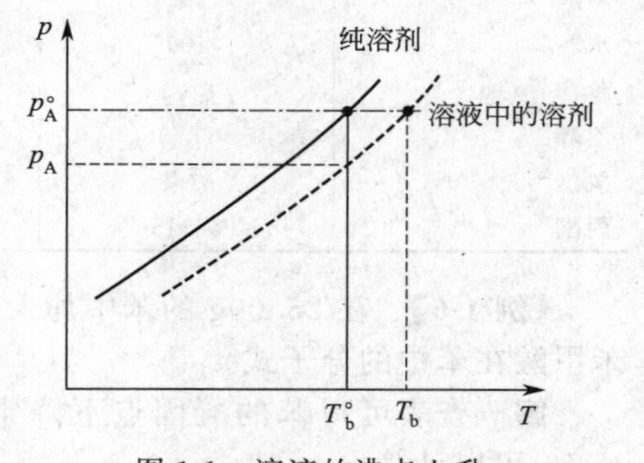

图 1-1 溶液的沸点上升

若纯溶剂的沸点为 T_b°，溶液的沸点为 T_b，则沸点的升高值 $\Delta T_b = T_b - T_b^{\circ}$。

实验表明，溶液的沸点上升值 ΔT_b 与溶液的质量摩尔浓度 b_B 成正比

$$\Delta T_b = K_b b_B \tag{1-18}$$

式中，K_b 为溶剂的沸点升高常数，单位为℃·kg/mol；b_B 为溶液的质量摩尔浓度。

沸点升高常数 K_b 只与温度和溶剂的性质有关，与溶质的性质无关。表 1-1 列出了几种溶剂沸点升高常数。沸点升高公式只适用于含非挥发性溶质的非电解质稀溶液。

1.4.3 凝固点下降

凝固点（或熔点）是在一定外压下（通常是 101.325kPa）物质的固相蒸气压与液相蒸气压相等的温度。如水的凝固点是冰水共存达平衡时的温度，此时水和冰有共同的蒸气压。

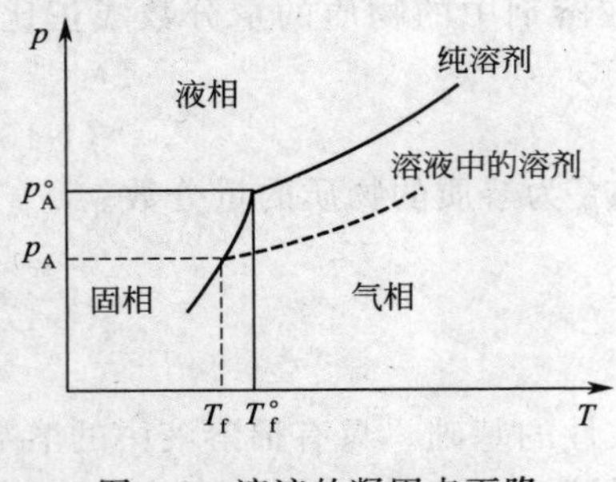

图1-2　溶液的凝固点下降

非电解质稀溶液会表现出随着溶质总量的增加而凝固点下降的现象，这一现象称为溶液的凝固点下降。溶液的凝固点下降也是由于溶液的蒸气压下降引起的（见图1-2）。

以纯水为例来说明水的凝固点下降。在水中加入了少量的非挥发性的溶质以后，形成了水溶液，此时水的蒸气压下降（图中的虚线）。当溶液的温度冷却到0℃时，水溶液并不结冰，因为此时冰的饱和蒸气压与液体水的饱和蒸气压不相等（两条蒸气压曲线不相交）。为了使水结冰，必须进一步降低温度，当温度达到T_f时，两条蒸气压曲线相交，温度T_f就是溶液的凝固点。显然，它比纯水的凝固点低ΔT_f（凝固点下降值）。用公式表示为

$$\Delta T_f = T_f^\circ - T_f \tag{1-19}$$

式中，f表示凝固点；T_f°和T_f表示纯水和水溶液的凝固点温度。

实验表明，溶液的凝固点下降值与溶液的质量摩尔浓度b_B成正比关系

$$\Delta T_f = K_f b_B \tag{1-20}$$

式中，K_f为溶剂的凝固点下降常数，单位是℃·kg/mol；b_B为溶液的质量摩尔浓度。

凝固点下降常数K_f只与温度和溶剂的性质有关，与溶质的性质无关。表1-1列出了几种溶剂凝固点下降常数。

在日常生活中，人们常常利用凝固点下降的特点，解决一些实际问题。例如将食盐与冰混合，凝固点可以达到−22℃，将氯化钙与冰混合，温度可降低到−55℃。

凝固点下降公式适用于含非挥发性溶质的非电解质稀溶液，也适用于含挥发性溶质的电解质稀溶液。

表1-1　常见溶剂的K_b和K_f

溶　剂	沸点/℃	K_b/(℃·kg/mol)	凝固点/℃	K_f/(℃·kg/mol)
醋酸	118.1	2.93	17	3.9
水	100	0.52	0	1.86
苯	80.1	2.57	5.4	5.12
乙醇	78.3	1.19	—	—
氯仿	61.2	3.85	−63.5	4.68
丙酮	56.15	1.73	—	—

【例1-6】 在25.00g的苯中加入0.244g的苯甲酸，测得凝固点下降值为0.2048℃。求苯甲酸在苯中的分子式。

解　查表可得苯的凝固点下降常数为5.12℃·kg/mol。据凝固点下降公式：$\Delta T_f = K_f b_B$可以计算出b_B

$$b_{苯甲酸} = \frac{0.244\text{g}/M_{苯甲酸}}{25.00\times10^{-3}\text{kg}} = \frac{\Delta T_f}{K_f}$$

$$\frac{0.2048℃}{5.12℃\cdot\text{kg/mol}} = \frac{0.244\text{g}/M_{苯甲酸}}{25.00\times10^{-3}\text{kg}}$$

解得
$$M_{苯甲酸} = 244\text{g/mol}$$

由于苯甲酸C_6H_5COOH的摩尔质量为122g/mol，所以苯甲酸在苯中的分子式为$(C_6H_5COOH)_2$，是一个二聚体。

1.4.4 溶液的渗透压

1.4.4.1 渗透压

有这样一种膜，膜上具有微小的孔，只能允许比较小的溶剂分子（例如水分子）通过，而不能允许较大的溶质分子（例如蛋白质分子、糖分子等）或者悬浮颗粒通过，这种膜称为半透膜。用一个半透膜将蔗糖溶液和纯水分开，使膜两侧液面相平，见图 1-3(a)。过一段时间会发现，溶液一边的体积增加，液面上升；纯水一边体积减小，液面下降［见图 1-3(b)］。这个实验说明纯水通过半透膜进入溶液，这种只有溶剂分子通过半透膜自动扩散的过程叫渗透。

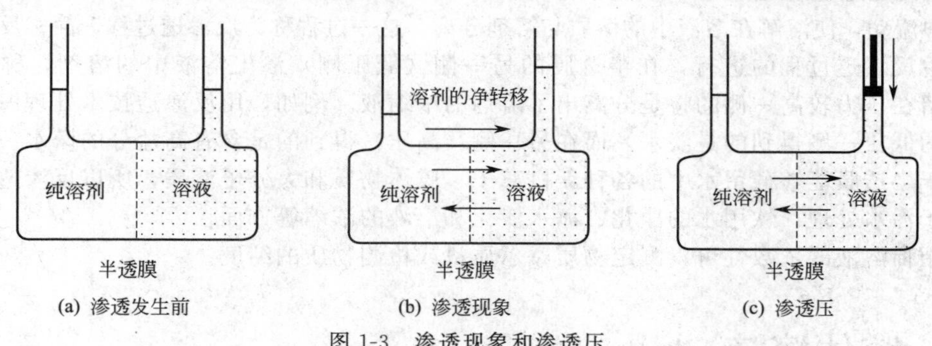

图 1-3 渗透现象和渗透压

渗透现象的产生是由于半透膜两侧与膜接触的溶剂分子数目不等引起的。因为溶剂水分子能自由通过半透膜，而溶质分子不能通过。所以水分子从纯水向溶液方向渗透的速度快，导致溶液液面不断升高，其水的净压力渐渐增加，结果使溶液一侧的水分子渗入稀溶液的速度渐渐加快，当这种压力增加到一定值时，恰好使半透膜两侧水分子的渗透速度相等，渗透达到平衡，溶液的液面不再上升。由此可见，产生渗透作用必须具备两个条件：一是要有半透膜存在；二是膜两侧单位体积内溶剂的分子数不等，即存在浓度差。

为了阻止纯水透过半透膜进入溶液，使渗透现象不发生，就必须在溶液的液面上施加一定的外压［见图 1-3(c)］。这种恰能阻止被半透膜所隔开的溶液与纯溶剂之间的渗透作用的发生而施加于溶液液面上的额外压力称为该溶液的渗透压。或者说渗透压就是阻止纯溶剂中的溶剂分子进入溶液中的最小压力。溶液的渗透压只有溶液和纯溶剂被半透膜隔开时才能显示出来，凡是溶液均产生渗透压。

1886 年，荷兰物理学家范特霍夫（van' t Hoff）在大量实验的基础上总结出：当温度一定时，稀溶液的渗透压与溶液的物质的量浓度 c_B 成正比，当浓度一定时稀溶液的渗透压与热力学温度 T 成正比。可用公式表示为

$$\pi = c_B RT \tag{1-21}$$

式中，π 为渗透压，单位为 kPa；R 为气体常数，8.314kPa·L/(mol·K)；T 为热力学温度，单位为 K；c_B 为物质的量浓度，单位为 mol/L。

这一关系式也称为范特霍夫（van' t Hoff）渗透压定律。

【例 1-7】 人的血浆凝固点为－0.56℃，求 37℃时血浆的渗透压。

解 查表可知水的凝固点下降常数为 1.86，因为人的血液很稀，其密度就约等于纯水的密度，所以可以认为血浆的物质的量浓度 c_B 等于质量摩尔浓度 b_B：

$$c_B = b_B$$

$$\pi = c_B RT = RTb_B$$

$$\pi = RT\ \frac{\Delta T_f}{K_f} = 8.314 \times 310 \times \frac{0.56}{1.86} = 776(\text{kPa})$$

渗透压在生物学中具有重要的意义，因为有机体细胞膜大多具有半透膜的性质。例如植

物细胞汁的渗透压可达到2026kPa，所以树木可以长到数十米；人体血液平均渗透压为780kPa，当人们出汗过多，或者吃了过咸的食物时，就会引起渗透压升高，产生口渴的感觉；如果喝了大量的水，使体内的可溶物浓度下降，就会使渗透压下降。

膜技术已经发展成为膜科学，膜的制备及应用都具有非常广阔的前景。

1.4.4.2 反渗透

反渗透又称逆渗透，实际上是一种渗透过程的逆过程。在渗透过程中，如果外加在溶液液面上的压力超过了渗透压的压力，就会产生另外一种情况：使浓度高的溶液中的溶剂向浓度低的溶液中流动，使溶解在溶液中的溶质与溶剂分离。这一过程称为反渗透过程，简称反渗透。

随着反渗透过程的进行，在半透膜的另一侧（低压侧）渗出溶液中的溶剂，称为渗透液。而留在压力较高一侧的将是分离出了溶剂的浓缩液。例如，用反渗透技术处理海水，在半透膜的低压一侧得到的是淡水，而在另一侧（高压）得到的是含有高盐分的卤水。

由于半透膜能够截留水中的各种无机离子、胶体物质和大分子溶质，所以反渗透过程被广泛用于污水处理、饮用水的净化、海水淡化和溶液的浓缩等方面。

利用稀溶液的依数性可以测定物质摩尔质量或检测物质的纯度。

1.5 胶体溶液

1.5.1 分散体系

一种或几种物质以细小的粒子分散在另一种物质里所形成的系统称为分散体系。溶液和胶体都是自然界中最常见的混合物，都是由一种或者几种物质以大小不同的颗粒状态被分散到另一种含量较多的物质中所形成的分散体系。

最简单的分散体系主要由两个部分构成：被分散的物质和对被分散物质起分散作用的物质。其中，被分散的物质通常称为分散相，而对被分散物质起分散作用的物质称为分散介质，或者分散剂。根据被分散物质的颗粒大小，分散体系可以分成三类：分子分散体系（溶液）、胶体分散体系和粗分散体系，见表1-2。

表1-2 分散体系按照被分散物质颗粒大小分类

类型	颗粒半径/nm	特性
粗分散体系	>100	粒子不能通过滤纸，不扩散，不渗析，在显微镜下可见
胶体分散体系	1～100	粒子能通过滤纸，扩散很慢，仅在超显微镜下可见
分子分散体系（溶液）	<1	粒子能通过滤纸，扩散很快，能渗析，在超显微镜下不可见

当被分散的物质是以分子、离子或者原子为单位被均匀地分散到另一个均匀的物质中，这种均匀的分散体系称为溶液。溶液中不论是被分散的物质还是分散介质的颗粒半径都很小，一般小于1nm，因此也将这种溶液称为真溶液。最常见的真溶液有工业酒精、生理盐水、稀硫酸溶液等。

在分散体系中，若被分散物质的颗粒半径介于1～100nm之间时，所形成的分散体系称为胶体分散体系，简称胶体。胶体又可以分成溶胶和高分子溶液两类。溶胶指的是被分散物质为分子或者粒子的集合体，例如$Fe(OH)_3$溶胶、AgI溶胶等。高分子溶液指的是被分散物质为聚合物分子或者生物大分子，例如聚乙烯醇溶液、明胶等。

当被分散的物质的颗粒半径大于100nm时，所形成的分散体系称为粗分散体系。常见的奶油、泥浆水、烟尘等都属于粗分散体系。

另外，按照分散体系所处相态的不同，分散体系还可以分成均相分散体系和多相分散体系。均相分散体系是指被分散物质与分散介质混合后形成的是一个单相的体系，物质彼此以分子为单位分散。一般的真溶液和高分子溶液就属于均相分散体系，它们的特点是热力学稳定性好。而多相分散体系是指被分散物质与分散介质混合后形成的是多相混合体系，被分散物质通常以颗粒团的形式被分散到分散介质中。

1.5.2 胶体溶液的分类

胶体分散体系按分散相和分散介质聚集态不同可分成多种类型，其中以固体分散在水中的溶胶为最重要。溶胶中的粒子直径在1～100nm之间，它含有百万或上亿个原子，是一类难溶的多分子聚集体。溶胶是多相的高分散体系，具有很高的表面能。从热力学角度看，它是不稳定体系。溶胶粒子有互相聚结而降低表面能的趋势，有聚结不稳定性。由此可知溶胶的基本特征是：多相性、高分散性和热力学不稳定性。溶胶的各种性质都是由这些基本特征引起的。

根据溶胶中分散介质和分散相的相互作用的不同，溶胶又可以分成亲液溶胶和憎液溶胶。亲液溶胶是指在分散介质和分散相之间具有很好的亲和力、固-液之间没有明显的相界面、溶剂化程度高，常见的有蛋白质、淀粉等水溶液。亲液溶胶属于热力学稳定体系，类似溶液，但是具有某些溶胶的特性，所以一般把亲液溶胶化归到高分子溶液中讨论。

憎液溶胶就是通常人们所说的溶胶，在分散介质和分散相之间亲和力较弱，固-液之间有明显的相界面，溶剂化程度低，属于热力学不稳定体系。常见的有 AgI、$FeCl_3$ 等溶胶。

1.5.3 溶胶的性质

溶胶除了具有一般溶液的性质外，本身还具有一些特殊的性质。特别是它的光学性质、动力性质、电学性质。

1.5.3.1 光学性质——丁达尔现象

溶胶与其他分散体系相比，最特殊的就是其光学性质。其中丁达尔现象是鉴别溶胶最简单的方法，也是溶胶区别于真溶液、悬浮液和大分子溶液等其他分散体系最明显的特征之一。

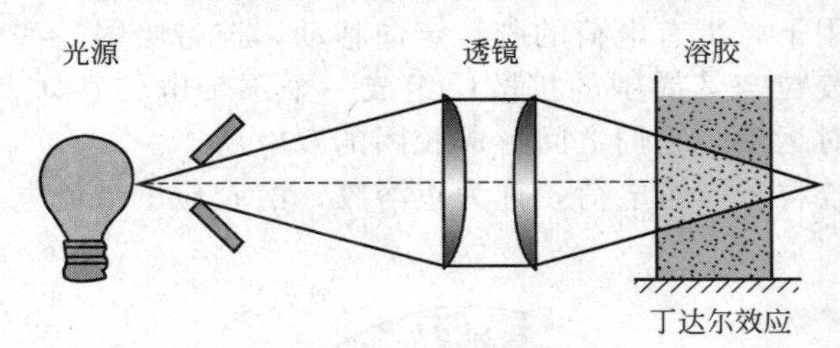

图 1-4 丁达尔现象

1869年，英国物理学家丁达尔（Tyndall）在实验中发现：在暗室中，将一束光线透过溶胶时，在侧面将可以看到光穿过溶胶的路径，呈现出一个光亮的圆锥体。这一现象后来人们称之为丁达尔现象，或者丁达尔效应（见图 1-4）。丁达尔现象的实质是光的散射。

实验证明，任何分散系均可能出现丁达尔现象，只不过溶胶最为明显罢了。

1.5.3.2 动力学性质——布朗运动

1827年，英国植物学家布朗（Brown）在显微镜下观察悬浮在水中的植物花粉时，发现悬浮在水面上的花粉颗粒总是在做不规则的运动，这就是著名的布朗运动（见图 1-5）。

之所以能产生布朗运动是因为分散介质的热运动不断撞击溶胶粒子，由于合力不为零，所以运动不规则。布朗运动是永远不会停止的无规则的折线运动。布朗运动与粒子的化学性质无关，与粒子大小、温度和分散介质的黏度有关；布朗运动的实质是分散相粒子的热运动，温度升高粒子运动的速度加快，分散介质黏度大，粒子运动速度减慢。布朗运动是溶胶重要的动力学性质之一。

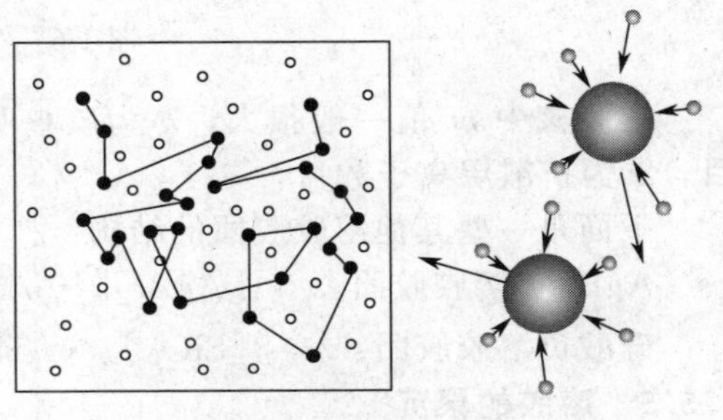
图 1-5 布朗运动

分散体系中的分散相粒子都进行着布朗运动，

只是运动的激烈程度不同而已。溶胶粒子的布朗运动明显，而粗分散体系中粒子运动不明显。

1.5.3.3 电学性质

胶体颗粒由于各种原因带有电荷以后，在外电场作用下，分散相和分散介质发生相对位移的现象，称为胶体的电动现象。常见的有电泳和电渗。

在外电场作用下，溶胶中的带电粒子在分散介质中向带有相反电荷的电极定向移动的现象称为电泳。电泳现象是1809年俄国的卢斯（Peuce）在研究土壤胶体时发现的。实际上溶胶粒子的电泳现象与电解质溶液中粒子的迁移是完全一样的。

除了溶胶外，其他分散体系，例如悬浮液、乳状液也都有类似的电学性质。

研究溶胶的电泳现象有助于了解溶胶粒子的结构和电学性质，电泳现象在生产和科研中也有很多应用。利用在电场作用下带电溶胶粒子泳动，可以将不同的蛋白质分子、核酸分子分离；在环保方面有电泳除尘；此外还有电泳涂料等。

电渗与电泳现象相反，将固相粒子固定不动而液体介质在电场中发生定向移动的现象称为电渗。

1.5.4 胶团的结构

经过X射线、电子显微镜的观察研究，发现胶体颗粒的内部是由许多分散相分子或原子聚集而成的胶核，通常胶核具有晶体结构。胶核不带电，但是比表面很大，表面能高。

在胶核的外面是胶核的吸附层。胶核与紧裹着的吸附层形成一个可以独立运动的带电粒子，这一带电粒子称为胶粒。由于胶核表面能高，所以非常容易吸附其他离子或者分子形成吸附层，使之处于相对稳定的状态。一般来说，胶核优先吸附具有相同化学元素的离子，或与之形成难溶化合物的离子。由于吸附了某种离子后，其外围又可以吸附带有相反电荷的离子，因此吸附层是由内双电层（电位离子和相反电荷的离子）构成。

在胶粒的外围是扩散层。在外电场的作用下，带有电荷的胶粒定向移动，连带吸附一些带相反电荷的离子，这些离子形成扩散层。胶粒与其周围的扩散层组成一个不带电的整体，称为胶团。吸附层与扩散层之间可以发生相对运动，它们之间形成胶团的双电层。

图1-6为AgI溶胶的胶团结构。如果溶胶粒子带正电荷，称为正溶胶，溶胶粒子带负电荷，称为负溶胶。

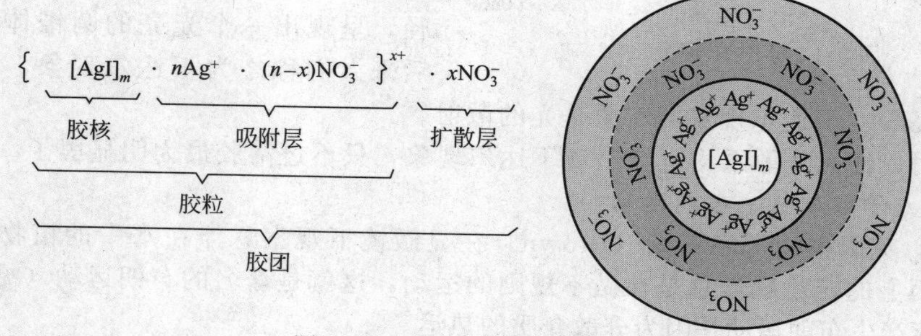

图1-6 AgI溶胶的胶团结构

在胶核中 m 值一般很大，n 为胶核吸附的离子数目，$n-x$ 为吸附层中反电荷离子数目，x 为扩散层离子数目。

下面是一些其他溶胶胶团的结构。

AgBr负溶胶胶团：　$\{[AgBr]_m \cdot nBr^- \cdot (n-x)K^+\}^{x-} \cdot xK^+$

硅酸负溶胶胶团：　$\{[SiO_2]_m \cdot nSiO_3^{2-} \cdot 2(n-x)H^+\}^{2x-} \cdot 2xH^+$

1.5.5 溶胶的聚沉

溶胶虽然能够稳定地存在一定时间，但是仍然是热力学不稳定的体系，最终总是要沉降，少的需要几小时，多的要几年，甚至要几十年。分散体系中分散相粒子相互聚集，使分散度降低以致最后沉淀与分散介质分离的现象称为聚沉（或者聚结）。

有许多因素影响溶胶的稳定性。例如温度、溶胶浓度、溶胶体积、电解质以及溶胶之间的影响等。保持溶胶稳定的因素之一是布朗运动，但是粒子的碰撞又会产生聚集，所以溶胶的聚沉实际上由胶粒之间的相互作用决定。

习　题

1. 有一煤气罐容积为100L，27℃时压力为500kPa，经气体分析，煤气中含CO的体积分数0.600，H_2 的体积分数0.100，其余气体的体积分数为0.300，求此储罐中CO、H_2 的物质的量。
2. 含甲烷和乙烷的混合气体，在20℃时，压力为100kPa。已知混合气体中含甲烷与乙烷质量相等，求它们的分压。
3. 在20℃时，用排水集气法收集到压力为100kPa的氢气300cm^3，问去除水蒸气后干燥的氢气体积有多大？
4. 已知浓硫酸的相对密度为1.84g/mL，其中 H_2SO_4 含量约为96%，求其浓度为多少？如何配制1L浓度为0.15mol/L硫酸溶液？
5. 用作消毒剂的过氧化氢溶液中过氧化氢的质量分数为0.03，该溶液的密度为1.0g/mL，计算这种水溶液中过氧化氢的质量摩尔浓度、物质的量浓度和物质的量分数。
6. 在25℃时，质量分数为0.0947的稀硫酸溶液的密度为1.06g/mL，在该温度下纯水的密度为997kg/m^3。计算 H_2SO_4 的物质的量分数、物质的量浓度和质量摩尔浓度。
7. 将2.50g NaCl溶于497.5g水中配制成溶液，此溶液的密度为1.002g/mL，求NaCl溶液的质量摩尔浓度、物质的量浓度和物质的量分数。
8. 在25℃时，已知氨气在水和氯仿中的分配系数为2.5，现测得水中氨气的物质的量浓度为0.015mol/L，求氨气在氯仿中的溶解度。
9. 在30℃时，将35g氯化钾溶解到500g水中，形成稀溶液，计算此时溶液的蒸气压。已知30℃时水的饱和蒸气压为4.24kPa。
10. 20℃时，分压为100kPa的HCl溶于苯（C_6H_6）中达到饱和，此时溶液中HCl的摩尔分数为0.0425。已知该温度下纯苯的饱和蒸气压为10kPa。如果HCl与苯混合后总压力为100kPa，求此溶液中HCl的物质的量分数。
11. 将0.911g四氯化碳溶解于50.0g苯中形成稀溶液，凝固点下降了0.6℃，求苯中四氯化碳的摩尔质量。
12. 在25mL苯中溶解了0.238g的萘（摩尔质量为128g/mol），实验测得苯的凝固点下降了0.422K。已知苯的密度为0.9001g/mL，求苯的凝固点下降常数 K_f。
13. 50.00g的 CCl_4 中溶解了0.5126g的萘，沸点上升了0.402℃。如果溶解了0.6216g未知物X，沸点上升了0.647℃，求X的摩尔质量。
14. 在22.5g的水中溶解了0.44g的尿素 $CO(NH_2)_2$，形成的稀溶液沸点为100.17℃，求水的沸点上升常数 K_b。
15. 在20℃时，将5g血红素溶于适量的水中，然后稀释到500mL，测得渗透压为0.366kPa。试计算血红素的相对分子质量。

第 2 章　化学热力学基础

热力学是研究自然界各种形式的能量之间相互转化的规律以及能量转化对物质的影响的科学。把热力学的基本原理用来研究化学现象以及和化学有关的物理现象的科学叫做化学热力学。

2.1　化学热力学的基本概念

2.1.1　系统和环境

在研究实际问题时，将所要研究的那一部分称为系统（以前称体系）。在系统之外，与系统有关的部分称为环境。换句话说，系统是要研究的部分，而环境就是在研究系统时，对系统产生影响的那一部分。

根据系统与环境的相互关系，可以将系统分为三类。

① 孤立系统——系统和环境之间没有物质交换，也没有能量交换。

② 封闭系统——系统与环境之间没有物质交换，但是有能量交换。

③ 敞开系统——系统与环境之间既有物质交换，也有能量交换。

封闭系统是化学热力学研究中最常见的系统。除非特别说明，本书讨论的系统一般都是封闭系统。

2.1.2　系统的性质

系统的一切宏观性质（包括质量、体积、温度、压力、密度、组成等）叫做系统的热力学性质，简称系统的性质，按其特性可分为两类。

（1）容量性质（也称为广度性质）　这一类性质其数值大小与系统中所含物质量的多少有关，具有加和性。例如：质量 m、物质的量 n、体积 V、热力学能 U 等。

（2）强度性质　这一类性质其数值大小与系统中所含物质量的多少无关，不具有加和性。例如：温度 T、压力 p、密度 ρ 等。

2.1.3　状态和状态函数

系统的状态是系统热力学性质的综合表现。通常所说系统处于一定状态，是指处于热力学平衡态，此时系统所有性质均不随时间变化而改变。热力学平衡包括热平衡、力平衡、相平衡和化学平衡四种平衡。因此，确切地说，系统的状态就是系统物理性质和化学性质的综合表现。

一个系统的状态可由一系列物理量来确定，例如气体可由压力、体积、温度以及各组分的物质的量等物理量来决定。

确定系统热力学状态的物理量，例如体积、压力、密度等，称为状态函数。状态函数的特征是：系统状态一定，状态函数便有确定的值，系统状态发生变化时，状态函数的改变量只取决于系统的初始状态和终结状态，而与变化的途径无关。如果一个系统经过一系列变化后恢复到原来的状态时，状态函数的数值也恢复成原来的值，或者说状态函数的变化量为零。即状态函数的特点是：状态一定，值一定；殊途同归，变化等；周而复始，变化零。

2.1.4 过程和途径

改变外界条件，系统状态就会发生变化，这种变化的经过称为热力学过程，简称过程。有一些过程是在特定的条件下进行的，举例如下。

(1) 恒温过程　系统的始态温度与终态温度相同，并等于环境的温度的过程。

(2) 恒压过程　系统的始态压力与终态压力相同，并等于环境的压力的过程。

(3) 恒容过程　系统的体积恒定不变的过程。

(4) 绝热过程　系统和环境没有热交换的过程。

(5) 循环过程　系统经一系列变化后又回到原始状态的过程。此过程所有状态函数的改变量为零。

系统由同一始态变化到同一终态，可以由各种不同的步骤来实现，这些不同步骤称为不同的途径。有时不严格区分过程和途径。

2.1.5 热和功

热和功是系统状态发生变化时与环境之间交换（传递或转换）能量的两种不同形式。

系统和环境之间因温度不同而进行的能量传递形式称为热，一般用符号 Q 来表示。热力学中规定：系统从环境吸热时，Q 为正值；系统向环境放热时，Q 为负值。热是一种传递过程中的能量，与变化途径有关，所以，热不是状态函数。

热力学中，系统与环境之间除热以外的其他能量传递形式统称为功。功用符号 W 来表示。

功有很多形式，化学反应涉及较多的是体积功。由于系统体积变化反抗外力作用而与环境交换的功被称为体积功

$$W=-p_{外}(V_2-V_1) \tag{2-1}$$

除体积功以外的其他功统称为非体积功（如电功等）。

热力学中规定：系统对环境做功，W 为负值；环境对系统做功，W 为正值。

热和功的单位均为 J 或 kJ。热和功不是状态函数，也是说系统与环境交换的功和热的大小不仅与系统的始末状态有关，还与系统从始态变化到终态的途径有关。

2.1.6 热力学能

系统的热力学能是系统中一切形式能量的总和。热力学能过去也称为内能。用符号 U 来表示，单位为 J 或 kJ。它包括分子运动的动能，分子间的势能以及分子、原子内部所蕴藏的能量等。热力学能既然是系统内部能量的总和，所以是系统自身的一种性质，在一定的状态下应有一定的数值。热力学能是状态函数，就是说，系统状态确定了，系统的热力学能也就确定了。即热力学能的变化只取决于系统的终态和始态，而与系统从始态变到终态的途径无关。系统的热力学能的绝对值无法测定。热力学能量是系统的量度，具有加和性。

“自然界的一切物质都具有能量，能量有各种不同的形式，它能从一种形式转化为另一种形式，从一个物体传递给另一个物体，但在转化和传递过程中能量总值不变。”这就是能量守恒定律和能量转化定律。能量守恒定律和能量转化定律是人们在长期实践的基础上得出的结论，把它用于热力学系统，就是热力学第一定律，即热力学第一定律就是能量守恒定律。它的数学表达式为：

$$\Delta U=Q+W \tag{2-2}$$

式中，ΔU 为系统终态和始态的热力学能差。

式(2-2) 表明，系统热力学能的改变量等于变化过程中环境与系统传递的热和功的和。系统热力学能增加 ΔU 为正值，系统热力学能减少 ΔU 为负值。

热力学第一定律讨论了热力学能 U 的改变量、热量 Q 和功 W 三者的关系。

【例 2-1】 某系统从环境吸收了 40kJ/mol 的热量，对环境做了 20kJ/mol 的功，求该系统的热力学能变。

解 ΔU(系统)$=Q+W=(+40)+(-20)=20$(kJ/mol)

这说明系统状态变化过程中，热力学能增加了 20kJ/mol。

2.2 热化学

在热力学研究中，首先关注的是化学反应过程中的能量变化，也就是化学反应过程中伴随的热现象。研究化学反应过程中热现象的规律的科学称为热化学。热化学主要研究在恒温、恒压条件下反应吸收或者放出的热。

在恒温且不做非体积功的条件下，化学反应所吸收或放出的热量称为反应的热效应，通常也称“反应热”。根据反应过程的条件不同，反应热又可分为恒压反应热和恒容反应热。

2.2.1 化学反应热效应和焓

2.2.1.1 恒容反应热

若系统在变化过程中，体积始终保持不变，且不做非体积功，其反应热称为恒容反应热，用 Q_V 表示（下标 V 表示恒容过程）。

因为是恒容过程，所以 $\Delta V=0$，则过程的体积功 $W_{体}=0$，由热力学第一定律可得

$$\Delta U=Q_V \tag{2-3}$$

式中，Q_V 为恒容反应热。式(2-3) 说明恒容反应热 Q_V 在数值上等于体系的热力学能变。因此，虽然热力学能 U 的绝对值无法确定，但是可以通过测定系统状态变化的恒容反应热 Q_V 得到热力学能变 ΔU。

2.2.1.2 恒压反应热和焓

若系统在变化过程中，压力始终保持不变，且不做非体积功，其反应热称为等压反应热，用 Q_p 表示（下标 p 表示恒压过程）。

对于恒压过程，由热力学第一定律可得

$$\begin{aligned}\Delta U&=Q_p+p\Delta V\\ Q_p&=\Delta U-p\Delta V\\ &=(U_2-U_1)+p(V_2-V_1)\\ &=(U_2+pV_2)-(U_1+pV_1)\end{aligned} \tag{2-4}$$

由于U、p、V 都是状态函数，因此它们的组合（$U+pV$）也是状态函数。热力学中将 $U+pV$ 定义为焓，用符号 H 表示，即

$$H=U+pV \tag{2-5}$$

焓具有能量的量纲，单位为 J 或 kJ。焓没有明确的物理意义。由于热力学能 U 的绝对值无法确定，所以新组合的状态函数焓 H 的绝对值是不能测定的，在实际应用中，涉及的都是焓变 ΔH。

式(2-4) 可化简为

$$Q_p=H_2-H_1=\Delta H \tag{2-6}$$

式(2-6) 有较明确的物理意义：在恒压和只有体积功的封闭系统中，系统从环境所吸收的热等于系统的焓变。因此在恒压、仅有体积功时化学反应热可以用焓变来描述。

恒温恒压只做体积功的过程中，$\Delta H>0$，表明系统是吸热的；放热反应 $\Delta H<0$，表明

系统是放热的。

2.2.2 盖斯定律

2.2.2.1 热力学标准态

某些热力学函数（如热力学能 U、焓 H 等）的绝对值是不能测量的，实际应用中人们只关心它们的变化值，为此采用了相对值的办法。同时，为了避免同一种物质的某热力学状态函数在不同反应系统中数值不同，热力学规定了一个公共的参考状态——标准状态（简称标准态）。

气体的标准态是在给定温度下的纯气体的压力或混合气体中任意组分的分压为标准压力 $p^{\ominus}$ 的状态。

溶液的标准态是指在给定温度和标准压力下溶质的浓度为 $c^{\ominus}$ 的溶液。

固体或纯液体标准态是指在给定温度和标准压力下纯固体或纯液体。

其中 $p^{\ominus}$ 为标准压力，数值上等于 101.325kPa，根据最新国家标准的规定 $p^{\ominus}=100\text{kPa}$。符号“⊖”表示标准状态。$c^{\ominus}=1\text{mol/L}$。处于上述规定条件下的物质是热力学的标准态。标准态并未规定温度，一般采用 298.15K，若非 298.15K 须特别指出。

2.2.2.2 热化学方程式

表示化学反应及其热效应关系的化学方程式，叫做热化学方程式。因为反应的热效应与反应进行的温度、压力及物质所处的聚集状态有关，所以在书写热化学方程式时应注明物质的物理状态和反应条件。一般以“g”表示气态，“l”表示液态，“s”表示固态。若固态物质有不同的晶型，还需要标明晶型，如 C（石墨）、C（金刚石）等。溶液要标明浓度，极稀的水溶液用“aq”表示，如果反应是在温度 298.15K（25℃）、压力 100kPa 下进行的，习惯上不用注明反应的温度和压力。热化学方程式中的系数表示物质的量，因而可以是整数或分数。例如

$$C(\text{石墨})+\frac{1}{2}O_2(g)=\!=\!=CO(g) \quad \Delta_r H_m^{\ominus}=-110.5\text{kJ/mol}$$

$$2C(\text{石墨})+O_2(g)=\!=\!=2CO(g) \quad \Delta_r H_m^{\ominus}=-221\text{kJ/mol}$$

符号 $\Delta_r H_m^{\ominus}$ 称化学反应的标准摩尔焓变，其中“r”表示化学反应，“m”表示摩尔反应，$\Delta_r H_m^{\ominus}$ 单位为 kJ/mol。

2.2.2.3 盖斯定律

化学反应的反应热可以用实验方法测得。但许多化学反应由于速率过慢，测量时间过长，或因热量散失而难以准确测量反应热；也有一些化学反应由于反应条件难以控制，产物不纯，也难以测准反应热。于是如何通过热化学方法计算反应热，就成为化学家关注的问题。

1840 年前后，瑞士籍俄国化学家盖斯（Hess）分析了大量的热效应实验结果，从实验中发现了一条重要的规律：“对于任何一个化学反应过程，反应的热效应只与反应的始态和终态有关，而与反应的中间所经历的途径无关。”后来人们将这一规律称为盖斯定律。盖斯定律实际上是热力学第一定律的必然结果。

盖斯定律表明，热化学方程式也可以像普通代数方程式一样进行加减运算，利用一些已知的（或可以测量的）反应热数据，间接地计算出那些难以测量的化学反应的反应热。盖斯定律有着广泛的应用。

【例 2-2】 已知 298K 时

(1) $$C(\text{石墨})+O_2(g)=\!=\!=CO_2(g) \quad \Delta_r H_{m1}^{\ominus}=-393.5\text{kJ/mol}$$

(2) $$CO(g)+\frac{1}{2}O_2(g)=\!=\!=CO_2(g) \quad \Delta_r H_{m2}^{\ominus}=-283.0\text{kJ/mol}$$

根据盖斯定律求反应（3）$C(石墨)+\frac{1}{2}O_2(g)$═══$CO(g)$ 的标准摩尔焓变 $\Delta_r H_{m3}^{\ominus}$。

解 由于反应（1）=反应（2）+反应（3），根据盖斯定律：

$$\Delta_r H_{m1}^{\ominus}=\Delta_r H_{m2}^{\ominus}+\Delta_r H_{m3}^{\ominus}$$

$$-393.5\text{kJ/mol}=-283.0\text{kJ/mol}+\Delta_r H_{m3}^{\ominus}$$

$$\Delta_r H_{m3}^{\ominus}=-110.5\text{kJ/mol}$$

2.2.3 标准摩尔生成焓

在给定温度和标准状态下，由稳定的单质生成1mol化合物的焓变，称为该化合物的标准摩尔生成焓或标准摩尔生成热，用符号 $\Delta_f H_m^{\ominus}$ 表示，单位为kJ/mol，其中下标“f”表示生成反应。

由于焓的绝对值无法测定，所以采用相对值。热力学规定：在标准状态时，最稳定单质的标准摩尔生成焓为零。所谓稳定的单质，是指在该条件下单质的最稳定状态。如常温常压下碳的最稳定的单质是石墨；碘的最稳定的单质是 $I_2(s)$；溴的最稳定的单质是 $Br_2(l)$。

通常在各种物理化学手册上都可以查出298.15K的标准摩尔生成焓 $\Delta_f H_m^{\ominus}$ 的数据。利用这些数据，根据盖斯定律就可以计算标准状态下化学反应的反应热。

在反应温度下，任意一个化学反应的标准摩尔反应焓变与该温度下各反应组分的标准摩尔生成焓之间具有如下关系：

$$\Delta_r H_m^{\ominus}=\sum\nu_i\Delta_f H_m^{\ominus}(产物)-\sum\nu_i\Delta_f H_m^{\ominus}(反应物) \tag{2-7}$$

式中，ν_i 表示反应式中物质 i 的化学计量数。式(2-7) 表明标准反应热等于在相同温度下产物的总标准摩尔生成热与反应物的总标准摩尔生成热之差。

【例2-3】 计算298K时氨的氧化反应 $4NH_3(g)+5O_2(g)$═══$4NO(g)+6H_2O(g)$ 的 $\Delta_r H_m^{\ominus}$。

解 查表得：$\Delta_f H_m^{\ominus}(NH_3, g)=-46.11\text{kJ/mol}$，$\Delta_f H_m^{\ominus}(NO, g)=90.25\text{kJ/mol}$，$\Delta_r H_m^{\ominus}(H_2O, g)=-241.18\text{kJ/mol}$

根据 $\Delta_r H_m^{\ominus}=\sum\nu_i\Delta_f H_m^{\ominus}(产物)-\sum\nu_i\Delta_f H_m^{\ominus}(反应物)$，有

$$\begin{aligned}\Delta_r H_m^{\ominus}&=[4\times\Delta_r H_m^{\ominus}(NO, g)+6\times\Delta_r H_m^{\ominus}(H_2O, g)]-4\times\Delta_r H_m^{\ominus}(NH_3, g)\\&=[4\times90.25+6\times(-241.18)]-4\times46.11=-901.64(\text{kJ/mol})\end{aligned}$$

对绝大多数化学反应来说，化学反应的标准摩尔焓变，都可以用标准摩尔生成焓求得。但是，对许多有机物来说，由于分子大、结构复杂，很难直接由单质合成，即使能够合成也会因合成路线复杂，使得计算出的标准摩尔反应焓变误差很大。所以对有机物的标准摩尔反应焓必须用其他方法求得。

2.2.4 标准摩尔燃烧热

在给定温度和标准状态下，将1mol的物质完全燃烧生成该温度下最稳定的氧化物的反应热称为该物质的标准摩尔燃烧热，或标准摩尔燃烧焓，用符号 $\Delta_c H_m^{\ominus}$ 表示，单位为kJ/mol。其中下标“c”表示燃烧反应。在物理化学手册上通常可以查到一些有机物的标准摩尔燃烧热 $\Delta_c H_m^{\ominus}$。标准摩尔燃烧热必须是将1mol的反应物（一般是有机物）完全燃烧，生成该温度下最稳定的氧化物时的反应热，如果燃烧不完全，例如C燃烧后生成的是CO而不是最稳定的 CO_2，则反应热不是标准摩尔燃烧热。

对于任意化学反应，反应中各个组分的标准摩尔燃烧热与反应的标准摩尔反应热的关系为

$$\Delta_r H_m^{\ominus}=\sum\nu_i\Delta_c H_m^{\ominus}(反应物)-\sum\nu_i\Delta_c H_m^{\ominus}(产物) \tag{2-8}$$

【例2-4】 在100kPa，求反应：

$$HOOC—COOH(s)+2CH_3OH(l) \longrightarrow CH_3OOC—COOCH_3(s)+2H_2O(l)$$

的焓变 $\Delta_r H_m^{\ominus}$。

解 查表可得：

$$HOOC—COOH(s)+2CH_3OH(l) \longrightarrow CH_3OOC—COOCH_3(s)+2H_2O(l)$$

$\Delta_c H_m^{\ominus}/(kJ/mol)$ −120 −726.5 −1678 0

由 $\Delta_r H_m^{\ominus}=\sum \nu_i \Delta_c H_m^{\ominus}$(反应物)$-\sum \nu_i \Delta_c H_m^{\ominus}$(产物)，有

$$\Delta_r H_m^{\ominus}=[1\times(-120)+2\times(-726.5)]-[1\times(-1678)-2\times 0]=105(kJ/mol)$$

2.3 化学反应的方向

热力学第一定律实际上就是能量守恒原理，它揭示了系统内部能量之间的相互关系。由热力学第一定律可知，孤立系统中不论发生什么过程，其热力学能总是一个定值。

对一个实际过程来说，仅仅知道能量的变化关系是不够的，因为人们更关心的是这个实际过程能否发生？为什么发生和怎样发生？而对于这一问题的回答，热力学第一定律是无能为力的。

人们在生产和生活实践中，除了要知道能量的变化外，更关心的是过程进行的方向问题，希望知道什么过程能够自发进行，什么过程不能自发进行。

2.3.1 自发过程

2.3.1.1 自发过程的概念

自发过程是在一定条件下，不借助外力而自动进行的过程，相应的化学反应叫自发反应。例如：山坡上的水会自动流到山下；春天冰雪融化；热量总是由高温物体流向低温物体；将金属 Zn 投入到硫酸溶液中，一定会发生置换反应放出氢气。这种可以自动发生变化的例子很多，这些变化都是自发过程。

2.3.1.2 自发过程的特征

自发过程具有方向性。在一定条件下，自发过程只能自动地单向进行，其逆过程不能自发进行。若要逆过程能进行，必须要消耗能量，要对系统做功。例如山脚下的水流到山坡上不会自动进行，但是利用抽水机可以将水从山脚下抽到山坡上。

自发过程具有做功的能力。在一定的条件下进行自发过程具有做功的能力，如利用水位差通过发电机发电。

借助于外力可以使一个自发进行完的过程逆向进行，返回到原状态。根据热力学第一定律，此时系统的热力学能不变（$\Delta U=0$），由于环境对系统做了功，$W>0$，所以 $Q=-W<0$。也就是说此时系统在得到 W 功的同时放出了等量的热 Q。如果将这些热 Q 收集起来，再全部用于对系统做 W 的功，就会形成一个自动的循环做功系统，形成永动机。但是永动机是不可能实现的，也就是说热和功的转化是有方向性的，热不能全部转化为功。

2.3.2 熵和熵变

2.3.2.1 熵的概念

熵是表示系统混乱度的热力学函数，用 S 表示。系统的混乱度越大，熵值也越大。熵是状态函数。过程的熵变 ΔS，只取决于系统的始态和终态，而与途径无关。虽然很多状态函数（如焓、热力学能）的绝对值是无法测定的，但熵的绝对值是可以测定的。

2.3.2.2 热力学第二定律

通过对自发过程的研究可以知道，能量的传递不仅要遵守热力学第一定律，保持能量守恒，

而且在能量传递的方向性上有一定限制。热力学第二定律就说明了自发过程进行的方向和限度。

热力学第二定律有几种不同的表达方式。其中一种表达方式——熵增加原理：在孤立系统的任何自发过程中，系统的熵总是增加的。

2.3.2.3 热力学第三定律和标准摩尔熵

纯净物质的完美晶体，在热力学温度 0K 时，分子排列整齐，且分子任何热运动也停止了，这时系统完全有序化。据此，在热力学上总结出一条经验规律：在热力学温度 0K 时，任何纯物质的完美晶体的熵值等于零。这就是热力学第三定律。

有了第三定律，就能测定任何纯物质在温度 T 时熵的绝对值。因为

$$S_T - S_0 = \Delta S \tag{2-9}$$

式中，S_T 表示温度为 T(K) 时的熵值；S_0 表示温度为 0K 时的熵值，由于 $S_0=0$，所以

$$S_T = \Delta S \tag{2-10}$$

这样，只需求得物质从 0K 到 T K 的熵变 ΔS，就可得该物质在 T K 时熵的绝对值。在标准态下 1mol 物质的熵值称为该物质的标准摩尔熵（简称标准熵），用符号 $S_m^\ominus$ 表示，单位是 J/(K·mol)。

2.3.2.4 标准摩尔熵变 $\Delta_r S_m^\ominus$

由于熵是状态函数，因而反应的熵变只与系统的始态和终态有关，而与途径无关。标准摩尔熵变 $\Delta_r S_m^\ominus$ 的计算与标准摩尔焓变 $\Delta_r H_m^\ominus$ 的计算类似，可由反应物和生成物的标准摩尔熵来进行计算：

$$\Delta_r S_m^\ominus = \sum \nu_i S_{m,i}^\ominus(\text{产物}) - \sum \nu_i S_{m,i}^\ominus(\text{反应物}) \tag{2-11}$$

【例 2-5】 计算反应：$CaCO_3(s) \xrightarrow{\triangle} CaO(s) + CO_2(g)$ 在 298K 下的熵变 $\Delta_r S_m^\ominus$。

解 查表可得各个反应组分在 298K 时的标准摩尔熵值：

	$CaCO_3(s)$	$CaO(s)$	$CO_2(g)$
$S_m^\ominus$/[J/(K·mol)]	92.9	40.0	213.7

$$\begin{aligned}\Delta_r S_m^\ominus &= \sum \nu_i S_{m,i}^\ominus(\text{产物}) - \sum \nu_i S_{m,i}^\ominus(\text{反应物}) \\ &= [1\times S_m^\ominus(CaO,s) + 1\times S_m^\ominus(CO_2,g)] - 1\times S_m^\ominus(CaCO_3,s) \\ &= (1\times 40.0 + 1\times 213.7) - 1\times 92.9 \\ &= 160.8[\text{J/(K·mol)}]\end{aligned}$$

说明此反应自发进行。

由于一般的化学反应过程都是向混乱度大的方向自发进行，所以利用化学反应过程的熵变可以大致判断反应进行的方向。然而并不是所有的反应都是这样，因为化学反应的方向除了与熵变和焓变有关外，还受到温度的影响。

2.4 吉布斯自由能与化学反应方向

决定自发过程能否发生，既有能量因素，又有混乱度因素，因此要涉及 ΔH 和 ΔS 这两个状态函数改变量。1876 年，美国物理化学家吉布斯（Gibbs）提出用自由能来判断恒压条件下过程的自发性。

2.4.1 吉布斯自由能的定义

吉布斯自由能用符号 G 表示。其定义为

$$G = H - TS \tag{2-12}$$

吉布斯自由能又称吉布斯函数。与熵一样，吉布斯自由能也是热力学中一个非常重要的

状态函数。

吉布斯自由能的变化值为：

$$\Delta G=\Delta H-T\Delta S \tag{2-13}$$

2.4.2 标准摩尔生成吉布斯自由能

从吉布斯自由能的定义可知，它与热力学能、焓一样，无法求得其绝对值，所以采用相对值。仿照求标准摩尔生成焓的处理方法：首先规定一个相对标准——在给定温度（一般为298.15K）和标准状况下，稳定单质的吉布斯自由能为零。

在给定温度和标准状况下，由稳定单质生成1mol某化合物时的吉布斯自由能变，称为该化合物的标准摩尔生成吉布斯自由能，用符号 $\Delta_f G_m^{\ominus}$ 表示，其单位为kJ/mol。

一些物质298K时的标准摩尔生成自由能列于书后附表1。有了 $\Delta_f G_m^{\ominus}$ 数据，就可方便地由下式计算任一反应的标准摩尔生成自由能 $\Delta_r G_m^{\ominus}$：

$$\Delta_r G_m^{\ominus}=\sum \nu_i \Delta_f G_m^{\ominus}(\text{产物})-\sum \nu_i \Delta_f G_m^{\ominus}(\text{反应物}) \tag{2-14}$$

2.4.3 化学反应方向——吉布斯自由能判据

热力学研究指出，在恒温、恒压、只做体积功的条件下，ΔG 可作为反应自发性的判据，即

当 $\Delta G>0$ 时，其过程是非自发过程，其逆过程可自发进行；

当 $\Delta G=0$ 时，系统处于平衡状态；

当 $\Delta G<0$ 时，其过程可以自发进行。

恒温、恒压下，任何自发过程总是朝着吉布斯自由能减小的方向进行。$\Delta G=0$ 时，反应达平衡，系统的 G 降低到最小值，这就是最小自由能原理。

由式(2-13) 可以看出，ΔG 中包含着 ΔH 与 ΔS 两种与反应物进行方向有关的因子，体现了焓变和熵变两种效应的对立和统一，具体分析如下。

(1) 如果 $\Delta H<0$（放热反应），同时 $\Delta S>0$（熵增加），$\Delta G<0$，在任意温度下，正反应均能自发进行。如反应：

$$H_2(g)+Cl_2(g)\longrightarrow 2HCl(g)$$

(2) 如果 $\Delta H>0$（吸热反应），同时 $\Delta S<0$（熵减少），$\Delta G>0$，在任意温度下，正反应均不能自发进行，但其逆反应在任意温度下均能自发进行。如反应：

$$3O_2(g)\longrightarrow 2O_3(g)$$

(3) 如果 $\Delta H<0$，$\Delta S<0$（放热反应但是熵减少的反应），低温下，$|\Delta H|>|T\Delta S|$，$\Delta G<0$，正反应能够自发进行；高温下，$|\Delta H|<|T\Delta S|$，$\Delta G>0$，正反应不能自发进行。如反应：

$$2NO(g)+O_2(g)\longrightarrow 2NO_2(g)$$

(4) 若 $\Delta H>0$，$\Delta S>0$（吸热反应但同时是熵增加的反应），低温下，$|\Delta H|>|T\Delta S|$，$\Delta G>0$，正反应不能自发进行，高温下，$|\Delta H|<|T\Delta S|$，$\Delta G<0$，逆反应能自发进行。如反应：

$$CaCO_3(s)\longrightarrow CaO(s)+CO_2(g)$$

由上述几种情况可以看出，放热反应不一定都能正向进行，吸热反应在一定条件下也可以自发进行。在（1）、（2）两种情况下，ΔH 与 ΔS 两种效应方向一致；在（3）、（4）两种情况下，ΔH 与 ΔS 两种效应相互对立，低温下 ΔH 效应为主，高温下 ΔS 效应为主，随温度变化反应实现了自发与非自发之间的转化，中间必定存在一转折点，即 $\Delta G=0$，此时，系统处于平衡状态，温度稍有改变，平衡发生移动，反应方向发生逆转，该温度为转变温度：

$$\Delta G=\Delta H-T\Delta S=0$$

在一定温度范围内，ΔH、ΔS 随温度变化很小，可近似认为不随温度变化，则

$$T_{转}=\frac{\Delta_r H_m^{\ominus}(298)}{\Delta S_m^{\ominus}(298)} \tag{2-15}$$

2.4.4 $\Delta_r G_m$ 与温度的关系

由标准摩尔生成吉布斯自由能的数据算得 $\Delta_r G_m^{\ominus}$，可用来判断反应在标准态下能否自发进行。但是能查到的标准生成吉布斯自由能一般都是 298K 时的数据，那么在其他温度，如在人体的温度 37℃时，某一生化反应能否自发进行？为此需要了解温度对 ΔG 的影响。

一般来说，温度变化时，ΔH、ΔS 变化不大，而 ΔG 却变化很大。因此，当温度变化不太大时，可以近似地把 ΔH、ΔS 看作不随温度而变的常数。这样，只要求得 298K 时的 $\Delta H_{298}^{\ominus}$ 和 $\Delta S_{298}^{\ominus}$，利用如下近似公式就可求算温度 T 时的 $\Delta G_T^{\ominus}$。

$$\Delta_r G_m(T)\approx\Delta_r H_m^{\ominus}(298)-T\Delta S_m^{\ominus}(298) \tag{2-16}$$

【例 2-6】 已知：

	$C_2H_5OH(l)$	$C_2H_5OH(g)$
$\Delta_f H_m^{\ominus}$/(kJ/mol)	−277.6	−235.3
$S_m^{\ominus}$/[J/(K·mol)]	161	282

（1）判断在 298K 的标准态下，$C_2H_5OH(l)$ 能否自发地变成 $C_2H_5OH(g)$。

（2）判断在 373K 的标准态下，$C_2H_5OH(l)$ 能否自发地变成 $C_2H_5OH(g)$。

（3）估算乙醇的沸点。

解 （1）对于过程 $C_2H_5OH(l)\longrightarrow C_2H_5OH(g)$

$$\Delta_r H_m^{\ominus}(298)=(-253.2)-(-277.6)=42.3(\text{kJ/mol})$$

$$\Delta S_m^{\ominus}(298)=282-161=121[\text{J/(mol·K)}]$$

$$\Delta_r G_m^{\ominus}(298)=\Delta_r H_m^{\ominus}(298)-T\Delta S_m^{\ominus}(298)$$

$$=42.3-298\times121\times10^{-3}=6.2\ (\text{kJ/mol})>0$$

所以在 298K 和标准状态下 $C_2H_5OH(l)$ 不能自发地变成 $C_2H_5OH(g)$。

（2）$\Delta_r G_m(373)\approx\Delta_r H_m^{\ominus}(298)-T\Delta S_m^{\ominus}(298)\approx42.3-373\times121\times10^{-3}\approx-2.8(\text{kJ/mol})<0$

所以在 373K 和标准状态下 $C_2H_5OH(l)$ 能自发地变成 $C_2H_5OH(g)$。

（3）乙醇的沸点即是此过程的转变温度

$$T_{转}=\frac{\Delta_r H_m(298)}{\Delta S_m(298)}=\frac{42.3}{121\times10^{-3}}=350(\text{K})$$

所以乙醇的沸点约为 350K（实验值为 351K）。

习　题

1. 已知在温度为 298.15K 的标准条件下，$CO(g)$ 和 $H_2O(g)$ 的标准摩尔生成焓分别为 −110.53kJ/mol 和 −241.83kJ/mol。计算反应 $H_2O(g)+C(石墨)\longrightarrow CO(g)+H_2(g)$ 的标准摩尔焓变。

2. 已知 298.15K 时

（1）$CO(g)+\frac{1}{2}O_2(g)=\!=\!=CO_2(g)$　　$\Delta_r H_{m1}^{\ominus}=-283.0\text{kJ/mol}$

（2）$H_2(g)+\frac{1}{2}O_2(g)=\!=\!=H_2O(l)$　　$\Delta_r H_{m2}^{\ominus}=-285.0\text{kJ/mol}$

（3）$C_2H_5OH(l)+3O_2(g)=\!=\!=3H_2O(l)+2CO_2(g)$　　$\Delta_r H_{m3}^{\ominus}=-1367.0\text{kJ/mol}$

计算反应：$2CO(g)+4H_2(g)=\!=\!=C_2H_5OH(l)+H_2O(l)$ 的 $\Delta_r H_{m4}^{\ominus}$。

3. 计算 298.15K 标准条件下反应 $2C_2H_5OH(l)\longrightarrow C_4H_6(g)+2H_2O(g)+H_2(g)$ 的 $\Delta_r H_m^{\ominus}$。已知 298.15K 时 $C_2H_5OH(l)$、$C_4H_6(g)$ 和 $H_2O(g)$ 的标准摩尔生成焓分别为 −235.10kJ/mol、−110.16kJ/mol 和 −241.82kJ/mol。

4. 298.15K、标准状态下，丙烷 $C_3H_8(g)$、C（石墨）和 $H_2(g)$ 的标准摩尔燃烧热分别为 −2219.9kJ/mol、−393.51kJ/mol 和 −285.83kJ/mol，求丙烷生成反应的标准摩尔生成热。
5. 已知 C(石墨)、$H_2(g)$ 和 $C_2H_4(g)$ 在 298.15K、100kPa 下的标准摩尔熵分别为 5.7J/(K·mol)、131.2J/(K·mol) 和 221.0J/(K·mol)，计算反应：$2C(石墨)+2H_2(g) \longrightarrow C_2H_4(g)$ 的标准摩尔熵变。
6. 已知 298.15K、100kPa 下 $CO_2(g)$、$H_2(g)$、$CO(g)$ 和 $H_2O(g)$ 的标准摩尔生成吉布斯自由能分别为 −394.38kJ/mol、0kJ/mol、−137.29kJ/mol 和 −228.58kJ/mol。求反应 $CO_2(g)+H_2(g) \rightleftharpoons CO(g)+H_2O(g)$ 的标准摩尔吉布斯自由能变 $\Delta_r G_m^\ominus(298)$，并判断反应进行的方向。
7. 已知 298.15K、100kPa 下，$N_2O_5(g)$、$NO_2(g)$ 和 $O_2(g)$ 的标准摩尔生成焓分别为 2.51kJ/mol、33.85kJ/mol 和 0kJ/mol，标准摩尔熵分别为 342.40J/(K·mol)、240.57J/(K·mol) 和 205.14J/(K·mol)。求反应 $N_2O_5(g) \rightleftharpoons 2NO_2(g)+\frac{1}{2}O_2(g)$ 在 678℃下的标准摩尔反应吉布斯自由能，并判断反应进行的方向（假设标准摩尔反应热和标准摩尔熵变不随温度变化）。
8. 有两种方法合成苯：

(1) $6C(石墨)+3H_2 \rightleftharpoons$ ⌬ (l)

(2) $3C_2H_2(g) \rightleftharpoons$ ⌬ (l)

已知 298.15K、100kPa 下苯和乙炔 $C_2H_2(g)$ 的标准摩尔生成吉布斯自由能 $\Delta_r G_m^\ominus(298)$ 分别为 124.50kJ/mol 和 209.20kJ/mol。判断哪一个反应有可能实现。

9. 利用附录中相关的标准摩尔生成焓和标准摩尔熵的数据，判断反应 $CaCO_3(s) \xrightarrow{\triangle} CaO(s)+CO_2(g)$ 在 298K 时能否自发进行？若假设 $\Delta_r H_m^\ominus$ 和 $\Delta_r S_m^\ominus$ 不随温度而变化，求其转变温度。
10. 水煤气反应 $C(s)+H_2O(g) \rightleftharpoons CO(g)+H_2(g)$，问：
    (1) 此反应在 298K、标准状况下能否正向进行？
    (2) 若升高温度，反应能否正向进行？
    (3) 100kPa 压力下，在什么温度时此体系为平衡体系？
11. 下列各热力学函数中，哪些数值是零？
    (1) $\Delta_f H_m^\ominus(O_3, g, 298K)$
    (2) $\Delta_f G_m^\ominus(I_2, g, 298K)$
    (3) $\Delta_f H_m^\ominus(Br_2, s, 298K)$
    (4) $S_m^\ominus(H_2, g, 298K)$
    (5) $\Delta_f G_m^\ominus(N_2, g, 298K)$
12. 根据下列反应的 $\Delta_r H_m^\ominus$ 和 $\Delta_r S_m^\ominus$ 数值的正负：
    (1) $N_2(g)+O_2(g) \rightleftharpoons 2NO(g)$
    (2) $Mg(s)+Cl_2(g) \rightleftharpoons MgCl_2(s)$
    (3) $H_2(g)+S(s) \rightleftharpoons H_2S(g)$

    说明哪些反应在任何温度下都能正向进行？哪些反应只在高温或低温下才能进行？

第3章 化学反应速率和化学平衡

化学反应速率和化学平衡是研究化学反应时的两个重要问题。化学反应速率讨论的是化学反应进行的快慢问题；化学平衡讨论的是化学反应进行的程度问题。了解掌握化学反应速率和化学平衡等有关理论，就可以通过改变反应条件控制反应速率、调节反应进行的程度，使反应按照人们预想的方式进行。

3.1 化学反应速率

3.1.1 化学反应速率的表示法

化学反应速率是指在一定条件下单位时间内某化学反应中某反应物浓度的减少或某生成物浓度的增加。

对于恒容反应

$$aA+bB \longrightarrow dD+eE$$

在恒温条件下，其平均反应速率（$\bar{v}_i$）表示为

$$\bar{v}_i=\frac{\Delta c_i}{\Delta t}$$

式中，Δc_i 为物质 i 在时间间隔 Δt 内的浓度变化。

因为反应物的浓度随时间的变化不断减少，为使反应速率为正值，所以用反应物浓度变化来表示平均速率时，必须在式子中加一个负号，如

$$\bar{v}_A=-\frac{c(A)_2-c(A)_1}{t_2-t_1}=-\frac{\Delta c(A)}{\Delta t}$$

如用生成物浓度变化来表示，则

$$\bar{v}_D=\frac{c(D)_2-c(D)_1}{t_2-t_1}=\frac{\Delta c(D)}{\Delta t}$$

在表示化学反应速率时，物质的浓度为物质的量浓度 mol/L，时间单位可根据反应的快慢程度用秒（s）、分（min）、小时（h）、天（d）等。

【例 3-1】 298K 下 N_2O_5 的分解反应 $2N_2O_5(g) \longrightarrow 4NO_2(g)+O_2(g)$ 中各物质的浓度与反应时间的对应关系如表中所示：

t/s	0	100	300	700
$c(N_2O_5)$/(mol/L)	2.10	1.95	1.70	1.31
$c(NO_2)$/(mol/L)	0	0.30	0.80	1.58
$c(O_2)$/(mol/L)	0	0.08	0.20	0.40

试计算以各物质的浓度表示的平均速率。

解 分别以 N_2O_5、NO_2、O_2 的浓度变化来表示反应速率：

$$\bar{v}(N_2O_5)=-\frac{\Delta c(N_2O_5)}{\Delta t}=-\frac{1.31-1.70}{700-300}=0.98\times10^{-3}\ [\text{mol/(L·s)}]$$

$$\bar{v}(NO_2)=-\frac{\Delta c(NO_2)}{\Delta t}=-\frac{1.58-0.80}{700-300}=1.95\times10^{-3}\ [\mathrm{mol/(L\cdot s)}]$$

$$\bar{v}(O_2)=-\frac{\Delta c(O_2)}{\Delta t}=-\frac{0.40-0.20}{700-300}=0.50\times10^{-3}\ [\mathrm{mol/(L\cdot s)}]$$

以上计算结果表明，同一反应的反应速率，当以不同物质的浓度变化来表示时，其数值可能会有所不同，但它们之间的比值恰好等于反应方程式中各物质化学式前的系数之比：

$$\bar{v}(N_2O_5):\bar{v}(NO_2):\bar{v}(O_2)=0.98\times10^{-3}:1.95\times10^{-3}:0.50\times10^{-3}\approx2:4:1$$

以上讨论的是在一段时间间隔内的平均速率。在这段时间间隔内的每一时刻，反应速率是不同的。要确切地描述某一时刻的反应速率，必须使时间间隔尽量小，当 $\Delta t\rightarrow0$ 时，反应速率就是这一瞬间的真实速率，称为瞬时速率。

3.1.2 化学反应速率理论

3.1.2.1 碰撞理论

碰撞理论认为，反应的发生是由于反应物分子（或原子、离子）之间的相互碰撞。但是反应物分子之间的每一次碰撞并不是都能够发生反应。对大多数反应来说，只有少数或极少数分子碰撞时才能发生反应。能发生反应的碰撞称为有效碰撞。发生有效碰撞，必须具备两个条件：第一，反应物分子必须具有足够的能量，即当反应物分子具有的能量超过某一定值时，反应物分子间的相互碰撞才有可能使化学反应发生，碰撞理论把这些具有足够能量的分子称为活化分子。第二，分子间相互碰撞时，必须具有合适的方向性，也就是说，并非所有的活化分子间的碰撞都可以发生反应，只有当活化分子以适当的方向相互碰撞后，反应才能发生。

活化分子具有的最低能量（$E_{最低}$）与反应物分子具有的平均能量（$E_{平均}$）的差称为活化能。用 E_a 表示：

$$E_a=E_{最低}-E_{平均}$$

在一定温度下，每个反应都有特定的活化能。反应的活化能越大，反应速率越慢；反应的活化能越小，反应速率越快。一般地，化学反应的活化能 $E_a=60\sim250\mathrm{kJ/mol}$，若 $E_a<40\mathrm{kJ/mol}$，则反应速率快得难以测定；若 $E_a>250\mathrm{kJ/mol}$，则反应速率慢得难以察觉。

分子碰撞理论以有效碰撞成功地解释了简单分子间的反应，但是它不能说明反应过程及反应过程中能量的变化。

3.1.2.2 过渡状态理论

过渡状态理论认为，化学反应不只是通过反应物分子之间简单碰撞就能完成的，当两个具有足够能量的分子相互接近并发生碰撞后，要经过一个中间的过渡状态，即首先形成一种活化配合物。例如在 NO_2 与 CO 的反应中，当 NO_2 和 CO 的活化分子碰撞之后，就形成了一种活化配合物［ONOCO］，如图 3-1 所示。

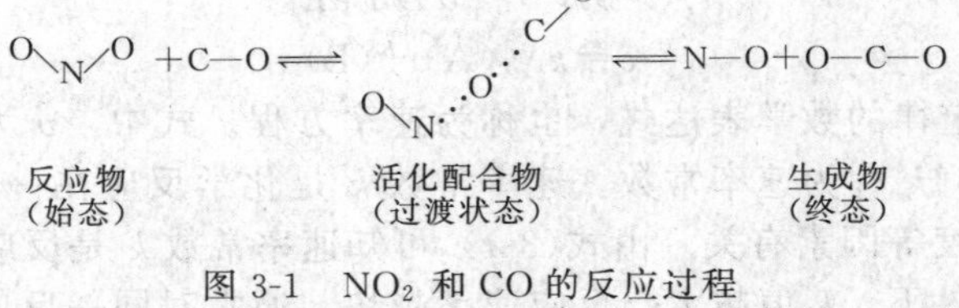

O╲N╱O +C—O ⇌ O╲N···O···C╱O ⇌ N—O+O—C—O

反应物（始态）　活化配合物（过渡状态）　生成物（终态）

图 3-1　NO_2 和 CO 的反应过程

在活化配合物中，原有的化学键部分地断裂，新的化学键部分地形成，反应物 NO_2 和 CO 的动能暂时转变为活化配合物［ONOCO］的势能。活化配合物［ONOCO］很不稳定。它既可以分解成反应物 NO_2 和 CO，又可以分解成生成物 NO 和 CO_2。

过渡状态理论认为，在发生化学反应的过程中，从反应物到生成物，反应物必须越过一个能垒，反应过程如图 3-2 所示。图 3-2 中活化配合物与反应物分子的平均能量之差为正反

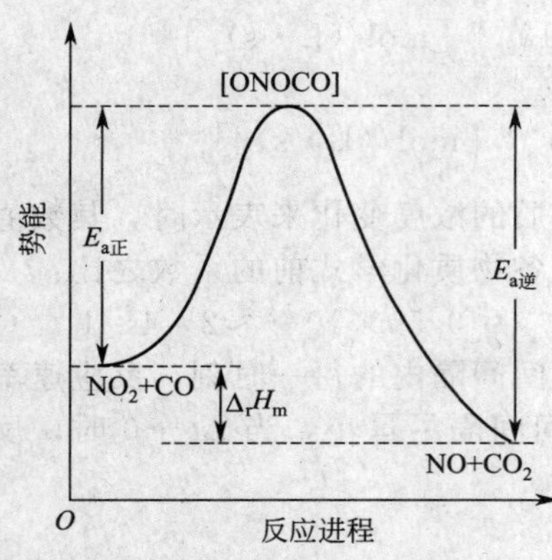

图 3-2 反应过程中势能变化示意图

应的活化能 $E_{a正}$，活化配合物与生成物分子的平均能量之差为逆反应的活化能 $E_{a逆}$。活化能 $E_{a正}$ 越小，正反应越容易进行。活化能 $E_{a正}$ 是决定化学反应速率的重要因素。

图 3-2 中 $\Delta_r H_m$ 为反应的焓变

$$\Delta_r H_m = E_{a正} - E_{a逆}$$

如果 $E_{a正} > E_{a逆}$，$\Delta_r H_m > 0$，则正反应是吸热的；$E_{a正} < E_{a逆}$，$\Delta_r H_m < 0$，则正反应就是放热的。吸热反应的活化能一定大于放热反应的活化能。

3.1.3 影响化学反应速率的因素

化学反应速率的大小，首先取决于反应物的本性。例如，无机物之间的反应一般比有机物之间的快得多；对于无机物之间的反应来说，分子之间进行的反应一般较慢，而溶液中离子之间进行的反应一般较快。对于给定的化学反应，除反应物的本性外，影响化学反应速率的因素还有反应物的浓度（压力）、反应时的温度及催化剂等。

3.1.3.1 浓度（压力）对反应速率的影响

大量实验证明，在一定的温度下，化学反应速率与浓度有关，反应物的浓度增大，反应速率加快。这是由于对于任意一个化学反应，温度一定时，反应物分子中活化分子的百分数是一定的，当反应物的浓度增加时，活化分子的百分数也相应增加，在单位时间内反应物分子之间的有效碰撞次数也增加，所以反应速率加快。

化学动力学上把反应分为基元反应（简单反应）和复杂反应（非基元反应）。一步就能完成的反应称为基元反应。如

$$2NO_2 \longrightarrow 2NO + O_2$$

由两个或两个以上的基元反应构成的化学反应称为复杂反应。如反应

$$2NO + 2H_2 \longrightarrow N_2 + 2H_2O$$

实际上是分两步进行的：

第一步 $$2NO + H_2 \longrightarrow N_2 + H_2O_2$$

第二步 $$H_2O_2 + H_2 \longrightarrow 2H_2O$$

每一步都是基元反应，总反应是两步反应的加和。

对于基元反应，在一定温度下，其反应速率与各反应物浓度幂的乘积成正比，浓度的幂在数值上等于基元反应中反应物的计量系数。这一规律称为质量作用定律。

例如，在一定的温度下，基元反应：

$$aA + bB \longrightarrow dD + eE$$

$$v = kc^a(A)c^b(B) \tag{3-1}$$

式(3-1) 是质量作用定律的数学表达式，也称为速率方程。式中，v 为反应的瞬时速率，物质的浓度为瞬时浓度，k 称为速率常数。速率常数 k 是化学反应在一定温度下的特征常数，与反应物的本性和温度等因素有关。由式(3-1) 可知速率常数 k 是反应物浓度为单位浓度时的反应速率。相同条件下，k 值越大，反应速率越快。通常对同一反应升高温度时，k 值会增大。

式(3-1) 中各浓度项幂次的总和 $(a+b)$ 称为反应的总级数（简称反应级数），a 和 b 分别称为反应物 A 和反应物 B 的分级数。

质量作用定律有一定的使用条件和范围，在使用时应注意以下几点。

① 质量作用定律只适用于基元反应和构成复杂反应的各基元反应，不适用于复杂反应。

② 稀溶液中的反应，若有溶剂参与反应，其浓度不写入质量作用定律表示式。

③ 有固体或纯液体参加的多相反应，若它们不溶于其他介质，则其浓度不写入质量作用定律表示式。

④ 气体的浓度可以用分压代替。

3.1.3.2 温度对反应速率的影响

温度对反应速率的影响要远大于反应物浓度对反应速率的影响。对于大多数化学反应来说，反应速率随反应温度的升高而加快。一般地，在反应物浓度恒定时，温度每升高 10K，化学反应速率增加 2～4 倍，这是一条经验规则。

1889 年，瑞典物理化学家阿仑尼乌斯（S. Arrhenius）在总结了大量实验数据的基础上，指出化学反应速率 k 与温度之间的定量关系为：

$$k=A\mathrm{e}^{-\frac{E_a}{RT}} \tag{3-2}$$

其对数式表示为：

$$\ln k=\ln A-\frac{E_a}{RT} \tag{3-3}$$

或

$$\lg k=\lg A-\frac{E_a}{2.303RT} \tag{3-4}$$

式中，k 为速率常数；E_a 为反应的活化能，kJ/mol；T 为热力学温度，K；R 为气体常数；A 为指前因子，也称为频率因子。式(3-2)、式(3-3) 和式(3-4) 均称为阿仑尼乌斯方程式。

一般地，当化学反应的温度变化不大时，E_a 和 A 可以看作是常数。若反应在温度 T_1 时的速率常数为 k_1，在温度 T_2 时的速率常数为 k_2，则由式(3-3) 得

$$\lg k_1=\lg A-\frac{E_a}{2.303RT_1}$$

$$\lg k_2=\lg A-\frac{E_a}{2.303RT_2}$$

两式相减，得

$$\lg\frac{k_2}{k_1}=\frac{E_a}{2.303R}\left(\frac{1}{T_1}-\frac{1}{T_2}\right)=\frac{E_a}{2.303R}\left(\frac{T_2-T_1}{T_1T_2}\right) \tag{3-5}$$

这样，对于某反应，若已知其在温度 T_1 时的反应速率 k_1 和温度 T_2 时的反应速率 k_2，即可求出此反应的活化能 E_a；若已知活化能 E_a，亦可求出此反应在任一温度下的反应速率常数 k。

3.1.3.3 催化剂对反应速率的影响

（1）催化剂与催化作用　在化学反应中能够改变化学反应速率，而其自身的质量、组成和化学性质在反应前后基本保持不变的物质称为催化剂。能加快反应速率的催化剂为正催化剂；能减慢反应速率的催化剂为负催化剂或阻化剂、抑制剂。催化剂改变化学反应速率的作用称为催化作用。在催化剂作用下进行的反应，称为催化反应。

催化剂能够加快反应速率，是催化剂参与化学反应，改变了反应的途径，使反应的中间过渡态的能量降低了，从而降低了反应的活化能。结果是在不改变温度的情况下，增大了活化分子的百分率，从而使反应速率大大加快。

（2）催化剂的特点　催化剂具有如下特点。

① 催化剂同等程度地降低了正逆反应的活化能。

② 催化剂是通过改变反应途径来改变反应速率的，它不能改变反应的焓变 、吉布斯自由能变和反应方向。

③ 在可逆反应中，催化剂能够加速化学反应，缩短达到平衡的时间。但不能改变化学平衡常数，也不会使平衡发生移动。

④ 催化剂具有一定的选择性。一种催化剂通常只能对一种或少数几种反应有催化作用。

3.2 化学平衡

在研究化学反应时，人们不仅注意反应进行的方向和反应的速率，而且十分关心化学反应可以完成的程度，也就是在给定的条件下，反应物可以转化成生成物的最大限度，这就是化学平衡问题。

3.2.1 化学平衡

到目前为止，只有少数的化学反应其反应物能全部地转变为生成物，即反应能进行到底，这类反应称为不可逆反应。例如：

$$HCl + NaOH \longrightarrow NaCl + H_2O$$

$$2KClO_3 \xrightarrow{MnO_2,\triangle} 2KCl + 3O_2$$

但大多数反应不是如此。如 SO_2 转化为 SO_3 的反应，当压力为 101.3kPa、温度为 773K 时，SO_2 与 O_2 以 2∶1 的体积比在密闭容器内进行反应，实验证明，SO_2 转化为 SO_3 的最大转化率为 90%，这是因为 SO_2 与 O_2 生成 SO_3 的同时，部分 SO_3 又分解为 SO_2 和 O_2。这种在同一条件下可同时向正、逆两个方向进行的反应称为可逆反应。可表示为

$$2SO_2(g) + O_2(g) \rightleftharpoons 2SO_3(g)$$

在一定条件下，如果某一个可逆反应正向进行，那么随着反应的进行，反应物的浓度会不断减少，正反应的速率逐渐减慢；生成物的浓度会不断增大，逆反应的速率逐渐加快。经过一段时间后，正反应的速率与逆反应的速率相等，各个物质的浓度不再随时间变化而发生改变，此状态称为化学平衡状态（见图 3-3）。处于化学平衡状态下的各物质的浓度称为平衡浓度，用［B］表示。即［B］为反应达到平衡状态时物质 B 的浓度。

化学平衡具有以下特点。

① 化学平衡状态最主要的特征是可逆反应的正、逆反应速率相等。可逆反应达到平衡后，只要外界条件不变，反应体系中各物质的量不随时间而变。

② 化学平衡是一种动态平衡。反应体系达到平衡后，实际上反应并没有终止，正反应和逆反应始终在进行着，只是由于单位时间内各物质（生成物和反应物）的生成量和消耗量相等，从而使各物质的浓度都保持不变，反应物与生成物处于动态平衡。

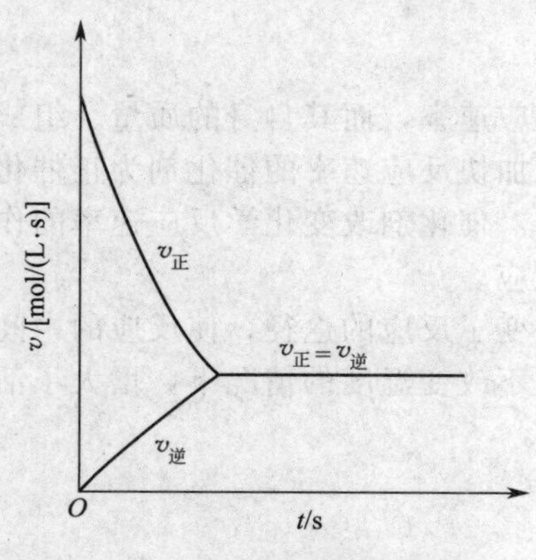

图 3-3 可逆反应的反应速率变化示意图

③ 化学平衡是有条件的。化学平衡只能在一定的外界条件下才能保持，当外界条件改变时，原平衡就会被破坏，随后在新的条件下建立起新的平衡。

④ 化学平衡可双向达到。由于反应是可逆的，因而化学平衡既可由反应物开始达到平衡，也可以由产物开始达到平衡。

3.2.2 平衡常数

通过大量实验发现：在可逆反应达成平衡时，以反应方程式中相应的计量系数为指数的生成物浓度幂的乘积与反应物浓度幂的乘积之比是一个常数，用 K 表示。例如，

对于一般的可逆反应

$$aA+bB \rightleftharpoons dD+eE$$

$$K_c=\frac{[D]^d[E]^e}{[A]^a[B]^b}$$

若反应物与生成物均为气体，在平衡时，各物质的分压分别为 p_A、p_B、p_D、p_E，则有

$$K_p=\frac{p_D^d p_E^e}{p_A^a p_B^b}$$

式中，K_c 和 K_p 分别称为浓度平衡常数和压力平衡常数。K_c 和 K_p 都是从实验数据得到的。所以 K_c 和 K_p 统称为实验平衡常数。若反应前后分子数不同，K_c 和 K_p 是有量纲的量，且随反应不同量纲也不同。本书一律使用标准平衡常数 $K^\ominus$（简称平衡常数）。

对于任意可逆反应

$$aA+bB \rightleftharpoons dD+eE$$

如反应是在溶液中进行的，则标准平衡常数

$$K^\ominus=\frac{([D]/c^\ominus)^d([E]/c^\ominus)^e}{([A]/c^\ominus)^a([B]/c^\ominus)^b} \tag{3-6}$$

若是气体反应，则标准平衡常数

$$K^\ominus=\frac{(p_D/p^\ominus)^d(p_E/p^\ominus)^e}{(p_A/p^\ominus)^a(p_B/p^\ominus)^b} \tag{3-7}$$

标准平衡常数 $K^\ominus$ 是无量纲的量。

书写标准平衡常数表达式时，应该注意以下几点。

① 如果有固体或纯液体参与反应时，不要把它们写入表达式中，如：

$$CaCO_3(s) \rightleftharpoons CaO(s)+CO_2(g) \qquad K^\ominus=\frac{p_{CO_2}}{p^\ominus}$$

$$HAc(aq)+H_2O(l) \rightleftharpoons H_3O^+(aq)+Ac^-(aq) \qquad K^\ominus=\frac{([H_3O^+]/c^\ominus)([Ac^-]/c^\ominus)}{[HAc]/c^\ominus}$$

② 平衡常数表达式及 $K^\ominus$ 的数值与反应方程式的写法有关，如：

$$N_2O_4(g) \rightleftharpoons 2NO_2(g) \qquad K_1^\ominus=\frac{(p_{NO_2}/p^\ominus)^2}{p_{N_2O_4}/p^\ominus}$$

$$\frac{1}{2}N_2O_4(g) \rightleftharpoons NO_2(g) \qquad K_2^\ominus=\frac{p_{NO_2}/p^\ominus}{(p_{N_2O_4}/p^\ominus)^{1/2}}$$

显然 $K_1^\ominus \neq K_2^\ominus$，$K_1^\ominus=(K_2^\ominus)^2$。

为简化书写，在 $K^\ominus$ 表达式中可将 $c^\ominus$ 省略。例如对于反应

$$NH_3(aq)+HAc(aq) \rightleftharpoons NH_4^+(aq)+Ac^-(aq)$$

其标准平衡常数可简写为：

$$K^\ominus=\frac{[NH_4^+][Ac^-]}{[NH_3][HAc]}$$

平衡常数是温度的函数，不随浓度的改变而改变。它是反应的特征常数。平衡常数可以用来衡量反应进行的程度和判断反应方向。在平衡体系中，平衡常数值越大，正反应进行的程度越大，生成物的量相对越多。

在化学反应达到平衡时，通过实验测定各物质的平衡浓度或平衡分压，即可计算出该反

应的平衡常数。平衡常数也可以通过热力学计算求得。其计算公式为

$$\lg K^{\ominus}=\frac{\Delta_{r}G_{m}^{\ominus}}{2.303RT} \tag{3-8}$$

此式是标准自由能变 $\Delta_{r}G_{m}^{\ominus}$ 与标准平衡常数的关系式。

3.2.3 多重平衡规则

在一定的条件下，如果在一个反应系统中，有一个或多个组分同时参与两个或两个以上的化学反应，并共同达到化学平衡，这种状态称为多重平衡状态，简称多重平衡。

当几个反应式相加（或相减）得到另一个反应式时，其平衡常数即等于几个反应平衡常数的乘积（或商），这个规则称为多重平衡规则。

【例 3-2】 已知下列两反应的平衡常数：① $AgCl(s)\rightleftharpoons Ag^{+}(aq)+Cl^{-}(aq)$，$K_{1}^{\ominus}=1.77\times10^{-10}$，② $[Ag(NH_{3})_{2}]^{+}(aq)\rightleftharpoons Ag^{+}(aq)+2NH_{3}(aq)$，$K_{2}^{\ominus}=8.9\times10^{-8}$，求反应③ $AgCl(s)+2NH_{3}(aq)\rightleftharpoons[Ag(NH_{3})_{2}]^{+}(aq)+Cl^{-}(aq)$ 的平衡常数。

解 反应①－反应②＝反应③

根据多重平衡规则 $K_{3}^{\ominus}=\frac{K_{1}^{\ominus}}{K_{2}^{\ominus}}=\frac{1.8\times10^{-10}}{8.9\times10^{-8}}=1.99\times10^{-3}$

3.2.4 化学平衡计算

化学反应在一定条件下达到平衡后，系统中各物质浓度之间的数量关系则因制约于平衡常数而被确定下来。实验和工业生产中正是根据这种平衡关系来计算有关物质的平衡浓度、平衡常数以及反应物的转化率的。

某一反应物的平衡转化率是指化学反应达平衡后，该反应物转化为生成物的百分数，是理论上能达到的最大转化率（以 ε 来表示）：

$$\varepsilon=\frac{\text{某反应物的消耗量}}{\text{反应开始时该反应物的总量}}\times100\%$$

【例 3-3】 $AgNO_{3}$ 和 $Fe(NO_{3})_{2}$ 两种溶液会发生下列反应：$Fe^{2+}+Ag^{+}\rightleftharpoons Fe^{3+}+Ag$，在25℃时，将 $AgNO_{3}$ 和 $Fe(NO_{3})_{2}$ 两溶液混合，开始时溶液中 Ag^{+} 和 Fe^{2+} 浓度均为0.100mol/L，达到平衡时 Ag^{+} 的转化率为19.4%。求该温度下的平衡常数。

解	Fe^{2+}	＋	Ag^{+}	$\rightleftharpoons$	Fe^{3+}	＋	Ag
起始浓度/(mol/L)	0.100		0.100		0		
浓度变化/(mol/L)	－0.1×19.4% ＝－0.0194		－0.1×19.4% ＝－0.0194		0.1×19.4% ＝0.0194		
平衡浓度/(mol/L)	0.1－0.0194 ＝0.0806		0.1－0.0194 ＝0.0806		0.0194		

$$K^{\ominus}=\frac{[Fe^{3+}]}{[Fe^{2+}][Ag^{+}]}=\frac{0.0194}{0.0806\times0.0806}=2.99$$

【例 3-4】 在1000℃时，下列反应：$FeO(s)+CO(g)\rightleftharpoons Fe(s)+CO_{2}(g)$ 的标准平衡常数 $K^{\ominus}=0.5$，如果在 CO 的压力为6000kPa的密闭容器中加入足量的 FeO，计算 CO 和 CO_{2} 的平衡分压。

解	$FeO(s)+CO(g)\rightleftharpoons$	$Fe(s)+CO_{2}(g)$
起始分压/kPa	6000	0
分压变化/kPa	$-x$	$+x$
平衡分压/kPa	$6000-x$	x

反应的标准平衡常数表达式为

$$K^{\ominus}=\frac{p(CO_2)/p^{\ominus}}{p(CO)/p^{\ominus}}$$

将平衡分压和标准常数数值代入上式得

$$0.5=\frac{x/100}{(6000-x)/100}, \quad x=2000\text{kPa}$$

CO 和 CO_2 的平衡分压分别为

$$p(CO_2)=x=2000\ (\text{kPa})$$

$$p(CO)=6000-x=6000-2000=4000\ (\text{kPa})$$

3.2.5 影响化学平衡的因素

化学平衡是相对的、有条件的。当外界的条件变化时，化学平衡就会被破坏，直到建立新的平衡。这种由于条件的改变而导致化学平衡变化的过程，称为化学平衡的移动。一切能导致 $\Delta_r G_m$ 或 Q 值发生变化的外界条件（浓度、压力、温度）都会使平衡发生移动。

3.2.5.1 浓度对化学平衡的影响

对任一化学反应

$$a\text{A}+b\text{B} \rightleftharpoons d\text{D}+e\text{E}$$

反应商 Q 为

$$Q=\frac{c(\text{D})^d c(\text{E})^e}{c(\text{A})^a c(\text{B})^b}$$

式中各物质的浓度并非一定是平衡时的浓度。只有平衡时，$Q=K^{\ominus}$，此时各物质的浓度才是平衡浓度。如果 $Q<K^{\ominus}$，说明生成物的浓度小于其平衡浓度或者反应物的浓度，大于平衡浓度，平衡被破坏；为了建立新的平衡，反应向正方向进行。反之，如 $Q>K^{\ominus}$，则反应向逆方向进行。可以得出如下结论：

$Q=K^{\ominus}$，化学反应处于平衡状态；

$Q<K^{\ominus}$，反应正向自发进行，平衡向右移动；

$Q>K^{\ominus}$，反应不能正向自发进行，反应向逆向进行，平衡向左移动。

上述关系式被称为化学反应进行方向的反应商判据。

反应商的表示方法与标准平衡常数的表示方法应该一致。二者的差别只是平衡常数表达式中各浓度必须是平衡时的数值，而反应商则可以是任意时刻系统的组成。

【例 3-5】 含有 0.100mol/L $AgNO_3$、0.100mol/L $Fe(NO_3)_2$ 和 0.0100mol/L $Fe(NO_3)_3$ 溶液中，发生如下反应：$Fe^{2+}(aq)+Ag^+(aq) \rightleftharpoons Fe^{3+}(aq)+Ag(s)$，25℃时的平衡常数 $K^{\ominus}=2.98$。(1) 反应向哪一方向进行？(2) 平衡时，Ag^+、Fe^{2+}、Fe^{3+} 的浓度各为多少？

解 (1) 反应开始时的反应商：

$$Q=\frac{c_0(Fe^{3+})}{c_0(Fe^{2+})c_0(Ag^+)}=\frac{0.0100}{0.100\times 0.100}=1<K^{\ominus}=2.98$$

$Q<K^{\ominus}$，反应向正方向进行。

(2) 平衡组成的计算：

	$Fe^{2+}(aq)$	$+Ag^+(aq) \rightleftharpoons$	$Fe^{3+}(aq)+Ag(s)$
开始浓度/(mol/L)	0.100	0.100	0.0100
浓度变化/(mol/L)	$-x$	$-x$	$+x$
平衡浓度/(mol/L)	$0.100-x$	$0.100-x$	$0.0100+x$

平衡时

$$\frac{c(Fe^{3+})}{c(Fe^{2+})c(Ag^+)}=K^{\ominus}$$

$$\frac{0.100+x}{(0.100-x)^2}=2.98, \quad x=0.013$$

$$c(Fe^{3+})=0.0100+0.013=0.023\text{mol/L}$$

$$c(Fe^{2+})=c(Ag^{+})=0.087\text{mol/L}$$

对于任何可逆反应，提高某一反应物的浓度或降低生成物的浓度，都可使 $Q<K^{\ominus}$，能使平衡向着增加生成物浓度的方向移动。在化工生产中，常利用这一原理来提高某反应物的转化率。

3.2.5.2 压力对化学平衡的影响

对于有气体物质参加的化学反应来说，反应系统压力的改变对平衡移动的影响要视具体情况而定。

对于一般的化学反应

$$aA(g)+bB(g)\rightleftharpoons dD(g)+eE(g)$$

其以分压表示的反应商为 $$Q=\frac{(p_D/p^{\ominus})^d(p_E/p^{\ominus})^e}{(p_A/p^{\ominus})^a(P_B/p^{\ominus})^b}$$

平衡时 $$K^{\ominus}=\frac{(p_D/p^{\ominus})^d(p_E/p^{\ominus})^e}{(p_A/p^{\ominus})^a(P_B/p^{\ominus})^b}$$

当将反应系统压缩至 $\frac{1}{x}$（$x>1$）时，系统的总压力增大到 x 倍，相应各组分的分压也都同时增大 x 倍，此时反应商为：

$$Q=\frac{(xp_D/p^{\ominus})^d(xp_E/p^{\ominus})^e}{(xp_A/p^{\ominus})^a(xP_B/p^{\ominus})^b}=x^{\Delta n}K^{\ominus}$$

式中，$\Delta n=(d+e)-(a+b)$，是由气体生成物计量系数之和减去气体反应物计量系数之和所得的差值。

$\Delta n>0$ 的反应，为气体分子数增加的反应，若体积缩小到原来的 $\frac{1}{x}$，总压增加，$x^{\Delta n}>1$，此时，$Q>K^{\ominus}$，平衡向逆方向移动，即平衡向气体分子数减少的方向移动。

$\Delta n<0$ 的反应为气体分子数减少的反应，体积缩小时，总压增加，$x^{\Delta n}<1$；$Q<K^{\ominus}$，平衡向正方向移动，即平衡向气体分子数减少的方向移动。

总之，$\Delta n\neq0$ 时，如经压缩，使系统总压力增加，各组分的分压也增加，平衡向气体分子数减少的方向移动，即向减小压力的方向移动。

$\Delta n=0$ 的反应，在反应前后气体分子数不变，压缩使总压力改变时，$x^{\Delta n}=1$，$Q=K^{\ominus}$，此时，平衡不发生移动。

【例 3-6】 某容器中充有 N_2O_4 和 NO_2 的混合物，$n(N_2O_4):n(NO_2)=10.0:1.0$，在 308K、101kPa 条件下，发生反应：$N_2O_4(g)\rightleftharpoons 2NO_2(g)$，$K^{\ominus}(308K)=0.315$。(1) 计算平衡时各物质的分压；(2) 使上述反应系统体积减小到 $\frac{1}{2}$，反应在 308K、202kPa 条件下进行，平衡向何方移动？

解 (1) 此反应是在恒温恒压条件下进行的，又是气体分子数增加的反应。以 1mol NO_2 为计算基准。

反应开始时，$n(N_2O_4):n(NO_2)=10.0:1.0$，若 $n(N_2O_4)=1.0$mol，则 $n(NO_2)=0.10$mol；$p_{总}=101$kPa。

	$N_2O_4(g)\rightleftharpoons$	$2NO_2(g)$
开始时物质的量/mol	1.0	0.10
平衡时物质的量/mol	$1.0-x$	$0.10+2x$

平衡时，$n_{总}=1.1+x$，各物质的分压为：

$$p(N_2O_4)=\frac{1.0-x}{1.10+x}p_{总}, \quad p(NO_2)=\frac{0.10+2x}{1.10+x}p_{总}$$

$$K^{\ominus}=\frac{[p(NO_2)/p^{\ominus}]^2}{p(N_2O_4)/p^{\ominus}}$$

$$0.315=\frac{\left(\frac{0.10+2x}{1.10+x}\right)^2 p_{总}}{\frac{1.0-x}{1.10+x}p^{\ominus}}, \quad x=0.234$$

$$p(N_2O_4)=\frac{1.0-0.234}{1.10+0.234}\times 101=58\ (kPa)$$

$$p(NO_2)=\frac{0.10+2\times 0.234}{1.10+0.234}\times 101=43\ (kPa)$$

(2) 在已达上述平衡状态时，对系统施加压力达到 202kPa 时

$$p(N_2O_4)=2\times 58=116(kPa), \ p(NO_2)=2\times 43=86(kPa)$$

$$Q=\frac{[p(NO_2)/p^{\ominus}]^2}{p(N_2O_4)/p^{\ominus}}=\frac{\left(\frac{86}{101}\right)^2}{\frac{116}{101}}=0.63$$

$Q>K^{\ominus}$，平衡向左移动，即向分子数减少的方向移动。

3.2.5.3 温度对化学平衡的影响

对于一个给定的反应，如果温度变化不大，若反应在温度 T_1 下的平衡常数为 $K_1^{\ominus}$，在温度 T_2 下的平衡常数为 $K_2^{\ominus}$，则有

$$\ln\frac{K_2^{\ominus}}{K_1^{\ominus}}=\frac{\Delta_r H_m^{\ominus}}{R}\left(\frac{T_2-T_1}{T_2T_1}\right) \tag{3-9}$$

从式(3-9) 可以看到温度对化学平衡的影响：对于吸热反应 $\Delta_r H_m^{\ominus}>0$，当温度升高 $T_2>T_1$ 时，$K_2^{\ominus}>K_1^{\ominus}$，说明平衡常数随温度升高而增大，即升高温度使平衡向正反应方向——吸热反应方向移动；降低温度 $T_2<T_1$ 时，$K_2^{\ominus}<K_1^{\ominus}$，平衡常数随温度降低而减小，平衡向逆反应方向——放热反应方向移动。对于放热反应，$\Delta_r H_m^{\ominus}<0$，当 $T_2>T_1$ 时，$K_2^{\ominus}<K_1^{\ominus}$，表明平衡常数随温度升高而减小，即升高温度使平衡向逆反应方向——吸热方向移动；降低温度 $T_2<T_1$ 时，$K_2^{\ominus}>K_1^{\ominus}$，平衡常数增大，平衡向正反应方向——放热反应方向进行。

总之，不论是吸热反应还是放热反应，当升高温度时，化学平衡总是向吸热反应方向移动；当降低温度时，化学平衡总是向放热反应方向进行。

3.2.5.4 催化剂对化学平衡的影响

在一定温度下，对于给定的化学反应，虽然催化剂可以通过改变反应途径而加快反应速率，减少反应达到平衡的时间，但是催化剂不能改变反应的始态和终态，不能改变反应的 $\Delta_r G_m$ 和 $K^{\ominus}$，故催化剂不能使平衡发生移动。

综合上述各种因素对化学平衡的影响，1884 年吕·查德里（Le Chatelier）归纳、总结出了一条关于平衡移动的普遍规律：当体系达到平衡后，若改变平衡状态的任一条件，平衡就向着能减弱其改变的方向移动。这条规律称为吕·查德里原理。此原理既适用于化学平衡体系，也适用于物理平衡体系，但值得注意的是平衡移动原理只适用于已达平衡的体系，而不适用于非平衡体系。

习 题

1. 简答下列问题：
   (1) 什么是化学反应速率？什么是化学平衡？
   (2) 什么是反应速率常数？什么是平衡常数？
   (3) 浓度、温度和催化剂分别对速率常数和平衡常数有什么影响？
   (4) 什么是活化能？活化能的大小对反应速率有什么影响？
   (5) 温度升高，可逆反应的正、逆反应速率都加快，为什么化学平衡还会移动？
   (6) 什么是有效碰撞？有效碰撞的条件是什么？
2. 下列说法是否正确？为什么？
   (1) 化学反应的活化能越小，反应速率常数越小。
   (2) 正、逆反应的活化能在数值上相等，但符号相反。
   (3) 加入催化剂后，可以降低反应活化能，使平衡向正反应方向移动。
   (4) 在一定温度下，可逆反应达成平衡时，反应物浓度一定等于生成物的浓度。
   (5) 速率常数 k 和平衡常数 $K^{\ominus}$ 均与反应温度及物质本性有关，而与浓度无关。
   (6) 实验平衡常数 K_c 和 K_p 与标准平衡常数 $K^{\ominus}$ 在数值上是相等的。
   (7) 因为，$\Delta_r G_m^{\ominus}=-RT\ln K^{\ominus}$，所以 $\Delta_r G_m^{\ominus}$ 就等于平衡时的自由能变。
3. 写出下列化学反应的标准平衡常数表达式。
   (1) $N_2(g)+3H_2(g)\rightleftharpoons 2NH_3(g)$
   (2) $CH_4(g)+2O_2(g)\rightleftharpoons CO_2(g)+2H_2O(l)$
   (3) $CaCO_3(s)\rightleftharpoons CaO(s)+CO_2(g)$
   (4) $HAc(aq)+H_2O(l)\rightleftharpoons Ac^-(aq)+H_3O^+(aq)$
   (5) $AgCl(s)\rightleftharpoons Ag^+(aq)+Cl^-(aq)$
4. 反应 $C_2H_5Br \longrightarrow C_2H_4+HBr$ 的活化能为225kJ/mol。在298K时，反应的速率常数 $k=2.0\times10^{-3}s^{-1}$。问在700K时，此反应的速率常数是多少？
5. 298K时，尿素的水解反应为 $CO(NH_2)_2+H_2O \longrightarrow 2NH_3+CO_2$，无催化剂存在时，反应的活化能 E_{a1} 为120kJ/mol；当有催化剂存在时，反应的活化能 E_{a2} 为46kJ/mol。若无催化剂存在和有催化剂时频率因子 A 的数值相同，试计算298K时，由于催化剂的催化作用，该水解反应速率是无催化剂时的多少倍？
6. 1000K时，将1.00mol $SO_2(g)$ 与1.00mol $O_2(g)$ 充入容积为5.00L的密闭容器中，反应为 $2SO_2(g)+O_2(g)\rightleftharpoons 2SO_3(g)$，达到平衡时，有0.85mol $SO_3(g)$ 生成，求1000K时平衡常数 $K^{\ominus}$。
7. 在密闭容器中，将CO和 H_2O 的混合物加热，达到下列平衡

$$CO+H_2O\rightleftharpoons CO_2+H_2$$

   在800℃时平衡常数 $K^{\ominus}=1.0$，反应开始时，[CO]=2mol/L，[H_2O]=3mol/L，求平衡时各物质的浓度和CO的转化率。
8. 在1362K时，下列反应的平衡常数 $H_2(g)+\frac{1}{2}S_2(g)\rightleftharpoons H_2S(g)$，$K^{\ominus}=0.80$，$3H_2(g)+SO_2(g)\rightleftharpoons H_2S(g)+2H_2O(g)$，$K^{\ominus}=1.8\times10^4$，计算反应 $4H_2(g)+2SO_2(g)\rightleftharpoons S_2(g)+4H_2O(g)$ 在1362K时的平衡常数。
9. 1500K时，反应 $CaCO_3(s)\rightleftharpoons CaO(s)+CO_2(g)$ 的 $K^{\ominus}=0.50$，在此温度下反应达成平衡后，CO_2 的平衡分压是多少？
10. 利用 $\Delta_f H_m^{\ominus}$、$\Delta_r S_m^{\ominus}$ 分别计算反应 $CO(g)+3H_2(g)\rightleftharpoons CH_4(g)+H_2O(g)$ 在298K和500K时的平衡常数（注意：H_2O 在298K和500K时聚集态不同）。
11. 已知在800K时，反应 $SO_2(g)+\frac{1}{2}O_2(g)\rightleftharpoons SO_3(g)$ 的平衡常数 $K_{800}^{\ominus}=30$。求900K时平衡常数 $K_{900}^{\ominus}$（假设温度对此反应 $\Delta_r H_m^{\ominus}$ 的影响可以忽略）。
12. 反应 $C(s)+CO_2(g)\rightleftharpoons 2CO(g)$ 在1000℃时，$K^{\ominus}=168$，当 $p(CO)=50.7kPa$ 时，$p(CO_2)$ 为多少？
13. PCl_5 分解反应为 $PCl_5(g)\rightleftharpoons PCl_3(g)+Cl_2(g)$。在523K时，将0.70mol的 PCl_5 注入容积为2.0L的

密闭容器中，平衡时有 0.50mol PCl_5 被分解了。试计算该温度下的平衡常数 $K^{\ominus}$ 和 PCl_5 的分解百分数。

14. 乙烷裂解生成乙烯，$C_2H_6(g) \rightleftharpoons C_2H_4(g) + H_2(g)$，已知在 1273K、100kPa 下，反应达到平衡 $p(C_2H_6)=2.65kPa$，$p(C_2H_4)=49.35kPa$，$p(H_2)=49.35kPa$，$K^{\ominus}=$？并说明在生产中，常在恒温恒压加入过量水蒸气的方法，提高乙烯产率的原理。

15. 根据吕·查德里原理，讨论下列反应：

$$2Cl_2(g)+2H_2O(g) \rightleftharpoons 4HCl(g)+O_2(g) \qquad \Delta_r H_m^{\ominus}>0$$

将 Cl_2、$H_2O(g)$、HCl、O_2 四种气体混合，反应达到平衡时，下列左面的操作条件改变对右面的平衡数值有何影响（操作条件中没有注明的，是指温度不变、体积不变）？

① 增大容器体积　　$nH_2O(g)$　　⑤ 减小容器体积　　$p(Cl_2)$
② 加 O_2　　$nH_2O(g)$　　⑥ 减小容器体积　　$K^{\ominus}$
③ 加 O_2　　nHCl　　⑦ 升高温度　　$K^{\ominus}$
④ 加催化剂　　nHCl　　⑧ 减小容器体积　　$nCl_2(g)$

16. 对于可逆反应 $C(s)+H_2O(g) \rightleftharpoons CO+H_2$，$\Delta_r H_m^{\ominus}>0$，判断下列说法是否正确？为什么？

① 达到平衡时各反应物和生成物的浓度一定相等。
② 升高温度 $v_正$ 增大，$v_逆$ 减小，所以平衡向右移动。
③ 由于反应前后分子数相等，所以增加压力对平衡没有影响。
④ 加入催化剂使 $v_正$ 增加，所以平衡向右移动。

第 4 章　化学分析

分析化学是测定物质的化学组成、研究测定方法及其有关理论的一门科学，是目前化学中最活跃的领域之一，它结合仪器分析，加上数学的渗入和电子计算机的应用，呈现出日新月异的发展势头。从对象来看，与生命科学、环境科学、高技术材料科学有关的分析化学是目前分析化学中最热门的领域。从方法来看，计算机在分析化学中的应用和化学计量学是分析化学中最活跃的领域。对分析化学来说，不一定是新的分支学科发展取代旧的分支学科，而常常是新的不断出现，旧的不断更新。

根据分析方法的原理，分析化学一般可分为化学分析和仪器分析两大类。本章简要介绍有关化学分析的基础知识。

4.1　化学分析概述

4.1.1　分析方法的分类

根据分析的目的、任务、分析对象、测定原理、操作方法等的不同，分析方法有以下几种分类方法。

4.1.1.1　定性分析、定量分析和结构分析

根据分析任务（或目的）不同，分析方法可以分为定性分析、定量分析和结构分析。其中定性分析是鉴定物质的化学组成（或成分）；定量分析是测定各组分的相对含量；结构分析是确定物质的化学结构。

4.1.1.2　无机分析和有机分析

根据分析对象不同，分析方法可以分为无机分析和有机分析。无机分析的分析对象是无机物，无机物所含的元素种类较多，分析结果要测出某些元素、离子、化合物是否存在及其含量。有机分析的对象是有机物，组成有机物的元素较少，但其结构变化多端，所以有机分析不仅有元素分析，而且要有官能团分析和结构分析。

4.1.1.3　常量分析、半微量分析和微量分析

根据分析时所用试样的量的不同，分析方法可以分为常量分析（试样＞0.1g 或试液＞10mL）、半微量分析（试样 0.01～0.1g 或试液 1～10mL）、微量分析（试样 0.1～10mg 或试液 0.01～1mL）、超微量分析（试样＜0.1mg 或试液＜0.01mL）。

4.1.1.4　化学分析法和仪器分析法

根据所依据的物理或化学原理的不同，分析方法可以分为化学分析法和仪器分析法。

（1）化学分析法　化学分析法是以物质的化学反应为基础的分析方法。化学分析是最早采用的分析方法，是分析化学的基础。化学分析法包括化学定性分析和化学定量分析。化学定性分析是根据试样与试剂化学反应的外部特征变化（如颜色变化、沉淀的生成或溶解、气体的产生等）来鉴定物质的化学组成；化学定量分析是利用试样中被测组分与试剂定量进行的化学反应来测定该组分的含量。化学定量分析又分为重量分析法与滴定分析法（即容量分析）。

重量分析法是通过适当的方法，如沉淀、挥发、电解等使待测组分转化为另一种纯的、

化学组成固定的化合物而与样品中其他组分得以分离，然后称其质量，根据称得的质量计算出待测组分的含量的方法。重量分析法适用于待测组分含量大于1%的常量分析，其特点是准确度高，因此常用于仲裁分析，但操作麻烦、费时。

滴定分析法是用一种已知准确浓度的溶液，通过滴定管（器）滴加到待测溶液中，使其与待测组分恰好完全反应，根据所加入的已知准确浓度的溶液的体积计算出待测组分的含量。该方法适用于常量分析，具有准确度高，操作简便、快速的特点，因此应用广泛。

(2) 仪器分析法　仪器分析法根据被测物质的物理性质或物理化学性质与组分的关系，借助特殊的仪器设备，测量该物质的物理或物理化学性质变化，进而进行定性或定量分析的方法。仪器分析法具有快速、灵敏的特点。由于计算机的使用，加强了仪器的功能，降低了操作的难度，并能获得大量信息。仪器分析法主要包括光学分析法、电化学分析法、色谱分析法等。

光学分析法是根据物质的光化学性质所建立起的分析方法。主要包括：分子光谱法，如紫外-可见光谱法、红外光谱法、发光分子法、分子荧光及磷光分析法；原子光谱法，如原子发射光谱法、原子吸收光谱法。

电化学分析法是根据物质的电化学性质所建立起的分析方法。主要包括电位分析法、极谱和伏安分析法、电重量和库仑分析法、电导分析法。

色谱分析法是根据物质在两相（固定相和流动相）中吸附能力、分配系数或其他亲和作用的差异而建立的一种分离、测定方法。这种分析法最大的特点是集分离和测定于一体，是多组分物质高效、快速、灵敏的分析方法，主要包括气相色谱法、液相色谱法。

随着科学技术的发展，许多新的仪器分析方法也得到不断的发展。如质谱、核磁共振、X射线衍射分析法、电子显微镜分析、毛细管电泳等。

化学分析法和仪器分析法各有优缺点和局限性，两者相辅相成。通常要根据被测物质的性质和对分析结果的要求，选择适当的分析方法。

4.1.2 定量分析的一般过程

定量分析的任务是准确测定样品中有关组分的含量。其全过程包括以下步骤：取样、样品的分解、干扰物质的分离、测定方法的选择及含量测定、数据的处理等。

4.1.2.1 取样

所谓样品或试样是指在分析工作中被用来进行分析的物质，它可以是固体、液体或气体。分析化学对试样的基本要求是其在组成和含量上具有一定的代表性，能代表被分析的总体。合理的取样是分析结果是否准确可靠的基础。取有代表性的试样必须采取特定的方法和操作规程。一般来说要多点取样，然后将各点取得的样品粉碎后混合均匀，再从混合均匀的样品中取少量试样进行分析。

4.1.2.2 试样的分解

定量分析一般采用湿法分析，即将试样分解后制成溶液，然后进行测定。试样分解过程中要注意防止被测组分损失，同时避免引入干扰测定的杂质。常用的方法有溶解法和熔融法两种。

溶解时常用的溶剂有水、无机酸、有机溶剂等。凡能在水中溶解的样品，应尽量用水作溶剂。利用无机酸的酸性、氧化还原性及配位性质，采用无机酸溶解试样是常用的方法，常用的盐酸、硝酸、稀硫酸可以溶解多数金属、碱性氧化物及弱酸盐，热的浓硫酸可用于分解矿石、有机化合物等。而许多有机样品易溶于有机溶剂中，如中药材中的有机酸、碱类化合物可溶于碱、酸性有机溶剂，不同极性的有机成分可在相应极性的有机溶剂中被提取出来，常用的有机溶剂有甲醇、乙醇、丙酮、乙醚、氯仿、乙酸乙酯、苯、甲苯等。

熔融法是将试样与固体熔剂混合后，在高温条件下熔融分解，再用水或酸浸取，使其转入溶液中。

4.1.2.3 干扰物质的分离

在对试样进行分析时，常遇到被测组分受样品中其他组分干扰的情况，在测定之前必须进行分离或对干扰组分掩蔽。常用的分离方法有沉淀法、挥发法、萃取法等，各种色谱法也是极好的分离手段。

4.1.2.4 测定

根据试样的性质和分析的要求选择合适的方法进行测定。对于标准物和成品的分析，准确度要求较高，应选用标准分析方法，如国家标准；对生产过程中的控制分析要求快速、简便，宜选用在线分析。

4.1.2.5 数据处理

根据测定的有关数据计算出组分的含量，并对分析结果进行可靠性分析，最后得出结论。

4.2 定量分析中的误差

定量分析要求分析结果有一定的准确度。但在实际分析过程中，即使是技术很熟练的分析工作者、用最成熟的方法、很精密的仪器对同一样品进行多次测定后得到的分析结果也不可能与真实值完全一致，而且各测量值之间也有微小的差异。这表明在分析测量过程中，误差是客观存在、不可避免的，技术的提高只能使分析结果更接近真实值，而不能达到真实值。了解误差产生的原因，有助于人们采取相应的对策减少误差，提高分析结果的准确度；而对测量结果的正确记录和处理，则能正确表达实验结果的准确度与精密度。

4.2.1 误差的分类

4.2.1.1 系统误差

系统误差是由某个固定原因造成的，它具有单向性，即正负、大小都有一定的规律性，当重复测定时会重复出现。若能找出原因，并设法加以测定，就可以消除，因此系统误差也称可测误差、恒定误差。根据系统误差的来源，系统误差可以分为以下几种。

(1) 方法误差　指分析方法本身所造成的误差。如重量分析中沉淀的溶解、共沉淀现象；滴定分析中反应进行不完全、滴定终点与化学计量点不符等，都系统地影响测定结果，使其偏高或偏低。选择其他方法或对方法进行校正可克服方法误差。

(2) 仪器误差　来源于仪器本身不够准确。如天平砝码长期使用后质量改变、容量仪器体积不准确等。对仪器进行校准可克服仪器误差。

(3) 试剂误差　由试剂或蒸馏水不纯所引起的误差。通过空白实验及使用高纯度水等方法，可以克服试剂误差。

(4) 操作误差　由操作人员主观原因造成，如对终点颜色敏感性不同，总是偏深或偏浅。通过加强训练，可减小此类误差。

4.2.1.2 偶然误差

偶然误差又称随机误差，是由某些难以控制、无法避免的偶然因素造成的，其大小、正负都不固定。如天平及滴定管读数的不确定性，电子仪器显示读数的微小变动，操作中温度、湿度变化，灰尘、空气扰动，电压电流的微小波动等，都会引起测量数据的波动。实验中这些偶然因素的变化是无法控制的，因而偶然误差是必然存在的。偶然误差的大小决定分析结果的精密度。

偶然误差的出现虽然无法控制，但如果多次测量就会发现，它的出现有一定规律。即小误差出现的概率大，大误差出现的概率小；绝对值相同的正、负误差出现的概率相同。偶然误差分布的这种规律在统计学上叫做正态分布，如图 4-1所示。

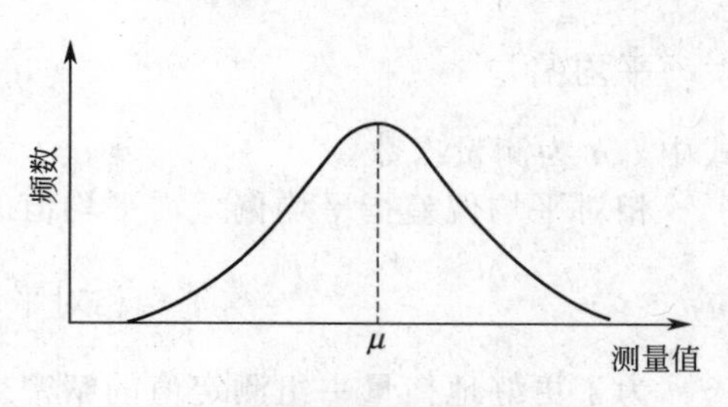

图 4-1 误差的正态分布曲线
（μ 为大量测量值的平均值）

由于偶然误差的出现服从统计规律，因此可以通过增加测定次数予以减小。也可以通过统计方法估计出偶然误差值，并在测定结果中正确表达。

应该指出，系统误差和偶然误差的划分不是绝对的，它们有时能够相互转化。如玻璃器皿对某些离子的吸附，对常量组分的分析影响很小，可以看作偶然误差，但如果是微量或痕量分析，这种吸附的影响就不能忽略，应该视为系统误差，需进行校正或改用其他容器。

4.2.1.3 过失误差

过失误差不同于上述两种误差。它是由于分析工作者粗心大意或违反操作规程所产生的错误，如溶液溅失、沉淀穿滤、读数记错等，一旦出现过失，则不论该次测量结果如何，都应在实验记录上注明，并舍弃不用。

4.2.2 误差和偏差的表示方法

4.2.2.1 准确度与误差

分析结果的准确度是指测定值与被测组分的真实值的接近程度。分析结果与真实值之间差别越小，分析结果的准确度越高。

准确度的高低用误差来衡量。误差可用绝对误差和相对误差来表示。绝对误差（E）是测量值 x_i 与真实值 μ 之差。

$$E=x_i-\mu \tag{4-1}$$

相对误差反映绝对误差在真实值或测量值中所占的比例

$$RE=\frac{E}{\mu}\times 100\% \tag{4-2}$$

误差小，表示结果与真实值接近，测定准确度高；反之则准确度低。绝对误差和相对误差都有正负值，正值表示分析结果偏高，负值表示分析结果偏低。相对误差的应用更具有实际意义，因而更常用。

由于真实值是不可能测得的，实际工作中往往用“标准值”代替真实值，标准值是指采用多种可靠方法、由具有丰富经验的分析人员反复多次测定得出的比较准确的结果。有时可将纯物质中元素的理论含量作为真实值。

4.2.2.2 精确度与偏差

在实际工作中真值常常是不知道的，因此无法求出误差，无法确定分析结果的准确度。在这种情况下分析结果的好坏可用精密度来判断。精密度是指一试样几次平行测定结果相互接近的程度。

精密度表明测定数据的再现性。精密度的高低用偏差来衡量。各次测量值与平均值之差称为偏差。它表示一组平行测定数据相互接近的程度。偏差越小，测定值的精密度越高。

绝对偏差 $$d_i=x_i-\bar{x}$$

相对偏差 $$Rd_i=\frac{d_i}{\bar{x}}\times 100\%$$

平均值实质上是代表测定值的集中趋势，而各种偏差实质上是代表测定值的分散程度。分散程度越小，精密度越高。

偏差常用平均偏差、相对平均偏差和标准偏差、相对标准偏差表示。

平均偏差 $$\bar{d}=\frac{\sum|x_i-\bar{x}|}{n} \quad (4\text{-}3)$$

式中，n 为测量次数。

相对平均偏差指平均偏差占平均值的百分率

$$相对平均偏差=\frac{\bar{d}}{\bar{x}}\times 100\% \quad (4\text{-}4)$$

为了更好地衡量一组测定值的精密度，在实际工作中更多地应用标准偏差和相对标准偏差表示数据分散的程度。它们能更好地反映大的偏差的影响。

标准偏差用 S 表示 $$S=\sqrt{\frac{\sum_{i=1}^{n}(x_1-\bar{x})^2}{n-1}} \quad (4\text{-}5)$$

相对标准偏差（RSD）也称变异系数（CV），用百分率表示

$$RSD=\frac{S}{\bar{x}}\times 100\% \quad (4\text{-}6)$$

【例 4-1】 一学生测定某溶液物质的量浓度（mol/L），得如下结果：0.1014，0.1012，0.1016，0.1025，试计算平均值、平均偏差、相对平均偏差、标准偏差和相对标准偏差。

解 $$\bar{x}=\frac{0.1014+0.1012+0.1016+0.1025}{4}=0.1017\ (\text{mol/L})$$

$$\bar{d}=\frac{|-0.003|+|-0.0005|+|-0.0001|+|0.0008|}{4}=0.0004\ (\text{mol/L})$$

$$相对平均偏差=\frac{0.0004}{0.1017}\times 100\%=0.39\%$$

$$S=\sqrt{\frac{(-0.0003)^2+(-0.0005)^2+(-0.0001)^2+(0.0008)^2}{4-1}}=0.0006\ (\text{mol/L})$$

$$RSD=\frac{0.0006}{0.1017}\times 100\%=0.59\%$$

一般情况下，常量组分定量化学分析要求相对平均偏差、相对标准偏差小于 0.2%。计算结果显示由于 0.1025 这个数据偏差较大，使分析结果不能达到要求，这说明标准偏差、相对标准偏差能更灵敏地反映出较大偏差的存在。

在报告一次分析的结果时，仅列出分析结果的平均值是不够的。应同时表明平行测定的次数及偏差的大小，以进一步说明实验的可靠性。如上述实验结果可报告为某溶液浓度为 0.1017mol/L（$n=4$，$RSD=0.59\%$）。

4.2.2.3 准确度与精确度的关系

精密度是指多次平行测定值之间的符合程度，它由偶然误差所决定；准确度是指测定值与真值之间的符合程度，它由系统误差所决定。准确度表示测量的正确性，精密度表示测量的重复性，两者的含义不同，不可混淆，但相互又有制约关系。

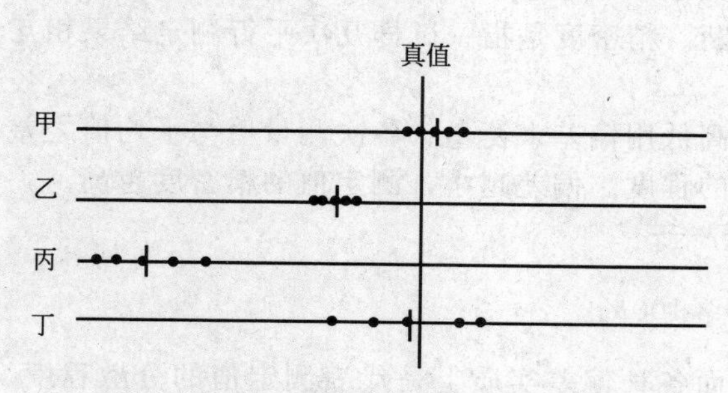

图 4-2 不同工作者分析同一试样的结果
（·表示单次测量值，| 表示平均值）

图 4-2 表示四个人对同一样品的分析结果，甲所得结果准确度与精密度均较好，结果可靠；乙的精密度虽好，但准确度低，可

能是测量中存在系统误差；丙的准确度与精密度均较差；丁的测量精密度甚差，只是由于正负误差凑巧相抵消，平均值才接近真值，如果少取一次结果来平均，结果就会相差很大，因此丙和丁的测量都是不可靠的。可见，精密度是保证准确度的先决条件。精密度差，所测结果不可靠，失去了衡量准确度的前提；而精密度高，不能保证准确度也高。

4.2.3 可疑数据的取舍

在实际分析过程中，有时会出现过高或过低的数据，叫做可疑数据或逸出值。如该数值确系实验中过失造成，必须舍弃；如不能检查出产生可疑数据的原因，则不能根据个人的主观好恶决定取舍，而应用统计检验的方法，决定可疑数据是否应该舍弃。检验可疑数据的方法很多，比较严格又使用方便的是 Q-检验法。

Q-检验法的做法如下。

① 将测定值按大小排列，可疑值往往是首相或末相。

② 计算测定值的极差 R＝最大值－最小值。

③ 计算可疑值与相邻值之差（邻差）。

④ 按下式计算 $Q_{计算}$

$$Q_{计算}=\frac{邻差}{极差}=\frac{|可疑值-相邻值|}{最大值-最小值} \tag{4-7}$$

⑤ 根据测定次数，从 Q 值表（见表 4-1）中查出指定置信度（一般为 90%或 95%）下 Q 表值。若 $Q_{计算}>Q_{表}$，则可疑值应舍去，否则应予保留。

表 4-1 Q 值表

测定次数 n	3	4	5	6	7	8	9	10
$Q_{0.90}$	0.94	0.76	0.64	0.56	0.51	0.47	0.44	0.41
$Q_{0.95}$	0.97	0.84	0.73	0.64	0.59	0.54	0.51	0.49

【例 4-2】 用 Q-检验法说明例 4-1 中 0.1025 是否应该舍去（置信度 90%）？如果该学生又做了第五次测定，浓度为 0.1014mol/L，则 0.1025 又应如何处理？检验结果说明了什么？

解 $Q_{计算}=\frac{0.1025-0.1016}{0.1025-0.1012}=0.69<Q_{表}=0.76$，0.1025 不能舍去。

在又做第五次测定的情况下，$Q_{计算}$ 值不变，$n=5$ 时，$Q_{表}=0.64$，则 0.1025 应舍去。这表明，适当增加实验次数，有助于得到更合理的实验结果。

4.3 提高分析结果准确度的方法

要得到准确的分析结果，必须设法减免在分析过程中产生的各种误差。综合对误差的认识，可以从以下几个方面减少分析误差。

4.3.1 选择合适的分析方法

各种分析方法的准确度和灵敏度不同，首先应根据试样的具体情况和对分析结果的要求，选择合适的分析方法。如重量分析法和滴定分析法测定的准确度高，但灵敏度较低，适于常量组分的分析；而仪器分析一般灵敏度高而准确度较差，适于微量组分的测定。如对锌的质量分数为 35%的炉甘石样品中锌的测定，采用滴定法分析，可以得到误差小于 0.2%的结果；而若采用光度法测定，按其相对误差 5%计，可能测得的范围是 33%～37%，准确度不如滴定法。

4.3.2 检验和消除系统误差

在分析工作中，必须十分重视系统误差的检验和消除，以提高分析结果的准确度。一般系统误差可用下面的方法进行检验和消除。

（1）对照实验　用含量已知的标准试样或纯物质，以同一方法对其进行定量分析，由分析结果与已知含量的差值，求出分析结果的系统误差，同时对分析结果的系统误差进行校正。

（2）空白实验　在不加试样的情况下，按照试样分析步骤和条件进行分析实验，把所得结果作为空白值，从样品分析结果中扣除。从而消除试剂、蒸馏水不纯等造成的系统误差。若对照或回收实验表明有系统误差存在，可通过空白实验找出产生系统误差的原因，并设法并消除它。

（3）校准仪器　消除仪器不准所引起的系统误差。如对砝码、容量瓶、移液管和滴定管进行校准。

（4）方法校正　某些分析方法的系统误差可用其他方法直接校正，选用公认的标准方法与所采用的方法进行比较，从而找出校正系数，消除方法误差。例如，在重量分析中要达到绝对完全沉淀是不可能的，但可以将用于滤液中的少量被测组分用其他方法，例如比色法进行测试，再将该结果加到重量分析的结果中，以达到提高分析结果的准确度。

4.3.3 减小测量的相对误差

为了保证分析结果的准确度，应在各步操作中尽量减小测量误差。如在重量分析中的称重，一般分析天平的称量误差为±0.0001g，用差减法称量两次，可能的最大误差是0.0002g。为使称量的相对误差小于0.1%，应称量的试样质量为

$$试样质量=\frac{绝对误差}{相对误差}=\frac{0.0002\text{g}}{0.1\%}=0.2\text{g}$$

即试样质量应大于或等于0.2g，方能保证称量误差在0.1%以内。类似地，一般滴定管的读数误差为±0.01mL，一次滴定需读数两次，可能的最大误差为±0.02mL，为使滴定的相对误差小于0.1%，每次滴定消耗的滴定剂体积应大于20mL。而在光度分析时，方法的相对误差为2%，若称取试样0.5g，则试样称量绝对误差不大于0.5g×2%=0.01g即可，没必要称准至±0.0001g。

4.3.4 增加平行测定次数，减小偶然误差的影响

偶然误差是由于偶然性的不固定的原因造成的，在分析过程中始终存在，是不可消除的。但根据偶然误差的分布规律，增加平行测定次数，可以减小偶然误差的影响。对一般分析测定，平行测定次数以4～6次为宜。

4.4 有效数字及其运算规则

在采取上述一系列提高分析结果准确度措施的同时，还应注意正确记录测量值和正确计算实验结果。通过一个正确记录的测量值，可以判断所使用仪器的准确度和精密度；而正确表达计算结果，则可反映该次实验的精密度。

4.4.1 有效数字

有效数字就是实际能测到的数字，数值的最后一位是可疑的（不确定的）。例如用分析天平称取试样时应写作0.5000g，其最后一位0是可疑的，在差减法称量的情况下，该数字的相对误差为

$$\frac{\pm 0.0002}{0.5000}\times 100\%=\pm 0.04\%$$

而如果记作0.5g，则表明是用台秤称量的，其相对误差为

$$\frac{\pm 0.2}{0.5}\times 100\% = \pm 40\%$$

可见有效数字的最低位反映测量的绝对误差，测量值在这一位有±(1～2）个单位的不确定性，这由所用测量仪器的准确度和精密度决定。而有效数字的位数大致反映测量值的相对误差。例如用移液管放出的溶液应记为25.00mL，而不能记为25mL，后者表示所用量器为量筒。定量化学分析方法应达到的准确度和精密度为0.2%，要求各测量值及分析结果的有效数字位数为4位。

在判断数据有效数字位数时，应注意以下问题：数字中的“0”是否为有效数字，要看它在数据中的作用，如作为普通数字使用，它就是有效数字，作为定位用则不是有效数字。例如滴定管读数20.50mL，其中的两个“0”都是测量数字，为四位有效数字；如果改用升表示，记作0.02050L，这时前面的两个“0”仅作为定位用，不是有效数字，而后面的“0”仍是有效数字，此数仍是四位有效数字；若记作20500μL，则不能正确表达和判断有效数字位数。在这种情况下，应用科学记数法记作 2.050×10^{4} μL。这个例子还说明，改变单位并不改变有效数字的位数。

不是测量所得到的数据，如化学反应倍数关系，可视为无误差数据或认为其有效数字位数无限多。

化学计算中常遇到的对数值，如 $\lg K^{\ominus}$、pH值等，有效数字位数取决于小数部分，其整数部分代表该数的方次。如pH=11.02，即 $[H^{+}]=9.6\times 10^{-12}$ mol/L，其有效数字为2位而非4位。

4.4.2 有效数字的修约

运算时，按一定规则舍入多余的尾数，称为数字修约。修约规则如下。

① 四舍六入五留双。即被修约数≤4时舍弃，≥6时进位。等于5且5后无数字时，若进位后末位数为偶数，则进位；若进位后末位数为奇数，则舍弃。若5后还有任何不为0的数字，则进位。如下列数字修约为四位有效数字时，4.4135修约为4.414，4.4105修约为4.410，4.412501修约为4.413。

② 应一次修约到所需位数，不能分次修约。如4.41349修约为4.413；不能先修约为4.4135，再修约为4.414。

4.4.3 有效数字的运算

分析过程中，往往经过几个测量步骤，获得的数据的准确度和精密度可能不同，各数据的绝对误差或相对误差会对结果产生影响。计算结果应正确反映实际测量的准确度和精密度。

（1）加减法运算　几个测量值相加减时，所保留的有效数字的位数取决于小数点后位数最少的那个，即绝对误差最大的那个数据。例如计算50.1+1.45+0.5812，各数据中绝对误差最大的是50.1，其绝对误差为±0.1，因而计算结果的绝对误差也不小于±0.1。

$$50.1+1.45+0.5812\approx 50.1+1.4+0.6=52.1$$

（2）乘除法运算　几个测量值相乘或相除时，所保留的有效数字的位数取决于有效数字位数最少的那个，即相对误差最大的那个数据。例如计算0.0121×25.64×1.05782，各数据中相对误差最大（有效数字位数最少）的是0.0121，因此结果的有效数字位数也是三位。

$$0.0121\times 25.64\times 1.05782\approx 0.0121\times 25.6\times 1.06=0.328$$

现在计算器的使用非常普遍，不论计算前是否对各数据进行修约，一定要正确保留最后结果的有效数字位数。如上题计算为0.0121×25.6×1.06(=0.3283456)=0.328，如直接计算0.0121×25.64×1.05782(=0.3281823)=0.328。又如计算2.50×2.00×1.52，结果的有效数字应为三位，而计算器的计算结果显示为“7.6”，只有两位有效数字，应写作2.50×2.00×1.52=7.60。

4.5 滴定分析法

4.5.1 滴定分析法概述

4.5.1.1 滴定分析法

滴定分析法是定量化学分析中最重要的分析方法，具有简单、快速、准确的特点，广泛应用于常量组分的测定。滴定分析法是将一种已知准确浓度的试剂溶液加入到被测物质溶液中，使二者按反应式化学计量关系恰好完全反应，根据二者的用量和浓度，计算被测组分含量的方法。分析时利用的化学反应统称为滴定反应。因这类方法以测量标准溶液的容积为基础，也称“容量分析法”。

滴定分析中，和被测组分发生反应的已知准确浓度的试剂溶液叫做标准溶液，通常也叫滴定剂。当加入的标准溶液与被测物质恰好完全反应的这一点称为化学计量点（旧称为等当点）。化学计量点通常没有明显的外部变化，需在溶液中加入试剂指示计量点的到达，这种试剂叫指示剂，滴定时指示剂改变颜色的那一点称做滴定终点。滴定终点和化学计量点不一定恰好一致，往往存在一定的差别，这一差别称为滴定误差或终点误差。终点误差是滴定分析误差的主要来源之一。其大小取决于反应的完全程度和指示剂选择的是否恰当。

4.5.1.2 滴定分析法的分类

滴定分析是以化学反应为基础的，根据化学反应的类型不同，滴定分析法一般可分为以下四种。

（1）酸碱滴定法　以酸碱反应为基础的滴定分析法，称为酸碱滴定法。

（2）沉淀滴定法　以沉淀反应为基础的滴定分析法称为沉淀滴定法。如银量法，其反应式可表示为

$$Ag^{+}+X^{-} \rightleftharpoons AgX\ （X^{-}为\ Cl^{-}、Br^{-}、I^{-}、CN^{-}、SCN^{-}等）$$

（3）氧化还原滴定法　以氧化还原反应为基础的滴定分析法称为氧化还原滴定法。根据标准溶液的不同，氧化还原滴定法可分为多种方法，如高锰酸钾法、重铬酸钾法、碘量法等。

（4）配位滴定法　以配位反应为基础的滴定分析法称为配位滴定法。例如用 EDTA 作为滴定剂，与金属离子的配位反应可表示为

$$M^{n+}+Y^{4-} \rightleftharpoons MY^{n-4}$$

4.5.1.3 滴定分析法的滴定方式

（1）直接滴定法　直接滴定法是用标准溶液直接滴定被测物质。如用盐酸标准溶液滴定氢氧化钠，用重铬酸钾标准液滴定铁（Ⅱ）离子试样等。直接滴定法是最基本和最常用的滴定方式。

（2）返滴定法　当反应较慢或反应物为固体时，滴定剂加入后反应不能立即定量完成，可以先加入一定量过量的滴定剂，又称第一标准溶液，待反应定量完成后用另外一种标准溶液（第二标准溶液）作为滴定剂滴定剩余的第一标准溶液。例如测定固体氧化钙时可先加一定量过量的盐酸标准溶液，并稍加热使样品完全溶解，冷却后再加指示剂，用标准氢氧化钠滴定剩余的盐酸。

（3）置换滴定法　对于不按确定反应式进行的反应，或没有确定的计量关系的反应，可采用置换滴定法。即加入适当试剂与被测物反应，定量置换出可与滴定剂定量反应的物质，再用滴定剂滴定。例如硫代硫酸钠是氧化还原滴定中常用的滴定剂，但它和重铬酸钾及其他强氧化剂反应时，被氧化成 $S_4O_6^{2-}$、SO_4^{2-} 的混合物，反应没有计量关系。采用置换滴定

法，在酸性重铬酸钾溶液中加入过量碘化钾，使重铬酸钾定量置换出 I_2，再用硫代硫酸钠标准溶液滴定生成的 I_2，计量关系很好。

（4）间接滴定法　不能与滴定剂直接反应的物质，可以通过另外的化学反应间接测定。例如 Ca^{2+} 在水溶液中没有可变价态，不能用氧化还原法滴定。但若沉淀为 CaC_2O_4，沉淀过滤洗净后，溶解于稀硫酸，可用高锰酸钾标准溶液滴定草酸，从而间接测定 Ca^{2+} 的含量。

4.5.2 滴定分析法对化学反应的要求

并不是所有的化学反应都可以用来进行滴定分析，用于滴定分析的化学反应必须具备下列条件。

第一，反应必须按一定反应式定量完成，即反应有确定的化学计量关系。

第二，反应速率要快。对于较慢的反应，能通过加热或加催化剂等方法加快反应速率。

第三，有适宜的指示剂或其他简便可靠的方法确定终点。

如果反应能满足上述条件，可以用直接滴定法；如果反应不能完全符合上述要求，可以采取其他滴定方式。

4.5.3 基准物质和标准溶液

标准溶液是指已知准确浓度的溶液。在滴定分析中，无论采用哪种滴定方式，都离不开标准溶液，都是利用标准溶液的浓度和体积来计算待测组分的含量。因此，在滴定分析中必须准确地配制标准溶液和准确地标定标准溶液的浓度。

4.5.3.1 基准物质

用以直接配制标准溶液或标定溶液浓度的物质称为基准物质。基准物质应符合下述要求。

① 物质的组成与化学式完全相符。若含结晶水，其结晶水的含量也与化学式相符。

② 试剂纯度高（含量 99.9%以上）。

③ 稳定。

④ 试剂的摩尔质量较大，以减少称量误差。

常用的基准物质有重铬酸钾、碳酸钠、邻苯二甲酸氢钾、草酸、金属锌等。基准物质应妥善保存，使用前需在指定温度下干燥。

4.5.3.2 标准溶液的配制

有两种配制标准溶液的方法——直接法和间接法。

（1）直接法　准确称取一定量基准物质，溶解后定量转入容量瓶中，用蒸馏水稀释到刻度。根据基准物质的质量和容量瓶的容积，计算出标准溶液的准确浓度。

（2）间接法　滴定分析法常用的许多试剂不符合基准物质的要求，如氢氧化钠试剂纯度不高且易吸收空气中的二氧化碳和水分，高锰酸钾不纯且易分解等。在使用这一类溶液作为标准溶液时，应先配制接近所需浓度的溶液，再利用该溶液与基准物质或另一已知浓度标准溶液的反应来确定其准确浓度。因此间接法配制标准溶液又叫标定法。由于基准物质与分析纯试剂相比价格较高，在配制大量标准溶液时，也以标定法为宜。

4.5.3.3 标准溶液浓度的表示方法

用于滴定分析的标准溶液，其浓度通常有两种表示方法——物质的量浓度、滴定度。

（1）物质的量浓度　物质的量浓度是最常用的表示方法，物质 B 的物质的量浓度表示为

$$c_B = \frac{n_B}{V}$$

（2）滴定度　滴定度是指 1mL 标准溶液（B）可滴定的或相当于待测物质（X）的质量（单位为 g），用 $T_{X/B}$（或 $T_{待测物/标准溶液}$）表示，单位为 g/mL。如 $T_{Fe/K_2Cr_2O_7} = 5.321mg/mL$，

意为以重铬酸钾标准溶液滴定含铁样品，每消耗 1mL $K_2Cr_2O_7$ 标准溶液，相当于样品中含 5.321mg Fe。这种浓度表示方法适于生产中大批试样中某组分的测定。只要将滴定度乘以消耗滴定剂的体积，即可求出试样中被测组分的质量。

对于一般的滴定反应

$$aA+bB \longrightarrow cC+dD$$

滴定度 $T_{X/B}$ 与物质的量浓度 c_B 之间的关系为：

$$T_{X/B}=\frac{a}{b}c_B M_A \times 10^{-3}(g/mL) \tag{4-8}$$

4.5.4 滴定分析中的计算

4.5.4.1 计算依据

滴定反应可表示为

$$aA+bB \longrightarrow cC+dD$$

在化学计量点，b mol B 与 a mol A 完全作用，即

$$\frac{n_B}{n_A}=\frac{b}{a} \tag{4-9}$$

对固体物质：

$$n=\frac{m}{M} \tag{4-10}$$

在溶液中溶质的量：

$$n=cV \tag{4-11}$$

式(4-9)～式(4-11) 是滴定分析中定量计算的基本依据。对于溶液之间的反应可按下式计算

$$c_A V_A=\frac{a}{b}c_B V_B$$

对于固体物质与溶液的反应或用固体溶质配制溶液，可按下式计算

$$c_A V_A=\frac{a m_B}{b M_B}$$

若称取试样的质量为 m，则被测组分 A 的质量分数为：

$$w_A=\frac{m_A}{m}=\frac{\frac{a}{b}c_B V_B M_A}{m}$$

4.5.4.2 计算示例

【例 4-3】 称取草酸（$H_2C_2O_4 \cdot 2H_2O$）0.3812g，溶于水后用 NaOH 溶于滴定到终点时消耗 25.60mL NaOH，计算氢氧化钠的浓度。

解 $$H_2C_2O_4 \cdot 2H_2O+2NaOH \longrightarrow Na_2C_2O_4+4H_2O$$

$$c(NaOH)=\frac{2m(H_2C_2O_4 \cdot 2H_2O)}{M(H_2C_2O_4 \cdot 2H_2O)V(NaOH)}=\frac{2\times 0.3812g}{126.1g/mol \times 25.60\times 10^{-3}L}=0.2362mol/L$$

【例 4-4】 用基准物 Na_2CO_3 标定 0.1mol/L HCl 溶液，要使消耗的 HCl 在 25mL 左右，应称取基准物 Na_2CO_3 多少克？如在容量瓶中配制 250mL Na_2CO_3 溶液，用移液管移出 25.00mL 与同体积 HCl 反应，应称取多少克 Na_2CO_3？上述两种做法哪种更好？

解 $$2HCl+Na_2CO_3 \longrightarrow 2NaCl+CO_2+H_2O$$

$$\frac{m_{Na_2CO_3}}{M_{Na_2CO_3}}=\frac{1}{2}c_{HCl}V_{HCl}$$

消耗 HCl 为 25mL 时，应称取基准物 Na_2CO_3 的质量为：

$$m_{Na_2CO_3}=\frac{1}{2}c_{HCl}V_{HCl}M(Na_2CO_3)=\frac{1}{2}\times0.1mol/L\times\frac{25}{1000}L\times106.0g/mol=0.1325g$$

在容量瓶中配制 250mL Na_2CO_3 溶液时，应称取基准物 Na_2CO_3 的质量为：

$$m_{Na_2CO_3}=\frac{1}{2}\times0.1mol/L\times\frac{250}{1000}L\times106.0g/mol=1.325g$$

第一种方法称取基准物质量小，导致误差增大，第二种方法称取基准物质量大，可使误差减小。所以在实验中应采用第二种方法。

【例 4-5】 求 0.1004mol/L NaOH 对 H_2SO_4 的滴定度。现将 10.0g $(NH_4)_2SO_4$ 肥料样品溶于水后，其中游离 H_2SO_4 用该 NaOH 溶液滴定，用去 25.24mL NaOH 溶液，求 $(NH_4)_2SO_4$ 肥料样品中游离 H_2SO_4 的质量分数。

解

$$H_2SO_4+2NaOH\longrightarrow Na_2SO_4+2H_2O$$

$$T_{H_2SO_4/NaOH}=\frac{1}{2}c(NaOH)M(H_2SO_4)\times10^{-3}g/mL$$

$$=\frac{1}{2}\times0.1004\times98.08\times10^{-3}g/mL=4.924\times10^{-3}g/mL$$

$$w_A=\frac{m(H_2SO_4)}{m}=\frac{T_{H_2SO_4/NaOH}V(NaOH)}{m}$$

$$=\frac{4.924\times10^{-3}g/mL\times25.24mL}{10.0g}=1.24\%$$

习　题

1. 说明误差和偏差、绝对误差和相对误差、系统误差和偶然误差、准确度和精密度的联系与区别。
2. 甲乙二人同时分析一矿物试样中硫的质量分数，每次称取试样 3.5g，分析结果报告如下：甲，0.042%，0.041%；乙，0.04099%，0.04201%。问哪一份报告是合理的，为什么？
3. 能用于滴定分析的化学反应必须具备哪些条件？作为基准物质的试剂又应具备哪些条件？
4. 以下哪些引起偶然误差，哪些引起系统误差？
   (1) 滴定管读数时，最后一位估计不准；
   (2) 试剂中含有少量被测组分；
   (3) 使用未经校正的砝码和容量瓶；
   (4) 分光光度测定中，吸光度读数总有微小变动；
   (5) 滴定时指示剂不在化学计量点变色。
5. 按有效数字计算规则进行运算
   (1) $7.9936\div0.9967-5.02$
   (2) $0.414\div(31.3\times0.05307)$
   (3) $(1.276\times4.17)+1.7\times10^{-4}-(0.0021764\times0.0121)$
6. 用重铬酸钾法测得 $FeSO_4\cdot7H_2O$ 样品中铁的百分含量为 20.01%、20.03%、20.04%和 20.05%，试计算分析结果的平均值、平均偏差、相对平均偏差、标准偏差和相对标准偏差。
7. 用无水碳酸钠作基准物质，对盐酸溶液的浓度进行标定，共做 6 次，测得其浓度（mol/L）为：0.1029，0.1060，0.1036，0.1032，0.1028，0.1034。试用 *Q*-检验法判断数值 0.1060 可否舍去（置信度 90%），处理后正确报告标定结果。
8. 用容量瓶配制 0.02000mol/L 重铬酸钾标准溶液 500mL，需称取基准重铬酸钾多少克？[$M(K_2Cr_2O_7)=294.2$]
9. 称取纯金属锌 0.3250g，溶于 HCl 后，在 250mL 容量瓶中定容，计算该 Zn^{2+} 标准溶液的浓度。
10. 在标定 NaOH 溶液时，要求消耗 0.1mol/L NaOH 溶液的体积为 25mL 左右，问：
    (1) 若选用邻苯二甲酸氢钾（$KHC_8H_4O_4$）作为基准物，应称取多少克？

(2) 如果改用草酸（$H_2C_2O_4 \cdot 2H_2O$）作为基准物，又应称取多少克？

11. 有一 NaOH 溶液，其浓度为 0.5450mol/L，取该溶液 100.0mL，需加水多少毫升才能配成 0.5000mol/L 溶液？
12. 计算 0.1015mol/L HCl 标准溶液对于 $CaCO_3$ 的滴定度。
13. 将 0.5500g 不纯 $CaCO_3$ 溶于 25.00mL 0.5020mol/L HCl 标准溶液中。煮沸除去 CO_2，过量 HCl 溶液用 NaOH 标准溶液返滴定，耗去 4.20mL，若直接滴定 20.00mL HCl 溶液，消耗 NaOH 标准溶液 20.67mL，计算试样中 $CaCO_3$ 的百分含量。

第 5 章　酸碱平衡与酸碱滴定法

酸碱反应是一类没有电子转移的反应。很多化学反应和生物化学反应都是酸碱反应，还有许多其他类型的化学反应只有在酸或碱存在下才能顺利进行。由于酸碱都是电解质，在溶液中存在着一定的平衡关系，搞清这些平衡关系及其有关规律，对于控制酸碱反应以及与酸碱有关的反应的进行将是十分必要的。

5.1　酸碱理论

酸和碱都是重要的化学物质，人们对酸碱概念的讨论经过了二百多年，在这个过程中，提出了许多的酸碱理论。在中学介绍的是阿仑尼乌斯（S. A. Arrhenius）电离理论，认为酸是在水溶液中只电离出 H^+ 的物质；碱是在水溶液中只电离出 OH^- 的物质。也就是说能电离出 H^+ 是酸的特征，能电离出 OH^- 是碱的特征。酸碱反应称为中和反应，它的实质是 H^+ 与 OH^- 相互作用而生成 H_2O。为了能更好地说明酸碱平衡的有关规律，本章将以布朗斯特（J. N. Bronsted）和劳莱（T. M. Lowry）的质子理论为主来讨论酸碱平衡及其有关应用。

5.1.1　酸碱质子理论

5.1.1.1　酸碱定义及其共轭关系

酸碱质子理论认为：凡是能够释放质子（H^+）的物质（包括分子和离子）都是酸，凡是能与质子结合的物质（分子和离子）都是碱。例如：HCl、HAc、NH_4^+、HCO_3^- 等，都能给出质子，它们都是质子酸；而 NH_3、OH^-、Ac^-、HCO_3^-、$[Cu(H_2O)_3(OH)]^+$ 等，都能与质子结合，它们都是质子碱。

$$HCl \rightleftharpoons H^+ + Cl^- \qquad H_2O + H^+ \rightleftharpoons H_3O^+$$

$$HAc \rightleftharpoons H^+ + Ac^- \qquad NH_3 + H^+ \rightleftharpoons NH_4^+$$

$$NH_4^+ \rightleftharpoons H^+ + NH_3 \qquad HCO_3^- + H^+ \rightleftharpoons H_2CO_3$$

$$HCO_3^- \rightleftharpoons H^+ + CO_3^{2-} \qquad [Cu(H_2O)_3(OH)]^+ + H^+ \rightleftharpoons [Cu(H_2O)_4]^{2+}$$

根据酸碱质子理论，质子酸给出质子后，余下的部分必有接受质子的能力，即质子酸给出质子变为碱；反之，质子碱接受质子后变为质子酸。用化学反应方程式表示为

$$\text{质子酸} \rightleftharpoons H^+ + \text{质子碱}$$

可见，对质子酸、碱来说，酸内含碱，碱可变酸，所以质子酸、碱是相互依存的，又是可以互相转化的。它们之间这种“酸中有碱，碱能变酸”的关系被称之为质子酸、碱的共轭关系。在上述反应式中，左边的酸是右边碱的共轭酸，而右边的碱则是左边酸的共轭碱；相应的一对酸碱，称为共轭酸碱对。

5.1.1.2　酸碱反应实质

根据酸碱质子理论，酸碱反应实际上是由两个共轭酸碱对共同作用的结果，反应的实质就是质子的转移。在水溶液中酸碱的离解是质子转移反应。如 HCl 在水溶液中的离解，

HCl 给出质子（H^+）后，生成其共轭碱 Cl^-；而 H_2O 接受 H^+ 生成其共轭酸 H_3O^+。该反应是由两个酸碱半反应组成的，每一个酸碱半反应中就有一对共轭酸碱对，如下所示：

$$\underset{\text{酸 1}}{HCl(aq)} \rightleftharpoons H^+(aq) + \underset{\text{碱 1}}{Cl^-(aq)}$$

$$H^+(aq) + \underset{\text{碱 2}}{H_2O(l)} \rightleftharpoons \underset{\text{酸 2}}{H_3O^+(aq)}$$

$$\underset{\text{酸 1}}{HCl(aq)} + \underset{\text{碱 2}}{H_2O(l)} \rightleftharpoons \underset{\text{酸 2}}{H_3O^+(aq)} + \underset{\text{碱 1}}{Cl^-(aq)}$$

同样，NH_3 在水溶液中的离解反应也是由两个酸碱半反应组成的

$$H_2O(l) \rightleftharpoons OH^-(aq) + H^+(aq)$$

$$NH_3(aq) + H^+(aq) \rightleftharpoons NH_4^+(aq)$$

$$\underset{\text{酸 1}}{H_2O(l)} + \underset{\text{碱 2}}{NH_3(aq)} \rightleftharpoons \underset{\text{碱 1}}{OH^-(aq)} + \underset{\text{酸 2}}{NH_4^+(aq)}$$

在这里，H_2O 给出质子而产生 OH^-，H_2O 是酸，H_2O 与 OH^- 是一对共轭酸碱对；而 NH_3 接受了 H_2O 给出的质子，NH_3 是碱，NH_4^+ 与 NH_3 是另一对共轭酸碱对。

由上可见，在酸的离解反应中，H_2O 是质子的接受体，H_2O 是碱；在氨与水的反应中，H_2O 是质子的给予体，H_2O 又是酸。水是两性物质。

$$\underset{\text{酸 1}}{H_2O(l)} + \underset{\text{碱 2}}{H_2O(l)} \rightleftharpoons \underset{\text{碱 1}}{OH^-(aq)} + \underset{\text{酸 2}}{H_3O^+(aq)}$$

按照酸碱质子理论，酸碱反应也可以在非水溶剂、无溶剂等条件下进行。质子理论不仅扩大了酸碱的范围，而且还扩大了酸碱反应的范围。

5.1.2 水的质子自递反应和溶液的酸碱性

5.1.2.1 水的质子自递反应

根据酸碱质子理论，水的离解反应可表示为：

$$H_2O(l) + H_2O(l) \rightleftharpoons H_3O^+(aq) + OH^-(aq)$$

在此反应中，给出质子和接受质子的物质都是水分子，因此该反应被称为水的质子自递反应。反应的平衡常数称为水的质子自递常数，又称为水的离子积，以 $K_w^\ominus$ 表示。

$$K_w^\ominus = [H_3O^+][OH^-] \tag{5-1}$$

通常简写为：

$$K_w^\ominus = [H^+][OH^-]$$

25℃时，$K_w^\ominus = 1.009 \times 10^{-14}$。实验表明，温度升高时，$K_w^\ominus$ 增大。室温时一般不考虑温度对 $K_w^\ominus$ 的影响。

水的离子积是一个重要的常数，它反映了水溶液中 H^+ 浓度和 OH^- 浓度的相互制约关系。如果水溶液中加入某种酸或碱，即生成了电解质的稀溶液，H_3O^+ 或 OH^- 的浓度就会改变。但是 $[H_3O^+][OH^-] = K_w^\ominus$ 这一关系式仍然成立。

5.1.2.2 溶液的酸碱性

就水溶液而言，溶液中 $[H_3O^+]$ 或 $[OH^-]$ 的大小反映了溶液的酸碱性强弱。可用一个统一的标准来表明溶液的酸碱性。通常规定：

$$pH = -\lg[H_3O^+] \tag{5-2}$$

又可简单地表示为：

$$pH = -\lg[H^+]$$

与 pH 值对应的还有 pOH 值，即

$$pOH = -\lg[OH^-]$$

由于常温下，在水溶液中：

$$[H^+][OH^-]=K_w^\ominus=1.00\times10^{-14}$$

将等式两边各项分别取负对数，得

$$-\lg[H^+]-\lg[OH^-]=-\lg K_w^\ominus$$

令 $pK_w^\ominus=-\lg K_w^\ominus$，$pK_w^\ominus=14.00$

$$pH+pOH=pK_w^\ominus=14.00 \tag{5-3}$$

pH 值是用来表示水溶液酸碱性的一种标度。溶液的酸碱性与 pH 值的关系如下：

酸性溶液 $[H_3O^+]>[OH^-]$　　pH<7<pOH

中性溶液 $[H_3O^+]=[OH^-]$　　pH=7=pOH

碱性溶液 $[H_3O^+]<[OH^-]$　　pH>7>pOH

pH 值愈小，溶液的酸性愈强，碱性愈弱；pH 值愈大，溶液的碱性愈强，酸性愈弱。

5.2 酸碱平衡中有关组分浓度的计算

在酸碱平衡各有关组分浓度的计算中，最重要的是计算质子 H^+ 或它的共轭碱 OH^- 的浓度。当知道酸碱反应的离解常数时，就可以求算酸碱平衡中包括 H^+ 和 OH^- 在内的各个组分的浓度。

5.2.1 强酸（碱）溶液 pH 值的计算

通常强酸（或强碱）在水溶液中完全离解，因此 H^+（或 OH^-）的平衡浓度就是加入的强酸（或强碱）的浓度。

【例 5-1】 计算 0.050mol/L HCl 溶液的 pH 值和 pOH 值。

解 在水溶液中 HCl 是强酸，完全离解给出 H_3O^+。

$$HCl(aq)+H_2O(l)\longrightarrow H_3O^+(aq)+Cl^-(aq)$$

因为 $c(HCl)=0.050$mol/L，所以溶液中 $[H_3O^+]=0.050$mol/L

$$pH=-\lg[H_3O^+]=-\lg0.050=1.30$$

$$pOH=14.00-pH=14.00-1.30=12.70$$

5.2.2 弱酸弱碱的离解常数

5.2.2.1 *弱酸弱碱的离解常数*

酸碱质子理论认为，在一元弱酸 HA 的水溶液中，存在着下列质子转移反应：

$$HA(aq)+H_2O(l)\rightleftharpoons H_3O^+(aq)+A^-(aq)$$

又称为 HA 的离解平衡或电离平衡。根据化学平衡原理，弱酸 HA 的离解平衡常数表达式为

$$K_a^\ominus=K_a^\ominus(HA)=\frac{[H_3O^+][A^-]}{[HA]} \tag{5-4}$$

式中，$[H_3O^+]$、$[A^-]$、$[HA]$ 分别表示平衡时 H_3O^+、A^-、HA 的浓度，其单位为 mol/L。$K_a^\ominus$ 为 HA 的离解常数。亦可表示为

$$K_a^\ominus=K_a^\ominus(HA)=\frac{[H^+][A^-]}{[HA]}$$

一般用 $K_a^\ominus$ 表示弱酸的离解常数，用 $K_b^\ominus$ 表示弱碱的离解常数。

离解常数 $K^\ominus$ 是表征弱酸、弱碱离解程度的特征常数；$K_a^\ominus$ 越大，弱酸的离解程度越大，酸性就愈强；$K_b^\ominus$ 越大，弱碱的离解程度越大，碱性就愈强。

离解常数与弱酸、弱碱的浓度无关，只随温度变化而改变。由于温度对离解常数的影响

不大，因此，在室温范围内可忽略温度对离解常数的影响。

5.2.2.2 共轭酸碱 $K_a^\ominus$ 与 $K_b^\ominus$ 之间的关系

共轭酸碱对中，酸在水溶液中的离解常数为 $K_a^\ominus$，它的共轭碱的离解常数为 $K_b^\ominus$。共轭酸碱对中共轭酸的 $K_a^\ominus$ 和共轭碱 $K_b^\ominus$ 之间的关系可从下面的推导得出。

(1) $HA(aq)+H_2O(l) \rightleftharpoons H_3O^+(aq)+A^-(aq) \qquad K_a^\ominus(HA)=\dfrac{[H_3O^+][A^-]}{[HA]}$

(2) $H_3O(l)+A^-(aq) \rightleftharpoons HA(aq)+OH^-(aq) \qquad K_b^\ominus(A^-)=\dfrac{[HA][OH^-]}{[A^-]}$

$$K_a^\ominus(HA)K_b^\ominus(A^-)=\frac{[H_3O^+][A^-]}{[HA]}\times\frac{[HA][OH^-]}{[A^-]}=K_w^\ominus$$

$$K_w^\ominus=K_a^\ominus K_b^\ominus \tag{5-5}$$

在共轭酸碱对中，如果酸愈易给出质子，酸性愈强，则其共轭碱的碱性就愈弱。例如 $HClO_4$、HCl 都是强酸，它们的共轭碱 ClO_4^-、Cl^- 都是极弱的碱。反之，酸愈弱，给出质子的能力愈弱，则其共轭碱的碱性就愈强。例如 NH_4^+、HS^- 等是弱酸，它们的共轭碱 NH_3 是较强的碱，S^{2-} 则是强碱。

5.2.3 离解度和稀释定律

实际工作中，也常用离解度表示弱酸和弱碱的离解能力。离解度是弱电解质达到离解平衡时的离解百分数，常以 α 表示。若以 c_0 表示弱酸或弱碱的原始浓度，c 表示已离解的弱酸或弱碱的浓度，则

$$\alpha=\frac{c}{c_0}\times100\% \tag{5-6}$$

在温度、浓度相同的条件下，离解度大的酸为较强的酸，离解度小的酸为较弱的酸。

α 和 $K^\ominus$ 都能表示弱酸（或弱碱）离解能力的大小。$K^\ominus$ 是平衡常数的一种形式，只与温度有关，不随浓度而变化；离解度是转化率的一种形式，其大小除与弱酸的本性有关外，还与溶液的浓度、温度等因素有关。

离解常数和离解度之间是相互联系的。以弱酸 HA 的离解平衡为例

$$HA(aq)+H_2O(l) \rightleftharpoons H_3O^+(aq)+A^-(aq)$$

开始浓度/(mol/L) $\quad c \qquad\qquad 0 \qquad\qquad 0$

平衡浓度/(mol/L) $\quad c(1-\alpha) \qquad c\alpha \qquad c\alpha$

$$K_a^\ominus(HA)=\frac{[H^+][A^-]}{[HA]}=\frac{(c\alpha)^2}{c(1-\alpha)}$$

当 $\dfrac{c}{K_a^\ominus(HA)}\geqslant500$ 时，$\alpha<10^{-2}$，$1-\alpha\approx1$，则

$$K_a^\ominus(HA)\approx c\alpha^2,\ \alpha=\sqrt{\frac{K_a^\ominus(HA)}{c}} \tag{5-7}$$

式(5-7) 表示了弱酸溶液的浓度、离解度和离解常数三者之间的关系，叫做稀释定律。它表明，在一定温度下，离解常数 $K^\ominus$ 保持不变，溶液被稀释时离解度 α 值将增大。

5.2.4 一元弱酸（碱）溶液 pH 值的计算

实际上，在弱酸溶液中，同时存在着弱酸和水的两种离解平衡。如在 HAc 水溶液中有下列两个离解平衡：

$$H_2O(l)+H_2O(l) \rightleftharpoons H_3O^+(aq)+OH^-(aq)$$

$$HAc(aq)+H_2O(l) \rightleftharpoons H_3O^+(aq)+Ac^-(aq)$$

二者之间相互联系，相互影响，它们都能离解生成 H_3O^+。由于 HAc 是比 H_2O 强的酸，

在通常情况下，HAc 浓度并不很稀时［如 $c(HAc)>1.0\times10^{-5}$ mol/L］，H_3O^+ 主要是由 HAc 离解而产生的，水离解产生的 H_3O^+ 浓度小于 10^{-7}mol/L，HAc 离解产生的［H_3O^+］≫10^{-7}mol/L。这样，计算 HAc 溶液中［H_3O^+］时，就可以不考虑水的离解平衡。

【例 5-2】 计算 25℃时，0.10mol/L HAc 溶液中的 HAc、H_3O^+ 和 Ac^- 的浓度及溶液 pH 值。并计算 HAc 的离解度。

解 查附表 2 知，$K_a^{\ominus}(HAc)=1.75\times10^{-5}$；设已离解的 HAc 浓度为 $x$mol/L。

$$HAc(aq)+H_2O(l)\rightleftharpoons H_3O^+(aq)+Ac^-(aq)$$

起始浓度/(mol/L) 0.10 0 0

平衡浓度/(mol/L) $0.10-x$ x x

$$K_a^{\ominus}(HAc)=\frac{[H_3O^+][Ac^-]}{[HAc]}$$

$$K_a^{\ominus}(HAc)=\frac{x^2}{0.10-x}$$

求解一元二次方程较麻烦，一般认为，当$\frac{c}{K_a^{\ominus}}\geqslant500$ 时，$c\gg x$，所以 $0.10-x\approx0.10$

$$x=\sqrt{0.10K_a^{\ominus}}=1.3\times10^{-3}\text{mol/L}$$

$$[H_3O^+]=[Ac^-]=1.3\times10^{-3}\text{mol/L}$$

$$pH=-\lg[H_3O^+]=-\lg(1.3\times10^{-3})=2.89$$

$$\alpha(HAc)=\frac{1.3\times10^{-3}}{0.10}\times100\%=1.3\%$$

对于一元弱酸，其溶液中 H^+ 浓度的近似计算公式为

$$c(H^+)=\sqrt{cK_a^{\ominus}} \tag{5-8}$$

对于一元弱碱，则有

$$c(OH^-)=\sqrt{cK_b^{\ominus}} \tag{5-9}$$

5.2.5 多元酸碱溶液 pH 值的计算

多元酸（碱）的离解平衡是分步进行的。一元酸（碱）的离解平衡原理，也适用于多元酸（碱）。现以二元弱酸——氢硫酸 H_2S 为例来讨论多元酸（碱）的离解平衡。

氢硫酸 H_2S 的离解反应是分两步进行的，并有各自的离解平衡和相应的平衡常数。

第一步离解： $H_2S(aq)+H_2O(l)\rightleftharpoons H_3O^+(aq)+HS^-(aq)$

$$K_1^{\ominus}=\frac{[H_3O^+][HS^-]}{[H_2S]}=1.1\times10^{-7}$$

第二步离解： $HS^-(aq)+H_2O(l)\rightleftharpoons H_3O^+(aq)+S^{2-}(aq)$

$$K_2^{\ominus}=\frac{[H_3O^+][S^{2-}]}{[HS^-]}=1.3\times10^{-13}$$

$K_2^{\ominus}$ 约为 $K_1^{\ominus}$ 的十万分之一，说明第二步离解比第一步离解困难得多。这是因为：①带两个负电荷的 S^{2-} 对 H^+ 的吸引比带一个负电荷的 HS^- 对 H^+ 的吸引要强得多；②第一步离解出来的 H^+ 对第二步离解产生抑制作用。所以，多元弱酸溶液中的 H^+ 主要来源于第一步离解。当近似计算 H^+ 浓度时，忽略第二步离解而只考虑第一步离解并不会引起误差。

【例 5-3】 计算 0.10mol/L 的 H_2S 饱和溶液中 H^+ 和 S^{2-} 的浓度。

解 有关的离解平衡和酸的离解常数的表达式已如上所示，［H^+］和［HS^-］可由 $K_1^{\ominus}$ 表达式确定，因为 $K_2^{\ominus}$ 和 $K_1^{\ominus}$ 相比非常小，在计算［H^+］时可以略去第二步离解，只考虑第一步离解。

令平衡时 $[H^+]=[HS^-]=x$ mol/L，则 $[H_2S]=(0.1-x)$mol/L

$$H_2S(aq)+H_2O(l) \rightleftharpoons H_3O^+(aq)+HS^-(aq)$$

起始浓度/(mol/L) 0.1 0 0

平衡浓度/(mol/L) $0.1-x$ x x

$$K_1^{\ominus}=\frac{x^2}{0.1-x}=1.1\times10^{-7}$$

因为 $\frac{c}{K_1^{\ominus}}=\frac{0.10}{1.1\times10^{-7}}>500$，所以 $0.1-x\approx0.10$

故 $\frac{x^2}{0.1}\approx1.1\times10^{-7}$，$x=1.1\times10^{-4}$

$$[H^+]=1.1\times10^{-4}\text{mol/L}$$

$[S^{2-}]$ 可由第二步离解平衡计算，设第二步离解出的 $[S^{2-}]=y$ mol/L。

$$HS^-(aq)+H_2O(l) \rightleftharpoons H_3O^+(aq)+S^{2-}(aq)$$

起始浓度/(mol/L) x x 0

平衡浓度/(mol/L) $x-y$ $x+y$ y

$$K_2^{\ominus}=\frac{(x+y)y}{x-y}=1.3\times10^{-13}$$

$$y=K_2^{\ominus}\frac{x-y}{x+y}$$

因为 $K_2^{\ominus}\ll K_1^{\ominus}$，$x\gg y$，$[HS^-]=x-y\approx x$，$[H_3O^+]=x+y\approx x$，故

$$[S^{2-}]=y\approx K_2^{\ominus}=1.3\times10^{-13}\text{mol/L}$$

计算表明：二元酸（如 H_2S）溶液中酸根离子浓度近似地等于 $K_2^{\ominus}$，而与弱酸的浓度关系不大。

多元弱碱（如 Na_2CO_3）在溶液中也是分步离解的，在计算其溶液的 $[OH^-]$ 浓度时，也可以忽略第二步离解，只考虑第一步离解。

5.2.6 酸碱两性物质溶液 pH 值的计算

$NaHCO_3$、K_2HPO_4、NaH_2PO_4 及邻苯二甲酸氢钾等两性物质，在水溶液中，既可给出质子显出酸性，又可接受质子显出碱性。以 NaHA 为例，在溶液中的质子离解平衡有：

$$HA^- \rightleftharpoons H^+ + A^{2-}$$

$$HA^- + H_2O \rightleftharpoons H_2A + OH^-$$

$$H_2O \rightleftharpoons H^+ + OH^-$$

依多重平衡规则和一些假定（推导过程略去）有 $[H^+]$ 的近似计算式

$$[H^+]=\sqrt{K_{a_1}^{\ominus}K_{a_2}^{\ominus}} \tag{5-10}$$

两性物质溶液的酸碱性由其共轭酸碱的 $K_a^{\ominus}$ 和 $K_b^{\ominus}$ 的相对大小决定。例如

NH_4F：由于 $K_a^{\ominus}(HF)>K_b^{\ominus}(NH_3\cdot H_2O)$，所以 NH_4F 溶液显酸性；

NH_4Ac：由于 $K_a^{\ominus}(HAc)\approx K_b^{\ominus}(NH_3\cdot H_2O)$，所以 NH_4Ac 溶液基本显中性；

NH_4CN：由于 $K_a^{\ominus}(HCN)<K_b^{\ominus}(NH_3\cdot H_2O)$，所以 NH_4CN 溶液显碱性。

5.2.7 同离子效应与盐效应

若在 HAc 溶液中加入 NaAc，由于 NaAc 与 HAc 含有相同离子 Ac^-，使得溶液中 $c(Ac^-)$ 增大，从而导致 HAc 的离解平衡向逆向移动。达到新的平衡时，溶液中 c(HAc) 比原平衡中 c(HAc) 大，即 HAc 的离解度降低了。同理，若在 $NH_3\cdot H_2O$ 中加入 NH_4Cl，也会使 $NH_3\cdot H_2O$ 的离解度降低。这种在弱酸或弱碱溶液中，加入含有相同离子的易溶强电解质，使得弱酸或弱碱的离解度降低的现象称为同离子效应。

如果加入的强电解质不具有相同离子，如往 HAc 溶液中加入 NaCl，同样会破坏原来的平衡，但平衡向右移动，使弱酸、弱碱的离解度增大，这种现象叫盐效应。

这是由于强电解质完全离解，大大增大了溶液中离子的总浓度，使得 H_3O^+、Ac^- 被更多的异号离子 Cl^- 和 Na^+ 所包围，离子之间的相互牵制作用增强，大大降低了离子重新结合成弱电解质分子的概率，因此，离解度也相应增大。

当然，存在同离子效应的同时也存在盐效应，但同离子效应比盐效应要大得多，二者共存时，常常忽略盐效应，只考虑同离子效应。

【例 5-4】 在 0.10mol/L 的 HAc 溶液中，加入 NaAc 使其浓度为 0.10mol/L。计算该溶液的 pH 值和 HAc 的离解度。

解 设溶液中 $[H_3O^+]=x$ mol/L

$$HAc(aq)+H_2O(l) \rightleftharpoons H_3O^+(aq)+Ac^-(aq)$$

起始浓度/(mol/L)　0.10　　　　　　　　　0.10

平衡浓度/(mol/L)　$0.10-x$　　　　x　　　$0.10+x$

$$K_a^{\ominus}(HAc)=\frac{[H_3O^+][Ac^-]}{[HAc]}$$

$$1.75\times10^{-5}=\frac{x(0.10+x)}{0.10-x}$$

$$0.10\pm x\approx0.10,\ x=[H_3O^+]=1.75\times10^{-5}$$

$$\alpha=\frac{1.75\times10^{-5}}{0.10}\times100\%=0.18\%$$

在例 5-2 中 0.10mol/L 的 HAc 溶液的离解度 $\alpha=1.3\%$，加入 NaAc 后由于同离子效应，使其离解度减小到 0.18%。

5.3　缓冲溶液

5.3.1　缓冲溶液及缓冲作用原理

在共轭酸碱对组成的混合溶液中加入少量强酸或强碱，溶液的 pH 值不发生明显的变化，这种具有保持 pH 值相对稳定的溶液，称为缓冲溶液。例如 HAc-NaAc、NH_4Cl-NH_3 等。缓冲溶液的特点是在一定的范围内既能抗酸，又能抗碱，适当稀释或浓缩，溶液的 pH 值都改变很小。

现以 HAc-NaAc 组成的缓冲溶液为例，说明缓冲作用的原理。此缓冲溶液的特点是：体系中同时含有大量的 HAc 分子和 Ac^-，并存在着 HAc 的离解平衡。

$$\xrightarrow{\text{外加少量碱}(OH^-)\text{，平衡向右移动}}$$

$$HAc(aq) \rightleftharpoons H^+(aq)+Ac^-(aq)$$

$$\xleftarrow[\text{}]{\text{外加少量酸}(H^+)\text{，平衡向左移动}}$$

根据平衡移动原理，当外加适量酸时，溶液中的 Ac^- 可与外加的 H^+ 结合生成 HAc（故 Ac^- 被称为抗酸成分）；当外加适量碱时，溶液中未离解的 HAc 就继续离解以补充 H^+ 的消耗（故 HAc 被称为抗碱成分），从而维持体系的 pH 值基本不变。

缓冲溶液具有重要的意义和广泛的应用。许多化学反应（包括生物化学反应）和生产过程都要求在一定的 pH 值范围内才能进行或进行得比较完全，然而有些反应在进行过程中有 H^+ 或 OH^- 生成或消耗，缓冲溶液能调节和控制溶液的酸度，从而保证了反应的正常进行。

5.3.2 缓冲溶液pH值的计算

根据弱酸与其共轭碱之间的平衡关系，可以计算缓冲溶液的pH值。对于酸性缓冲溶液，如果用$c(HA)$表示弱酸的浓度；$c(A^-)$表示它的共轭碱的浓度，则

$$HA(aq)+H_2O(l) \rightleftharpoons H_3O^+(aq)+A^-(aq)$$

平衡浓度/(mol/L) $c(HA)-x$ $\quad x \quad$ $c(A^-)+x$

$$K_a^{\ominus}(HA)=\frac{[H_3O^+][A^-]}{[HA]}$$

由于$K_a^{\ominus}(HA)$较小，同时又存在同离子效应，这时x很小，可以认为：

$$[HA]=c(HA)-x \approx c(HA)，[A^-]=c(A^-)+x \approx c(A^-)$$

则：

$$K_a^{\ominus}(HA) \approx \frac{[H_3O^+]c(A^-)}{c(HA)}$$

$$[H_3O^+]=K_a^{\ominus}(HA)\frac{c(HA)}{c(A^-)}=K_a^{\ominus}(HA)\frac{c(\text{酸})}{c(\text{共轭碱})} \tag{5-11}$$

$$pH=pK_a^{\ominus}-\lg\frac{c(\text{酸})}{c(\text{共轭碱})} \tag{5-12}$$

这就是计算缓冲溶液中pH值的最简式，也是常用公式。实际上，这种计算就是同离子效应平衡组分的计算。

同理，对碱性缓冲溶液有如下计算式：

$$[OH^-]=K_b^{\ominus}\frac{c(\text{碱})}{c(\text{共轭酸})} \tag{5-13}$$

$$pOH=pK_b^{\ominus}+\lg\frac{c(\text{碱})}{c(\text{共轭酸})} \tag{5-14}$$

【例5-5】 (1) 计算由0.10mol/L HAc和0.10mol/L NaAc组成的缓冲溶液的pH值。(2) 若在50mL此缓冲溶液中加入0.05mL 1.0mol/L的HCl，求此时的pH值。(3) 若在50mL此缓冲溶液中加入0.05mL 1.0mol/L的NaOH溶液，求其溶液的pH值（均忽略体积变化）。

解 (1) $c(HAc)=0.10mol/L$，$c(Ac^-)=0.10mol/L$，$pK_a^{\ominus}=4.76$

故

$$pH=pK_a^{\ominus}(HAc)-\lg\frac{c(HAc)}{c(Ac^-)}=4.76-\lg\frac{0.1}{0.1}=4.76$$

(2) 若在50mL该缓冲溶液中加入0.050mL 1.0mol/L的HCl，HCl完全离解，离解出的H^+与缓冲溶液体系中的Ac^-反应生成了HAc分子，使溶液中Ac^-浓度降低了，HAc分子浓度增加了，此时缓冲溶液中

$$c(HAc)=\frac{50\times0.10+1.0\times0.05}{50}=0.101(mol/L)$$

$$c(Ac^-)=\frac{50\times0.10-1.0\times0.05}{50}=0.099(mol/L)$$

$$pH=pK_a^{\ominus}(HAc)-\lg\frac{c(HAc)}{c(Ac^-)}=4.76-\lg\frac{0.101}{0.099}=4.75$$

(3) 若向50mL该缓冲体系中加入0.050mL 1.0mol/L NaOH，NaOH完全离解，离解出的OH^-与缓冲溶液体系中的H^+反应生成H_2O，使HAc的离解度增大，即使溶液中Ac^-浓度增加了，HAc分子浓度降低了，此时缓冲溶液中

$$c(HAc)=\frac{50\times0.10-1.0\times0.05}{50}=0.099(mol/L)$$

$$c(\mathrm{Ac^-})=\frac{50\times0.10+1.0\times0.05}{50}=0.101(\mathrm{mol/L})$$

$$\mathrm{pH}=\mathrm{p}K_a^{\ominus}(\mathrm{HAc})-\lg\frac{c(\mathrm{HAc})}{c(\mathrm{Ac^-})}=4.76-\lg\frac{0.099}{0.101}=4.77$$

从计算结果可知，计入少量的盐酸或少量的氢氧化钠后，溶液的 pH 值基本不变。如果在 50mL pH 7.00 纯水中加入 0.05mL 1.0mol/L 的 HCl 溶液，则溶液的 pH 值由 7.00 降低到 3.00，即 pH 值改变了 4 个单位。可见纯水不具备保持 pH 值相对稳定的性能。

通过以上讨论，可以得出如下结论。

① 缓冲溶液本身的 pH 值主要取决于弱酸（碱）的离解常数 $\mathrm{p}K_a^{\ominus}(\mathrm{HA})$ [或 $\mathrm{p}K_b^{\ominus}(\mathrm{BOH})$]。

② 缓冲溶液的缓冲能力主要与其中弱酸（或弱碱）及盐的浓度有关。弱酸或弱碱及盐的浓度越大，加入酸、碱后，$\frac{c(\text{酸})}{c(\text{共轭碱})}$或$\frac{c(\text{碱})}{c(\text{共轭酸})}$改变越小，pH 值变化越小。

③ 缓冲溶液只能在一定的范围内发挥其缓冲性能，实验证明当 $\mathrm{pH}=\mathrm{p}K_a^{\ominus}\pm1$（或 $\mathrm{pH}=\mathrm{p}K_b^{\ominus}\pm1$）的范围内时，缓冲溶液具有缓冲能力。当$\frac{c(\text{酸})}{c(\text{共轭碱})}\left[\text{或}\frac{c(\text{碱})}{c(\text{共轭酸})}\right]$的数值为 1 时，缓冲能力最大，故在选用缓冲溶液时应注意其缓冲范围。

④ 将缓冲溶液适当稀释时，由于$\frac{c(\text{酸})}{c(\text{共轭碱})}\left[\text{或}\frac{c(\text{碱})}{c(\text{共轭酸})}\right]$比值不变，故溶液的 pH 值不变。

缓冲溶液的应用非常广泛，不仅在化学、化工生产上，而且在生命科学等诸多领域中都有非常重要的意义。

5.4 酸碱滴定法

5.4.1 酸碱指示剂及指示剂的变色原理

酸碱指示剂一般都是有机弱酸或有机弱碱。当溶液的 pH 值改变时，指示剂失去质子由酸式变为碱式（或得到质子由碱式转化为酸式），结构发生变化，从而引起颜色的变化。例如甲基橙（MO）：

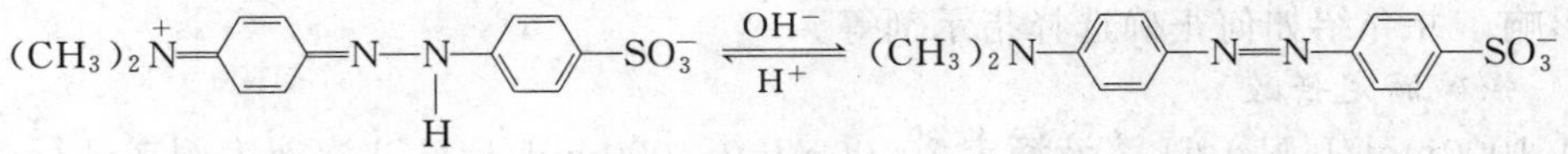

$$(\mathrm{CH_3})_2\overset{+}{\mathrm{N}}{=}\!\langle\!=\!\rangle\!{=}\mathrm{N{-}N(H){-}C_6H_4{-}SO_3^-} \underset{\mathrm{H^+}}{\overset{\mathrm{OH^-}}{\rightleftharpoons}} (\mathrm{CH_3})_2\mathrm{N{-}C_6H_4{-}N{=}N{-}C_6H_4{-}SO_3^-}$$

红色（醌式）　　$\mathrm{p}K_a^{\ominus}=3.4$　　黄色（偶氮式）

由平衡关系可以看出，增大酸度，甲基橙以醌式双极离子形式存在，溶液呈红色；降低酸度，它以偶氮形式存在，溶液呈黄色。

又如酚酞（PP），在酸性溶液中无色，在碱性溶液中显红色。

指示剂的酸式 HIn（酸色）和碱式 $\mathrm{In^-}$（碱色）在溶液中存在如下平衡：

$$\underset{\text{酸色}}{\mathrm{HIn}} \rightleftharpoons \mathrm{H^+}+\underset{\text{碱色}}{\mathrm{In^-}}$$

$$K^{\ominus}(\mathrm{HIn})=\frac{[\mathrm{H^+}][\mathrm{In^-}]}{[\mathrm{HIn}]}$$

式中，$K^{\ominus}(\mathrm{HIn})$ 为指示剂的离解常数，也称指示剂常数，上式也可写为：

$$\frac{[In^-]}{[HIn]}=\frac{K^{\ominus}(HIn)}{[H^+]}$$

一般来说，如果$\frac{[In^-]}{[HIn]}\geqslant 10$，看到的是碱色；$\frac{[In^-]}{[HIn]}\leqslant 0.1$，看到的是酸色；当$\frac{[In^-]}{[HIn]}=1$时，$pH=pK^{\ominus}(HIn)$，称为指示剂的理论变色点，此时溶液为酸色和碱色的混合色。

通常称$pH=pK^{\ominus}(HIn)\pm 1$为指示剂的理论变色范围。由于人眼对各种颜色的敏感度不同，加上两种颜色互相影响，所以实际观察结果（指从一色调改变至另一色调）与理论值常有差别。例如甲基橙的变色范围理论值$pH=pK^{\ominus}(HIn)\pm 1=3.4\pm 1$，但实际上视觉可观察的范围是3.1～4.4。表5-1中列出常用酸碱指示剂及其变色范围。

表5-1 酸碱指示剂

指示剂	变色范围pH值	颜色		$pK^{\ominus}(HIn)$	浓度
		酸色	碱色		
百里酚蓝（第一次变色）	1～2.8	红	黄	1.6	0.1%（20%乙醇溶液）
甲基黄	2.9～4.0	红	黄	3.3	0.1%（90%乙醇溶液）
甲基橙	3.1～4.4	红	黄	3.4	0.05%水溶液
溴酚蓝	3.1～4.6	黄	紫	4.1	0.1%（20%乙醇溶液），或指示剂钠盐的水溶液
溴甲酚绿	3.8～5.4	黄	蓝	4.9	1%（20%乙醇溶液），或指示剂钠盐的水溶液
甲基红	4.4～6.2	红	黄	5.2	0.1%（60%乙醇溶液），或指示剂钠盐的水溶液
溴百里酚蓝	6.0～7.6	黄	蓝	7.3	0.1%（20%乙醇溶液），或指示剂钠盐的水溶液
中性红	6.8～8.0	红	黄橙	7.4	0.1%（60%乙醇溶液）
苯酚红	6.7～8.4	黄	红	8.0	0.1%（60%乙醇溶液），或指示剂钠盐的水溶液
酚酞	8.0～9.6	无	红	9.1	0.1%（90%乙醇溶液）
百里酚蓝（第二次变色）	8.0～9.6	黄	蓝	8.9	0.1%（20%乙醇溶液）
百里酚酞	9.4～10.6	无	蓝	10.0	0.1%（90%乙醇溶液）

5.4.2 酸碱滴定曲线与指示剂的选择原则

酸碱滴定是以酸碱反应为基础的滴定分析方法。

在酸碱滴定中，如何选择指示剂确定滴定终点，并使该终点能充分接近化学计量点，从而获得尽量准确的测定结果，是至关重要的。以溶液的pH值为纵坐标，以所滴入的滴定剂的物质的量或体积为横坐标，绘制出的曲线称为滴定曲线，它能展示滴定过程中pH值的变化规律。下面介绍几种类型的滴定曲线，以了解被测定物质的离解常数、浓度等因素对滴定突跃的影响，并介绍如何正确选择指示剂等。

5.4.2.1 强碱滴定强酸

以0.1000mol/L NaOH溶液滴定20.00mL 0.1000mol/L HCl溶液为例来进行讨论。在滴定过程中，发生下列离解及质子转移反应：

$$NaOH \longrightarrow Na^+ + OH^-$$

$$HCl + H_2O \longrightarrow H_3O^+ + Cl^-$$

$$H_3O^+ + OH^- \rightleftharpoons H_2O + H_2O$$

整个滴定过程中溶液由四种不同的组成情况，所以可分为四个阶段进行计算。

（1）滴定开始前　溶液中仅有HCl存在，所以溶液的pH值取决于HCl溶液的原始浓度，即

$$[H^+]=0.1000mol/L，pH=1.00$$

（2）滴定开始至化学计量点前　由于加入NaOH，部分HCl被中和，组成HCl+NaCl溶液，其中的Na^+、Cl^-对pH值无影响，所以可根据剩余的HCl量计算pH值。例如加入

19.98mL NaOH 溶液时，还剩余 0.02mL HCl 溶液未被中和，这时溶液中的 HCl 浓度应为：

$$\frac{0.02\times0.1000}{20.00+19.98}=5.0\times10^{-5}\text{mol/L}$$

$$[H^+]=5.0\times10^{-5}\text{mol/L}，pH=4.30$$

从滴定开始直到化学计量点前的各点都这样计算。

(3) 化学计量点时　当加入 20.00mL NaOH 溶液时，HCl 被 NaOH 全部中和，生成 NaCl 溶液，这时 pH=7.00。

(4) 化学计量点后　过了化学计量点，再加入 NaOH 溶液，构成 NaOH+NaCl 溶液，其 pH 值取决于过量的 NaOH，计算方法与强酸溶液中计算 $[H^+]$ 的方法相类似。例如加入 20.02mL NaOH 溶液时，NaOH 溶液过量 0.02mL，多余的 NaOH 浓度为：

$$\frac{0.02\times0.1000}{20.00+20.02}=5.0\times10^{-5}(\text{mol/L})$$

即

$$[OH^-]=5.0\times10^{-5}\text{mol/L}$$

$$pOH=4.30，pH=9.70$$

计算所得结果列于表 5-2 中。如果以 NaOH 溶液的加入量为横坐标，对应的溶液 pH 值为纵坐标，绘制关系曲线，则得如图 5-1 所示的滴定曲线。

表 5-2　0.1000mol/L NaOH 溶液滴定 20.00mL 0.1000mol/L HCl 溶液

NaOH 溶液加入量		剩余 HCl 溶液的体积 V/mL	过量 NaOH 溶液的体积 V/mL	pH 值
mL	滴定百分数/%			
0.00	0	20.00		1.00
18.00	90.0	2.00		2.28
19.80	99.0	0.20		3.30
19.98	99.9	0.02		4.30 *A*
20.00	100.00	0.00		7.00
20.02	100.1		0.02	9.70 *B*
20.20	101.0		0.20	10.70
22.00	110.0		2.00	11.70
40.00	200.0		20.00	12.52

从图 5-1 和表 5-2 可以看出，在滴定开始时，溶液中还存在着较多的 HCl，因此 pH 值升高十分缓慢。随着滴定的不断进行，溶液中 HCl 含量的减少，pH 值的升高逐渐增快；尤其是当滴定接近化学计量点时，溶液中剩余的 HCl 已极少，pH 值升高极快。图 5-1 中，曲线上的 *A* 点为加入 NaOH 溶液 19.98mL，比化学计量点时应加入的 NaOH 溶液体积少 0.02mL（相当于－0.1%）；曲线上的 *B* 点为加入 NaOH 溶液 20.02mL，是超过化学计量点 0.02mL（相当于＋0.1%）。*A* 与 *B* 之间 NaOH 溶液仅差 0.04mL（不过 1 滴左右），但溶液的 pH 值却从 4.30 突然升高到 9.70，增加了 5.4 个 pH 单位，曲线上呈现出几乎垂直的一段。这一区间，即化学计量点前后±0.1%范围内 pH 值的急剧变化称为“滴定突跃”，经过滴定突跃之后，溶液由酸性转变成碱

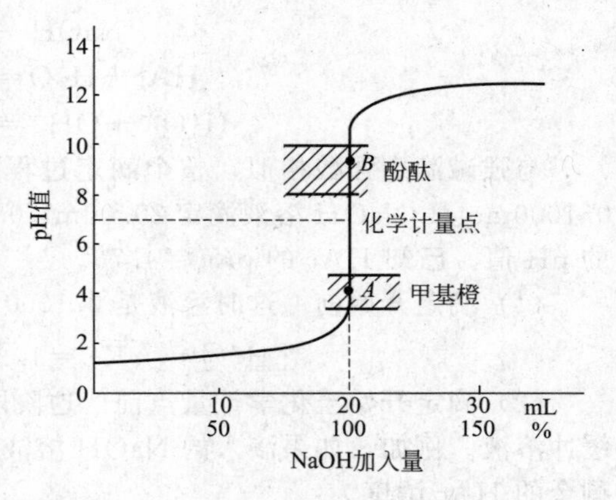

图 5-1　0.1000mol/L NaOH 溶液滴定 20.00mL 0.1000mol/L HCl 溶液的滴定曲线

性，溶液的性质由量变引起了质变。

根据滴定曲线上近似垂直的滴定突跃的范围，可以选择指示剂。选择指示剂的原则是，应使指示剂的变色范围部分或全部地处于滴定突跃范围内。显然，在化学计量点附近变色的指示剂如溴百里酚蓝、苯酚红等可以正确指示终点的到达，因为化学计量点正处于指示剂的变色范围内。

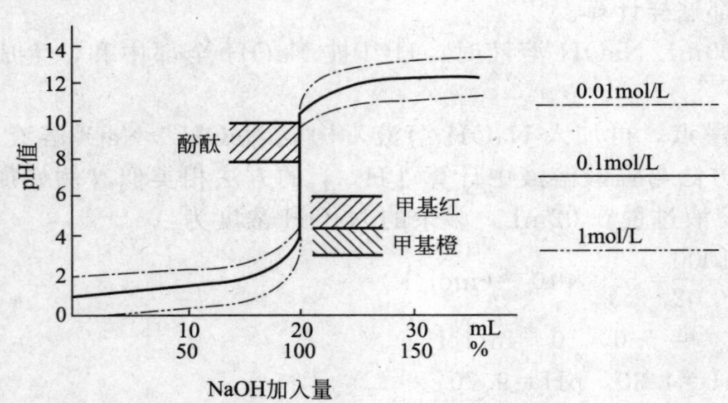

图 5-2 不同浓度 NaOH 溶液滴定不同浓度 HCl 溶液的滴定曲线

选择指示剂时还应注意指示剂的颜色变化是否明显，是否易于观察。例如用 0.1mol/L NaOH 溶液滴定 0.1mol/L HCl 溶液，若用甲基橙作指示剂，溶液的颜色由橙色变为黄色（pH＝4.4），理论上讲，此时未被滴定的 HCl 小于 0.1%，但由于橙色变为黄色不易分辨，实际的终点难以判定，使终点误差变大，所以选用甲基橙是不合适的。但当用0.1mol/L HCl 滴定 0.1mol/L NaOH 时，甲基橙由黄色变为橙色，虽有＋0.2%误差，但颜色变化明显。因此，强酸滴定强碱时，常选用甲基橙作指示剂。同理，酚酞指示剂适用于碱滴定酸，不适用于酸滴定碱。

以上讨论的是 0.1000mol/L NaOH 溶液滴定 0.1000mol/L HCl 溶液的情况。如果溶液浓度改变，化学计量点的 pH 值依然是 7，但滴定突跃的大小却不相同。从图 5-2 可以清楚地看出来，酸碱溶液越浓，滴定曲线上的滴定突跃越大，指示剂的选择也就越方便；溶液越稀，滴定突跃越小，指示剂的选择越受到限制，当用 0.01000mol/L NaOH 溶液滴定 0.01000mol/L HCl 溶液时，若再用甲基橙就不能准确地指示终点了。

对于强酸滴定强碱，可以参照以上处理办法，首先了解滴定曲线的情况，特别是其中化学计量点、滴定突跃，然后根据滴定突跃选择一种合适的指示剂。

5.4.2.2 强碱滴定一元弱酸

以 NaOH 溶液滴定 HAc 溶液为例来进行讨论。滴定过程中发生下列离解及质子转移反应：

$$NaOH \longrightarrow Na^+ + OH^-$$

$$HAc + H_2O \rightleftharpoons H_3O^+ + Ac^-$$

$$H_3O^+ + OH^- \rightleftharpoons H_2O + H_2O$$

与强碱滴定强酸相似，整个滴定过程按照不同的溶液组成，也可分为四个阶段。现以 0.1000mol/L NaOH 溶液滴定 20.00mL 0.1000mol/L HAc 溶液为例，计算滴定曲线上各点的 pH 值。已知 HAc 的 $pK_a^{\ominus}=4.76$。

（1）滴定开始前　这时溶液是 0.1000mol/L 的 HAc 溶液

$$[H^+]=\sqrt{cK_a^{\ominus}}=1.32\times10^{-3}\,mol/L，pH=2.88$$

（2）滴定开始至化学计量点前　这阶段溶液中未反应的弱酸 HAc 及反应产物 Ac^- 组成缓冲溶液。例如，如果滴入的 NaOH 溶液为 19.98mL，剩余的 HAc 为 0.02mL，则溶液中剩余的 HAc 浓度为：

$$c(酸)=\frac{0.02\times0.1000}{20.00\times19.98}=5.00\times10^{-5}\,(mol/L)$$

同理可得反应生成的 Ac^- 浓度为：

$$c(\text{共轭碱})=\frac{0.02}{20.00+19.98}=5.00\times10^{-2}(\text{mol/L})$$

$$[H^+]=K_a^{\ominus}\frac{c(\text{酸})}{c(\text{共轭碱})}=1.75\times10^{-5}\times\frac{5.00\times10^{-5}}{5.00\times10^{-2}}=1.75\times10^{-8}(\text{mol/L}),\text{pH}=7.76$$

(3) 化学计量点时　生成一元弱碱 Ac^-，其浓度为：

$$c(\text{碱})=\frac{20.00\times0.1000}{20.00+20.00}=5.00\times10^{-2}(\text{mol/L})$$

$$K_b^{\ominus}=\frac{1.0\times10^{-14}}{1.75\times10^{-5}}=5.71\times10^{-10}$$

$$[OH^-]=\sqrt{cK_b^{\ominus}}=5.35\times10^{-6}\text{mol/L},\ \text{pOH}=5.27,\ \text{pH}=8.73$$

化学计量点时溶液呈碱性。

(4) 化学计量点后　此时溶液的 pH 值取决于过量的 NaOH，与强碱滴定强酸的情况完全相同，根据 NaOH 的过量程度进行计算。

如上所示逐一计算，结果列于表 5-3 中，并绘制滴定曲线，得到如图 5-3 中的曲线Ⅰ，图中的虚线为强碱滴定强酸曲线的前半部分。

表 5-3　0.1000mol/L NaOH 溶液滴定 20.00mL 0.1000mol/L HAc 溶液

NaOH 溶液加入量		剩余 HAc 溶液的体积 V/mL	过量 NaOH 溶液的体积 V/mL	pH 值
mL	滴定百分数/%			
0.00	0	20.00		2.88
10.00	50.0	10.00		4.76
18.00	90.0	2.00		5.70
19.80	99.0	0.20		6.75
19.98	99.9	0.02		7.76　*A*
20.00	100.0	0.00		8.73
20.02	100.1		0.02	9.70　*B*
20.20	101.0		0.20	10.70
22.00	110.0		2.00	11.70
40.00	200.0		20.00	12.52

将图 5-3 中的曲线Ⅰ与虚线进行比较可以看出，由于 HAc 是弱酸，滴定开始前溶液中 $[H^+]$ 就较低，pH 值较 NaOH 滴定 HCl 时高。滴定开始后 pH 值较快地升高，这是由于中和生成的 Ac^- 产生同离子效应，使 HAc 更难离解，$[H^+]$ 较快地降低。但在继续滴入 NaOH 溶液后，由于 NaAc 的不断生成，在溶液中形成弱酸及其共轭碱（$HAc-Ac^-$）的缓冲体系，pH 值增加较慢，使这一段曲线较为平坦。当滴定接近化学计量点时，由于溶液中剩余的 HAc 已很少，溶液的缓冲能力已逐渐减弱，于是随着 NaOH 溶液的不断滴入，溶液的 pH 值逐渐变快，到达化学计量点时，在其附近出现一个较为短小的滴定突跃。这个突跃的 pH 值为 7.75～9.70，处于碱性范围内，这是由于化学计量点时溶液中存在着大量的 Ac^-，它是弱碱，溶液呈微碱性。

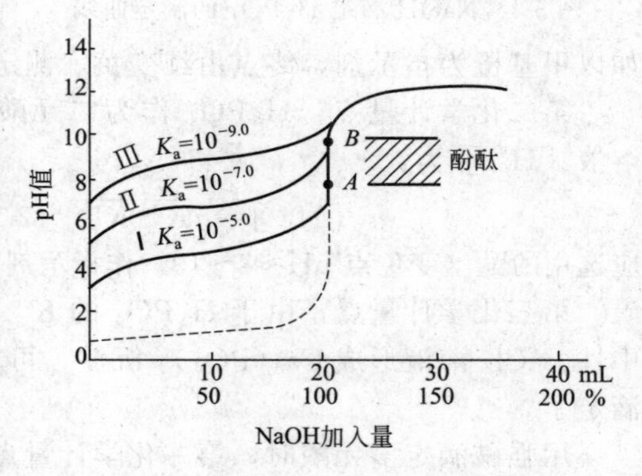

图 5-3　NaOH 溶液滴定不同弱酸不同浓度溶液的滴定曲线

根据化学计量点附近滴定突跃范围，用酚酞或百里酚蓝指示终点是合适的，也可以用百里酚酞指示终点。但在酸性溶液中变色的指示剂，如甲基橙之类则完全不适用。

比较曲线Ⅰ、Ⅱ、Ⅲ可以看到，酸性越弱，滴定突跃的范围越小。但是滴定突跃的大小，不仅与被测酸的 $K_a^\ominus$ 值有关，而且也与浓度有关，用较浓的标准溶液滴定较浓的试液，可使滴定突跃适当增大，滴定终点较易判断。但这也存在着一定的限度，对于 $K_a^\ominus \approx 10^{-9}$ 的酸，即使用 1mol/L 的标准碱也难以直接滴定。一般来讲，当弱酸溶液的浓度 c 和弱酸的离解常数 $K_a^\ominus$ 的乘积 $cK_a^\ominus \geqslant 10^{-8}$ 时，滴定突跃≥0.3pH 单位，人眼能够辨别出指示剂颜色的改变，滴定就可以直接进行，这时终点误差也在允许的±0.1%以内。因此，采用指示剂，用人眼来判断终点，直接滴定某种弱酸（或弱碱）就必须满足 $cK_a^\ominus$（或 $cK_b^\ominus$）$\geqslant 10^{-8}$，否则就不能被准确滴定。当然，如果允许误差可以放宽，相应判据条件也可降低。

强酸滴定一元弱碱同样可以参照以上方法处理，滴定曲线的特点与强碱滴定一元弱酸相似，但化学计量点、滴定突跃均是出现在弱酸性区域，故应选择在弱酸性范围内变色的指示剂，如甲基橙、甲基红等。

5.4.2.3 多元酸和多元碱的滴定

（1）多元酸的滴定 现以等浓度的 NaOH 溶液滴定 0.1000mol/L H_3PO_4 溶液为例进行讨论。各级离解常数为：

$$H_3PO_4 \rightleftharpoons H^+ + H_2PO_4^- \qquad K_{a1}^\ominus = 7.5\times10^{-3}$$
$$H_2PO_4^- \rightleftharpoons H^+ + HPO_4^{2-} \qquad K_{a2}^\ominus = 6.3\times10^{-8}$$
$$HPO_4^{2-} \rightleftharpoons H^+ + PO_4^{3-} \qquad K_{a3}^\ominus = 4.4\times10^{-13}$$

H_3PO_4 首先被中和，生成 $H_2PO_4^-$，出现第一个化学计量点；然后 $H_2PO_4^-$ 继续被中和，生成 HPO_4^{2-}，出现第二个化学计量点；HPO_4^{2-} 的 $K_{a3}^\ominus$ 太小，$cK_{a3}^\ominus \leqslant 10^{-8}$，不能直接滴定。NaOH 滴定 H_3PO_4 的滴定曲线见图 5-4。

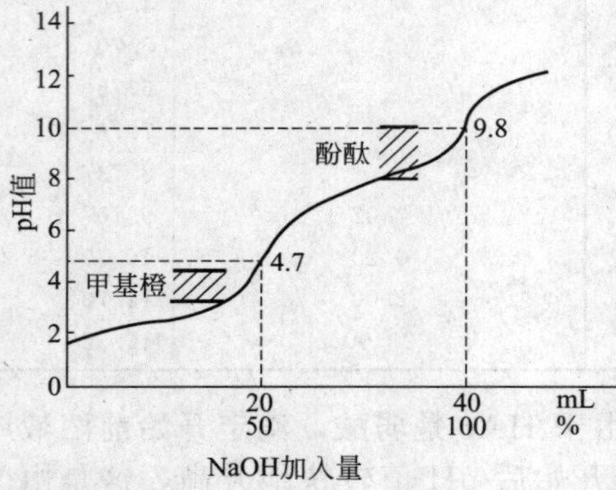

图 5-4 NaOH 滴定 H_3PO_4 的滴定曲线

准确计算多元酸的滴定曲线，涉及比较麻烦的数学处理，这里不予介绍。下面只讨论化学计量点 pH 值的计算和指示剂的选择。

第一化学计量点：用 NaOH 滴定 H_3PO_4 至第一化学计量点时，产物是 $H_2PO_4^-$，浓度为 0.050mol/L，它是两性物质，因为 $cK_{a2}^\ominus \geqslant 10K_w^\ominus$，溶液的 $[H^+]$ 为：

$$[H^+]=\sqrt{K_{a1}^\ominus K_{a2}^\ominus}=2.00\times10^{-5}\,\text{mol/L}，pH=4.70$$

如以甲基橙为指示剂，终点由红变黄，测定结果的误差约为−0.5%。

第二化学计量点：H_3PO_4 作为二元酸被滴定，产物是 HPO_4^{2-}，浓度为 0.033mol/L，溶液 $[H^+]$ 为：

$$[H^+]=\sqrt{K_{a2}^\ominus K_{a3}^\ominus}=2.19\times10^{-10}\,\text{mol/L}，pH=9.66$$

应选用酚酞（变色点 pH≈8～10）作指示剂，终点颜色由无色变为粉红，误差约为+0.3%。

第三化学计量点：由于 H_3PO_4 的 $K_{a3}^\ominus$ 太小，故 HPO_4^{2-} 不能用常规方法滴定，但加入中性 $CaCl_2$ 溶液形成 $Ca_3(PO_4)_2$ 沉淀，可将 H^+ 释放出来，这样，第三个氢离子也就可以滴定了。

用强碱滴定多元酸时，第一化学计量点附近的 pH 突跃大小与 $K_{a1}^\ominus/K_{a2}^\ominus$ 有关，其他化学计量点也是这样，与相邻两级离解常数的比值有关。如果 $K_{a1}^\ominus/K_{a2}^\ominus$ 太小，H_nB 在尚未被中和完时，$H_{n-1}B^-$ 就开始参加反应，致使化学计量点附近 H^+ 浓度没有明显的突变，因而无法确定化学计量点。如果检测终点的误差约 0.3pH 单位，要保证滴定误差约为 0.5%，$K_{a_1}^{\ominus}/K_{a_2}^{\ominus}$ 必须大于 10^4，这一结论可通过计算化学计量点附近终点误差而得到。

对于多元酸的滴定，并不是每一级离解的 H^+ 都能被准确滴定，都能形成滴定突跃，它的分步滴定也同样遵循强碱滴定弱酸的条件，即当 $cK_a^{\ominus} \geqslant 10^{-8}$ 时，这一级离解的 H^+ 才能被准确滴定，只有当相邻两级 $K_a^{\ominus}$ 的比值大于或等于 10^4 时，即 $K_{a_n}^{\ominus}/K_{a_{n+1}}^{\ominus} \geqslant 10^4$，才能有两个滴定突跃，才能满足分步滴定要求；反之，只能形成一个滴定突跃，不能分步滴定。

(2) 多元碱的滴定　多元碱的滴定与多元酸的滴定相类似，判断原则有两条：

① $cK_b^{\ominus} \geqslant 10^{-8}$ 能准确滴定；

② $K_{b_n}^{\ominus}/K_{b_{n+1}}^{\ominus} \geqslant 10^4$ 能分步滴定。

标定 HCl 溶液浓度时，常用 Na_2CO_3 作基准物，Na_2CO_3 为多元碱。现以 HCl 溶液滴定 Na_2CO_3 为例讨论如下。

H_2CO_3 是很弱的二元酸，在水溶液中

$$H_2CO_3 \rightleftharpoons H^+ + HCO_3^- \qquad K_{a_1}^{\ominus} = 4.2 \times 10^{-7}$$

$$HCO_3^- \rightleftharpoons H^+ + CO_3^{2-} \qquad K_{a_2}^{\ominus} = 5.6 \times 10^{-11}$$

CO_3^{2-} 是 HCO_3^- 的共轭碱，已知 H_2CO_3 的 $pK_{a_2}^{\ominus} = 10.25$，可求得 $pK_{b_1}^{\ominus} = 3.75$，这说明 CO_3^{2-} 为中等强度的弱碱，可以用强酸直接滴定，首先生成 HCO_3^-，而 $pK_{b_2}^{\ominus} = 7.62$，可再进一步滴定成为 H_2CO_3。图 5-5 为 HCl 溶液滴定 Na_2CO_3 溶液的滴定曲线，从图中可看到，在 pH=8.3 附近，有一个不很明显的滴定突跃，其原因与多元酸相同，即 $K_{b_1}^{\ominus}$ 与 $K_{b_2}^{\ominus}$ 之比稍小于 10^4，两步中和反应交叉进行，当然也不存在真正的第一化学计量点；在 pH=3.9 附近有一稍大些的滴定突跃，为第二化学计量点。

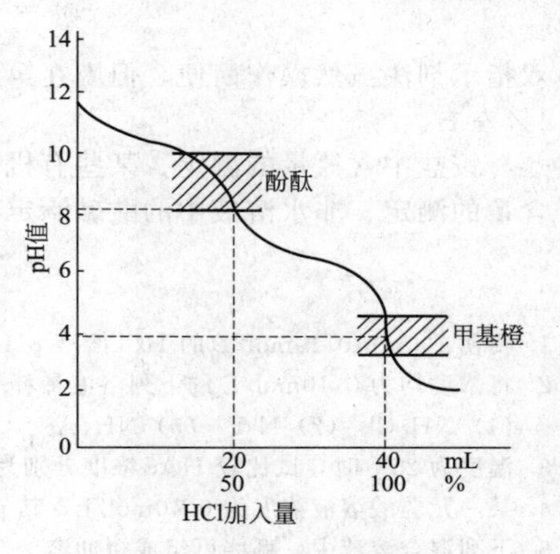

图 5-5　HCl 溶液滴定 Na_2CO_3 溶液的滴定曲线

【例 5-6】　试求 0.10mol/L HCl 滴定 0.10mol/L Na_2CO_3 的两个化学计量点的 pH 值。

解　CO_3^{2-} 浓度为 0.10mol/L，第一化学计量点时生成 0.050mol/L HCO_3^-，为两性物质

$$[H^+] = \sqrt{K_{a_1}^{\ominus} K_{a_2}^{\ominus}} = 4.79 \times 10^{-9}\,\text{mol/L},\ pH = 8.31$$

到达第二化学计量点时，溶液已成为 H_2CO_3 的饱和溶液，

$$[H^+] = \sqrt{cK_{a_1}^{\ominus}} = 1.29 \times 10^{-4}\,\text{mol/L},\ pH = 3.89$$

在工业上，纯碱 Na_2CO_3 或混合碱（如 $NaOH + Na_2CO_3$ 或 $NaHCO_3 + Na_2CO_3$）的含量常用 HCl 标准溶液来测定，用酚酞指示第一个终点时，变色不明显，如果改用甲酚红和百里酚蓝混合指示剂（变色时 pH 值为 8.3），则终点变色明显一些，但这仅能满足较低的工业分析准确度的要求。至于第二化学计量点，由于 $K_{b_2}^{\ominus} = 7.62$，碱性较弱，化学计量点附近的滴定突跃也是较小的，如用甲基橙指示终点时，变色也不甚明显。为了提高测定的准确度，已提出一些措施，如使用参比溶液、加热煮沸等。

5.4.3　酸碱滴定法的应用

一些酸和碱，或与酸、碱起作用的物质，可用酸碱滴定法直接或间接地进行测定；一些非酸非碱的物质，也可以用酸碱滴定法间接地进行测定。因此酸碱滴定法应用很广泛。

烧碱中 NaOH 和 Na_2CO_3 含量的测定：工业上烧碱（NaOH）在生产和贮存过程中吸收空气中的 CO_2 而成为 NaOH 和 Na_2CO_3 的混合碱。在测定烧碱中 NaOH 含量的同时，通常要测定 Na_2CO_3 的含量，故称为混合碱的分析。

通常采用双指示剂法。测定时，先在混合碱试液中加入酚酞指示剂，用浓度为 c 的 HCl 标准溶液滴定至终点；再加入甲基橙指示剂并滴定至第二个终点，前后消耗的 HCl 溶液的体积分别为 V_1 和 V_2。滴定过程可图解如下：

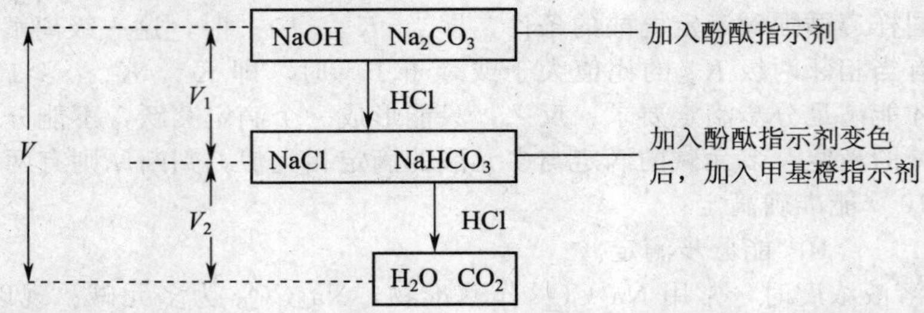

由图可知，$V_1>V_2$，滴定 NaOH 用去的 HCl 溶液的体积为 V_1-V_2，滴定 Na_2CO_3 用去的 HCl 溶液的体积为 $2V_2$。混合碱试样质量为 m，则

$$w_{\mathrm{NaOH}}=\frac{[c(V_1-V_2)]_{\mathrm{HCl}}M_{\mathrm{NaOH}}}{m}\times 100\%$$

$$w_{\mathrm{Na_2CO_3}}=\frac{\frac{1}{2}(2cV_2)_{\mathrm{HCl}}M_{\mathrm{Na_2CO_3}}}{m}\times 100\%$$

双指示剂法虽然操作简便，但因在第一化学计量点时酚酞变色不明显（红到微红），误差为1%左右。

铵盐中含氮量的测定、某些有机化合物含量的测定、极弱酸（碱）的测定、某些无机物含量的测定、非水溶液中的酸碱滴定都可采用酸碱滴定法。

习　题

1. 要使 100mL 0.10mol/L 的 HCl 溶液 pH 值增至 7.0 时，需加入固体 NaOH 多少克？
2. 将浓度均为 0.10mol/L 的下列溶液稀释一倍，溶液的 pH 值将如何变化。
   (1) NH_4Cl　(2) NaF　(3) NH_4Ac　(4) $(NH_4)_2SO_4$
3. 温度为 25℃时，试比较 HAc 浓度分别为 0.10mol/L 和 0.20mol/L 时，溶液的氢离子浓度和离解度。
4. 某一元弱酸溶液浓度为 0.10mol/L，其 pH 值为 2.77，求这一弱酸的离解常数及该条件下的离解度。
5. 下列混合溶液中，哪些可组成缓冲溶液。
   (1) 10mL 0.1mol/L HCl 和 10mL 0.1mol/L NaCl
   (2) 10mL 0.1mol/L HCl 和 10mL 0.1mol/L NaAc
   (3) 10mL 0.2mol/L HAc 和 10mL 0.1mol/L NaOH
   (4) 10mL 0.2mol/L HCl 和 10mL 0.1mol/L NaAc
6. 取 0.10mol/L 甲酸（HCOOH）溶液 50mL，加水稀释至 100mL，求稀释前后溶液的 H^+ 浓度、pH 值和离解度。从计算结果可以得出什么结论？
7. 实验测得在 pH＝9.25 的 NH_4Cl-NH_3 混合溶液中，NH_4^+ 与 NH_3 的浓度相等，求氨的离解常数。
8. 在 1.0L 0.10mol/L 氨水溶液中，应加入多少克 NH_4Cl 固体才能使溶液的 pH 值等于 9.00？（设加入固体后溶液体积无变化）
9. 欲配制 500mL pH 值为 5.00，且 Ac^- 浓度为 1.00mol/L 的 HAc-NaAc 缓冲溶液，需密度为 1.05g/mL 含 HAc 98.5%的乙酸多少毫升？固体 NaAc 多少克？
10. 判断下列观点是否正确。
    (1) 向缓冲溶液中加入酸或碱，该缓冲溶液的 pH 值不变。
    (2) 1.0×10^{-5} mol/L 的盐酸溶液稀释 1000 倍，溶液的 pH 值等于 8.0。
    (3) 氨水的浓度越小，离解度越大，溶液中 OH^- 的浓度也必然越大。
    (4) 配制 Na_2S 溶液时，必须先加入适量的 NaOH，以免因水解产生挥发性酸 H_2S。
11. 某一弱酸（HA）1.250g，用水溶解后稀释至 50.00mL，可用 41.20mL 0.900mol/L 的标准溶液滴定至化学计量点。当加入 NaOH 溶液 8.24mL 时，该溶液的 pH 值为 4.30，求：(1) 弱酸（HA）的相对分子质量？(2) HA 的离解常数 $K_a^{\ominus}(HA)$？(3) 滴定至化学计量点时溶液的 pH 值。

12. 称取不纯的硫酸铵 1.000g，以甲醛法分析，加入已中和至中性的甲醛溶液和 0.3638mol/L NaOH 溶液 50.00mL，过量的 NaOH 再以 0.3012mol/L HCl 溶液 21.64mL 回滴至酚酞终点。计算 $(NH_4)_2SO_4$ 纯度？
13. 称取混合碱试样 0.6524g，以酚酞为指示剂，用 0.1992mol/L HCl 标准溶液滴定至终点，用去酸溶液 21.76mL。再加甲基橙指示剂，滴定至终点，又耗去酸溶液 27.15mL。求试样中各组分的百分含量？

第 6 章　沉淀-溶解平衡与沉淀滴定法

在含有固体难溶电解质的饱和溶液中，存在着难溶电解质与由它离解产生的离子之间的平衡，称为沉淀-溶解平衡。沉淀的生成与溶解常常与酸碱反应伴随发生，溶液 pH 值的改变、氧化还原反应的发生或配离子的生成等都会引起难溶物质溶解度的变化。因此，可利用沉淀反应来分离提纯与鉴定某些物质或离子。

6.1 沉淀-溶解平衡

不同的电解质在水溶液中的溶解度不同，有时甚至差异很大。易溶电解质与难溶电解质之间并没有严格的界限，习惯上把溶解度小于 0.01g/100g 水的电解质称为难溶电解质。

在一定温度下，将难溶电解质放入水中时，就发生溶解与沉淀的过程。如将 $BaSO_4$ 晶体放入水中时，晶体中 Ba^{2+} 和 SO_4^{2-} 在水分子的作用下，不断由晶体表面进入溶液中，成为无规则运动着的离子，这是 $BaSO_4(s)$ 的溶解过程；与此同时，已经溶解在溶液中的 Ba^{2+} 和 SO_4^{2-} 在不断运动中相互碰撞，又有可能回到晶体的表面，以固体（沉淀）的形式析出，这是 $BaSO_4(s)$ 的沉淀过程。任何难溶电解质的溶解和沉淀过程都是可逆的。在一定的条件下，当溶解和沉淀的速率相等时，便建立了沉淀-溶解平衡。如

$$BaSO_4(s) \underset{\text{沉淀}}{\overset{\text{溶解}}{\rightleftharpoons}} Ba^{2+} + SO_4^{2-}$$

6.2 溶度积及其应用

6.2.1 溶度积常数

对于一般难溶电解质（A_mB_n），其沉淀-溶解平衡反应通式为

$$A_mB_n(s) \underset{\text{沉淀}}{\overset{\text{溶解}}{\rightleftharpoons}} mA^{n+}(aq) + nB^{m-}(aq)$$

其平衡常数表达式为

$$K_{sp}^{\ominus}(A_mB_n) = c^m(A^{n+})c^n(B^{m-}) \tag{6-1}$$

此平衡常数称为溶度积常数（简称溶度积）。上式表明：在一定温度下，难溶电解质的饱和溶液中，各组分离子浓度幂的乘积为一常数。

$K_{sp}^{\ominus}$是表征难溶电解质溶解能力的特性常数，它可以由实验测定，也可以通过热力学数据计算。与其他平衡常数一样，$K_{sp}^{\ominus}$也是温度的函数，温度升高，多数难溶化合物的溶度积增大。

6.2.2 溶度积和溶解度的相互换算

溶解度和溶度积的大小都能表示难溶电解质的溶解能力，它们之间可以进行相互换算。计算溶度积所采用的浓度单位为 mol/L，而从一些手册上查到的溶解度常以 g/100g 水表示，

所以需要进行浓度的换算。计算时考虑到难溶电解质的溶解度很小，饱和溶液中溶质的量很少，溶液很稀，溶液的密度可以近似认为等于纯水的密度。

【例 6-1】 已知 $BaSO_4$ 在 298K 时的溶度积为 1.08×10^{-10}，求 $BaSO_4$ 在 298K 时的溶解度。

解 设 $BaSO_4$ 的溶解度（S）为 x mol/L，因 $BaSO_4$ 为难溶强电解质，且 Ba^{2+}、SO_4^{2-} 基本不水解，所以在 $BaSO_4$ 饱和溶液中：

$$BaSO_4(s) \rightleftharpoons Ba^{2+}(aq) + SO_4^{2-}(aq)$$

平衡浓度/(mol/L)　　x　　x

$$K_{sp}^{\ominus}(BaSO_4) = c(Ba^{2+})c(SO_4^{2-})$$

$$1.08\times10^{-10} = x^2$$

$$x = 1.04\times10^{-5}$$

即

$$S(BaSO_4) = 1.04\times10^{-5}\ \text{mol/L}$$

计算结果表明：AB 型难溶电解质的溶解度（S）在数值上等于其溶度积的平方根。即

$$S = \sqrt{K_{sp}^{\ominus}} \tag{6-2}$$

【例 6-2】 已知 298K 时 Ag_2CrO_4 的溶度积为 1.1×10^{-12}，试求 Ag_2CrO_4 在水中的溶解度。

解 设 Ag_2CrO_4 的溶解度（S）为 x mol/L

$$Ag_2CrO_4(s) \rightleftharpoons 2Ag^{+}(aq) + CrO_4^{2-}(aq)$$

平衡浓度/(mol/L)　　$2x$　　x

$$K_{sp}^{\ominus}(Ag_2CrO_4) = c^2(Ag^{+})c(CrO_4^{2-})$$

$$1.1\times10^{-12} = (2x)^2x$$

$$x = 6.5\times10^{-5}$$

即

$$S(Ag_2CrO_4) = 6.5\times10^{-5}\ \text{mol/L}$$

此计算结果表明：A_2B 型（或 AB_2 型）难溶电解质其溶解度（S）与溶度积的关系式为：

$$S = \sqrt[3]{\frac{K_{sp}^{\ominus}}{4}} \tag{6-3}$$

对于相同类型的难溶电解质，溶度积大的溶解度也大。因此，通过溶度积数据可以直接比较溶解度的大小。对于不同类型的难溶电解质，如 AgCl 与 Ag_2CrO_4，前者溶度积大而溶解度反而小，因此不能直接由溶度积的数据比较溶解度的大小。

6.2.3 溶度积规则

难溶电解质的沉淀-溶解平衡也是动态平衡。如果改变条件，可以使溶液中的离子转化为固态——沉淀生成；或者使固态转化为溶液中的离子——沉淀溶解。

对于任一难溶电解质的沉淀-溶解平衡

$$A_mB_n(s) \rightleftharpoons mA^{n+}(aq) + nB^{m-}(aq)$$

定义其反应商（也称离子积）为：

$$Q = c^m(A^{n+})c^n(B^{m-}) \tag{6-4}$$

对于给定的难溶电解质来说，在一定的条件下沉淀能否生成或溶解，通过其离子积 Q 与溶度积 $K_{sp}^{\ominus}$ 进行比较，就可以判断沉淀产生和溶解进行的方向。

$Q > K_{sp}^{\ominus}$ 时，沉淀从溶液中析出；

$Q = K_{sp}^{\ominus}$ 时，溶液为饱和溶液，溶液中的沉淀与已溶解的离子之间处于平衡；

$Q < K_{sp}^{\ominus}$ 时，溶液为不饱和溶液，无沉淀析出；若原来有沉淀存在，则沉淀溶解。

以上三情况称为溶度积规则。从中不难看出，通过控制离子的浓度，便可以使沉淀-溶解平衡发生移动，从而使平衡向需要的方向转化。

6.3 沉淀-溶解平衡的移动

6.3.1 沉淀的生成

根据溶度积规则，在难溶电解质溶液中生成沉淀的条件是离子积大于溶度积，即 $Q > K_{sp}^{\ominus}$。

【例 6-3】 将 0.020mol/L 的 $CaCl_2$ 溶液与等体积同浓度的 Na_2CO_3 溶液混合，是否有沉淀生成？

解 两种溶液等体积混合后，体积增大一倍，浓度各自减小至原来的$\frac{1}{2}$

$$c(Ca^{2+}) = 0.020 \times \frac{1}{2} = 0.010(mol/L),\ c(CO_3^{2-}) = 0.020 \times \frac{1}{2} = 0.010(mol/L)$$

$CaCO_3$ 的沉淀-溶解平衡为

$$CaCO_3(s) \rightleftharpoons Ca^{2+}(aq) + CO_3^{2-}(aq)$$

$$Q = c(Ca^{2+})c(CO_3^{2-}) = 0.010 \times 0.010 = 1.0 \times 10^{-4} > K_{sp}^{\ominus}(CaCO_3) = 2.8 \times 10^{-9}$$

所以有 $CaCO_3$ 沉淀生成。

【例 6-4】 在 0.10mol/L $FeCl_3$ 溶液中，加入等体积的含有 0.20mol/L $NH_3 \cdot H_2O$ 和 2.0mol/L NH_4Cl 的混合溶液，能否生成 $Fe(OH)_3$ 沉淀？

解 由于等体积混合，所以各物质的浓度均减少一倍，即

$$c(Fe^{3+}) = 0.10 \times \frac{1}{2} = 5.0 \times 10^{-2}(mol/L),\ c(NH_4Cl) = 2.0 \times \frac{1}{2} = 1.0(mol/L),$$

$$c(NH_3 \cdot H_2O) = 0.20 \times \frac{1}{2} = 0.10(mol/L)$$

$NH_3 \cdot H_2O$ 和 NH_4Cl 的混合溶液为缓冲溶液，溶液的 $[OH^-]$ 为

$$[OH^-] = K_b^{\ominus} \frac{c(\text{碱})}{c(\text{共轭酸})} = 1.75 \times 10^{-5} \times \frac{0.10}{1.0}$$

$$= 1.8 \times 10^{-5}(mol/L)$$

$$Q = c(Fe^{3+})c^3(OH^-) = 5.0 \times 10^{-2} \times (1.8 \times 10^{-6})^3 = 2.9 \times 10^{-19} > K_{sp}^{\ominus}[Fe(OH)_3] = 4.0 \times 10^{-38}$$

所以有 $Fe(OH)_3$ 沉淀生成。

6.3.2 影响沉淀反应的因素

(1) 同离子效应对沉淀反应的影响 沉淀反应中有与难溶物质具有共同离子的电解质存在，使难溶物质的溶解度降低的现象就称为沉淀反应的同离子效应。

$$BaSO_4(s) \rightleftharpoons Ba^{2+}(aq) + SO_4^{2-}(aq)$$

$$\xleftarrow[\text{平衡移动方向}]{\text{加入 } BaCl_2 \text{ 或 } Na_2SO_4}$$

【例 6-5】 计算 $BaSO_4$ 在 298K、0.10mol/L Na_2SO_4 溶液中的溶解度。

解 设 $BaSO_4$ 的溶解度（S）为 x mol/L

$$BaSO_4(s) \rightleftharpoons Ba^{2+}(aq) + SO_4^{2-}(aq)$$

平衡浓度/(mol/L) $\quad x \quad x+0.10$

$$K_{sp}^{\ominus}(BaSO_4) = c(Ba^{2+})c(SO_4^{2-})$$

$$1.08\times10^{-10}=(x+0.10)x$$

因为 $K_{sp}^{\ominus}(BaSO_4)$ 很小，x 比 0.10 小得多，所以 $x+0.10\approx0.10$

故
$$0.10x=1.08\times10^{-10}$$
$$x=1.08\times10^{-9}$$

即
$$S(BaSO_4)=1.1\times10^{-9}\text{mol/L}$$

由于 0.10mol/L Na_2SO_4 的存在，$BaSO_4$ 的溶解度仅相当于纯水中（1.08×10^{-5}）的万分之一。

由此可知，在进行沉淀反应时，为确保某一离子沉淀完全（一般来说，离子浓度小于 10^{-5} mol/L 时，可以认为沉淀完全），可利用同离子效应，加入适当过量的沉淀剂。

（2）盐效应　实验证明，在难溶电解质的溶液中，若含有其他易溶的电解质（无共同离子时），其溶解度比在纯水中要大。如 $PbSO_4$ 在 KNO_3 溶液中的溶解度大于在纯水中。而且 KNO_3 溶液越浓，$PbSO_4$ 溶解度越大。这种由于加入易溶的强电解质而使难溶电解质溶解度增大的效应称为盐效应。

产生盐效应的原因是由于易溶强电解质的存在，使溶液中阴、阳离子的浓度增加，离子间的相互吸引和相互牵制的作用加强，妨碍了离子的自由运动，离子与沉淀表面碰撞次数减少，致使沉淀速率变慢。这就破坏了原来的沉淀-溶解平衡，使平衡向溶解方向移动。

在沉淀过程中存在同离子效应的同时也存在盐效应，只不过同离子效应对难溶电解质溶解度的影响大于盐效应，所以一般的近似计算允许忽略盐效应。

6.3.3 沉淀的溶解

根据溶度积规则，沉淀溶解的必要条件是 $Q<K_{sp}^{\ominus}$。因此，一切能有效地降低沉淀-溶解平衡体系中有关离子浓度，使 $Q<K_{sp}^{\ominus}$ 的方法，都能促使沉淀-溶解平衡向着沉淀溶解的方向移动。常用的方法有以下几种。

（1）酸碱溶解法　利用酸、碱或某些盐类（如 NH_4^+ 盐）与难溶电解质组分离子结合成弱电解质（弱酸、弱碱或 H_2O），以溶解某些弱碱盐、弱酸盐、酸性或碱性氧化物和氢氧化物等难溶物的方法，称为酸碱溶解法。例如，难溶弱酸盐 $CaCO_3$ 溶于盐酸，正是由于 H^+ 与 CO_3^{2-} 结合成 HCO_3^-、H_2CO_3，使 $Q<K_{sp}^{\ominus}(CaCO_3)$ 所致。

$$CaCO_3(s)\rightleftharpoons Ca^{2+}+CO_3^{2-}\qquad K_{sp}^{\ominus}(CaCO_3)=c(Ca^{2+})c(CO_3^{2-})$$

$$CO_3^{2-}+H^+\rightleftharpoons HCO_3^-\qquad K_2^{\ominus}=\frac{1}{K_a^{\ominus}(HCO_3^-)}$$

$$+)\ HCO_3^-+H^+\rightleftharpoons H_2CO_3\qquad K_3^{\ominus}=\frac{1}{K_a^{\ominus}(H_2CO_3)}$$

$$CaCO_3(s)+H^+\rightleftharpoons Ca^{2+}+H_2CO_3\qquad K^{\ominus}=K_{sp}^{\ominus}(CaCO_3)K_2^{\ominus}K_3^{\ominus}$$

$$K^{\ominus}=\frac{K_{sp}^{\ominus}(CaCO_3)}{K_a^{\ominus}(HCO_3^-)K_a^{\ominus}(H_2CO_3)}=\frac{2.8\times10^{-9}}{4.5\times10^{-7}\times4.7\times10^{-11}}=1.3\times10^{8}$$

由于 $K^{\ominus}$ 值很大，所以 $CaCO_3$ 的酸溶反应能进行完全。

可以推论：难溶弱酸盐的 $K_{sp}^{\ominus}$ 越大，对应弱酸的 $K_a^{\ominus}$ 越小，难溶弱酸盐越易被酸溶解。

难溶氢氧化物，如 $Al(OH)_3$、$Fe(OH)_3$、$Cu(OH)_2$ 等都可以用强酸溶解，是由于其生成难电离的 H_2O。有的不太难溶的氢氧化物，如 $Mg(OH)_2$、$Mn(OH)_2$ 等甚至溶于铵盐，是由于生成弱碱 $NH_3\cdot H_2O$ 之故。

（2）氧化还原溶解法　有些金属硫化物 $K_{sp}^{\ominus}$ 太小，因而不能用盐酸溶解。如 CuS 的 $K_{sp}^{\ominus}$ 为 6.3×10^{-36}，如要使其溶解，需要 $c(H^+)$ 达到 10^6 mol/L，这是根本不可能的。如果使用具有氧化性的硝酸，其溶解过程如下：

$$CuS(s) \rightleftharpoons Cu^{2+} + S^{2-}$$

$$\xrightarrow{+HNO_3} S\downarrow + NO\uparrow + H_2O$$

$$\xrightarrow[\text{加入 } HNO_3\text{，平衡向右移动}]{}$$

此溶解反应为一氧化还原反应，反应方程式为：

$$3CuS + 2NO_3^- + 8H^+ \longrightarrow 3Cu^{2+} + 3S\downarrow + 2NO\uparrow + 4H_2O$$

由于 S^{2-} 被 HNO_3 氧化为 S，$c(S^{2-})$ 显著降低，使 $c(Cu^{2+})c(S^{2-}) < K_{sp}^{\ominus}(CuS)$，故 CuS 沉淀被溶解。

(3) 配位溶解法　此法的原理是：通过加入配位剂，使难溶电解质的组分离子形成稳定的配离子，降低难溶电解质组分离子的浓度，而使难溶电解质溶解。例如 AgCl 难溶于稀硝酸，但易溶于氨水，其溶解过程如下：

$$AgCl(s) \rightleftharpoons Ag^+ + Cl^-$$

$$\xrightarrow{+2NH_3 \cdot H_2O} [Ag(NH_3)_2]^+ + 2H_2O$$

$$\xrightarrow[\text{加入氨水，平衡向右移动}]{}$$

加入氨水后，由于体系中 Ag^+ 与 NH_3 结合形成稳定的配离子 $[Ag(NH_3)_2]^+$，降低了 $c(Ag^+)$，使 $c(Ag^+)c(Cl^-) < K_{sp}^{\ominus}(AgCl)$，故 AgCl 沉淀被溶解。

对于更难溶的 HgS（$K_{sp}^{\ominus} = 4.0 \times 10^{-53}$）需加入王水（$HNO_3 + HCl$）：

$$3HgS + 2HNO_3 + 12HCl \longrightarrow 3H_2[HgCl_4] + 3S\downarrow + 2NO\uparrow + 4H_2O$$

王水的作用有二：既可以氧化 S^{2-} 成 S，又可以提供配位体 Cl^-，形成 $[HgCl_4]^{2-}$。只有两种作用同时进行，才能使 $c(Hg^{2+})c(S^{2-}) < K_{sp}^{\ominus}(HgS)$，HgS 沉淀被溶解。

6.4　分步沉淀和沉淀转化

6.4.1　分步沉淀

在实际工作中，常常会遇到体系中同时含有多种离子，这些离子都可能与某一沉淀剂发生沉淀反应，生成难溶电解质，这种情况下离子积（Q）首先超过溶度积的难溶电解质先沉淀出来。例如，将稀 $AgNO_3$ 溶液逐滴加入到含有等浓度 Cl^- 和 I^- 的混合溶液中，首先析出的是黄色的 AgI 沉淀，随着 $AgNO_3$ 溶液的继续加入，才出现白色的 AgCl 沉淀。这种在混合溶液中多种离子发生先后沉淀的现象称为分步沉淀。

根据溶度积规则，可分别计算生成 AgCl 和 AgI 所需 Ag^+ 的最低浓度。

$$\text{AgCl：}c_1(Ag^+) > \frac{K_{sp}^{\ominus}(AgCl)}{c(Cl^-)} = \frac{1.77\times10^{-10}}{c(Cl^-)}$$

$$\text{AgI：}c_2(Ag^+) > \frac{K_{sp}^{\ominus}(AgI)}{c(I^-)} = \frac{8.52\times10^{-17}}{c(I^-)}$$

析出 AgCl、AgI 沉淀所需 Ag^+ 的最低浓度为：

$$\text{AgCl：}c_1(Ag^+) > \frac{1.77\times10^{-10}}{1.0\times10^{-2}} = 1.77\times10^{-8}(\text{mol/L})$$

$$\text{AgI：}c_2(Ag^+) > \frac{8.52\times10^{-17}}{1.0\times10^{-2}} = 8.52\times10^{-15}(\text{mol/L})$$

$$c_1(Ag^+) \gg c_2(Ag^+)$$

因此当滴加 $AgNO_3$ 溶液时，AgI 先沉淀出来，随着 I^- 不断被沉淀为 AgI，溶液中 $c(I^-)$ 不断减小；若要继续沉淀，必须不断增加 $c(Ag^+)$，当达到 AgCl 开始沉淀所需 $c(Ag^+)$ 时，AgI 和 AgCl 将同时沉淀。在 AgCl 开始沉淀时，溶液中 $c(Ag^+)=1.77\times 10^{-8}$ mol/L，此时溶液中

$$c(I^-)=\frac{K^{\ominus}_{sp}(AgI)c(Cl^-)}{1.77\times 10^{-8}}=\frac{8.52\times 10^{-17}}{1.77\times 10^{-8}}=4.81\times 10^{-9}(mol/L)$$

此计算结果表明，当 AgCl 开始沉淀时，$c(I^-)=4.81\times 10^{-9}$ mol/L $<10^{-5}$ mol/L，所以通过逐滴加入 $AgNO_3$ 溶液即可达到 I^- 与 Cl^- 分离的目的。

【例 6-6】 某种混合溶液中，含有 0.20mol/L 的 Ni^{2+} 及 0.30mol/L 的 Fe^{3+}，若通过滴加 NaOH 溶液（忽略溶液体积的变化）分离这两种离子，溶液的 pH 值应控制在什么范围?

解 根据溶度积规则，0.20mol/L 的 Ni^{2+}、0.30mol/L 的 Fe^{3+} 的混合溶液中开始析出 $Ni(OH)_2$、$Fe(OH)_3$ 所需 $c(OH^-)$ 最低浓度分别为：

$$Ni(OH)_2\ 开始沉淀：c_1(OH^-)>\sqrt{\frac{K^{\ominus}_{sp}[Ni(OH)_2]}{c(Ni^{2+})}}=\sqrt{\frac{5.48\times 10^{-16}}{0.20}}=5.23\times 10^{-8}(mol/L)$$

$$Fe(OH)_3\ 开始沉淀：c_2(OH^-)>\sqrt[3]{\frac{K^{\ominus}_{sp}[Fe(OH)_2]}{c(Fe^{3+})}}=\sqrt[3]{\frac{2.79\times 10^{-39}}{0.30}}=2.10\times 10^{-15}(mol/L)$$

因为 $c_1(OH^-)\gg c_2(OH^-)$，所以 $Fe(OH)_3$ 先沉淀。

$Fe(OH)_3$ 沉淀完全时所需 OH^- 最低浓度为

$$c(OH^-)>\sqrt[3]{\frac{K^{\ominus}_{sp}[Fe(OH)_2]}{c(Fe^{3+})}}=\sqrt[3]{\frac{279\times 10^{-39}}{10^{-5}}}=1.41\times 10^{-11}(mol/L)，pH=3.15$$

不产生 $Ni(OH)_2$ 沉淀所容许的 OH^- 最高浓度为

$$c(OH^-)\leqslant 5.23\times 10^{-8}\ mol/L，pH=6.72$$

所以若要分离这两种离子，溶液的 pH 值应控制在 3.15～6.72 之间。

6.4.2 沉淀转化

借助于某一试剂的作用，把一种难溶电解质转化为另一种难溶电解质，这个过程称为沉淀的转化。例如为了除去附在锅炉内壁上的锅垢（主要成分为既难溶于水又难溶于酸的 $CaSO_4$），可借助于 Na_2CO_3，将 $CaSO_4$ 转化为疏松的且可溶于酸的 $CaCO_3$。其反应为：

$$Na_2CO_3 \longrightarrow 2Na^+ + CO_3^{2-}$$

$$CaSO_4(s) \rightleftharpoons Ca^{2+} + SO_4^{2-} \qquad K^{\ominus}_1=K^{\ominus}_{sp}(CaSO_4)$$

$$+)\ Ca^{2+} + CO_3^{2-} \rightleftharpoons CaCO_3(s) \qquad K^{\ominus}_2=\frac{1}{K^{\ominus}_{sp}(CaCO_3)}$$

$$CaSO_4(s) + CO_3^{2-} \rightleftharpoons CaCO_3(s) + SO_4^{2-}$$

$$K^{\ominus}=\frac{c(SO_4^{2-})}{c(CO_3^{2-})}=K^{\ominus}_1K^{\ominus}_2=\frac{K^{\ominus}_{sp}(CaSO_4)}{K^{\ominus}_{sp}(CaCO_3)}=\frac{9.1\times 10^{-6}}{2.8\times 10^{-9}}=3.3\times 10^3$$

计算表明，上述沉淀转化反应向右进行的趋势较大。

类型相同的难溶电解质，沉淀转化程度的大小取决于两种难溶电解质溶度积的相对大小。一般来说，溶度积较大的难溶电解质容易转化为溶度积较小的难溶电解质。两种沉淀物的溶度积相差越大，沉淀转化越完全。

6.5 沉淀滴定法

沉淀滴定法是以沉淀反应为基础的一种滴定分析方法。沉淀反应很多，但并不是所有的沉淀反应都能用于滴定分析。用于沉淀滴定法的沉淀反应必须符合下列几个条件：

① 生成的沉淀应具有恒定的组成，溶解度必须很小；

② 沉淀反应必须迅速、定量进行；

③ 能够用适当的指示剂或其他方法确定滴定的终点。

目前应用较为广泛的是生成难溶银盐的反应，例如：

$$Ag^{+}+Cl^{-} \rightleftharpoons AgCl\downarrow$$

$$Ag^{+}+SCN^{-} \rightleftharpoons AgSCN\downarrow$$

利用生成难溶银盐的沉淀滴定法称为银量法，用银量法可以测定 Cl^-、Br^-、I^-、CN^-、SCN^-、Ag^+等离子。根据所用指示剂的不同，银量法可分为下述几种。

6.5.1 莫尔（Mohr）法

用铬酸钾作指示剂的银量法称为莫尔法。

在含有 Cl^- 的中性溶液中，以 K_2CrO_4 作指示剂，用 $AgNO_3$ 标准溶液滴定，由于 AgCl 的溶解度比 Ag_2CrO_4 小，根据分步沉淀原理，溶液中首先析出 AgCl 沉淀。当 AgCl 定量沉淀后，过量的 $AgNO_3$ 与 CrO_4^{2-} 生成砖红色的 Ag_2CrO_4 沉淀，即为滴定终点。滴定反应和指示剂的反应分别为：

$$Ag^{+}+Cl^{-} \rightleftharpoons AgCl\downarrow \text{（白色）} \qquad K_{sp}^{\ominus}=1.8\times10^{-10}$$

$$2Ag^{+}+CrO_4^{2-} \rightleftharpoons Ag_2CrO_4\downarrow \text{（砖红色）} \qquad K_{sp}^{\ominus}=2.0\times10^{-12}$$

莫尔法中指示剂的用量和溶液的酸度是两个主要问题。

若指示剂 K_2CrO_4 的浓度过高，终点将过早出现，且因溶液颜色过深而影响终点的观察；若 K_2CrO_4 浓度过低，则终点将出现过迟，也影响滴定的准确度。实验证明，实际上应控制 K_2CrO_4 的浓度为 5.0×10^{-3} mol/L。

莫尔法滴定应当在中性或弱碱性介质中进行。若在酸性介质中，CrO_4^{2-} 将转化为 $Cr_2O_7^{2-}$（转化反应的 $K^{\ominus}=4.3\times10^{14}$），溶液中 CrO_4^{2-} 的浓度将减小，指示终点的 Ag_2CrO_4 沉淀过迟出现，甚至难以出现；但如果溶液的碱性太强，则有 Ag_2O 沉淀析出。通常，莫尔法要求的溶液的最适宜 pH 值范围是 6.5～10.5。

以 K_2CrO_4 作指示剂，可用 $AgNO_3$ 标准溶液直接滴定 Cl^- 或 Br^-。原则上，此法也可用于滴定 I^- 及 SCN^-，但由于 AgI 及 AgSCN 沉淀具有强烈的吸附作用，使终点变色不明显，误差较大。如果要用此法测定试样中的 Ag^+，则应在试液中加入一定量过量的 NaCl 标准溶液，然后用 $AgNO_3$ 标准溶液返滴定过量的 Cl^-。

凡能与 Ag^+ 生成沉淀或配合物的物质，都干扰测定，如 PO_4^{3-}、AsO_4^{3-}、SO_3^{2-}、S^{2-}、CO_3^{2-}、$C_2O_4^{2-}$ 等。大量 Cu^{2+}、Co^{2+}、Ni^{2+} 等有色离子影响终点的观察。Ba^{2+}、Pb^{2+} 能与 CrO_4^{2-} 生成 $BaCrO_4$ 及 $PbCrO_4$ 沉淀，干扰滴定，但 Ba^{2+} 的干扰可通过加入过量的 Na_2SO_4 消除。Al^{3+}、Fe^{3+}、Bi^{3+}、Sn^{4+} 等高价金属离子在中性或弱碱性溶液中发生水解，故也不应存在。

6.5.2 佛尔哈德（Volhard）法

用铁铵矾 [$NH_4Fe(SO_4)_2\cdot12H_2O$] 作指示剂的银量法称为佛尔哈德法。本法又可分为直接滴定法和返滴定法。

(1) 直接滴定法测定 Ag^+　在含有 Ag^+ 的酸性溶液中，以铁铵矾作指示剂，用 NH_4SCN（或 KSCN）的标准溶液滴定。溶液中首先析出 AgSCN 沉淀，当 Ag^+ 定量沉淀后，过量的 SCN^- 与 Fe^{3+} 生成红色配合物，即为终点。

滴定时，溶液的酸度一般控制在 0.1～1mol/L 之间。在滴定过程中，不断有 AgSCN 沉淀形成，它能强烈地吸附 Ag^+，所以滴定时，必须充分摇动溶液，使被吸附的 Ag^+ 及时地释放出来。

(2) 返滴定法测定卤素离子　在含有卤素离子的 HNO_3 介质中，首先加入一定量过量的 $AgNO_3$ 标准溶液，然后以铁铵矾为指示剂，用 NH_4SCN 标准溶液返滴定过量的 Ag^+。

当用返滴定法测 Cl^- 时，由于 AgCl 的溶解度比 AgSCN 大，故终点后，过量的 SCN^- 将与 AgCl 发生置换反应，使 AgCl 沉淀转化为溶解度更小的 AgSCN

$$AgCl\downarrow + SCN^- \rightleftharpoons AgSCN\downarrow + Cl^-$$

所以溶液中出现了红色之后，随着溶液的摇动，红色又逐渐消失，得不到正确的终点。

为了避免上述误差，可在加入过量的 $AgNO_3$ 标准溶液后，将溶液煮沸，使 AgCl 沉淀凝聚，以减少 AgCl 沉淀对 Ag^+ 的吸附。然后过滤，再用 NH_4SCN 标准溶液返滴滤液中剩余的 Ag^+。

用返滴定法测定溴化物或碘化物时，由于 AgBr 及 AgI 的溶解度均比 AgSCN 小，不会发生上述的转化反应。但在测定碘化物时，指示剂必须在加入过量的 $AgNO_3$ 溶液后才能加入，否则 Fe^{3+} 将氧化 I^- 为 I_2，影响分析结果的准确度。

佛尔哈德法的最大优点是滴定在酸性介质中进行，一般酸度大于 0.3mol/L。在此酸度下，许多弱酸根离子如 PO_4^{3-}、AsO_4^{3-}、CO_3^{2-}、$C_2O_4^{2-}$ 等都不干扰滴定，因而方法的选择性高。但一些强氧化剂、氮的低价氧化物以及铜盐、汞盐等能与 SCN^- 起作用，干扰测定，必须预先除去。

6.5.3 沉淀滴定法的应用

6.5.3.1 可溶性氯化物中氯的测定

可溶性氯化物中氯的测定一般采用莫尔法。若试样中含有 PO_4^{3-}、AsO_4^{3-}、S^{2-} 等能与 Ag^+ 生成沉淀阴离子时，则必须在酸性条件下用佛尔哈德法测定。

6.5.3.2 银合金中银的测定

将试样溶解于 HNO_3 中：

$$Ag + NO_3^- + 2H^+ \longrightarrow Ag^+ + NO_2 + H_2O$$

煮沸除去氮的低价氧化物，以免发生下述副反应：

$$HNO_2 + SCN^- + H^+ \longrightarrow NOSCN\text{（红色）} + H_2O$$

在制得的溶液中加入铁铵矾指示剂，再用 NH_4SCN 标准溶液进行滴定。

6.5.3.3 有机卤化物中卤素的测定

有机卤化物多数不能直接滴定，必须经过适当的预处理，使有机卤素转变为卤离子后再用银量法测定。

由于有机卤化物的结合方式不同，预处理的方法也各异。脂肪族卤化物或卤素结合在芳环侧链上的类脂肪族化合物，其卤素比较活泼，故可将试样与 NaOH 溶液加热回流水解，使有机卤素转化为卤离子，然后加 HNO_3 酸化后用佛尔哈德法测定。结合在苯环或杂化上的有机卤素比较稳定，需采用熔融法或氧化法预处理后才能使有机卤素转化为卤离子。

习　题

1. 下列难溶电解质中，溶解度最小的是

(1) AgCl $K_{sp}^{\ominus}=1.77\times10^{-10}$ (2) Ag_2S $K_{sp}^{\ominus}=6.3\times10^{-50}$

(3) Ag_2CrO_4 $K_{sp}^{\ominus}=1.12\times10^{-12}$ (4) CuS $K_{sp}^{\ominus}=6.3\times10^{-36}$

2. 25℃时，Ag_2SO_4 的溶解度 $S=1.31\times10^{-4}$ mol/L，则其溶度积 $K_{sp}^{\ominus}$ 为多少？

3. 25℃时，$K_{sp}^{\ominus}(PbI_2)=9.8\times10^{-9}$，则其饱和溶液中 $c(I^-)$ 为多少？

4. 已知 Ag_2CO_3 的 $K_{sp}^{\ominus}=8.46\times10^{-12}$，求 Ag_2CO_3 在下列情况时的溶解度（mol/L）：

(1) 在纯水中

(2) 在 1.0×10^{-2} mol/L $AgNO_3$ 溶液中

(3) 在 1.0×10^{-2} mol/L NaCl 溶液中

5. 已知室温时下列各盐的溶解度，试求各盐的溶度积（不考虑水解）。

(1) AgI 9.1×10^{-9} mol/L

(2) Ag_2S 6.2×10^{-16} g/100g H_2O

(3) $BaSO_4$ 1.0×10^{-5} mol/L

6. 已知室温时 $K_{sp}^{\ominus}(MnCO_3)=2.34\times10^{-11}$，$K_{sp}^{\ominus}(Ag_2CO_3)=8.46\times10^{-12}$，$K_{sp}^{\ominus}(Ag_3PO_4)=8.89\times10^{-17}$，试通过计算比较 $MnCO_3$、Ag_2CO_3、Ag_3PO_4 溶解度的大小（不考虑水解）。

7. 在 100mL 0.20mol/L $MnCl_2$ 溶液中，加入等体积的含有 NH_4Cl 的 1.0×10^{-2} mol/L $NH_3\cdot H_2O$，问在此氨水溶液中需含多少克 NH_4Cl，才不致在与 $MnCl_2$ 溶液混合时产生 $Mn(OH)_2$ 沉淀？

8. 在 10.0mL 1.5×10^{-3} mol/L $MnSO_4$ 溶液中，加入 5.0mL 0.15mol/L $NH_3\cdot H_2O$，能否生成 $Mn(OH)_2$ 沉淀？若在原 $MnSO_4$ 溶液中，先加入 0.495g $(NH_4)_2SO_4$ 固体（忽略体积变化），然后再加入上述 $NH_3\cdot H_2O$ 5.0mL，能否生成 $Mn(OH)_2$ 沉淀？

9. 一种混合溶液中含有 3.0×10^{-2} mol/L Pb^{2+} 和 2.0×10^{-2} mol/L Cr^{3+}，若向其中逐滴加入浓 NaOH 溶液（忽略溶液体积的变化），Pb^{2+} 和 Cr^{3+} 均有可能形成氢氧化物沉淀。问：哪种离子先被沉淀？若要分离这两种离子，溶液的 pH 值应控制在什么范围？

10. 试计算下列沉淀转化反应的平衡常数。

(1) $CuBr(s)+Ag^+ \rightleftharpoons AgBr(s)+Cu^+$

(2) $PbCl_2(s)+2Cu^+ \rightleftharpoons 2CuCl(s)+Pb^{2+}$

(3) $2Fe(OH)_2(s)+2S^{2-} \rightleftharpoons 2FeS(s)+4OH^-$

(4) $PbCrO_4(s)+2Ag^+ \rightleftharpoons Ag_2CrO_4(s)+Pb^{2+}$

11. 在 0.10mol/L $CuSO_4$ 溶液中通入 H_2S 气体至饱和（饱和 H_2S 溶液浓度为 0.10mol/L），计算溶液中残留的 Cu^{2+} 浓度。

12. 将 40.0mL 0.20mol/L $NH_3\cdot H_2O$ 与 20.0mL 0.20mol/L HCl 混合，所得溶液的 pH 值为多少？若往此溶液中加入 134.5mg 固体 $CuCl_2$ 是否能生成沉淀？（假定加入固体后溶液体积不变）

13. 在含有 1.0×10^{-3} mol/L 的 Fe^{3+} 和 0.10mol/L Co^{2+} 的溶液中，用沉淀法除去 Fe^{3+}（使 $Fe^{3+}<10^{-5}$ mol/L），溶液的 pH 值应控制在何范围内？

14. 称取氯化物 2.066g 溶解后，加入 0.1000mol/L $AgNO_3$ 标准溶液 30.00mL，过量的 $AgNO_3$ 用 0.05000mol/L NH_4SCN 标准溶液滴定，用去 NH_4SCN 标准溶液 18.00mL，计算此氯化物中氯的百分含量。

第 7 章　氧化还原平衡与氧化还原滴定法

反应物之间有电子转移的化学反应称为氧化还原反应。氧化还原反应是一类非常重要的反应，在金属的制备、精炼、防腐和化学电源等方面都涉及。氧化还原滴定法是以氧化还原反应为基础的滴定分析方法。

7.1　氧化还原的基本概念

7.1.1　氧化值（氧化数）

不同元素的原子相互化合后，各元素在化合物中各自处于某种化合状态。为了表示各元素在化合物中所处的化合状态，提出了氧化值的概念。对于简单的单原子离子，如 Cu^{2+}、Na^{+}、Cl^{-} 和 S^{2-}，它们的电荷分别为＋2、＋1、－1 和－2，则这些元素的氧化值依次为＋2、＋1、－1 和－2。而对于多原子分子或离子，氧化值的确定则不那么简单。1970 年，国际纯粹和应用化学联合会（International Union of Pure and Applied Chemistry，缩写为 IUPAC）确定，氧化值是某一元素一个原子的荷电数，这个荷电数可由假设把每个键中的电子指定给电负性更大的原子而求得。确定氧化值的规则如下。

① 在单质中，元素的氧化值为零。

② 在单原子离子中，元素的氧化值等于离子所带的电荷数。

③ 在化合物中通常规定氢的氧化值为＋1（但在离子型金属氢化物如 LiH 中是－1）。

④ 在化合物中，通常规定氧的氧化值为－2（但在过氧化物如 H_2O_2 和 Na_2O_2 中是－1；氟氧化物如 O_2F_2 和 OF_2 中分别是＋1 和＋2）。

⑤ 离子的总电荷数等于各元素原子氧化值的代数和；在中性分子中所有氧化值总和等于零。

【例 7-1】 计算 Fe_3O_4 中 Fe 的氧化值。

解　已知 O 的氧化值为－2，设 Fe 的氧化值为 x，根据中性化合物中元素原子氧化值代数和为零的规定，有

$$3x+(-2)\times 4=0$$

$$x=+\frac{8}{3}$$

所以 Fe_3O_4 中 Fe 的氧化值为 $+\frac{8}{3}$。

从此例可以看出氧化值除整数外，也可为分数。

7.1.2　氧化还原电对

氧化还原反应中，氧化还原必然同时发生。如：

$$Fe+Cu^{2+}\longrightarrow Fe^{2+}+Cu$$

此反应可以表述为两部分：

$$Fe \longrightarrow Fe^{2+} + 2e^- \quad (a)$$

$$Cu^{2+} + 2e^- \longrightarrow Cu \quad (b)$$

反应式（a）和（b）都称为半反应。氧化还原反应则是两个半反应之和。

从式（a）、（b）可以看出，每个半反应中都包括同一种元素的两种不同氧化数的两种物质，其中高氧化数的称为氧化型物质，如式（a）中的 Fe^{2+} 和式（b）中的 Cu^{2+}；低氧化数的称为还原型物质，如式（a）中的 Fe 和式（b）中的 Cu。同一种元素的氧化型物质和还原型物质构成氧化还原电对，如 Fe^{2+}/Fe、Cu^{2+}/Cu。非金属单质及其相应的离子，也可以构成氧化还原电对，例如 H^+/H_2、O_2/OH^- 等。半反应式可表示为

$$\text{氧化型} + ne^- \rightleftharpoons \text{还原型}$$

任意氧化还原反应至少包含两个电对，有时多于两个。

7.2 氧化还原反应方程式的配平

配平氧化还原反应方程式的方法有多种，在此主要介绍离子-电子法。

离子-电子法配平反应式的基本原则为：反应过程中氧化剂所夺得的电子数必须等于还原剂失去的电子数；反应前后各元素的原子总数相等。

配平步骤如下。

① 写出未配平的离子反应方程式。如

$$MnO_4^- + SO_3^{2-} + H^+ \longrightarrow Mn^{2+} + SO_4^{2-} + H_2O$$

② 将反应分解为两个半反应方程式，并使两边相同元素的原子数相等。

$MnO_4^- \longrightarrow Mn^{2+}$ 式中，左边多4个O原子，若加8个 H^+，则在右边要加4个 H_2O 分子：

$$MnO_4^- + 8H^+ \longrightarrow Mn^{2+} + 4H_2O$$

而在 $SO_3^{2-} \longrightarrow SO_4^{2-}$ 式中，左边少1个O原子，若加1个 H_2O 则右边要加2个 H^+：

$$SO_3^{2-} + H_2O \longrightarrow SO_4^{2-} + 2H^+$$

③ 用加、减电子数方法使方程式两边电荷数相等：

$$MnO_4^- + 8H^+ + 5e^- \longrightarrow Mn^{2+} + 4H_2O$$

$$SO_3^{2-} + H_2O - 2e^- \longrightarrow SO_4^{2-} + 2H^+$$

④ 找出两个半反应方程式中得失电子数目的最小公倍数。将两个半反应各项分别乘以相应的系数，使其得失电子数目相同，然后将两式相加，整理，即得配平的离子反应方程式。

$$\begin{array}{rr|l} & 2\times & MnO_4^- + 8H^+ + 5e^- \longrightarrow Mn^{2+} + 4H_2O \\ +) & 5\times & SO_3^{2-} + H_2O - 2e^- \longrightarrow SO_4^{2-} + 2H^+ \\ \hline \end{array}$$

$$2MnO_4^- + 5SO_3^{2-} + 16H^+ + 5H_2O \longrightarrow 2Mn^{2+} + 5SO_4^{2-} + 10H^+ + 8H_2O$$

经整理可得：

$$2MnO_4^- + 5SO_3^{2-} + 6H^+ = 2Mn^{2+} + 5SO_4^{2-} + 3H_2O$$

在配平半反应方程式时，如果反应物和生成物内所含的氧原子数目不同，可根据介质的酸碱性，分别在半反应方程式中加 H^+ 或 OH^- 或 H_2O，使反应式两边的氧原子数目相等。

不同介质条件下配平氧原子可按表7-1的经验规则进行。

表 7-1 不同介质条件下配平氧原子数的经验规则

介质条件	反应方程式中的添加物	
	反应式中氧原子多的一边	反应式中氧原子少的一边
酸性	H^+	H_2O
碱性	H_2O	OH^-
中性(或弱碱性)	H_2O(中性)	OH^- (H^+)

氧化还原反应方程式配平后，在酸性介质中不能出现 OH^-，在碱性介质中不能出现 H^+。

7.3 电极电势

7.3.1 原电池

把锌片放在硫酸铜溶液中，可以看到硫酸铜溶液的蓝色逐渐变浅，同时在锌片上不断析出紫红色的铜，此现象表明 Zn 与 $CuSO_4$ 之间发生了氧化还原反应：

$$Zn + Cu^{2+} \longrightarrow Zn^{2+} + Cu$$

在这个反应中，还原剂 Zn 失去电子，而氧化剂 Cu^{2+} 得到电子，即在氧化剂与还原剂之间发生了电子转移。但这种电子转移不是电子的定向移动，不能产生电流，化学能转变成的热能在溶液中耗散掉了。如果设计一种装置使还原剂失去的电子通过导体间接地传递给氧化剂，那么在外电路中就可以观察到电流的产生。这种借助于氧化还原反应产生电流的装置称为原电池。在原电池反应中化学能转变成为电能。下面以铜锌原电池为例。

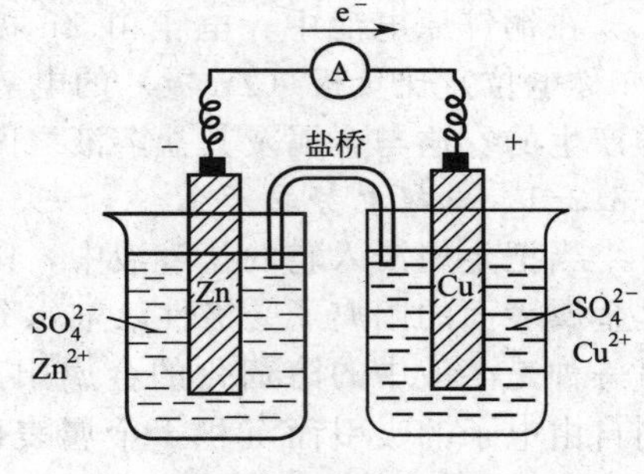

图 7-1 铜锌原电池

装置如图 7-1 所示。即在盛有 $ZnSO_4$ 溶液的烧杯中插入 Zn 片，在盛有 $CuSO_4$ 溶液的烧杯中插入 Cu 片，两个烧杯之间用一个倒置的 U 形管（称为盐桥，其中装满含饱和 KCl 溶液的琼脂胶冻）连接，将 Zn 片和 Cu 片用导线连接，中间串联一个检流计。当电路接通后，Zn 片开始溶解，而 Cu 片上有 Cu 沉积，同时可以看到检流计的指针发生偏转，这表明导线中有电流通过。由指针偏转方向可知，电子从 Zn 片流向 Cu 片，即 Zn 片为负极，Cu 片为正极。

在两极发生的反应为

$$负极（Zn）： Zn - 2e^- \longrightarrow Zn^{2+}$$
$$正极（Cu）： Cu^{2+} + 2e^- \longrightarrow Cu$$

$$原电池的电池反应：Zn + Cu^{2+} \rightleftharpoons Zn^{2+} + Cu$$

由此可见，图 7-1 原电池中发生的氧化、还原反应，和 Zn 与 Cu^{2+} 直接接触所发生的氧化还原反应实质是一样的，只不过在原电池中使氧化反应和还原反应分别在负极和正极上进行，电子由锌极向铜极转移而形成电流。

每一种原电池都是由两个“半电池”所组成的。例如 Cu-Zn 原电池就是由 Zn 和 $ZnSO_4$ 溶液、Cu 和 $CuSO_4$ 溶液所构成的两个“半电池”组成。半电池所发生的反应称为半电池反应或电极反应，原电池的总反应为两个电极反应之和。每个半电池包含一个氧化还原电对，如铜锌原电池中的电对分别是 Zn^{2+}/Zn、Cu^{2+}/Cu。

原电池装置可用符号表示。如铜锌原电池可表达为：

$$(-)Zn \mid ZnSO_4(c_1) \parallel CuSO_4(c_2) \mid Cu(+)$$

习惯上把负极（－）写在左边，正极（＋）写在右边。其中“|”表示两相界面，“‖”表示盐桥，c_i 表示溶液的浓度。

在用 Fe^{3+}/Fe^{2+}、Cl_2/Cl^-、O_2/OH^- 等氧化还原电对作半电池时，可以用能够导电而本身不参加反应的惰性导体（如金属铂或石墨）作电极。

从理论上说，任何氧化还原反应都可以用原电池来表达。例如，一个烧杯中加入含有 Fe^{3+} 和 Fe^{2+} 的溶液，另一烧杯中放入含有 Sn^{2+} 和 Sn^{4+} 的溶液；分别插入铂片做电极，用盐桥和导线等连接成为原电池，也会有电流产生。

在负极： $Sn^{2+} \longrightarrow Sn^{4+} + 2e^-$ （氧化反应）

在正极： $Fe^{3+} + e^- \longrightarrow Fe^{2+}$ （还原反应）

原电池的电池反应：$Sn^{2+} + 2Fe^{3+} \rightleftharpoons Sn^{4+} + 2Fe^{2+}$

原电池符号为：$(-)Pt \mid Sn^{2+}(c_1), Sn^{4+}(c_2) \parallel Fe^{3+}(c_3), Fe^{2+}(c_4) \mid Pt(+)$

原则上任何氧化还原反应都可以设计成电池，但实际上并非如此。电池必须具备一些特定的条件，如电池反应要迅速，有较高的电压（电动势）、较大的电容量和较长的使用寿命。此外，体积、质量、价格等因素也必须考虑。

7.3.2 电极电势

在铜锌原电池中，电子由 Zn 极流向 Cu 极。这是因为原电池的正极（Cu 极）的电势（亦称电位）比负极（Zn 极）的电势高，为什么这两个电极的电势不相等？电极电势又是怎样产生的？这与金属及其盐溶液之间的相互作用有关。

7.3.2.1 电极电势的产生

当把金属浸入它的盐溶液中，则在金属和溶液接触面上就会存在两种不同的倾向：一种是金属表面的阳离子受极性溶剂水分子的吸引而进入溶液的倾向；另一种是溶液中的溶剂化的金属阳离子由于接触到金属表面，受到自由电子的吸引而沉积于金属表面的倾向。这两种对立的倾向在一定条件下建立起一个动态平衡：

$$M - ne^- \rightleftharpoons M^{n+}$$

如果金属越活泼或溶液中金属离子浓度越小，则金属溶解的趋势大于溶液中金属离子沉积到金属表面的趋势，平衡时金属表面带负电，靠近金属附近溶液带正电，如图 7-2 所示。反之，如果金属越不活泼或溶液中金属离子浓度越大，则金属溶解趋势小于溶液中金属离子沉积的趋势，平衡时金属表面带正电荷，而溶液带负电荷。这样，在金属和盐溶液之间产生了电势差，这种产生在金属和它的盐溶液之间的电势差称为该金属的平衡电极电势（简称电极电势）。金属越活泼，金属表面电子密度越大，电极电势越低；反之，则电极电势越高。

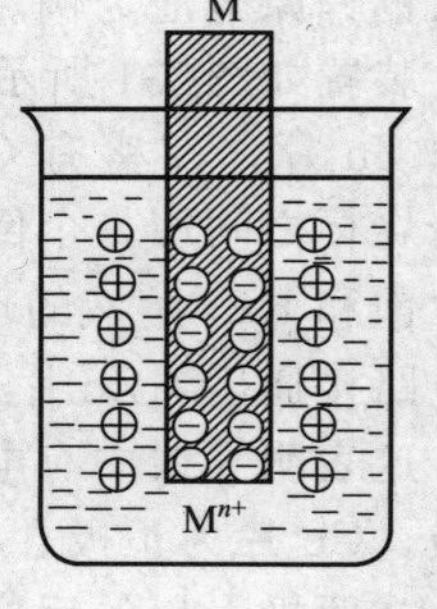

图 7-2 金属的电极电势

7.3.2.2 标准电极电势

到目前为止，平衡电极电势的绝对值还无法测量，然而可用比较的方法确定它的相对值。只要选定某种电极作为标准，与其他电极比较就可以求出各电对平衡电极电势的相对值。为此，规定标准氢电极作为比较电极电势高低的标准。

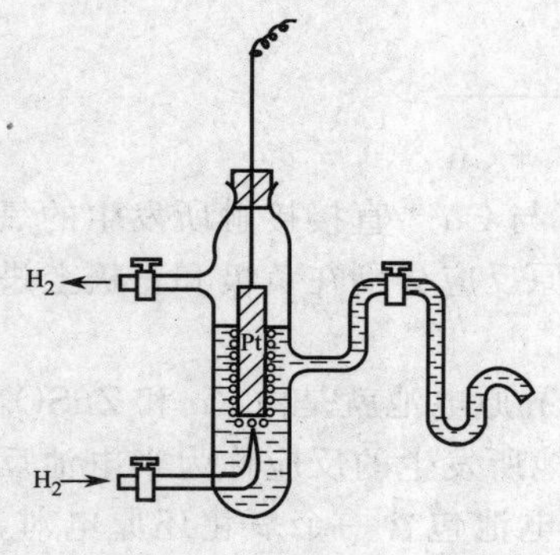

图 7-3 标准氢电极

(1) 标准氢电极 所谓标准氢电极如图 7-3 所示，是将镀有一层海绵状铂黑的铂片，浸入 H^+ 浓度为 1.0mol/L 的硫酸溶液中。在 298K 时不断通入压力为 100kPa 的纯氢气流，使铂黑电极上吸附氢气达到饱和，被铂黑吸附的氢气与溶液中 H^+ 构成如下的平衡：

$$H_2 \rightleftharpoons 2H^+ + 2e^-$$

这种状态下的平衡电势称为标准氢电极的电极电势。国际上规定，在任何温度下标准氢电极的电极电势为零，即 $\varphi^{\ominus}(H^+/H_2)=0.0000V$。

(2) 标准电极电势　任何电对处于标准状态时的电极电势，称为标准电极电势，符号为 $\varphi^{\ominus}$。

欲测定某电极的标准电极电势时，可把它与标准氢电极连成一个原电池。用电位计测定该原电池的标准电动势 $E^{\ominus}$。则有

$$E^{\ominus}=\varphi_{+}^{\ominus}-\varphi_{-}^{\ominus}$$

如欲测铜电极的标准电极电势，可将处于标准态的铜电极与标准氢电极组成原电池。测定时，根据检流计指针偏转方向，可知电流是由铜电极通过导线流向氢电极（电子由氢电极流向铜电极），所以标准铜电极为正极，标准氢电极为负极。原电池符号为

$$(-)Pt,H_2(p^{\ominus}) \mid H^+(1.0mol/L) \parallel Cu^{2+}(1.0mol/L) \mid Cu(+)$$

电池反应为

$$Cu^{2+} + H_2 \rightleftharpoons 2H^+ + Cu$$

298K 时，测得此原电池的标准电动势 $E^{\ominus}=0.337V$

$$E^{\ominus}=\varphi_{+}^{\ominus}-\varphi_{-}^{\ominus}=\varphi^{\ominus}(Cu^{2+}/Cu)-\varphi^{\ominus}(H^+/H_2)$$

因为

$$\varphi^{\ominus}(H^+/H_2)=0.0000V$$

所以

$$\varphi^{\ominus}(Cu^{2+}/Cu)=0.337V$$

同样的方法可以测出锌电极的标准电极电势。将标准锌电极和标准氢电极组成原电池，根据电流方向，可知锌电极为负极，氢电极应为正极。原电池符号为

$$(-)Zn \mid Zn^{2+}(1.0mol/L) \parallel H^+(1.0mol/L) \mid H_2(p^{\ominus}),Pt(+)$$

298K 时，测得此原电池的标准电动势 $E^{\ominus}=0.763V$

$$E^{\ominus}=\varphi_{+}^{\ominus}-\varphi_{-}^{\ominus}=\varphi^{\ominus}(H^+/H_2)-\varphi^{\ominus}(Zn^{2+}/Zn)$$

因为

$$\varphi^{\ominus}(H^+/H_2)=0.0000V$$

所以

$$\varphi^{\ominus}(Zn^{2+}/Zn)=-0.763V$$

从理论上讲，用上述方法可以测得在 298K 时各种电对的标准电极电势 $\varphi^{\ominus}$。但是氢电极作为标准电极，使用条件十分严格，而且制作也比较麻烦。因此实际测定时，常采用饱和甘汞电极作为参比电极。这种电极不但使用方便，而且工作稳定。

附表 4 中列出了 298K 时一些常用电对的标准电极电势，它们是按照电极电势的代数值递增顺序排列的。在酸性溶液或者中性溶液中的标准电极电势用 $\varphi_{A}^{\ominus}$ 表示，在碱性溶液中的标准电极电势用 $\varphi_{B}^{\ominus}$。下面对附表 4 的使用作几点说明。

① 本书采用的是 1953 年国际纯粹和应用化学联合会所规定的还原电势，即电极反应均为还原反应，用电对“氧化型/还原型”表示电极的组成。

② $\varphi^{\ominus}$ 的大小表示电对中氧化型物质得到电子的能力，即氧化能力的强弱。$\varphi^{\ominus}$ 越大，氧化型物质的氧化能力越强，同时就意味着该电对还原型物质的还原能力越弱；反之亦然。

③ 电极电势是强度性质，其数值与电极反应的计量系数无关。如：

$$Cu^{2+} + 2e^- \longrightarrow Cu \qquad \varphi^{\ominus}(Cu^{2+}/Cu)=0.337V$$

$$2Cu^{2+} + 4e^- \longrightarrow 2Cu \qquad \varphi^{\ominus}(Cu^{2+}/Cu)=0.337V$$

④ $\varphi^{\ominus}$ 是水溶液中的标准电极电势，对于非标准态、非水溶液和固相反应不适用。

7.3.3 影响电极电势的因素

电极电势的大小，不仅取决于电极的性质，还与温度和溶液中离子的浓度、气体的分压

有关。

能斯特（W. Nernst）从理论上推导出电极电势与浓度之间的关系：

$$\text{氧化型} + ze^- \rightleftharpoons \text{还原型}$$

$$\varphi = \varphi^{\ominus} + \frac{RT}{zF}\ln\frac{[\text{氧化型}]}{[\text{还原型}]}$$

这个关系式称为能斯特方程式。式中，φ 为电对在某一条件下的电极电势；$\varphi^{\ominus}$ 为电对的标准电极电势；[氧化型]、[还原型] 分别表示电极反应中在氧化型、还原型一侧各物种平衡浓度幂的乘积；F 为法拉第常数；R 为摩尔气体常数；T 为热力学温度；z 为电极反应中所转移的电子数。

如果将自然对数改为常用对数，则在 298K 时：

$$\varphi = \varphi^{\ominus} + \frac{0.0592}{z}\lg\frac{[\text{氧化型}]}{[\text{还原型}]} \tag{7-1}$$

从能斯特方程式可以看出，氧化型物质浓度增大或还原型物质的浓度减小，都会使电极电势值增大；相反，电极电势值则减小。利用能斯特方程可以计算电对在各种浓度下的电极电势，这在实际应用中非常重要。

【例 7-2】 已知电极反应 $Fe^{3+}(aq) + e^- \rightleftharpoons Fe^{2+}(aq)$；当 $c(Fe^{3+}) = 1.0\times10^{-3}$ mol/L，$c(Fe^{2+}) = 0.10$mol/L 时，计算 298K 时，$\varphi(Fe^{3+}/Fe^{2+})$ 为多少？

解 已知电极反应：$Fe^{3+}(aq) + e^- \rightleftharpoons Fe^{2+}(aq)$

$$\varphi^{\ominus}(Fe^{3+}/Fe^{2+}) = 0.771\text{V}$$

$$\begin{aligned}\varphi(Fe^{3+}/Fe^{2+}) &= \varphi^{\ominus}(Fe^{3+}/Fe^{2+}) + \frac{0.0592}{z}\lg\frac{c(Fe^{3+})}{c(Fe^{2+})}\\ &= 0.771 + 0.0592\lg\frac{1.0\times10^{-3}}{0.10}\\ &= 0.653(\text{V})\end{aligned}$$

【例 7-3】 在 298K 时，将 Pt 片浸入 $c(Cr_2O_7^{2-}) = c(Cr^{3+}) = 1.0$mol/L，$c(H^+) = 10.0$mol/L 的溶液中。计算 $\varphi(Cr_2O_7^{2-}/Cr^{3+})$ 值。

解 电极反应为

$$Cr_2O_7^{2-} + 14H^+ + 6e^- \rightleftharpoons 2Cr^{3+} + 7H_2O$$

$$\begin{aligned}\varphi(Cr_2O_7^{2-}/Cr^{3+}) &= \varphi^{\ominus}(Cr_2O_7^{2-}/Cr^{3+}) + \frac{0.0592}{z}\lg\frac{c(Cr_2O_7^{2-})c^{14}(H^+)}{c^2(Cr^{3+})}\\ &= +1.36 + \frac{0.0592}{6}\lg\frac{1.0\times(10.0)^{14}}{(1.0)^2}\\ &= +1.50(\text{V})\end{aligned}$$

说明含氧酸盐在酸性介质中其氧化性增强。

由上可见，离子浓度对电极电势虽有影响，但影响一般不大；若 H^+ 或 OH^- 也参与了电极反应，那么溶液的酸度往往对电对的电极电势有较大的影响。另外，沉淀、弱酸弱碱和配离子的生成对电极电势也有较大的影响。

【例 7-4】 在下列体系中 $2H^+ + 2e^- \rightleftharpoons H_2$，$\varphi^{\ominus}(H^+/H_2) = 0$；若加入 NaAc 溶液将生成 HAc。当 $p(H_2) = 100$kPa，$c(Ac^-) = c(HAc)$ 时，试计算 $\varphi(H^+/H_2)$ 值。

解 加入 NaAc 溶液生成 HAc 达到平衡时的 H^+ 浓度为：

$$c(H^+) = \frac{K_a^{\ominus}(HAc)c(HAc)}{c(Ac^-)} = 1.75\times10^{-5}\text{mol/L}$$

则 $$\varphi(H^+/H_2)=\varphi^\ominus(H^+/H_2)+\frac{0.0592}{z}\lg\frac{[c(H^+)/c^\ominus]^2}{p(H_2)/p^\ominus}$$

$$=0+\frac{0.0592}{2}\lg\frac{(1.75\times10^{-5})^2}{(1.00\times10^5)/(1.00\times10^5)}$$

$$=-0.28(V)$$

由于 HAc 的生成，H^+ 平衡浓度减小，H^+/H_2 电对的电极电势下降了 0.28V，使 H^+ 的氧化能力降低。

【例 7-5】 在含有电对 Ag^+/Ag 的体系中，电极反应为：$Ag^+ + e^- \rightleftharpoons Ag$，$\varphi^\ominus(Ag^+/Ag)=0.7991V$，若加入 NaCl 溶液至溶液中，维持 $c(Cl^-)=1.0mol/L$ 时，计算 $\varphi(Ag^+/Ag)$ 值。

解 当加入 NaCl 溶液，便生成沉淀 AgCl：

$$Ag^+ + Cl^- \longrightarrow AgCl\downarrow$$

这时 $$c(Ag^+)=\frac{K_{sp}^\ominus(AgCl)}{c(Cl^-)}$$

当 $c(Cl^-)=1.00mol/L$ 时：

$$c(Ag^+)=\frac{1.77\times10^{-10}}{1.00}mol/L=1.77\times10^{-10}mol/L$$

把 $c(Ag^+)$ 值代入下式：

$$\varphi(Ag^+/Ag)=\varphi^\ominus(Ag^+/Ag)+\frac{0.0592}{1}\lg c(Ag^+)$$

$$=0.7991+0.05916\lg(1.77\times10^{-10})$$

$$=0.22\ (V)$$

$\varphi(Ag^+/Ag)$ 值与 $\varphi^\ominus(Ag^+/Ag)$ 值比较，由于 AgCl 沉淀的生成，Ag^+ 平衡浓度的减小，电对的电极电势下降了 0.57V，使 Ag^+ 的氧化能力降低。

如果电对的氧化型生成沉淀，使 c(氧化型) 变小，则电极电势变小。如果还原型生成沉淀，使 c(还原型) 变小，则电极电势变大。当氧化型和还原型同时生成沉淀时，若 $K_{sp}^\ominus$(氧化型)$<K_{sp}^\ominus$(还原型)，则电极电势变小；反之，则变大。

配离子的生成也会改变中心离子的氧化还原能力，详细的讨论将在第 9 章中进行。

7.4 电极电势的应用

7.4.1 比较氧化剂或还原剂的相对强弱

电极电势的大小反映了电对中氧化型物质得电子能力和还原型物质失电子能力的相对强弱。如前所述，电极电势代数值小，则该电对中还原型物质的还原性强；电极电势代数值大，则该电对中氧化型物质的氧化性强。

【例 7-6】 在下列电对中找出最强的氧化剂和最强的还原剂，并列出各氧化型物质的氧化能力和还原型物质的还原能力强弱的顺序。

$$MnO_4^-/Mn^{2+},\ Cu^{2+}/Cu,\ Fe^{3+}/Fe^{2+},\ I^-/I_2,\ Cl^-/Cl_2,\ Sn^{4+}/Sn^{2+}$$

解 从附表 4 中查出各电对的标准电极电势

$$MnO_4^-(aq)+8H^+(aq)+5e^- \rightleftharpoons Mn^{2+}(aq)+4H_2O(l) \quad \varphi^\ominus=1.51V$$

$$Cu^{2+}(aq)+2e^- \rightleftharpoons 2Cu(s) \quad \varphi^\ominus=0.337V$$

$$Fe^{3+}(aq)+e^- \rightleftharpoons Fe^{2+}(aq) \quad \varphi^\ominus=0.771V$$

$$I_2(s)+2e^- \rightleftharpoons 2I^-(aq) \quad \varphi^\ominus=0.545V$$

$$Cl_2(g)+2e^- \rightleftharpoons 2Cl^-(aq) \qquad \varphi^\ominus=1.36V$$

$$Sn^{4+}(aq)+2e^- \rightleftharpoons Sn^{2+}(aq) \qquad \varphi^\ominus=0.154V$$

电对 MnO_4^-/Mn^{2+} 的 $\varphi^\ominus$ 值最大，其氧化型物质 MnO_4^- 是最强的氧化剂；电对 Sn^{4+}/Sn^{2+} 的 $\varphi^\ominus$ 值最小，其还原型物质 Sn^{2+} 是最强的还原剂。

各氧化型物质氧化能力由强到弱的顺序为

$$MnO_4^- > Cl_2 > Fe^{3+} > I_2 > Cu^{2+} > Sn^{4+}$$

各还原型物质还原能力由强到弱的顺序为

$$Sn^{2+} > Cu > I^- > Fe^{2+} > Cl^- > Mn^{2+}$$

7.4.2 计算原电池的电动势

原电池的电动势 $E=\varphi_+-\varphi_-$。

【例 7-7】 以电池反应 $Cu+Cl_2 \longrightarrow Cu^{2+}+2Cl^-$ 组成原电池。已知 $p(Cl_2)=100\times10^5Pa$，$c(Cu^{2+})=0.10mol/L$，$c(Cl^-)=0.10mol/L$，试写出此原电池符号并计算原电池电动势。

解 查附表 4 得 $\varphi^\ominus(Cu^{2+}/Cu)=+0.34V$，$\varphi^\ominus(Cl^-/Cl_2)=+1.36V$

$$\varphi(Cu^{2+}/Cu)=\varphi^\ominus(Cu^{2+}/Cu)+\frac{0.0592}{2}\lg c(Cu^{2+})$$

$$=0.34+\frac{0.0592}{2}\lg 0.10$$

$$=+0.31\ (V)$$

$$\varphi(Cl^-/Cl_2)=\varphi^\ominus(Cl^-/Cl_2)+\frac{0.0592}{2}\lg c(Cl^-)$$

$$=1.36+\frac{0.0592}{2}\lg\frac{(100\times10^5)/(100\times10^5)}{(0.10)^2}$$

$$=+1.42\ (V)$$

因为 $\varphi(Cu^{2+}/Cu)<\varphi(Cl^-/Cl_2)$，所以铜极为负极，则原电池符号为

$$(-)Cu \mid Cu^{2+}(0.10mol/L) \parallel Cl^-(0.10mol/L) \mid Cl_2(p^\ominus), Pt(+)$$

$$E=\varphi_+-\varphi_-=+1.42-0.31=+1.11\ (V)$$

7.4.3 判断氧化还原反应方向

氧化还原反应是争夺电子的反应，反应总是在得电子能力强的氧化剂与失电子能力强的还原剂之间发生。即

强氧化剂＋强还原剂⟶弱还原剂＋弱氧化剂

根据电对电极电势值 φ 的相对大小，可以比较氧化剂和还原剂的相对强弱，预测氧化还原反应进行的方向。

【例 7-8】 判断反应 $2Fe^{3+}(aq)+Cu \rightleftharpoons 2Fe^{2+}(aq)+Cu^{2+}(aq)$ 进行的方向。

解 查附表 4 得有关电对的 $\varphi^\ominus$ 值：

$$Fe^{3+}+e^- \rightleftharpoons Fe^{2+} \qquad \varphi^\ominus(Fe^{3+}/Fe^{2+})=0.771V$$

$$Cu^{2+}+2e^- \rightleftharpoons Cu \qquad \varphi^\ominus(Cu^{2+}/Cu)=0.337V$$

比较两电对的 $\varphi^\ominus$ 值可以知道，Fe^{3+} 是比 Cu^{2+} 强的氧化剂；Cu 是比 Fe^{2+} 强的还原剂，故 Fe^{3+} 能与 Cu 反应生成 Cu 和 Fe^{2+}，即反应由左向右正向自发进行。

判断一个氧化还原反应进行方向的依据是：电动势大于零（$E>0$）的反应，都可以自发进行。电动势小于零（$E<0$）的反应，不能自发进行。

实际工作中常常遇到参与反应的物质并不处在标准状态，若两电对组成原电池 $E^\ominus=\varphi_+^\ominus-\varphi_-^\ominus>0.2V$，此时浓度的变化虽然会影响电极电势，但不会导致 E 值的正、负号的改变，在这种情况下，可直接用 $E^\ominus$ 判断氧化还原反应的方向。但当两电对组成原电池后

$E^{\ominus}<0.2V$，就必须考虑各物质浓度的影响。离子浓度的变化，可能使 E 值的正、负符号改变，即改变了氧化还原反应进行的方向。这时必须用 $E=\varphi_+-\varphi_-$ 来判断反应是否是正向进行。

【例 7-9】 反应 $MnO_2(s)+4HCl \rightleftharpoons MnCl_2+Cl_2(g)+2H_2O(l)$，在标准状态下能否向右进行？若将 HCl 的浓度改变为 10.0mol/L，判断此反应进行的方向。

解 查附表 4 可知

$$MnO_2(s)+4H^+(aq)+2e^- \rightleftharpoons Mn^{2+}(aq)+2H_2O(l) \quad \varphi^{\ominus}=1.23V$$

$$Cl_2(g)+2e^- \rightleftharpoons 2Cl^-(aq) \quad \varphi^{\ominus}=1.36V$$

$$E^{\ominus}=\varphi^{\ominus}_+(MnO_2/Mn^{2+})-\varphi^{\ominus}_-(Cl_2/Cl^-)=-0.13V<0$$

所以，在标准状态下，上述反应不能从左向右进行。

当 HCl 的浓度改变为 10.0mol/L 后，由于浓 HCl 在水中完全电离，反应中各物质浓度分别为：

$$c(H^+)=10.0mol/L, \quad c(Cl^-)=10.0mol/L,$$
$$c(Mn^{2+})=1.0mol/L, \quad p(Cl_2)=100kPa$$

则
$$\varphi^{\ominus}(MnO_2/Mn^{2+})=\varphi^{\ominus}(MnO_2/Mn^{2+})+\frac{0.0592}{2}\lg\frac{c^4(H^+)}{c(Mn^{2+})}$$
$$=1.23+2\times0.0592$$
$$=1.35\ (V)$$

$$\varphi^{\ominus}(Cl_2/Cl^-)=\varphi^{\ominus}(Cl_2/Cl^-)+\frac{0.0592}{2}\lg\frac{p(Cl_2)/p^{\ominus}}{c^2(Cl^-)}$$
$$=1.36-0.0592$$
$$=1.30\ (V)$$
$$E=1.35-1.30>0$$

此时，反应可以从左向右进行。实际上这个反应就是实验室中制取 Cl_2 的方法。

7.4.4 确定氧化还原反应进行的程度

氧化还原反应进行的程度是由氧化还原反应的平衡常数来表征的。

【例 7-10】 氧化还原反应：$Zn+Cu^{2+} \rightleftharpoons Zn^{2+}+Cu$ 在标准状态下进行时，其平衡常数的数值为多少？

解 此反应为铜锌原电池的电池反应

$$Zn+Cu^{2+} \rightleftharpoons Zn^{2+}+Cu$$

该反应的平衡常数为
$$K^{\ominus}=\frac{c(Zn^{2+})}{c(Cu^{2+})}$$

反应起始时：

$$\varphi_+(Cu^{2+}/Cu)=\varphi^{\ominus}(Cu^{2+}/Cu)+\frac{0.0592}{2}\lg c(Cu^{2+})$$

$$\varphi_-(Zn^{2+}/Zn)=\varphi^{\ominus}(Zn^{2+}/Zn)+\frac{0.0592}{2}\lg c(Zn^{2+})$$

随着反应的进行 $c(Cu^{2+})$ 不断减小，而 $c(Zn^{2+})$ 不断增大，这样 $\varphi(Cu^{2+}/Cu)$ 不断降低而 $\varphi(Zn^{2+}/Zn)$ 亦不断升高，当达到 $\varphi(Cu^{2+}/Cu)=\varphi(Zn^{2+}/Zn)$ 时，反应处于动态平衡，可以得到以下关系：

$$\varphi_+(Cu^{2+}/Cu)=\varphi_-(Zn^{2+}/Zn)$$

即
$$\varphi^{\ominus}(Cu^{2+}/Cu)+\frac{0.0592}{2}\lg c(Cu^{2+})=\varphi^{\ominus}(Zn^{2+}/Zn)+\frac{0.0592}{2}\lg c(Zn^{2+})$$

$$\varphi^{\ominus}(Cu^{2+}/Cu)-\varphi^{\ominus}(Zn^{2+}/Zn)=\frac{0.0592}{2}\lg\frac{c(Zn^{2+})}{c(Cu^{2+})}$$

由
$$K^{\ominus}=\frac{c(Zn^{2+})}{c(Cu^{2+})}$$

有
$$\varphi^{\ominus}(Cu^{2+}/Cu)-\varphi^{\ominus}(Zn^{2+}/Zn)=\frac{0.0592}{2}\lg K^{\ominus}$$

$$\lg K^{\ominus}=\frac{2[\varphi^{\ominus}(Cu^{2+}/Cu)-\varphi^{\ominus}(Zn^{2+}/Zn)]}{0.0592}$$

$$=\frac{2\times(0.337+0.763)}{0.0592}=37.2$$

得
$$K^{\ominus}=1.6\times10^{37}$$

此 $K^{\ominus}$ 值很大，说明上述反应在平衡时进行得很完全。

推广到一般，在 298K 时，对于任何氧化还原反应，其平衡常数与对应的电对的 φ 值有如下关系：

$$\lg K^{\ominus}=\frac{n(\varphi_{+}^{\ominus}-\varphi_{-}^{\ominus})}{0.0592}$$

或

$$\lg K^{\ominus}=\frac{nE^{\ominus}}{0.0592}$$

式中，n 为氧化还原反应中转移的电子总数。

两个电对的电极电势相差越大，则所组成的原电池的氧化还原反应平衡常数越大，反应进行得越彻底。

【例 7-11】 试计算 298K 时，反应 $Sn+Pb^{2+}\rightleftharpoons Sn^{2+}+Pb$ 的平衡常数。若反应开始时，$c(Pb^{2+})=2.0mol/L$，平衡时 $c(Sn^{2+})$ 和 $c(Pb^{2+})$ 各为多少？

解 $E^{\ominus}=\varphi^{\ominus}(Pb^{2+}/Pb)-\varphi^{\ominus}(Sn^{2+}/Sn)=-0.126-(-0.136)=0.010\ (V)$

$$\lg K^{\ominus}=\frac{nK^{\ominus}}{0.0592}=\frac{2\times0.010}{0.0592}=0.34$$

$$K^{\ominus}=2.19$$

$$Sn+Pb^{2+}\rightleftharpoons Sn^{2+}+Pb$$

平衡浓度/(mol/L)　　$2.0-x$　　x

$$K^{\ominus}=\frac{c(Sn^{2+})}{c(Pb^{2+})}=\frac{x}{2.0-x}=2.19$$

$$x=1.4$$

$$c(Pb^{2+})=(2.0-x)mol/L=0.6mol/L$$

可以看到，由于 $K^{\ominus}$ 比较小，平衡时 Pb^{2+} 浓度仍较大，反应进行得很不完全。

通过上面的讨论可以看出，根据电极电势的相对大小，能够判断氧化还原反应自发进行的方向和限度。但是需要指出的是，电极电势的大小不能判断反应速率的大小。例如：

$$2MnO_4^{-}+5Zn+16H^{+}\rightleftharpoons 2Mn^{2+}+5Zn^{2+}+8H_2O$$

该反应的 $\varphi^{\ominus}(MnO_4^{-}/Mn^{2+})=+1.51V$，$\varphi^{\ominus}(Zn^{2+}/Zn)=-0.763V$，标准电极电势 $E^{\ominus}=2.273V$，计算出 $K^{\ominus}=2.7\times10^{383}$。计算结果表明此反应完全可以进行。然而实验中将纯锌与高锰酸盐在酸性介质中作用，几乎观察不到反应的发生。只有在一定的催化剂（如 Fe^{3+}）的催化作用下，反应才能明显进行。

7.4.5 元素电势图及其应用

许多元素具有多种氧化态，各种氧化态之间可以组成不同的电对。把同一元素的不同氧化态物质按照氧化值高低的顺序排列起来，并在两种氧化态物质间的连线上标出相应电对的

标准电极电势值。例如

$$\varphi_A^{\ominus}/V \qquad Cu^{2+} \xrightarrow{+0.167} Cu^{+} \xrightarrow{+0.522} Cu \quad (Cu^{2+} \to Cu: +0.345)$$

这种表示元素各种氧化态物质之间电极电势变化的关系图，叫做元素标准电极电势图（简称元素电势图）。它清楚地表明了同种元素的不同氧化态其氧化、还原能力的相对大小，在化学中有很重要的应用。其中 $\varphi_A^{\ominus}$ 为酸性介质时的标准电极电势，$\varphi_B^{\ominus}$ 为碱性介质时的标准电极电势。

当一种元素处于中间氧化值时，它一部分被氧化，另一部分被还原，这类反应称为歧化反应。

碱性介质中，氯元素的电势图如下：

$$\varphi_B^{\ominus}/V \qquad ClO^{-} \xrightarrow{+0.42} Cl_2 \xrightarrow{+1.3583} Cl^{-}$$

$\varphi_B^{\ominus}(ClO^-/Cl_2)=0.42V$，$\varphi_B^{\ominus}(Cl_2/Cl^-)=+1.3583V$，由于 $\varphi_B^{\ominus}(ClO^-/Cl_2)>\varphi_B^{\ominus}(Cl_2/Cl^-)$，所以电对 Cl_2/Cl^- 中的氧化型物质 Cl_2，能够氧化电对 ClO^-/Cl_2 中的还原型物质 Cl_2 还原。因此在碱性介质中氯气能发生歧化反应，生成 ClO^- 和 Cl^-。反应式为：

$$Cl_2+2OH^- \longrightarrow ClO^- +Cl^- +H_2O$$

推广到一般，在下列元素电势图中

$$A \xrightarrow{\varphi_{左}^{\ominus}} B \xrightarrow{\varphi_{右}^{\ominus}} C$$

当 $\varphi_{右}^{\ominus}>\varphi_{左}^{\ominus}$ 时，B 发生歧化反应生成 A 和 C。

$$B \longrightarrow A+C$$

反之，当 $\varphi_{右}^{\ominus}<\varphi_{左}^{\ominus}$ 时，不能发生歧化反应，而能发生逆歧化反应（或称同化反应），即

$$A+C \longrightarrow B$$

7.5 氧化还原滴定法

氧化还原滴定法是以氧化还原反应为基础的滴定分析法。由于氧化还原反应的反应机理比较复杂，因此，在判断氧化还原滴定反应的可行性时，应考虑反应机理、反应速率、反应条件及滴定条件等问题。

7.5.1 氧化还原滴定曲线

氧化还原滴定过程中，随着滴定剂的加入，溶液中氧化剂和还原剂的浓度逐渐变化，有关电对电极电势也随之改变。以溶液的电极电势为纵坐标，加入的滴定剂体积或滴定分数为横坐标作图，得到的曲线称为氧化还原滴定曲线。电极电势可以用实验的方法测得，也可用能斯特方程计算得到，但后一种方法只有当两个半反应都是可逆时，所得的曲线才与实际测得的结果一致。

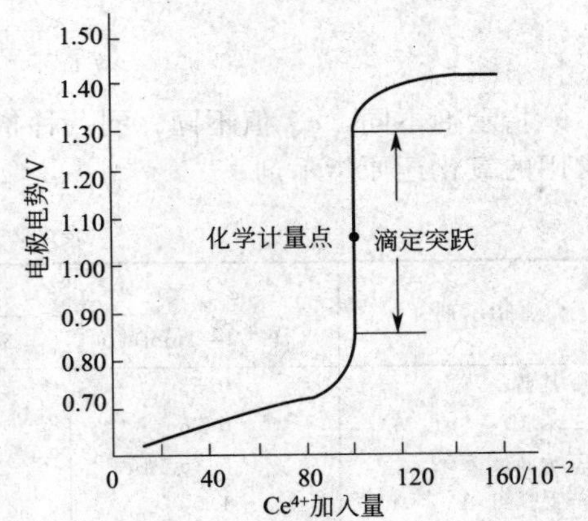

图 7-4 用 0.1000mol/L Ce^{4+} 滴定 0.1000mol/L Fe^{2+} 的滴定曲线（在 0.5mol/L H_2SO_4 溶液中）

图 7-4 为 0.1000mol/L $Ce(SO_4)_2$ 溶液在 0.5mol/L H_2SO_4 溶液中滴定 0.1000mol/L $FeSO_4$ 溶液的滴定曲线。滴定反应为

$$Ce^{4+}+Fe^{2+} \longrightarrow Ce^{3+}+Fe^{3+}$$

某氧化还原反应的通式为

$$z_2\mathrm{Ox}_1+z_1\mathrm{Red}_2 \rightleftharpoons z_2\mathrm{Red}_1+z_1\mathrm{Ox}_2$$

对应的半反应和电极电势分别是

$$\mathrm{Ox}_1+z_1\mathrm{e}^- \rightleftharpoons \mathrm{Red}_1 \quad \varphi_1^\ominus$$

$$\mathrm{Ox}_2+z_2\mathrm{e}^- \rightleftharpoons \mathrm{Red}_2 \quad \varphi_2^\ominus$$

化学计量点时电极电势的计算通式为

$$\varphi(\text{计})=\frac{z_1\varphi_1^\ominus+z_2\varphi_2^\ominus}{z_1+z_2}$$

滴定突跃范围为 $\left(\varphi_2^\ominus+\frac{3\times0.0592}{z_2}\mathrm{V}\right)\longrightarrow\left(\varphi_1^\ominus-\frac{3\times0.0592}{z_1}\mathrm{V}\right)$

上面的两个计算公式中电极电势应是条件电极电势。条件电极电势表示在一定介质条件下，氧化态和还原态的活度（在化学反应中离子表现出来的有效浓度称为活度）都为1mol/L时的实际电极电势。

H_2SO_4 介质中，用 Ce^{4+} 滴定 Fe^{2+}，化学计量点时溶液的电极电势为1.07V，滴定突跃为0.86～1.28V。

氧化还原滴定突跃的大小取决于反应中两电对的电极电势值的差。差值越大，突跃越大。根据电对突跃的大小可选择指示剂。若要使滴定突跃明显，可设法降低还原剂电对的电极电势。

7.5.2 氧化还原滴定法的指示剂

应用于氧化还原滴定的指示剂有以下三类。

(1) 氧化还原指示剂　氧化还原指示剂是本身具有氧化还原性质的复杂的有机化合物。它的氧化型（$\mathrm{In_{Ox}}$）和还原型（$\mathrm{In_{Red}}$）具有不同的颜色。它的氧化还原半反应为：

$$\mathrm{In_{Ox}}+n\mathrm{e}^- \rightleftharpoons \mathrm{In_{Red}}$$

在滴定过程中，它参与氧化还原反应后结构发生改变而引起颜色的变化。

根据能斯特方程，指示剂的电极电势与浓度之间的关系为：

$$\varphi_{\mathrm{In}}=\varphi_{\mathrm{In}}^\ominus+\frac{0.0592}{z}\lg\frac{c(\mathrm{In_{Ox}})}{c(\mathrm{In_{Red}})}$$

式中，$\varphi_{\mathrm{In}}^\ominus$表示指示剂的标准电极电势。与酸碱指示剂情况相似，氧化还原指示剂的变色电势范围是：

$$\varphi_{\mathrm{In}}^\ominus-\frac{0.0592}{z}\sim\varphi_{\mathrm{In}}^\ominus+\frac{0.0592}{z}$$

指示剂不同，$\varphi_{\mathrm{In}}^\ominus$值不同；同一种指示剂在不同的介质中$\varphi_{\mathrm{In}}^\ominus$值也不同，表7-2列出几种常用的氧化还原指示剂。

表 7-2　几种氧化还原指示剂

指示剂	$\varphi_{\mathrm{In}}^\ominus$/V ([H$^+$]=1mol/L)	颜色		指示剂溶液
		氧化态	还原态	
甲基蓝	0.53	蓝绿	无色	0.05%水溶液
二苯胺	0.76	紫	无色	0.1%浓 H_2SO_4 溶液
二苯胺磺酸钠	0.85	紫红	无色	0.05%水溶液
羊毛罂红A	1.00	橙红	黄绿	0.1%水溶液
邻二氮菲亚铁	1.06	浅蓝	红	0.025mol/L水溶液
邻苯氨基苯甲酸	1.08	紫红	无色	0.1%Na_2CO_3 溶液
硝基邻二氮菲亚铁	1.25	浅蓝	紫红	0.025mol/L水溶液

(2) 自身指示剂　氧化还原滴定中，有些标准溶液或被滴定物质本身有很深的颜色，而滴定产物为无色或颜色很淡，滴定时无须另加指示剂，它们本身颜色的变化就起着指示剂的作用。这种物质叫做自身指示剂。例如用 $KMnO_4$ 作滴定剂，MnO_4^- 本身呈深紫色，在酸性溶液中还原为几乎是无色的 Mn^{2+}，滴定到化学计量点后，稍过量的 MnO_4^- 就可使溶液呈粉红色（此时 MnO_4^- 的浓度约为 2×10^{-6} mol/L），指示终点的到达。

(3) 专用指示剂　专用指示剂是能与滴定剂或被滴定物质反应生成特殊颜色的物质，因而指示终点。例如可溶性淀粉溶液与 I_2 生成深蓝色吸附化合物，当 I_2 被还原为 I^- 时，深蓝色立即消失，反应极灵敏，当 I_2 溶液浓度为 1×10^{-5} mol/L 时，即能看到蓝色。因此可从蓝色的出现或消失指示终点。又如 SCN^- 和 Fe^{3+} 生成深红色配合物，用 $TiCl_3$ 滴定 Fe^{3+} 时，SCN^- 是适宜的指示剂。当 Fe^{3+} 全部被还原时 SCN^- 与 Fe^{3+} 配合物的红色消失，指示终点的到达。

7.5.3 常用的氧化还原滴定法

氧化还原反应很多，但可以用于滴定分析的很有限。常见的主要有高锰酸钾法、重铬酸钾法、碘法、溴酸钾法及铈量法等。下面介绍其中最常见的三种方法。

7.5.3.1 高锰酸钾法

(1) 基本原理　高锰酸钾是一种强氧化剂。在强酸性溶液中，$KMnO_4$ 与还原剂作用时获得 5 个电子，还原为 Mn^{2+}：

$$MnO_4^- + 8H^+ + 5e^- \rightleftharpoons Mn^{2+} + 4H_2O \quad \varphi^{\ominus} = 1.51V$$

在中性或弱碱性溶液中，获得 3 个电子，还原为 MnO_2：

$$MnO_4^- + 2H_2O + 3e^- \rightleftharpoons MnO_2 + 4OH^- \quad \varphi^{\ominus} = 0.60V$$

由此可见，高锰酸钾法既可在酸性条件下使用，也可在中性或碱性条件下使用。由于 $KMnO_4$ 在强酸性溶液中具有更强的氧化能力，因此一般都在强酸性条件下使用。$KMnO_4$ 在碱性条件下氧化有机物的反应速率比在酸性条件下更快。在 NaOH 浓度大于 2mol/L 的碱溶液中，很多有机物与 $KMnO_4$ 反应，此时 MnO_4^- 被还原为 MnO_4^{2-}：

$$MnO_4^- + e^- \rightleftharpoons MnO_4^{2-} \quad \varphi^{\ominus} = 0.56V$$

$KMnO_4$ 在强酸介质中可直接滴定许多还原性物质，如 Fe(Ⅱ)、As(Ⅲ)、草酸盐、Sb(Ⅲ)、H_2O_2、NO_2^- 等。有些氧化性物质，不能用 $KMnO_4$ 溶液直接滴定，可采取间接法滴定。

高锰酸钾法利用化学计量点后稍过量的 MnO_4^- 本身的粉红色来指示终点。滴定终点是不太稳定的，这是由于空气中的还原性气体及尘埃等杂质落入溶液中能使 $KMnO_4$ 缓慢分解，而使粉红色消失，所以 30s 不褪色即为终点。

高锰酸钾法的优点是 $KMnO_4$ 氧化能力强，应用广泛。但因此也可以和很多还原性物质发生作用，干扰比较严重，因此滴定时要严格控制条件。市售的 $KMnO_4$ 常含有少量杂质，因此不能用直接法配制准确浓度的标准溶液。$KMnO_4$ 溶液可用还原性基准物标定，$H_2C_2O_4 \cdot 2H_2O$、$Na_2C_2O_4$、$FeSO_4 \cdot (NH_4)_2SO_4 \cdot 6H_2O$、纯铁丝及 As_2O_3 等都可用作基准物。其中草酸钠不含结晶水，容易提纯，是最常用的基准物质。

在硫酸溶液中，$KMnO_4$ 与 $Na_2C_2O_4$ 的反应为：

$$2MnO_4^- + 5C_2O_4^{2-} + 16H^+ \rightleftharpoons 2Mn^{2+} + 10CO_2\uparrow + 8H_2O$$

(2) 应用示例

① H_2O_2 含量的测定　在酸性溶液中，H_2O_2 定量地被 MnO_4^- 氧化，其反应为：

$$2MnO_4^- + 5H_2O_2 + 6H^+ = 2Mn^{2+} + 5O_2 + 8H_2O$$

反应在室温下酸性溶液中进行。反应开始速率较慢，但因 H_2O_2 不稳定，不能加热，随着反应进行，由于生成的 Mn^{2+} 催化了反应，使反应速率加快。

② 有机物的测定　在强碱溶液中，过量的 $KMnO_4$ 能定量地氧化某些有机物。例如 $KMnO_4$ 与甲酸的反应为：

$$HCOO^- + 2MnO_4^- + 3OH^- \longrightarrow CO_3^{2-} + 2MnO_4^{2-} + 2H_2O$$

待反应完成后，将溶液酸化，用还原剂标准溶液（亚铁离子标准溶液）滴定溶液中所有的高氧化数的锰，使之还原为 Mn（Ⅱ），计算出消耗的还原剂的物质的量。用同样的方法，测出反应前一定量碱性 $KMnO_4$ 溶液相当于还原剂的物质的量，根据二者之差即可计算出甲酸的含量。

7.5.3.2 重铬酸钾法

(1) 基本原理　重铬酸钾是一种常用的氧化剂，在酸性溶液中被还原为 Cr^{3+}。

$$Cr_2O_7^{2-} + 14H^+ + 6e^- \rightleftharpoons 2Cr^{3+} + 7H_2O \quad \varphi^\ominus = 1.36V$$

可见 $K_2Cr_2O_7$ 是一种较强的氧化剂，能与许多无机物和有机物反应。此法只能在酸性条件下使用。其优点如下。

① $K_2Cr_2O_7$ 易于提纯，在 140～250℃干燥后，可以直接称量准确配制成标准溶液。

② $K_2Cr_2O_7$ 溶液非常稳定，保存在密闭容器中浓度可以长期保持不变。

③ $K_2Cr_2O_7$ 的氧化能力虽比 $KMnO_4$ 稍弱些，但不受 Cl^- 还原作用的影响，故可以在盐酸溶液中进行滴定。

利用重铬酸钾法进行测定也有直接法和间接法。一些有机试样，常在硫酸溶液中加入过量重铬酸钾标准溶液，加热至一定温度，冷后稀释，再用 Fe^{2+} 标准溶液返滴定。这种间接方法可以用于腐殖酸肥料中腐殖酸的分析、电镀液中有机物的测定等。

应用 $K_2Cr_2O_7$ 标准溶液进行滴定时，常用二苯胺磺酸钠等作指示剂。

应该指出的是使用 $K_2Cr_2O_7$ 时应注意废液处理，以防污染环境。

(2) 应用示例　铁含量的测定。重铬酸钾法测定铁含量的反应为

$$6Fe^{2+} + Cr_2O_7^{2-} + 14H^+ = 6Fe^{3+} + 2Cr^{3+} + 7H_2O$$

铁矿石等试样一般先用 HCl 溶液加热分解，再加入 $SnCl_2$ 将 Fe(Ⅲ) 还原为 Fe(Ⅱ)，过量的 $SnCl_2$ 用 $HgCl_2$ 氧化除去，然后以二苯胺磺酸钠作指示剂，用 $K_2Cr_2O_7$ 标准溶液滴定 Fe(Ⅱ)，终点时溶液由绿色（Cr^{3+} 的颜色）突变为紫色或紫蓝色。为了减小终点误差，常在试液中加入 H_3PO_4，使 Fe^{3+} 生成无色稳定的 $[Fe(HPO_4)_2]^-$ 配阴离子，降低了 Fe^{3+}/Fe^{2+} 电对的电势，因而滴定突跃增大；同时生成无色的 $[Fe(HPO_4)_2]^-$，消除了 Fe^{3+} 的黄色，有利于终点颜色的观察。

7.5.3.3 碘量法

(1) 基本原理　碘量法是利用 I_2 的氧化性和 I^- 的还原性进行滴定的分析方法。

I_2 在水中的溶解度很小（0.00133mol/L），实际工作中常将 I_2 溶解在 KI 溶液中形成 I_3^-，以增大其溶解度。为方便起见，一般仍简写为 I_2。

碘量法利用的半反应为

$$I_3^- + 2e^- = 3I^- \quad E^\ominus(I_2/I^-) = 0.545V$$

① 直接碘量法。I_2 是一较弱的氧化剂，能与较强的还原剂作用，因此可用 I_2 标准溶液直接滴定 Sn(Ⅱ)、Sb(Ⅲ)、As_2O_3、S^{2-}、SO_3^{2-} 等还原性物质，这种方法称为直接碘量法（iodimetry）。由于 I_2 的氧化能力不强，所以能被 I_2 氧化的物质有限。

直接碘量法只能在酸性、中性或弱碱性溶液中进行，如果 pH＞9，I_2 会发生如下的歧化反应

$$3I_2 + 6OH^- \rightleftharpoons IO_3^- + 5I^- + 3H_2O$$

② 间接碘量法。I^-为一中等强度的还原剂，能与许多氧化剂作用析出I_2，因而可以间接测定$Cr_2O_7^{2-}$、CrO_4^{2-}、MnO_4^-、H_2O_2、IO_3^-、NO_2^-、BrO_3^-等氧化性物质，这种方法称为间接碘量法。

间接碘量法的基本反应是

$$2I^- - 2e^- \longrightarrow I_2$$

析出的I_2可以用还原剂$Na_2S_2O_3$标准溶液滴定

$$I_2 + 2S_2O_3^{2-} \rightleftharpoons 2I^- + S_4O_6^{2-}$$

凡能与I^-作用定量析出I_2的氧化性物质以及能与过量I_2在碱性介质中作用的有机物质，都可用间接碘量法测定。

间接碘量法的操作中应注意的事项如下。

a. 控制溶液的酸度。I_2和$Na_2S_2O_3$的反应须在中性或弱酸性溶液中进行。

因为在碱性溶液中，$S_2O_3^{2-}$的还原能力增大，会发生如下反应：

$$S_2O_3^{2-} + 4I_2 + 10OH^- \longrightarrow 2SO_4^{2-} + 8I^- + 5H_2O$$

而在碱性溶液中，I_2又会发生歧化反应，生成IO^-及IO_3^-。

在强酸性溶液中，$S_2O_3^{2-}$会发生分解：

$$S_2O_3^{2-} + 2H^+ \longrightarrow SO_2 + S\downarrow + H_2O$$

b. 防止I_2的挥发和I^-被空气中O_2氧化。加入过量KI使I_2形成I_3^-，以减小I_2的挥发。滴定前先调节好酸度，氧化析出I_2后立即进行滴定。最好使用碘量瓶进行滴定。

I^-在酸性溶液中易为空气中O_2所氧化：

$$4I^- + 4H^+ + O_2 \longrightarrow 2I_2 + 2H_2O$$

此反应随光照和酸度的增加而加快。所以碘量法一般在中性或弱酸性溶液中及低温（$<25℃$）下进行滴定。滴定时不应过度摇荡，以减少I^-与空气的接触和I_2的挥发。

碘量法的终点常用淀粉指示剂来确定。在有少量I^-存在下，I_2与淀粉反应形成蓝色吸附配合物。

淀粉溶液应新配制。若放置过久，则与I_2形成的配合物不呈蓝色而呈紫色或红色，在用$Na_2S_2O_3$滴定时该配合物褪色慢，终点不敏锐。

标定$Na_2S_2O_3$溶液的基准物质有纯碘、KIO_3、$KBrO_3$、$K_2Cr_2O_7$等。除纯碘外，它们都能与KI反应析出I_2，析出的I_2用$Na_2S_2O_3$标准溶液滴定。

标定$Na_2S_2O_3$溶液时称取一定量的基准物，在酸性溶液中与过量KI作用，以淀粉为指示剂，用$Na_2S_2O_3$溶液滴定析出的I_2。

（2）应用示例　葡萄糖含量的测定。

葡萄糖分子中的醛基能在碱性条件下被过量I_2氧化成羧基：

$$I_2 + 2OH^- \longrightarrow IO^- + I^- + H_2O$$

$$CH_2OH(CHOH)_4CHO + IO^- + OH^- \longrightarrow CH_2OH(CHOH)_4COO^- + I^- + H_2O$$

剩余的IO^-在碱性溶液中歧化成IO_3^-和I^-：

$$3IO^- \longrightarrow IO_3^- + 2I^-$$

溶液经酸化后又析出I_2：

$$IO_3^- + 5I^- + 6H^+ \longrightarrow 3I_2 + 3H_2O$$

最后以$Na_2S_2O_3$标准溶液滴定析出的I_2。

过氧化物、臭氧、漂白粉中的有效氯等氧化性物质也都可以用碘量法测定。

习　题

1. 配平下列反应方程式

(1) $Ag+NO_3^- \longrightarrow Ag^+ + NO$（酸性介质）

(2) $Cr_2O_7^{2-}+H_2S \longrightarrow Cr^{3+}+S$（酸性介质）

(3) $MnO_4^- + SO_3^{2-} \longrightarrow MnO_2 + SO_4^{2-}$（中性介质）

(4) $Cl_2 + OH^- \longrightarrow Cl^- + ClO^-$

(5) $H_2O_2 + I^- \longrightarrow I_2 + OH^-$

(6) $Zn + ClO^- + OH^- \longrightarrow [Zn(OH)_4]^{2-} + Cl^-$

2. 配制 $SnCl_2$ 溶液时，常在溶液中加入少量浓盐酸和锡粒，试加以说明。

3. 下述电极反应中的物质，哪种是较强的氧化剂，哪种是较强的还原剂？

$$S_2O_8^{2-}+2e^- \rightleftharpoons 2SO_4^{2-} \quad \varphi^{\ominus}=2.01V$$

$$I_2(s)+2e^- \rightleftharpoons 2I^- \quad \varphi^{\ominus}=0.535V$$

4. 在下列常见氧化剂中，如果使 $c(H^+)$ 增加，哪一种的氧化性增强？哪一种不变？

(1) Cl_2 (2) $Cr_2O_7^{2-}$ (3) Fe^{3+} (4) MnO_4^-

5. 计算 25℃，$p(O_2)=100kPa$ 时，在中性溶液中 $\varphi(O_2/OH^-)$ 值。

6. 用标准电极电势判断下列反应能否从左向右进行

(1) $2Br^- + 2Fe^{3+} = Br_2 + 2Fe^{2+}$

(2) $2H_2S + H_2SO_3 = 3S\downarrow + 3H_2O$

(3) $2Ag + Zn(NO_3)_2 = Zn + 2AgNO_3$

(4) $2KMnO_4 + 5H_2O_2 + 6HCl = 2MnCl_2 + 2KCl + 8H_2O + 5O_2$

7. 已知 $Pb^{2+}+2e^- \rightleftharpoons Pb$，$\varphi^{\ominus}=-0.126V$；$Sn^{2+}+2e^- \rightleftharpoons Sn$，$\varphi^{\ominus}=-0.136V$；判断反应 $Pb^{2+}+Sn \rightleftharpoons Pb+Sn^{2+}$ 在下列条件下进行的方向：

(1) 标准态时；

(2) 溶液中 $c(Pb^{2+})=0.1mol/L$，$c(Sn^{2+})=1.0mol/L$ 时。

8. 已知反应

$$2Ag^+ + Zn = 2Ag + Zn^{2+}$$

开始时 Ag^+ 和 Zn^{2+} 的浓度分别是 0.10mol/L 和 0.30mol/L，计算达到平衡时溶液中 Ag^+ 的浓度。

9. 已知：$MnO_4^- + 8H^+ + 5e^- \rightleftharpoons 5Mn^{2+} + 4H_2O$，$\varphi^{\ominus}(MnO_4^-/Mn^{2+})=+1.51V$

$Fe^{3+}+e^- \rightleftharpoons Fe^{2+}$，$\varphi^{\ominus}(Fe^{3+}/Fe^{2+})=+0.771V$

(1) 判断下列反应的方向：$MnO_4^- + 5Fe^{2+} + 8H^+ \longrightarrow Mn^{2+} + 5Fe^{3+} + 4H_2O$

(2) 确定正、负极，计算其标准电动势。

(3) 当氢离子浓度为 10.0mol/L，其他各离子浓度为 1.00mol/L 时，计算该电池的电动势。

10. 计算下列反应的标准平衡常数

(1) $2Ag^+ + Zn \rightleftharpoons 2Ag + Zn^{2+}$

(2) $MnO_2 + 2Cl^- + 4H^+ \rightleftharpoons Mn^{2+} + Cl_2 + 2H_2O$

11. 试根据下列元素电势图

$E_A^{\ominus}/V$：

$$Cu^{2+} \xrightarrow{0.153} Cu^+ \xrightarrow{0.521} Cu$$

$$Fe^{3+} \xrightarrow{0.771} Fe^{2+} \xrightarrow{-0.447} Fe$$

$$Au^{3+} \xrightarrow{1.29} Au^+ \xrightarrow{1.692} Au$$

判断哪些离子能发生歧化反应。

12. 以 $K_2Cr_2O_7$ 为基准物采用间接碘量法标定 0.020mol/L $Na_2S_2O_3$ 溶液的浓度。若滴定时，欲将消耗的 $Na_2S_2O_3$ 溶液的体积控制在 25mL 左右，问应当称取 $K_2Cr_2O_7$ 多少克？

第 8 章　物质结构基础

自然界物质种类繁多，性质各异，其根本原因都与物质的组成和结构有关。通常情况下，化学变化是由原子进行重新组合，原子核并不发生变化，只是核外电子的运动状态发生了改变。因此要深入了解化学反应的本质，了解物质结构与性质的关系，预测新物质的合成等，首先必须了解原子结构，特别是原子的核外电子层结构及分子结构等的有关知识。原子结构、化学键和分子结构是了解和掌握物质及其性质变化规律的基础。本章简要介绍有关物质结构的基础知识。

8.1　原子结构和元素周期律

通常把质量和体积都极其微小，运动速度等于或接近光速的粒子，如光子、电子、中子和质子等，称为微观粒子。微观粒子的运动规律与普通物体不同，不能用经典力学来描述。迄今为止，只有建立在微观粒子的量子性及其运动规律这两个基本特征之上的量子力学，才能比较正确地描述微观粒子的运动。

8.1.1　原子核外电子的运动特征

8.1.1.1　微观粒子的波粒二象性

1905 年，爱因斯坦（A. Einstein）提出了“光子学说”，指出光不仅是电磁波，而且是一种光子流。光在空间传播过程中发生干涉、衍射等现象就突出表现了光的波动性；而光与实物相互作用发生光的吸收、反射、光电效应等现象就突出地表现了光的粒子性。光子学说揭示了光的本质，指出了光既具有波动性又具有粒子性，即光具有波粒二象性。

1924 年，法国物理学家德布罗意（L. V. de Broglie）在光具有波粒二象性的启发下，提出了电子等微观粒子也具有波粒二象性的假说，并预言微观粒子的波长 λ 符合下列关系式：

$$\lambda=\frac{h}{p}=\frac{h}{mv} \tag{8-1}$$

式中，m 为微观粒子的质量；v 为微观粒子的运动速度；p 为微观粒子的动量；h 为普朗克常数。式(8-1) 也称为德布罗意关系式。它说明了波粒二象性是对立的统一。

1927 年，美国科学家戴维逊（C. T. Dacisson）等用电子衍射实验证实了德布罗意的假说。电子的衍射照片说明电子与光波相似，当电子通过极小的晶体光栅时，也能像光一样衍射成一圈圈的环纹（见图 8-1）。而且实验得到的电子波长与根据德布罗意关系式计算的波长完全一致，从而证实了电子具有波粒二象性。后来用 α 粒子、中子、质子等微观粒子替代电子流做类似实验，都同样产生衍射现象。证实了微观粒子具有波粒二象性，即波粒二象性是微观粒子运动的特征。

如何理解电子的波动性？以电子衍射实验为例，如果让一个电子穿过晶体光栅，在照相底片上只会得到一个感光的斑点；如果让少数几个电子穿过晶体光栅，在照相底片上也只会得到少数几个无明确规律的感光斑点；如果让大量的电子穿过晶体光栅才能得到有确定规律的衍射环纹。所以电子的波动性是电子无数次行为的统计结果，电子波是一种具有统计性的

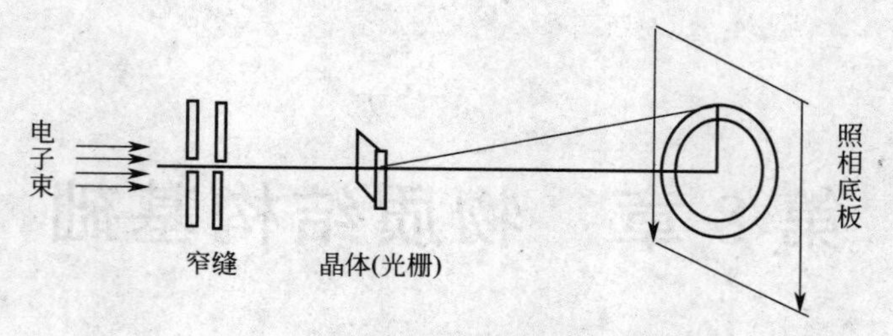

图 8-1 电子衍射和电子衍射图

波，又称概率波。在衍射图上，衍射强度大（亮）的地方，波的强度大，也就是电子出现的概率密度（单位体积里的概率）大的地方；衍射强度小（暗）的地方，波的强度小，也就是电子出现的概率密度小的地方。在空间任一点上，电子波的强度与电子出现的概率密度成正比。具有波动性的电子，运动时没有确定的经典的运动轨道，只有与波的强度成正比的概率分布规律。

8.1.1.2 波函数和原子轨道

微观粒子的运动有着不同于宏观物体运动的能量量子化和波粒二象性的特征。它的运动不同于经典力学中的质点，不遵守牛顿力学规律，没有确定的运动轨迹。因此，不能用经典力学来描述微观粒子的运动状态和运动规律，而只能用能反映微观粒子运动特征的量子力学来描述。电子运动状态可以用一个相应的波函数来描述。

1926 年，奥地利物理学家薛定谔（E. Schrödinger）从电子的波粒二象性出发，借助于光的波动方程，提出了描述微观粒子运动规律的波动方程——薛定谔方程，建立了近代量子力学理论。薛定谔方程是一个二阶偏微分方程。

代数方程的解是一个数，偏微分方程的解是一组函数。解薛定谔方程，可求出描述微观粒子（如电子）运动状态的数学函数式——波函数 $\Psi(x,y,z)$ 及与此状态相应的能量 E。

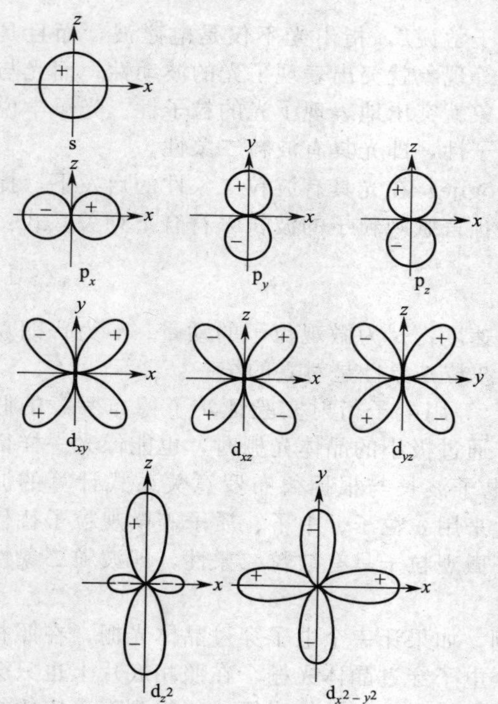

图 8-2 s、p、d 原子轨道的角度分布

波函数 Ψ 是量子力学中描述核外电子运动状态的数学函数式。波函数 $\Psi(x,y,z)$ 的空间图像可以表示电子在原子中的运动范围，借助经典物理学的概念，通常将这种空间图像称为“原子轨道”。在一些场合也把波函数 Ψ 称为原子轨道。原子轨道与波函数是同义词。波函数所表示的原子轨道代表核外电子的一种运动状态，是表示电子运动状态的一个函数。但量子力学中的原子轨道与宏观物体运动轨道具有本质的区别。原子轨道不是核外电子运动的固定轨迹，是指核外电子运动的空间范围或区域，两者不能混淆。

求解薛定谔方程的过程很复杂，涉及较深的数学知识，本书只简单地介绍波函数的角度分布图。s、p、d 原子轨道（波函数）的角度分布如图 8-2 所示。

现对图 8-2 说明如下。

① 角度分布函数只与 l、m 有关，与 n 值无关。若原子轨道的 l、m 相同，它们的角度分布图就完全相同，如 1s、2s、3s 的角度分布图相同。

② 图中正、负号反映了波函数的角度有关部分的正、负，这一点在讨论化学键形成时很有意义。

③ 原子轨道角度分布图只表示波函数随角度的变化情况，并不反映电子离核的远近。

④ 特别应当指出，波函数（原子轨道）的角度分布图只表示描述单个电子运动状态的波函数 Ψ 在空间不同方向上的变化情况，绝对不可误解为是电子绕核运动的轨迹。

8.1.1.3 电子云

波函数 Ψ 的物理意义曾引起科学家的长期争议，实际上与一般的物理量不同，它没有明确的、直观的物理意义。但波函数的平方 $|\Psi|^2$ 的物理意义十分明确，它表示电子在核外空间某处单位体积内出现的概率，即该点处的概率密度。

对于原子核外高速运动的电子，并不能确定某一瞬间它在空间所处的位置，只能用统计的方法推算出在空间某处出现的概率，或电子在空间某处单位体积内出现的概率。为了形象地表示电子在原子中的概率密度分布情况，常用密度不同的小黑点来表示，这种图像称为电子云，即电子云是用小黑点分布的疏密程度来表示电子在核外空间各处出现的概率密度相对大小的图形，实际上是 $|\Psi|^2$ 的形象化表示。小黑点密集处，$|\Psi|^2$ 较大，表示单位体积内电子出现的概率较大；小黑点稀疏处，$|\Psi|^2$ 较小，表示单位体积内电子出现的概率较小。1s 电子云的黑点图见图 8-3。

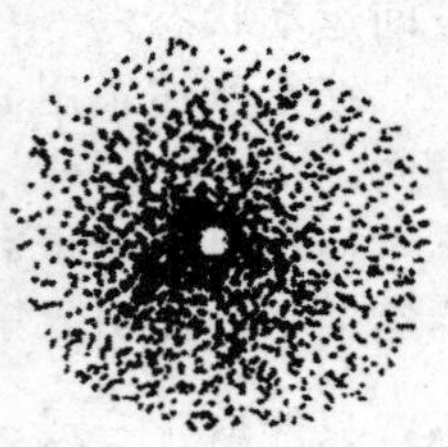

图 8-3 1s 电子云的黑点图

8.1.1.4 四个量子数

薛定谔方程在数学上有很多解，但并不是每个解都是能用来描述电子运动状态的合理波函数，合理的波函数必须满足某些特定条件。为了使解得的波函数能够描述电子的空间运动状态，在求解薛定谔方程中，必须使某些常数的取值受一定的限制。这些受限制的常数称为量子数。这些量子数分别是主量子数 n、角量子数 l 和磁量子数 m，它们的取值是相互制约的。用这些量子数可以表示原子轨道或电子云离核的远近、形状及其在空间的伸展方向，此外，还有用来描述电子自旋运动的自旋量子数 m_s。下面介绍这些量子数的取值和物理意义。

(1) 主量子数 n 主量子数 n 的取值为 1，2，3…正整数。对应的光谱符号为

主量子数 n： 1 2 3 4 5 6 7…

光谱学符号： K L M N O P Q…

主量子数 n 代表电子在核外空间出现概率最大区域离核的远近，也是决定电子能量的主要因素。n 越大，电子在离核越远的区域内出现的概率越小，能量也越高。n 值相同的电子称为同一层电子，当 $n=1$，2，3…时，分别称为第一层、第二层、第三层……。

(2) 角量子数 l 对于给定的 n 值，角量子数 l 的取值为 0，1，2，…，$n-1$ 的正整数，共可取 n 个值。角量子数 l 的取值受主量子数 n 的限制。对应的光谱符号为

角量子数 l： 0 1 2 3 …

光谱符号： s p d f …

在多电子原子中角量子数 l 与主量子数 n 一起决定电子的能量。H 原子只有一个电子，能量完全由 n 决定。而在多电子原子中，电子的能量不仅取决于主量子数 n，而且还取决于角量子数 l 的大小。当 n、l 相同时，电子的能量相同；而 n 或 l 不同的电子，其能量也不相同。当 n 相同时，l 值越大，电子的能量越高。

角量子数 l 决定了原子轨道的形状。例如 $n=4$ 时，l 有 4 种取值分别为 0、1、2、3，它们分别代表核外第四层的 4 种形状不同的原子轨道。

$l=0$ 表示 s 轨道，形状为球形，即 4s 轨道

$l=1$ 表示 p 轨道，形状为哑铃形，即 4p 轨道

$l=2$ 表示d轨道，形状为花瓣形，即4d轨道

$l=3$ 表示f轨道，形状更复杂，即4f轨道

在n相同的同层中不同形状的轨道称为亚层。每个l值代表一个亚层。第n电子层有n个亚层。如在第四层上有4种不同形状的轨道，即第四层有4个亚层。

(3) 磁量子数m 当l的取值确定后，m只能取0，±1，±2，…，±l，共$2l+1$个数值。磁量子数m的取值受l限制。磁量子数m决定原子轨道在空间的伸展方向，每个取值表示亚层中的一个有一定空间伸展方向的轨道。一个亚层中m有几个数值，该亚层中就有几个伸展方向不同的原子轨道。当$n=1$、$l=0$时，m只能取0一个值，表示s亚层只有一个轨道，可记为1s；当$n=3$、$l=1$时，m可取-1、0、$+1$三个值，表示p亚层有三个轨道，分别用$3p_x$、$3p_y$、$3p_z$表示。由于$3p_x$、$3p_y$、$3p_z$轨道的n、l都相同，轨道的能量也就相同。在没有外加磁场的情况下，同一亚层的原子轨道，能量是相等的，称为等价轨道或简并轨道。波函数可以用n、l、m三个量子数来描述，而每一个波函数表示电子的一种空间运动状态。

综上所述，用n、l、m三个量子数即可决定一个特定原子轨道的大小、形状和伸展方向。

(4) 自旋量子数m_s 实验证明，原子中的电子除了绕核作空间的运动外，还存在着自旋运动，为此引入第四个量子数——自旋量子数m_s。自旋量子数m_s决定了电子的自旋状态，只能取$+\frac{1}{2}$或$-\frac{1}{2}$两个值，分别代表两种不同的自旋状态，通常用“↑”和“↓”表示。由于自旋量子数只有2个取值，因此每个原子轨道最多能容纳2个电子。

综上所述，n、l、m三个量子数的合理组合可以决定一个原子轨道。但原子中每个电子的运动状态则必须用n、l、m、m_s四个量子数来描述。四个量子数确定之后，电子在核外空间的运动状态就完全确定了。

8.1.2 原子核外电子的排布

8.1.2.1 多电子原子轨道的能级

氢原子和类氢离子（如He^+）的核外仅有1个电子，它只受到原子核的吸引作用，原子轨道的能量只决定于主量子数n。

在多电子原子中，原子轨道的能量与主量子数n和角量子数l有关，其能量的相对高低通常是利用光谱数据确定的。

1939年，美国化学家鲍林（L. Pauling）根据大量光谱实验结果，总结出多电子原子中原子轨道的近似能级图，如图8-4所示。图中每一个小圆圈代表一个原子轨道，每个圆圈所在位置的相对高低表示原子轨道能量的相对高低。近似能级图按照能量由低到高的顺序排列，并将能量相近的原子轨道划归为一组，称为能级组，以虚线框起来。相邻能级组之间能量相差比较大。每个能级组（除第一能级组）都是从s能级开始，到p能级终止。能级组数等于核外电子层数且等于周期数。

从图8-4中可以看出：

① n相同时，l越大，原子轨道的能量越高，如$E_{4s}<E_{4p}<E_{4d}$；

② l相同时，n越大，原子轨道的能量越高，如$E_{2p}<E_{3p}<E_{4p}$；

③ n、l都不相同时，某些n值较大的轨道的能量可能低于n值较小的轨道，这称为能级交错现象，如$E_{3d}>E_{4s}$；

④ n、l都相同时，原子轨道的能量相同，如$E_{2p_x}=E_{2p_y}=E_{2p_z}$。

必须指出，鲍林近似能级图反映了多电子原子中轨道能量的近似高低，不能认为所有元素原子中的能级高低都是一成不变的，更不能用它来比较不同元素原子轨道能级的相对

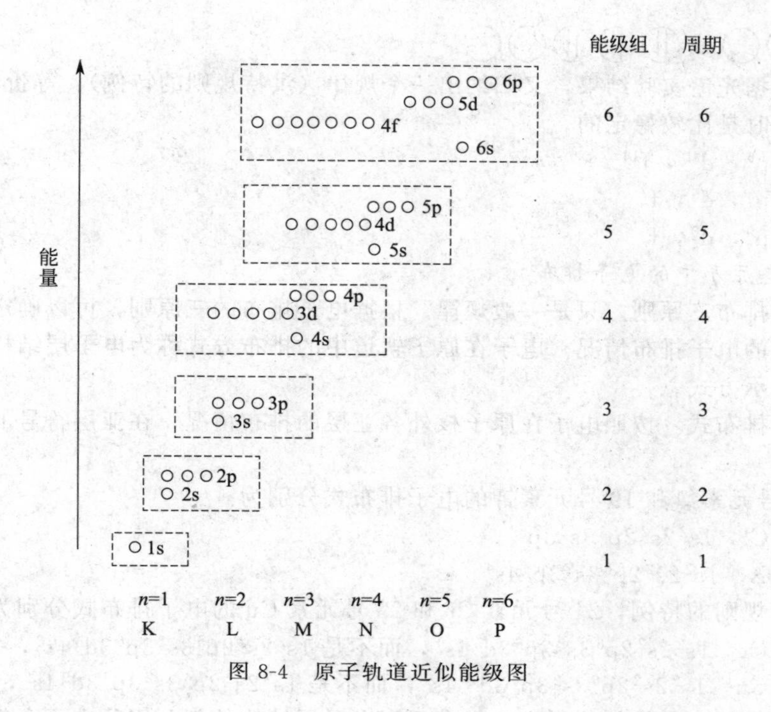

图 8-4 原子轨道近似能级图

高低。

8.1.2.2 原子核外电子的排布原则

为了说明基态（能量最低的状态）原子的电子排布，根据光谱实验结果，并结合对周期表的分析，归纳、总结出核外电子排布的三个基本原理。

(1) 能量最低原理 系统的能量越低就越稳定，这是自然界的一个普遍规律。原子中的电子排布也遵循这一规律，多电子原子在基态时，核外电子总是优先占据能量最低的原子轨道，然后依次分布到能量较高的轨道上，这称为能量最低原理。根据这个原理，电子应首先填充在 1s 轨道上，然后按图 8-5 所示的基态原子电子填充顺序依次填充到能量较高的轨道上。

(2) 泡利不相容原理 1925 年，奥地利物理学家泡利（W. Pauli）根据原子的光谱现象提出：在同一原子中，不能存在四个量子数完全相同的电子。即一个原子轨道最多只能容纳两个自旋方向相反的电子。每个电子层最多有 n^2 个轨道，各电子层最多容纳 $2n^2$ 个电子。

(3) 洪特规则 德国物理学家洪特（F. Hong）根据大量光谱实验数据总结出一条规律：在同一亚层的各个轨道（等价轨道）上，电子总是尽可能以自旋相同的方式占据不同的轨道（这样排布时总能量最低）。例如，C原子有 6 个电子，其电子排布为 $1s^2 2s^2 2p^2$，其轨道上的电子排布为 ⇅ ⇅ ↑ ↑ ◯（1s 2s 2p），而不是

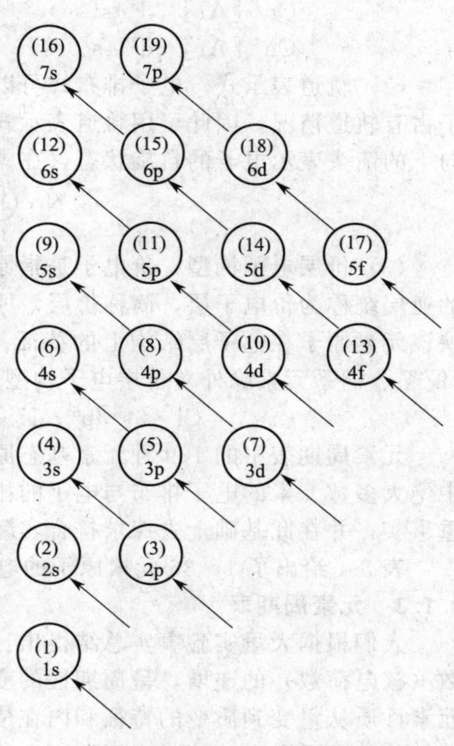

图 8-5 基态原子电子填充顺序

(↑↓)(↑↓)(↑)(↓)( ) 或 (↑↓)(↑↓)(↑↓)( )( )。

此外，根据光谱实验结果，又归纳出一个规律（洪特规则的特例）：等价轨道在全充满、半充满或全空时是比较稳定的。

全充满 p^6，d^{10}，f^{14}

半充满 p^3，d^5，f^7

全空 p^0，d^0，f^0

8.1.2.3 基态原子中的电子排布

核外电子排布三原则，只是一般规律。根据电子排布的三原则，可以确定元素周期表中绝大多数元素的电子排布情况。电子在原子轨道中的排布方式称为电子层结构，电子层结构有以下三种表示方式。

(1) 电子排布式 按照电子在原子核外各亚层的排布情况，在亚层符号的右上角注明排列的电子数。

例如 17 号元素氯和 19 号元素钾的电子排布式分别为

Cl $1s^2 2s^2 2p^6 3s^2 3p^5$

K $1s^2 2s^2 2p^6 3s^2 3p^6 4s^1$

根据洪特规则的特例，24 号元素 Cr 和 29 号元素 Cu 的电子排布式分别为

Cr $1s^2 2s^2 2p^6 3s^2 3p^6 3d^5 4s^1$，而不是 $1s^2 2s^2 2p^6 3s^2 3p^6 3d^4 4s^2$，$3d^5$ 为半充满

Cu $1s^2 2s^2 2p^6 3s^2 3p^6 3d^{10} 4s^1$，而不是 $1s^2 2s^2 2p^6 3s^2 3p^6 3d^9 4s^2$，$3d^{10}$ 为全充满

为了书写方便，通常把内层已达稀有元素电子层结构的部分用稀有元素符号加上方括号表示，称为原子实。例如

Cl [Ne] $3s^2 3p^5$

K [Ar] $4s^1$

Cr [Ar] $3d^5 4s^1$

Cu [Ar] $3d^{10} 4s^1$

(2) 轨道表示式 电子排布式可以清楚地表示电子在亚层中的填充情况，但无法表明电子占有轨道情况，因此可用轨道表示式。它是用圆圈或方框代表原子轨道，圆圈内用向上或向下的箭头表示电子的自旋状态，在圆圈的下方或上方注明轨道名称，如

N (↑↓) (↑↓) (↑)(↑)(↑)

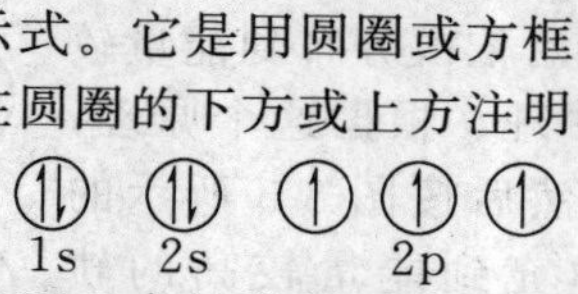

1s 2s 2p

(3) 价层电子构型 价电子是指原子参加化学反应时，能用于成键的电子。价电子所在的亚层统称为价电子层，简称价层。原子的价层电子构型，是指价层的电子排布式，它能反映该元素原子在电子层结构上的特征。主族元素的价层电子构型为 $ns^{1\sim2}np^{1\sim6}$，副族元素（镧系、锕系元素除外）价层电子构型为 $(n-1)d^{1\sim10}ns^{1\sim2}$。如

Cl $3s^2 3p^5$；K $4s^1$；Cr $3d^5 4s^1$；Cu $3d^{10} 4s^1$

元素周期表中的 109 种元素基态原子的电子排布是根据光谱的实验数据分析得到的。其中绝大多数元素的电子排布与电子的排布原则是一致的，但也有少数不符合，对此，必须尊重事实，并在此基础上去探求符合实际的理论解释。

表 8-1 给出了 1～36 元素原子的电子排布情况。

8.1.3 元素周期表

人们根据大量实验事实总结得出：元素以及由其形成的单质与化合物的性质，随原子序数（核电荷数）的递增，呈周期性的变化，这一规律称为周期律。元素周期律总结和揭示了元素性质从量变到质变的特征和内在依据。元素的原子核外电子层结构的周期性变化是元素周期律的本质所在，而元素周期表就是元素周期律的具体表现形式。

表 8-1 原子序数 1～36 的元素原子的电子排布

原子序数	元素符号	中文名称	电子排布式	原子序数	元素符号	中文名称	电子排布式
1	H	氢	$1s^1$	19	K	钾	$[Ar]4s^1$
2	He	氦	$1s^2$	20	Ca	钙	$[Ar]4s^2$
3	Li	锂	$[He]2s^1$	21	Sc	钪	$[Ar]3d^1 4s^2$
4	Be	铍	$[He]2s^2$	22	Ti	钛	$[Ar]3d^2 4s^2$
5	B	硼	$[He]2s^2 2p^1$	23	V	钒	$[Ar]3d^3 4s^2$
6	C	碳	$[He]2s^2 2p^2$	24	Cr	铬	$[Ar]3d^5 4s^1$
7	N	氮	$[He]2s^2 2p^3$	25	Mn	锰	$[Ar]3d^5 4s^2$
8	O	氧	$[He]2s^2 2p^4$	26	Fe	铁	$[Ar]3d^6 4s^2$
9	F	氟	$[He]2s^2 2p^5$	27	Co	钴	$[Ar]3d^7 4s^2$
10	Ne	氖	$[He]2s^2 2p^6$	28	Ni	镍	$[Ar]3d^8 4s^2$
11	Na	钠	$[Ne]3s^1$	29	Cu	铜	$[Ar]3d^{10} 4s^1$
12	Mg	镁	$[Ne]3s^2$	30	Zn	锌	$[Ar]3d^{10} 4s^2$
13	Al	铝	$[Ne]3s^2 3p^1$	31	Ga	镓	$[Ar]3d^{10} 4s^2 4p^1$
14	Si	硅	$[Ne]3s^2 3p^2$	32	Ge	锗	$[Ar]3d^{10} 4s^2 4p^2$
15	P	磷	$[Ne]3s^2 3p^3$	33	As	砷	$[Ar]3d^{10} 4s^2 4p^3$
16	S	硫	$[Ne]3s^2 3p^4$	34	Se	硒	$[Ar]3d^{10} 4s^2 4p^4$
17	Cl	氯	$[Ne]3s^2 3p^5$	35	Br	溴	$[Ar]3d^{10} 4s^2 4p^5$
18	Ar	氩	$[Ne]3s^2 3p^6$	36	Kr	氪	$[Ar]3d^{10} 4s^2 4p^6$

8.1.3.1 元素的周期

在元素周期表中，每一横行称为一个周期，共有七个周期。除第一周期外，其余每一个周期的元素原子的最外电子排布都是由 $ns^1 \rightarrow ns^2 np^6$，呈现明显的周期性。各周期内所含元素与各能级组内原子轨道所能容纳的电子数相等。元素在周期表中所属周期数等于该元素原子的最外电子层的主量子数 n，且与能级组的序号完全对应（见图 8-4）。

8.1.3.2 元素的族

将元素原子的价层电子分布相同或相似的元素排成一个纵列，称为族。周期表中共有 18 个纵列，国内常见的分族方法是：除 8、9、10 这三个纵列为Ⅷ族外，其余每一个纵列为一族。元素周期表共有 16 个族——7 个主（A）族、7 个副（B）族、1 个 0 族和 1 个Ⅷ族。同族元素虽然电子层数不同，但价层电子构型基本相同（少数例外），所以原子的价层电子构型相同是元素分族的实质。这种分主、副族的方法，将主族割裂为前后两部分，且副族的排列也不是由低到高。

位于周期表下面的镧系元素和锕系元素，按其所在的族来讲应属于ⅢB 族，因其性质的特殊性而单列。

IUPAC 于 1988 年建议将 18 列定为 18 个族，不分主、副族，并仍以元素的价层电子构型作为族的特征列出。这样虽然避免了上述问题，但显得多而乱，本书仍采用主、副族的分类方法。

8.1.3.3 元素的分区

根据周期、族和原子结构特征的关系，可将周期表中的元素划分为五个区（见表 8-2）。

（1）s 区元素　包括ⅠA 族元素和ⅡA 族元素，其价层电子构型为 $ns^{1\sim2}$，除 H 元素外，均为活泼金属。

（2）p区元素　包括ⅢA～ⅦA族元素和0族元素，其价层电子构型为$ns^2np^{1\sim6}$（He为$1s^2$）。p区元素大部分为非金属元素，0族元素为稀有气体元素。

s区和p区排列的是主族元素。s区和p区元素的族数，等于价层电子中s电子数与p电子数之和。若和数为8，则为0族元素。

（3）d区元素　包括ⅢB～ⅦB族元素和Ⅷ族元素，其价层电子构型为$(n-1)d^{1\sim10}ns^{0\sim2}$。由于$(n-1)d$电子由未充满向充满过渡，所以第4、5、6周期的d区元素分别称为第一、第二、第三过渡系列与元素，这些元素常有可变的氧化值，d区元素都是金属元素。d区元素的族数，等于价电子层之中$(n-1)d$的电子数与ns的电子数之和，若和数大于或等于8，则为Ⅷ族元素。

（4）ds区元素　包括ⅠB元素和ⅡB族元素，其价层电子构型为$(n-1)d^{10}ns^{1\sim2}$。ds区元素都是金属元素。ds区元素的族数，等于价层电子中ns的电子数。有时将ds区元素列为过渡金属。

（5）f区元素　包括镧系元素和锕系元素，其价层电子构型为$(n-2)f^{1\sim14}(n-1)d^{0\sim2}ns^2$。f区元素又称内过渡元素，都是金属元素。

综上所述，原子的电子层结构与元素周期表之间有着密切的关系。对于多数元素来说，如果知道了元素的原子序数，便可写出该元素原子的电子层结构，从而判断它所在的周期和族，反之，如果已知某元素所在的周期和族，便可写出该元素原子的电子层结构，也能推知它的原子序数。

表8-2　周期表中元素的分区

<table>
<tr><td>周期＼族</td><td>ⅠA</td><td>ⅡA</td><td>ⅢB～ⅦB，Ⅷ</td><td>ⅠB，ⅡB</td><td>ⅢA～ⅦA</td><td>0</td></tr>
<tr><td>1</td><td colspan="2" rowspan="7">s区</td><td colspan="2" rowspan="3"></td><td colspan="2" rowspan="7">p区</td></tr>
<tr><td>2</td></tr>
<tr><td>3</td></tr>
<tr><td>4</td><td rowspan="4">d区</td><td rowspan="4">ds区</td></tr>
<tr><td>5</td></tr>
<tr><td>6</td></tr>
<tr><td>7</td></tr>
</table>

镧系元素	f区
锕系元素	

8.1.4　元素基本性质的周期性

元素的性质随着核电荷的递增而呈现周期性变化，这个规律称为元素周期律。元素周期律正是原子内部结构周期性变化的反映，元素性质的周期性源于原子的电子层结构的周期性。下面通过元素的一些主要性质的周期性变化规律来揭示这种内在的联系。

8.1.4.1　原子半径

（1）原子半径的定义　由于核外电子的运动没有确定的边界，从原子核附近到距核较远处都有出现的概率，因此可以说原子（或离子）没有固定的半径。通常所说的原子半径，是指分子或晶体中相邻同种原子的核间距离的一半。根据原子与原子间的作用力不同，原子半径一般可分为共价半径、金属半径和范德华半径三种。

① 共价半径　同种元素的两个原子以共价键结合时，相邻两个原子核间距离的一半，称为该原子的共价半径。

② 金属半径　金属晶体中相邻两个原子的核间距的一半称为金属半径。

③ 范德华半径 在分子晶体中，分子间以范德华力结合，相邻两个原子核间距离的一半，称为该原子的范德华半径。

同一种元素的三种半径的数值不同，一般而言，金属半径比共价半径大 10%～25%；范德华半径比共价半径大得多。表 8-3 列出了周期表中各元素的原子半径。

表 8-3 元素的原子半径/pm

H																	He
28																	54
Li	Be											B	C	N	O	F	Ne
134	90											80	77	55	60	71	71
Na	Mg											Al	Si	P	S	Cl	Ar
154	136											118	113	95	94	99	98
K	Ca	Sc	Ti	V	Cr	Mn	Fe	Co	Ni	Cu	Zn	Ga	Ge	As	Se	Br	Kr
196	174	144	132	122	118	117	117	116	115	117	125	126	122	120	108	114	112
Rb	Sr	Y	Zr	Nb	Mo	Te	Ru	Rh	Pd	Ag	Cd	In	Sn	Sb	Te	I	Xe
216	191	162	145	134	130	127	125	125	128	134	148	144	141	140	130	133	131
Cs	Ba	La	Hf	Ta	W	Re	Os	Ir	Pt	Au	Hg	Tl	Pb	Bi	Po	At	Rn
235	198	169	144	134	130	128	126	127	130	134	149	148	147	146	146	145	

(2) 原子半径的变化规律 从表 8-3 可以看出，同一周期的主族元素，随着原子序数的递增，原子半径由大逐渐变小。这是由于原子核每增加 1 个单位正电荷，最外层相应地增加了 1 个电子。核电荷的增加使原子核对外层电子的吸引力增强，外层电子有向原子核靠近的趋势；而外层电子的增加又加剧了电子之间的相互排斥作用，使电子远离原子核的趋势增大。两者相比之下，由于电子层数并不增加，核对外层电子引力增强的因素起主导作用。因此，同一周期的主族元素从左向右随着核电荷数的递增，原子半径逐渐减小。

同一主族的元素，从上到下原子半径增大。这是由于从上到下电子层数增多，核电荷数也同时增加。电子层数的增加起主要作用，故同一主族的元素从上到下原子半径增大。

同一周期的副族元素，从左到右随着核电荷的增加，增加的电子排布在 $(n-1)$d 轨道上，增加的核电荷几乎被增加的 $(n-1)$d 电子抵消，使核对最外层电子的吸引力增加很少。因此同一周期的副族元素，从左到右随着核电荷数增多，原子半径略有减小。同一周期的 f 区元素，新增电子填在外数第三层的 f 轨道上原子半径减小得更少。从 La 到 Lu，15 种元素的原子半径仅减少了 13pm，这个变化叫做镧系收缩。

同一族的副族元素除钪（Sc）分族以外，原子半径的变化趋势与主族元素的变化趋势相同，但由于增加的电子排布在内层 $(n-1)$d 或 $(n-2)$f 轨道上，使原子半径增大的幅度减小。特别是第五周期和第六周期的同一副族之间，原子半径非常接近。例如铪（Hf）、钽（Ta）、钨（W）分别与上一周期的同族元素锆（Zr）、铌（Nb）、钼（Mo）原子半径极为接近，因而 Zr 与 Hf、Nb 与 Ta、Mo 与 W 的性质十分相似，在自然界中往往形成共生矿，分离较为困难，这种情况是由镧系收缩引起的。

8.1.4.2 电离能（I）

元素的一个基态的气态原子失去一个电子形成气态一价正离子所需的能量，称为原子的第一电离能，记为 I_1；一价气态正离子再失去一个电子形成二价气态正离子所需的能量，称为原子的第二电离能，记为 I_2……例如，Mg 的第一、第二、第三电离能分别为 737.7kJ/mol、1450.7kJ/mol、7732.8kJ/mol。显然 $I_1<I_2<I_3$…这是由于随着离子电荷增多，对电子的引力增强，因而外层电子更难失去。

元素的第一电离能最重要，是衡量元素的原子失去电子的能力和元素金属性的一种尺度。元素的第一电离能的数据可以由发射光谱实验得到。表 8-4 为一些元素原子的第一电离能。

表 8-4 元素原子的第一电离能/(kJ/mol)

H																	He
1312																	2372
Li	Be											B	C	N	O	F	Ne
520	900											801	1086	1402	1314	1681	2081
Na	Mg											Al	Si	P	S	Cl	Ar
496	738											578	786	1012	1000	1251	1520
K	Ca	Sc	Ti	V	Cr	Mn	Fe	Co	Ni	Cu	Zn	Ga	Ge	As	Se	Br	Kr
419	590	631	658	650	653	717	759	758	737	746	906	579	762	944	941	1140	1351
Rb	Sr	Y	Zr	Nb	Mo	Te	Ru	Rh	Pd	Ag	Cd	In	Sn	Sb	Te	I	Xe
403	550	616	660	664	685	702	711	720	805	731	868	558	709	832	869	1008	1170
Cs	Ba	La	Hf	Ta	W	Re	Os	Ir	Pt	Au	Hg	Tl	Pb	Bi	Po	At	Rn
376	503	538	675	761	770	760	840	880	870	890	1007	589	716	703	812	917	1037

元素原子的电离能越小，原子就越易失去电子。因此，电离能的大小可以表示原子失去电子的难易程度。通常只用第一电离能来判断元素原子失去电子的难易程度。

从表 8-4 可知，同一周期元素从左到右，原子的第一电离能逐渐增加。其中稍有起伏，如第三周期 Mg($3s^2$)、P($3s^2 3p^3$) 显得比前后的元素均高，这是由于原子轨道全充满和半充满的缘故。同一族从上到下，原子的第一电离能逐渐减小，这是因为电子层增加，使得核对外层电子吸引力减弱。

8.1.4.3 电子亲和能 (Y)

原子结合电子的能力用电子亲和能（Y）来表示。与电离能相反，它是指元素的一个基态的气态原子得到一个电子形成气态一价阴离子所释放出的能量。按结合电子的数目，有一、二、三……电子亲和能之分。例如，氧原子的 $Y_1 = -141$kJ/mol，$Y_2 = -780$kJ/mol，这是由于 O^- 对再结合的电子有排斥作用。第一电子亲和能（Y_1）的代数值越小，表示元素的原子结合电子的能力越强，即元素的非金属性越强。电子亲和能难以测定，且测定的准确性也差，因而数据较少，应用也受到限制，表 8-5 提供了一些元素原子的电子亲和能数据。

表 8-5 一些元素原子的电子亲和能/(kJ/mol)

H							He
−72.0							(+20)
Li	Be	B	C	N	O	F	Ne
−59.8	+241.25	−23	−122	0	−141	−322	(+29)
Na	Mg	Al	Si	P	S	Cl	Ar
−52.9	+231.6	−44	−120	−74	−200	−348	(+35)
K	Ca	Ga	Ge	As	Se	Br	Kr
−48.4	+156.33	−36	−116	−77	−195	−324	(+39)
Rb	Sr	In	Sn	Sb	Te	I	Xe
−46.9	+199.66	−34	−121	−101	−183	−295	(+40)
Cs	Ba	Tl	Pb	Bi	Po	At	Rn
−45.5	+52.11	−48	−100	−100	(−174)	(−270)	(+20)

从表 8-5 可知，无论是在周期或族中，电子亲和能的代数值都随着原子半径的增大而增加，这是由于随着原子半径增加，核对电子的引力减小的缘故。

电子亲和能的数值一般较电离能小一个数量级，其重要性不如元素的电离能。

8.1.4.4 电负性 (χ)

电离能和电子亲和能都是从一个侧面反应元素原子失去或得到电子能力的大小，为了综合表征原子得失电子的能力，1932 年鲍林提出了电负性的概念。通常把元素的原子在分子中吸引电子的能力称为元素的电负性，并指定最活泼的非金属元素 F 的电负性为 4.0，然后将其他元素的原子与 F 相比较，从而得到其他元素的电负性。元素的电负性是相对值。

元素的电负性越大，该元素的原子吸引成键电子的能力越强，元素的非金属性就越强；元素的电负性越小，原子吸引成键电子的能力越弱，元素的金属性越强。电负性综合地反映出元素的原子得失电子的相对能力，能全面衡量元素的金属性和非金属性的相对强弱。一般地说，电负性小于 2.0 的元素为金属元素；大于 2.0 的元素为非金属元素。元素的电负性如表 8-6 所示。

表 8-6 元素的电负性

H																
2.1																
Li	Be											B	C	N	O	F
1.0												2.0	2.5	3.0	3.5	4.0
Na	Mg											Al	Si	P	S	Cl
0.9												1.5	1.9	2.1	2.5	3.0
K	Ca	Sc	Ti	V	Cr	Mn	Fe	Co	Ni	Cu	Zn	Ga	Ge	As	Se	Br
0.8	1.0	1.3	1.5	1.6	1.6	1.5	1.8	1.9	1.9	2.0	1.6	1.6	1.8	2.0	2.4	2.8
Rb	Sr	Y	Zr	Nb	Mo	Te	Ru	Rh	Pd	Ag	Cd	In	Sn	Sb	Te	I
0.8	1.0	1.2	1.4	1.6	1.8	1.9	2.2	2.2	2.2	1.9	1.7	1.7	1.8	1.9	2.1	2.5
Cs	Ba	La	Hf	Ta	W	Re	Os	Ir	Pt	Au	Hg	Tl	Pb	Bi	Po	At
0.7	0.9	1.1	1.3	1.5	1.7	1.9	2.2	2.2	2.2	2.4	1.9	1.8	1.9	1.9	2.0	2.2

由表 8-6 可以看出，元素的电负性呈现明显的周期性变化：同一周期的元素从左到右元素电负性逐渐增大；同一主族的元素，从上到下电负性逐渐减小；至于副族元素，电负性变化的规律性不强。

8.1.4.5 元素的金属性与非金属性

元素的金属性是指原子失去电子成为阳离子的能力，通常可用电离能来衡量。元素的非金属性是指原子得到电子成为阴离子的能力，通常可用电子亲和能来衡量。元素的电负性综合反映原子得失电子的能力，故可作为元素金属性与非金属性统一衡量的依据。电负性数值越大则表明该元素原子的非金属性越强；电负性数值越小则表明该元素原子的金属性越强。

值得注意的是：原子越难失去电子，不一定就越易与电子结合。例如，稀有气体既难失去电子，又不易得到电子。

同一周期主族元素从左到右，元素金属性逐渐减弱，非金属性逐渐增强。同一主族从上到下，元素的非金属性逐渐减弱，金属性逐渐增强。

8.2 化学键理论概述

在自然界中，除了稀有气体为单原子分子之外，其他元素的原子都相互结合成分子或晶体。分子或晶体之所以能稳定存在，是因为分子或晶体中相邻原子之间存在强烈地相互作用。通常把分子或晶体中直接相邻的原子（或离子）间的强烈相互作用称为化学键。化学键可以分为离子键、共价键和金属键三种类型，相应形成的晶体为离子晶体、原子晶体和金属晶体。

在上述三种类型化学键中，共价键具有特殊地位，在已知的全部化合物中，以共价键结合的化合物约占 90%。

8.2.1 离子键

原子失去电子成为正离子，而原子得到电子成为负离子，正离子和负离子之间通过静电引力而形成的化学键称为离子键。由离子键形成的化合物称为离子化合物。离子键大多存在于晶体中，也可以存在于气体分子中，因离子型气体较少，故一般所指的离子型化合物就是离子晶体。

离子的电荷分布是球形对称的，在空间任何方向都可以吸引异性离子，并且只要空间允许，就尽可能地吸引异性离子，所以离子键既无方向性又无饱和性。

8.2.2 共价键理论

为了说明同种非金属元素的原子或由电负性相差不多的非金属元素的原子形成分子或晶体的原因，美国化学家路易斯（Lewis）在1916年提出了早期的共价键理论。他认为共价键是由成键原子双方各自提供最外层单电子组成共用电子对所形成的，形成共价键后，成键原子达到稀有气体原子的最外层电子结构，因此比较稳定。

共价键形成的本质于1927年由德国化学家海特勒（Heitler）和伦敦（London）应用量子力学方法处理 H_2 分子的形成而得到进一步的阐明，为共价键的形成提供了现代理论基础。在此基础上逐步形成了两种共价键理论：价键理论与分子轨道理论。在此仅对价键理论作简单介绍。

8.2.2.1 共价键的形成和本质

海特勒和伦敦用量子力学处理两个氢原子所组成的氢分子结构表明：如果两个氢原子中的电子的自旋相反，当它们从远处相互接近时，两个氢原子的原子轨道发生重叠，两核间电子云的概率密度增大，使原子核间的正电排斥力降低，并使两核对负电荷区的吸引力增强，导致系统的能量降低，并低于两个H原子单独存在时的能量之和，两个氢原子之间形成了稳定的共价键。

如果两个氢原子中的电子自旋相同，则两个氢原子间的作用是相互排斥的，两核间的电子云密度几乎为零，系统的能量高于两个氢原子单独存在的能量，不能形成共价键。

量子力学较好地阐明了共价键的本质：两个氢原子之所以能相互形成共价键，是因为两个自旋相反的单电子的电子云密集在两个原子核之间，从而使系统的能量降低；而当两个氢原子的电子自旋相同时，则电子云在两核间较稀疏，使系统的能量升高。

8.2.2.2 价键理论的要点

将氢分子的研究结果，推广到其他双原子分子和多原子分子上，便可归纳出现代价键理论的基本要点。

（1）电子配对原理　两个原子接近时，只有自旋相反的两个单电子可以互相配对，使核间的电子云密度增大，系统的能量降低，形成稳定的共价键。

（2）最大重叠原理　形成共价键时，将尽可能使成键电子的原子轨道按对称性匹配原则进行最大程度的重叠，这样所形成共价键较牢固。

原子轨道中，除s轨道是球形对称没有方向性外，p、d、f原子轨道都具有一定的空间伸展方向。在形成共价键时，p、d、f原子轨道只有沿着一定的方向才能达到最大程度重叠，形成稳定的共价键。以HCl分子的形成为例，只有当H原子的1s轨道与Cl原子含有单电子的3p轨道沿着键轴（x 轴）方向进行重叠［见图8-6(a)］，才能达到最大程度重叠，形成稳定的共价键。而沿着其他方向接近，原子轨道不能重叠［见图8-6(b)］或重叠程度很小［见图8-6(c)］，不能成键或形成不稳定的共价键。

8.2.2.3 共价键的特征

（1）饱和性　一个原子含有几个单电子，就能与其他原子的几个自旋相反的单电子形成几个共价键。因此一个原子所形成的共价键的数目通常受单电子数目的限制，这就是共价键

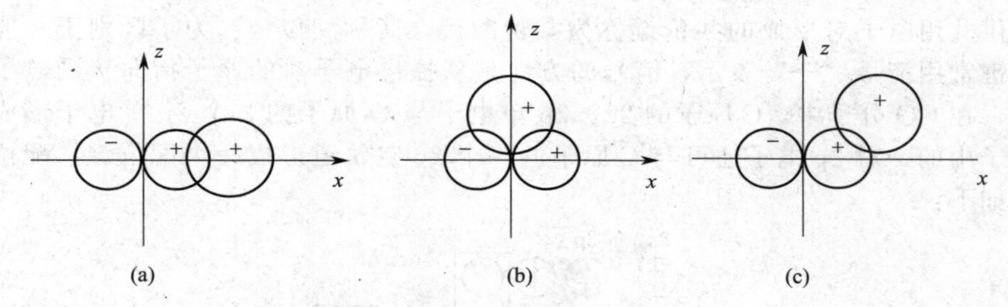

图 8-6 HCl 分子的成键示意图

的饱和性。例如，Cl 原子有 1 个单电子，H 原子有 1 个单电子，则一个 Cl 原子可以与一个 H 原子形成一个共价键，构成了 HCl 分子。又如，N 原子有 3 个单电子，它可以与另外一个 N 原子形成具有共价三键结构的 N_2 分子。

（2）方向性　在形成共价键时，只有当成键的原子轨道沿着合适的方向相互靠近时，才能达到最大程度的重叠，形成稳定的共价键，这就是共价键的方向性。

8.2.2.4　共价键的类型

根据形成共价键时原子轨道重叠方式的不同，常见的有 σ 键和 π 键两种类型。

（1）σ 键　两个原子轨道沿键轴（两原子核间连线）方向以“头碰头”的方式重叠所形成的共价键称为 σ 键。形成 σ 键的电子称为 σ 电子。若以 x 轴为键轴 s-s、s-p_x、p_x-p_x 原子轨道重叠可形成 σ 键，如图 8-7(a) 所示。共价单键都是 σ 键。

（2）π 键　两个原子轨道沿键轴方向以“肩并肩”的方式进行重叠所形成的共价键称为 π 键。形成 π 键的电子称为 π 电子。若以 x 轴为键轴，p_y-p_y、p_z-p_z 原子轨道重叠可形成 π 键，如图 8-7(b) 所示。

两个原子所形成共价双键中，有一个是 σ 键，另外一个是 π 键；共价三键中有一个 σ 键和两个 π 键。例如 N 原子有 3 个单电子，其外层电子排布为 $2s^2 2p_x^1 2p_y^1 2p_z^1$，当两个 N 原子的原子轨道沿键轴（$x$ 轴）以“头碰头”方式形成 σ 键时，两个 p_y^1 轨道和两个 p_z^1 轨道只能以“肩并肩”的方式进行重叠，形成两个相互垂直的 π 键，如图 8-8 所示。

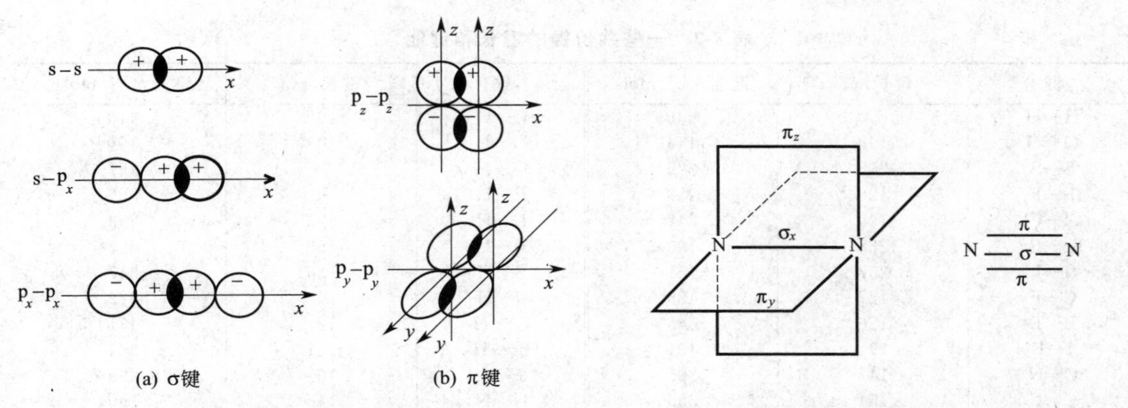

图 8-7　σ 键和 π 键（重叠方式）示意图　　图 8-8　N_2 分子中 σ 键和 π 键示意图

从原子轨道的重叠程度来看，形成 σ 键时原子轨道重叠程度比形成 π 键时要大，所以 σ 键的稳定性高于 π 键。π 键比 σ 键活泼，不能单独存在，只能与 σ 键共存于共价双键或共价三键中。

（3）配位键　共价键中的共用电子对通常是由成键的两个原子各自提供 1 个电子相互配对而形成的。但是还有一类共价键，其电子对是由成键的一个原子单独提供的。这种一个原子单独提供共用电子对形成的共价键称为共价配键，简称配位键。为了区别于一般的共价键，配位键常用箭号“→”表示，箭号的方向是从提供电子对的原子指向接受电子对的原子。例如，在 CO 分子中，C 原子的 2 个 2p 单电子与 O 原子的 2 个 2p 单电子形成共价双键，O 原子中的一对 2p 电子还可与 C 原子的一个 2p 空轨道形成一个配位键。配位键的形成示意图如下：

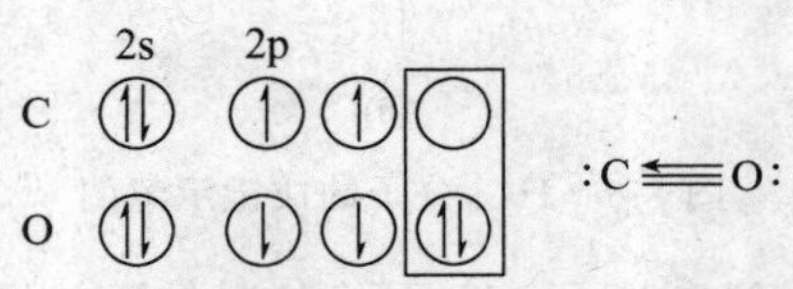

形成配位键的条件是：其中一个原子的最外电子层要有未用的电子对；另外一个原子的最外电子层要有空轨道。虽然配位键的形成方式与一般的共价键不同，但一旦形成以后，两者就没有区别了，配位键是共价键中的一个特例。

8.2.2.5 键参数

共价键的基本性质可以用某种物理量来表征，如键长、键能、键角等，这些物理量统称键参数。利用键参数可以判断分子的几何构型、分子的极性、分子的热稳定性和成键的类型等性质。

(1) 键长 (l) 分子中成键的两个原子核间的平均距离（即核间距），称为键长，常用单位为 pm（皮米）。用 X 射线衍射方法可以精确地测得各种化学键的键长。相同原子之间的键长，单键＞双键＞三键。表 8-7 列举了一些共价键的键长。

一般情况下，成键原子的半径越小，成键的电子对越多，其键长越短，共价键就越牢固。

(2) 键能 (E) 键能是化学键强弱的量度。它的定义是：在一定温度和标准压力下，断裂气体分子的单位物质的量的化学键（即 6.022×10^{23} 个化学键），使它变成气态原子或原子团时所需要的能量，称为键能，单位为 kJ/mol。表 8-7 列举了一些化学键的平均键能。从表中数据可以看出，共价键是一种很强的结合力。键能越大，表明该键越牢固，断裂该键所需要的能量越大，故键能可作为共价键牢固程度的参数。

表 8-7 一些共价键的键长和键能

键	键长/pm	键能/(kJ/mol)	键	键长/pm	键能/(kJ/mol)
H—H	74	436	C—H	109	416
O—O	148	146	N—H	101	391
S—S	205	226	O—H	96	467
F—F	128	158	F—H	92	566
Cl—Cl	199	242	B—H	123	293
Br—Br	228	193	Si—H	152	323
I—I	267	151	S—H	136	347
C—F	127	485	P—H	143	322
B—F	126	548	Cl—H	127	431
I—F	191	191	Br—H	141	366
C—N	147	305	I—H	161	299
C—C	154	356	N—N	146	160
C═C	134	598	N═N	125	418
C≡C	120	813	N≡N	110	946

(3) 键角 (α) 分子中键与键之间的夹角称为键角。键角和键长是表征分子（几何）构型的重要参数。键角可由实验测得。

对于双原子分子来说，分子的构型总是直线形；对于多原子分子来说，分子中的原子在空间的位置不同，它的几何构型就不同。

一般来说，如果知道一个分子中所有共价键的键长和键角，这个分子的几何构型就能确定。例如，H_2O 分子中 O—H 键的键长和键角分别为 96pm 和 104.5°，说明水分子是 V 形结构。一些分子的键长、键角和几何构型见表 8-8。

表 8-8 一些分子的键长、键角和几何构型

分子式	键长(实验值)/pm	键角(实验值)/(°)	分子构型
H_2S	134	93.3	角形
CO_2	116.2	180	直线形
NH_3	101	107.3	三角锥形
CH_4	109	109.5	正四面体

8.2.3 杂化轨道理论

最早的价键理论简明地描述了共价键的本质和特点，但在解释分子的空间构型时遇到了困难。例如，早期价键理论不能解释 CH_4 分子中 C 原子形成的 4 个键长和键角都相同的共价键。这说明价键理论在说明多原子分子空间构型时有一定的局限性，须寻求新的理论补充其不足。为了解释多原子分子的空间构型，1931 年鲍林提出了轨道杂化理论，进一步丰富和发展了价键理论。

8.2.3.1 杂化轨道理论的基本要点

杂化轨道理论认为原子间相互作用形成分子的过程中，同一个原子中能量相近的不同类型的原子轨道可以相互叠加，重新组合成轨道数目不变、能量完全相同而成键能力更强的新的原子轨道，这些新的原子轨道称为杂化轨道。杂化轨道形成的过程称为杂化。杂化轨道成键时有利于形成最大重叠，比原来未杂化的轨道成键能力强，形成的化学键更稳定。不同类型的杂化轨道有不同的空间取向，从而决定了共价型多原子分子或离子有不同的空间构型。

8.2.3.2 杂化轨道类型

由于参加杂化的原子轨道的类型和数目不同，就形成了不同类型的杂化轨道。杂化轨道的类型与分子的空间构型有非常密切的关系，下面讨论中心原子用 ns 轨道和 np 轨道组合成杂化轨道，及由杂化轨道所形成的分子的空间构型。

(1) sp 杂化　由一个 ns 轨道和一个 np 轨道参与的杂化称为 sp 杂化，所形成的杂化轨道称为 sp 杂化轨道。sp 杂化轨道的特点是每一个杂化轨道中含有 $\frac{1}{2}$s 轨道和 $\frac{1}{2}$p 轨道的成分，两个杂化轨道间的夹角为 180°，呈直线形，如图 8-9 所示。

以 $BeCl_2$ 分子为例。基态 Be 原子的电子构型为 $1s^2 2s^2$，没有单电子，在 Cl 原子的影响下，成键时 Be 原子的 2s 轨道上的一个电子激发到空的 2p 轨道上，同时一个 2s 轨道和一个 2p 轨道进行 sp 杂化，形成两个 sp 杂化轨道，每个杂化轨道中各有一个单电子。Be 原子用两个 sp 杂化分别与两个 Cl 原子的含有单电子的 3p 轨道进行重叠，形成了两个 σ 键。

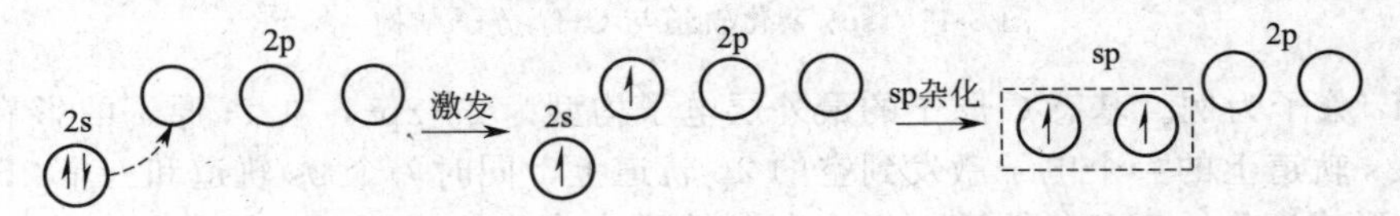

由于 Be 原子所提供的 sp 杂化轨道的夹角为 180°，因此所形成的 $BeCl_2$ 分子的空间构型是直线形。如图 8-9 所示。

(2) sp^2 杂化　由一个 ns 轨道和两个 np 轨道参与的杂化称为 sp^2 杂化，所形成的杂化轨道称为 sp^2 杂化轨道。sp^2 杂化轨道的特点是每个杂化轨道都含有 $\frac{1}{3}$s 轨道和 $\frac{2}{3}$p 轨道的成分，杂化轨道间的夹角为120°，呈平面三角形，如图8-10所示。

以BF_3分子为例。基态B原子最外层电子结构是$2s^2 2p^1$，在F原子的影响下，成键时B原子的2s轨道上的一个电子激发到空的2p轨道上，同时一个2s轨道和两个2p轨道进行sp^2杂化，形成三个sp^2杂化轨道，每个杂化轨道中有一个单电子。B原子用三个sp^2杂化轨道分别与三个F原子含有单电子的2p轨道重叠，形成三个σ键。

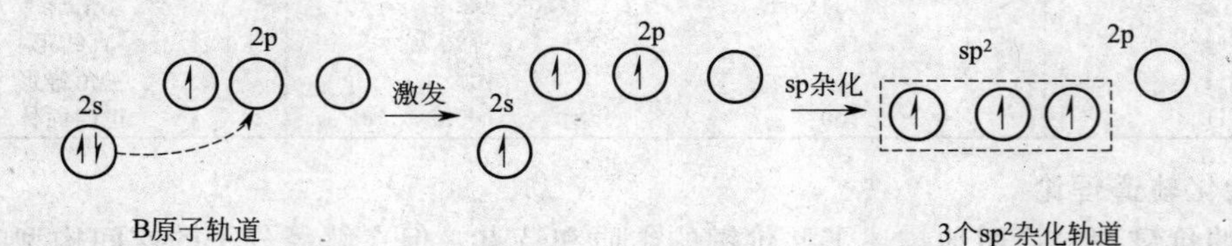

由于B原子所提供的三个sp^2杂化轨道间的夹角为120°，所以BF_3分子空间构型为平面三角形结构。如图8-10所示。

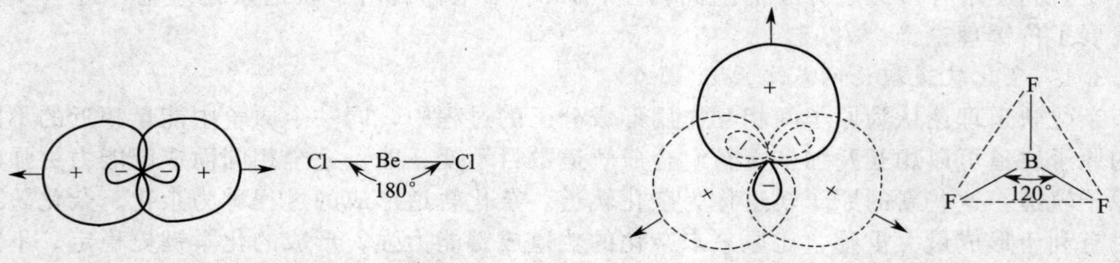

图8-9 sp杂化轨道与$BeCl_2$分子结构　　图8-10 sp^2杂化轨道与BF_3分子结构

(3) sp^3杂化　由一个ns轨道和三个np轨道参与的杂化称为sp^3杂化，所形成的四个杂化轨道称为sp^3杂化轨道。sp^3杂化轨道的特点是每个杂化轨道都含有$\frac{1}{4}$s轨道成分和$\frac{3}{4}$p轨道成分，杂化轨道间的夹角为109.5°，空间构型为正四面体，如图8-11所示。

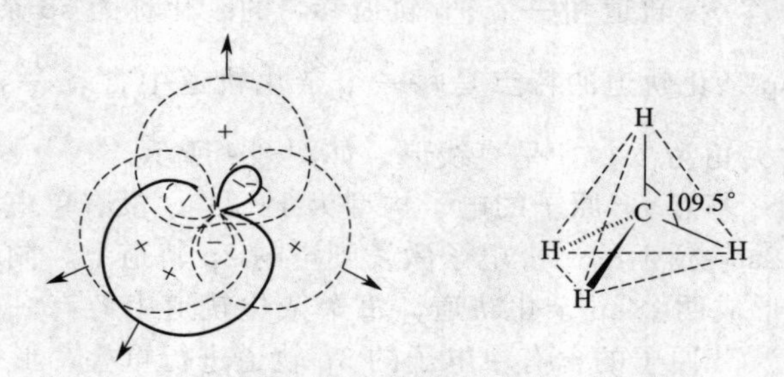

图8-11　sp^3杂化轨道与CH_4分子结构

以CH_4分子为例。基态C原子的最外层电子构型为$2s^2 2p^2$，在H原子的影响下，成键时C原子2s轨道上的一个电子激发到空的2p轨道上，同时一个2s轨道和三个2p轨道进行sp^3杂化，形成四个sp^3杂化轨道，每个杂化轨道中有一个电子，C原子用四个sp^3杂化轨道分别与四个H原子的1s轨道重叠，形成四个σ键。

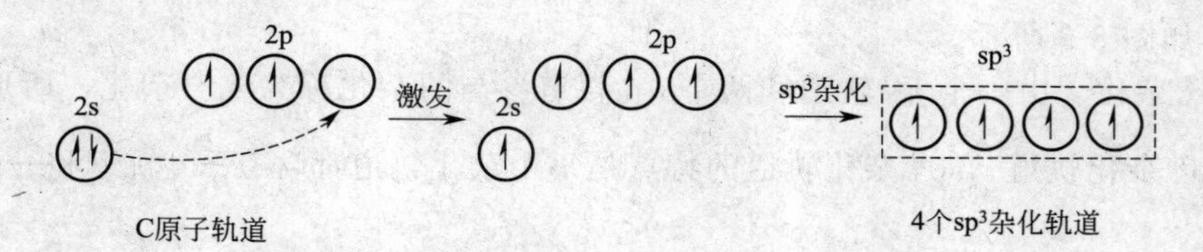

由于C原子所提供的四个 sp^3 杂化轨道间的夹角为109.5°，所以生成的 CH_4 分子的空间构型为正四面体，如图8-11所示。

(4) 等性杂化与不等性杂化

① 等性杂化　一组杂化轨道中，若参与杂化的各原子轨道s、p等成分相等，则杂化轨道的能量相等，这种杂化称为等性杂化。前面讨论过的几个例子均属于等性杂化。

② 不等性杂化　一组杂化轨道中，若参与杂化的各原子轨道s、p等成分并不相等，则杂化轨道的能量不相等，这种杂化称为不等性杂化。参与杂化的原子轨道不仅包含未成对电子的原子轨道，也包含成对电子的原子轨道，这种情况下的杂化经常是不等性杂化。

N原子、O原子也可形成 sp^3 杂化轨道，但与C原子的 sp^3 杂化轨道稍有差异。C原子有4个价电子，参加杂化的原子轨道也有4个。而N、O原子分别有5个、6个价电子，参与杂化的原子轨道只有4个，这样杂化轨道上必然会有成对电子（孤电子对）。这种含有孤电子对的杂化轨道所含的s成分比单电子占有的杂化轨道略大，即杂化轨道中所含s或p成分不相等。因此N、O原子的杂化轨道为不等性 sp^3 杂化轨道。利用不等性杂化可以解释 NH_3 分子和 H_2O 分子的空间构型。

基态N原子的最外层电子构型为 $2s^2 2p^3$，在H原子的影响下，N原子的一个2s轨道和三个2p轨道进行 sp^3 杂化，形成四个 sp^3 杂化轨道，其中三个 sp^3 杂化轨道中各有一个单电子，另一个 sp^3 杂化轨道含有一对成对电子。N原子用三个各有一个单电子的 sp^3 杂化轨道分别与三个H原子的1s轨道重叠，形成三个N—H σ键，剩余的一个 sp^3 杂化轨道上的一对电子没有成键，因此 NH_3 分子的空间构型为三角锥形。由于 sp^3 杂化轨道中的未成键电子对的电子云密集在N原子的周围，对三个N—H键的电子云有较大的排斥作用，使N—H之间的夹角压缩到107.3°，如图8-12(a)所示。

基态O原子的最外层电子构型为 $2s^2 2p^4$，在H原子的影响下，O原子采取 sp^3 杂化，形成四个 sp^3 杂化轨道，其中两个杂化轨道各有一个单电子，另外两个 sp^3 杂化轨道分别被两对成对电子所占据。O原子用两个各含有一个单电子的 sp^3 杂化轨道分别与两个H原子的1s轨道重叠，形成两个O—H σ键，其余两个 sp^3 杂化轨道没有成键，所以水分子的空间构型为V形，如图8-12(b)所示。由于O原子 sp^3 杂化轨道中的两个未成键电子对两个O—H键的成键电子有更大的排斥作用，使O—H键的键角被压缩到104.8°。

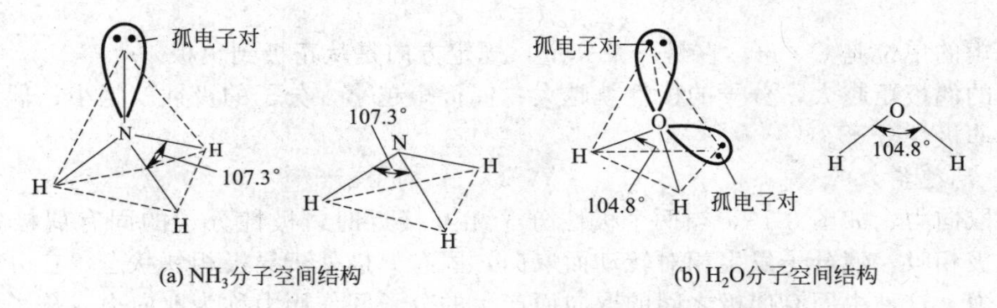

图8-12　NH_3 分子和 H_2O 分子的空间结构

杂化究竟是不是一个真实的物理过程？这是一个化学哲学问题，因为它涉及对量子力学的认识问题。从本质上说，量子力学中的轨道只是近似理论的产物，利用轨道描述微观粒子的运动状态只是一种手段，轨道并非真实的物理存在。从这个意义上说，原子轨道的重新组合——杂化当然就谈不上具有物理真实性。但从另一个角度，原子轨道描述的电子运动状态确实是真实的，杂化作为对电子运动状态变化的一种反映，显然应当具有一定的物理真实性，因为杂化的确对应着一种物理状态的变化，对应着一种真实的物理过程。

8.2.4　分子间作用力

化学键是分子中原子与原子之间一种较强的相互作用，它是决定物质化学性质的主要因素。但对于处于一定聚集状态的物质来讲，单凭化学键还不能说明它整体的性质。分子与分子之间还存在着一种较弱的作用力，称为分子间力。早在1873年荷兰物理学家范德华（Van der walls）就指出这种力的存在，它是影响物质的沸点、熔点、汽化热、熔化热、溶解度、表面张力、黏度等物理性质的主要因素。

分子间作用力又分为范德华力和分子间氢键。范德华力包括取向力、诱导力和色散力三种。为了更好地理解分子间作用力，先介绍分子的极性。

8.2.4.1　分子的极性

任何以共价键结合的分子中，都存在带正电的原子核和带负电的电子，可以认为分子中存在一个正电荷重心和一个负电荷重心。正、负电荷重心重合的分子称为非极性分子；正、负电荷重心不重合，存在一个正极和一个负极，这样的分子称为极性分子。通常把极性分子存在的正、负两极称为固有偶极。

分子的极性与化学键的极性、分子的空间构型有关。同种元素的原子形成共价键时，两个原子吸引共用电子对的能力相同，成键原子不显电性，这样的共价键称为非极性键。不同种元素的原子形成共价键时，共用电子对必然偏向电负性较大的原子一方，因而电负性较大的原子就带部分负电荷，电负性较小的原子带部分正电荷，这样的共价键称为极性键。

对于双原子分子来说，分子的极性和化学键的极性是一致的。例如 H_2、O_2、N_2 等分子都是由非极性共价键相结合，它们都是非极性分子；HF、HCl 等分子由极性共价键结合，正、负电荷重心不重合，它们都是极性分子。

对于多原子分子来说，分子有无极性，是由分子的组成和空间构型决定的。例如，CO_2 分子中的C—O键虽为极性分子，但由于 CO_2 分子是直线形 C ═C ═O，结构对称，两边键的极性相互抵消，整个分子的正、负电荷重心重合，故 CO_2 分子是非极性分子。

在 H_2O 分子中，H—O 键为极性键，分子为V形结构［见图8-12(b)］，分子的正、负电荷重心不重合，所以水分子是极性分子。

通常用偶极矩（μ）来衡量分子极性的大小，偶极矩等于正、负电荷重心间的距离（l）与正、负电荷重心所带电量（q）的乘积：

$$\mu = l \times q$$

偶极矩的单位是C·m，它是一个矢量，规定方向是从正极到负极。

分子的偶极矩越大，分子的极性就越大；偶极矩越小，分子的极性就越小；偶极矩为零的分子是非极性分子。

8.2.4.2　范德华力

（1）取向力　如图8-13，当两个极性分子相互接近时，极性分子的固有偶极发生同极相斥、异极相吸，使分子发生相对转动而取向，固有偶极处于异极相邻状态，在分子间产生静电作用力。这种由固有偶极之间的取向而产生的分子间作用力称为取向力。分子的偶极矩越大，取向力也就越大。

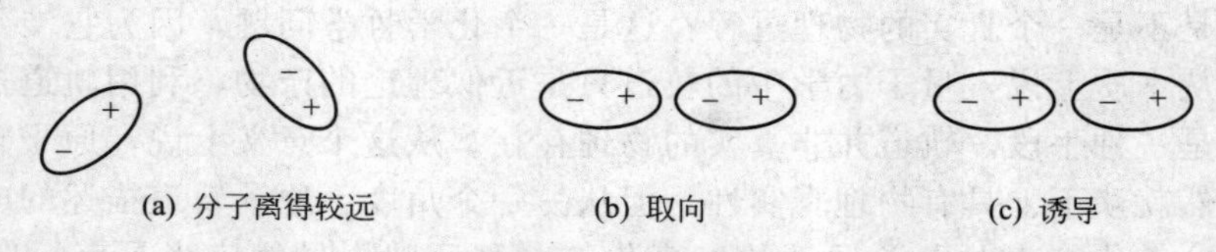

图8-13　极性分子间的相互作用

（2）诱导力　如图8-14，当极性分子与非极性分子相互接近时，在极性分子固有偶极的影响下，非极性分子的正、负电荷重心发生相对位移，产生诱导偶极，诱导偶极与极性分子固有偶极之间有作用力。同时，诱导偶极反过来又作用于极性分子，使其也产生诱导偶极，从而增强了分子之间的作用力。这种诱导偶极与极性分子固有偶极之间所产生的作用力称为诱导力。

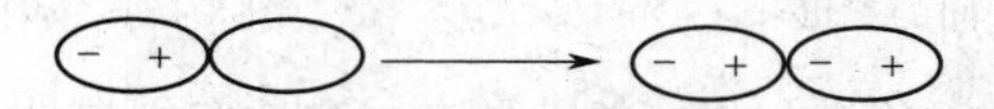

图 8-14 极性分子和非极性分子间的相互作用

同理，当极性分子相互接近时，在固有偶极的相互影响下，每个极性分子也会产生诱导偶极［见图 8-13(c)］，因此诱导力也存在于极性分子之间。

(3) 色散力 非极性分子的偶极矩为零，似乎不存在相互作用。事实上分子中的电子和原子核都处在不断运动中，经常会发生正、负电荷重心的瞬间相互位移，从而产生偶极。这类偶极称为瞬时偶极。当两个或多个非极性分子在一定条件下充分靠近时，就会由于瞬时偶极而发生异性相吸的作用，如图 8-15(b) 和 (c)。这种由瞬时偶极之间所产生的分子间作用力称为色散力。虽然瞬时偶极存在的时间极短，但是这种情况不断出现，因此色散力始终存在。

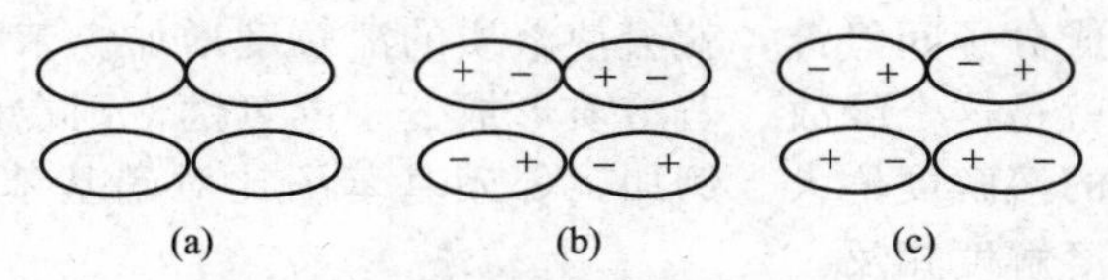

图 8-15 非极性分子间的相互作用

瞬时偶极不仅会在非极性分子中产生，也会产生于极性分子中。因此，不仅非极性分子之间存在色散力，在非极性分子与极性分子之间以及极性分子与极性分子之间也存在色散力。一般来说，分子的相对分子质量越大，色散力也就越大。

综上所述，在非极性分子之间只存在色散力；在极性分子与非极性分子之间存在色散力和诱导力；在极性分子之间存在色散力、诱导力和取向力。对于大多数分子来说，色散力是主要的，只有极性很强的分子（如 H_2O 分子）取向力才比较显著，而诱导力通常都很小。

分子间作用力是决定物质的熔点、沸点、溶解度等物理性质的主要因素。例如，卤素分子（X_2）是非极性分子，分子间只存在色散力，由于色散力随相对分子质量增大而增大，因此它们的熔点和沸点随着相对分子质量增大而升高。

8.2.4.3 氢键

H_2O 和 HF 与同族氢化物相比，沸点、凝固点、汽化热等物理性质出现了显著的差异，说明这些物质的分子之间除了存在一般的分子间力外，还存在另外一种作用力——氢键。

(1) 氢键的形成 当 H 原子与电负性很大、半径很小的 X 原子（如 F、O、N 原子）形成 H—X 共价键时，共用电子对强烈地偏向 X 原子，使 H 原子几乎成为裸露的质子。这种几乎裸露的质子没有内层电子，不会被其他原子的电子云排斥，反而能与电负性大、半径小并含有孤对电子的 Y 原子（如 F、O、N 原子）产生静电作用，从而形成氢键。氢键通常用 X—H…Y 表示，其中 X 和 Y 可以是同种元素的原子，也可以是不同种元素的原子。

氢键可以分为分子间氢键和分子内氢键两种类型。

一个分子的 X—H 键与另一个分子中的 Y 原子所形成的氢键称为分子间氢键，HF 分子形成的分子间氢键如图 8-16 所示。

一个分子的 X—H 键与同一个分子内的 Y 原子所形成的氢键称为分子内氢键，邻硝基苯酚分子形成的分子内氢键如图 8-17 所示。

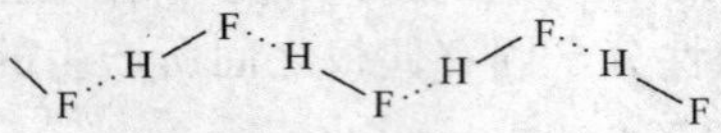

F H F H F H F H F

图 8-16 HF 分子间的氢键

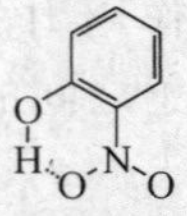

图 8-17 邻硝基苯酚的分子内氢键

(2) 氢键的特点 与共价键相似，氢键具有饱和性和方向性。氢键的方向性是指形成分子间氢键时，尽可能使氢键 X—H…Y 中的 X、H 和 Y 原子在同一直线上。氢键的饱和性是指一个 X—H 分子只能与一个 Y 原子形成氢键，当 X—H 与一个 Y 原子形成氢键 X—H…Y 后，如果再有一个 Y 原子靠近，则这个原子受到氢键 X—H…Y 上的 X、Y 两个原子的排斥力远大于 H 原子核对它的吸引力，使 X—H…Y 上的 H 原子不可能再与第二个 Y 原子形成第二个氢键。

氢键的键能比化学键能小得多，但通常又比分子间力大得多。

(3) 氢键对化合物熔点、沸点和溶解度的影响 分子间氢键的形成，对物质的物理性质（如熔点、沸点、溶解度等）影响很大。同类化合物中，若能形成分子间氢键，物质的熔点、沸点升高（如 NH_3、H_2O、HF 等），这是因为破坏氢键要消耗额外的能量。

如果溶质与溶剂形成分子间氢键，就会使溶质的溶解度增加。苯胺和苯酚在水中的溶解度比在硝基苯中的大，就是这个缘故。若溶质形成分子内氢键，则在极性溶剂中的溶解度减小，而在非极性溶剂中的溶解度增大。例如，邻硝基苯酚比对硝基苯酚在水中的溶解度小；而在苯中，两种物质的溶解度相反。

8.2.4.4 金属键

由于金属原子的最外电子层上电子较少，且与原子核联系较弱而容易脱落成自由电子，它们可在金属晶体内从一个原子自由地流向另一个原子或离子，并被许多原子或离子所共用，而不是固定在两个原子之间，即处于非定域态。众多原子或离子被这些自由电子“胶合”在一起，形成金属键。也就是说，金属键是金属晶体中的金属原子、金属离子跟维系它们的自由电子间产生的结合力。由于金属键中电子不是固定于两原子之间，而且是无数金属原子和金属离子共用无数自由流动的电子，故金属键无方向性和饱和性。

金属键的键能一般较大，所以金属的熔点、沸点比较高。由于金属晶体内存在着自由流动的电子，在外电场作用下，自由电子便朝电场的相反方向流动形成电子流，显示良好的导电性。金属中自由电子可以吸收可见光，然后又把各种波长的光大部分反射，因此金属一般呈银白色。金属一端受热后，通常高速自由运动的电子便可把热能迅速地“输送”到冷的一端，从而显示良好的导热性。在外力作用下，由于自由电子不属于某一特定原子所有，故晶体中粒子位置相对位移后不致破坏金属键，从而显出金属特有的延展性。

习 题

1. 下列说法是否正确，为什么？

(1) 电子云图中黑点越密的地方电子越多

(2) p轨道的角度分布为“8”字形，表明电子沿“8”字轨道运动

(3) 磁量子数为 0 的轨道，都是 s 轨道

(4) 一个原子中不可能存在两个运动状态完全相同的电子

2. 下列原子轨道是否存在？如果存在的话指出其 n、l，并说明该轨道可能存在的个数。

(1) 2s (2) 3f (3) 1p (4) 5d (5) 4f (6) 3p

3. 下列说法是否正确，为什么？

(1) 主量子数为 1 时，有两个方向相反的轨道

(2) 主量子数为 2 时，有 2s、2p 2 个轨道
(3) 主量子数为 2 时，有 4 个轨道，即 2s、2p、2d、2f
(4) 因为 H 原子中只有 1 个电子，故它只有 1 个轨道
(5) 当主量子数为 2 时，其角量子数只能取 1 个数，即 $l=1$
(6) 任何原子中，电子的能量只与主量子数有关

4. 电子的运动状态由哪些量子数决定？原子轨道的能级由哪些量子数决定？原子轨道的形状由哪些量子数决定？

5. 试判断下表中各原子的电子层中的电子数是否正确，错误的予以更正，并简要说明理由。

原子序数	K	L	M	N	O	P
19	2	8	9			
22	2	10	8	2		
30	2	8	18	2		
33	2	8	20	3		
60	2	8	18	18	12	2

6. 试讨论在原子的第 4 电子层上：(1) 亚层数有多少？并用符号表示各亚层；(2) 各亚层上的轨道数分别是多少？该电子层上的轨道总数是多少？(3) 哪些轨道是等价轨道？

7. 在下列各题中，填入合适的量子数：

(1) $n=?$，$l=2$，$m=0$，$m_s=\pm\frac{1}{2}$

(2) $n=2$，$l=?$，$m=-1$，$m_s=\pm\frac{1}{2}$

(3) $n=4$，$l=?$，$m=+2$，$m_s=\pm\frac{1}{2}$

(4) $n=3$，$l=0$，$m=0?$，$m_s=\pm\frac{1}{2}$

8. 原子吸收能量由基态变成激发态时，通常是最外层电子向更高的能级跃迁。试指出下列原子的电子排布，哪些属于基态或激发态，哪些是错误的？

(1) $1s^2 2s^2 2p^1$　　(2) $1s^2 2s^2 2p^6 2d^1$
(3) $1s^2 2s^2 2p^4 3s^1$　　(4) $1s^2 2s^4 2p^2$

9. 写出原子序数为 42、52、79，各元素的原子核外电子排布式及其价层电子构型。

10. 下列各组量子数中，哪些是不合理的？如何改正？

(1) $n=3$，$l=0$，$m=0$
(2) $n=4$，$l=4$，$m=0$
(3) $n=2$，$l=0$，$m=1$
(4) $n=1$，$l=1$，$m=-1$

11. 指出下列各基态原子的电子排布式中的错误，说明原因，并加以改正。

(1) Li：$1s^3$
(2) Be：$1s^2 2s^1 2p^1$
(3) N：$1s^2 2s^2 2p_x^2 2p_y^1$

12. 下列多电子原子的原子轨道中，哪些是等价轨道？

2s，3s，$2p_x$，$2p_y$，$2p_z$，$3p_x$，$4p_z$

13. 外层电子构型满足下列条件的是哪一族元素或哪一种元素？

(1) 具有 2 个 p 电子；
(2) 4s 和 3d 全充满，4p 为半充满；
(3) $n=4$、$l=0$ 的电子有 1 个，$n=3$、$l=2$ 的电子为全充满。

14. 完成下表（不看周期表）：

原子序数	电子层结构	价层电子构型	区	周期	族	金属或非金属
	$[Ne]3s^23p^5$					
		$4d^55s^1$				
				6	ⅡB	
88						

15. 第4周期的某两元素，其原子失去3个电子后，在角量子数为2的轨道上的电子：（1）恰好填满；（2）恰好半满。试推断对应两元素的原子序数和元素符号。

16. 不看周期表，试推测下列每组原子中哪一个原子具有较大的电负性值。

（1）17和19　（2）37和55　（3）8和14

17. 试用电负性值估计下列键的极性顺序：

H—Cl、Be—Cl、Li—Cl、Al—Cl、Si—Cl、C—Cl、N—Cl、O—Cl

18. 试判断下列分子的极性，并加以说明：

CO　CS_2（直线形）　NO　PCl_3（三角锥形）

19. 共价键理论的基本要点是什么？它们如何说明了共价键的特征。

20. 简要说明σ键和π键、共价键和配位键、键的极性和分子极性的差别与联系。

21. 什么叫原子轨道杂化？原子轨道为什么要杂化？

22. 举例说明不等性杂化的两类情况。

23. 指出BeH_2、BF_3、CCl_4、PH_3和H_2S分子中中心原子可能采取的杂化类型，并预测其空间构型及分子的极性。

24. BF_3分子是平面三角形的几何构型，NF_3分子却是三角锥形的几何构型，试用杂化轨道理论加以说明。

25. 下列分子之间存在哪种分子间作用力？

（1）甲醇和水　（2）HBr气体　（3）He和H_2O

（4）苯和CCl_4　（5）CO_2气体　（6）H_2S和H_2O

26. 下列说法是否正确？为什么？

（1）凡中心原子采用sp^3杂化轨道成键的分子，其空间构型必定是正四面体。

（2）由极性键形成的分子一定是极性分子。

（3）直线形分子一定是非极性分子。

（4）非金属单质分子间只存在色散力。

（5）N_2分子中有三个单键。

27. 乙醇（C_2H_5OH）和二甲醚（$CH_3—O—CH_3$）的组成相同，但乙醇的沸点为351.7K，二甲醚的沸点为250.16K。为什么？

28. 已知稀有气体的沸点数据为

稀有气体	He	Ne	Ar	Ke	Xe
t_b/℃	−268.9	−254.9	−185.7	−152.9	−107.1

试说明沸点递变的规律及其原因。有没有比He的沸点更低的物质？

29. 用分子间力说明以下事实：

（1）常温下F_2、Cl_2是气体，Br_2是液体，I_2是固体；

（2）HCl、HBr、HI的熔点和沸点随相对分子质量的增加而升高。

第 9 章　配位平衡与配位滴定法

自 1798 年人们合成第一个配位化合物 $[Co(NH_3)_6]Cl_3$ 以来，相继合成了成千上万个配位化合物。配位化合物的制备、性质和结构已成为无机化学的重要研究课题，配位化合物的应用日益广泛。与配位化合物有关的研究成为现代无机化学的重要研究领域，已发展成一门独立的分支学科——配位化学。

9.1　配位化合物的组成和命名

9.1.1　配位化合物的组成

向硫酸铜溶液中滴加氨水，开始有蓝色的碱式硫酸铜沉淀 $Cu_2(OH)_2SO_4$ 生成。当氨水过量时，蓝色沉淀消失，变成深蓝色的溶液。向该深蓝色溶液中加入乙醇，立即有深蓝色晶体析出。通过化学分析确定其组成为 $CuSO_4 \cdot 4NH_3 \cdot H_2O$。利用 X 射线结构分析技术确知晶体中 4 个 NH_3 与 1 个 Cu^{2+} 互相结合，形成复杂离子 $[Cu(NH_3)_4]^{2+}$。这类复杂离子称为配离子。由配离子形成的配位化合物，如 $[Cu(NH_3)_4]SO_4$ 和 $K_4[Fe(CN)_6]$，是由内界和外界两部分组成的。内界为配位化合物的特征部分，是中心离子和配位体之间通过配位键结合而成的一个相当稳定的整体，在配位化合物化学式中以方括号标明。方括号外的离子，离中心较远，构成外界。内界与外界之间以离子键结合。

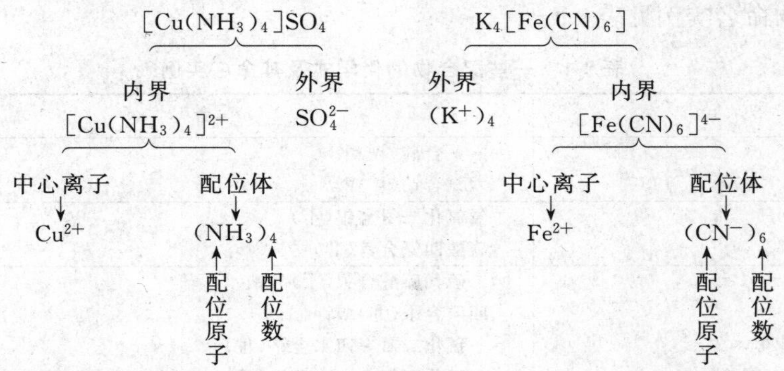

有些配位化合物不存在外界，如 $[CoCl_3(NH_3)_3]$、$[PtCl_2(NH_3)_2]$ 等。另外，有些配位化合物是由中心原子与配位体构成，如 $[Fe(CO)_5]$、$[Ni(CO)_4]$ 等。

(1) 形成体　在配合物中，能与配位体形成配位键的阳离子或中性原子统称为形成体，又称为中心离子或中心原子。形成体为配合物的核心部分。常见的配合物的形成体多为过渡元素的离子或原子，如 Cr^{3+}、Fe^{2+}、Fe^{3+}、Ni^{2+}、Cu^{2+}、Ni、Fe 等。

(2) 配位体和配位原子　在形成体的周围并与其形成配位键的阴离子或中性分子称为配位体。如 Cl^-、CN^-、OH^-、NH_3、H_2O 等均可作为配位体。

配位体中与形成体直接相连的原子称为配位原子，通常作为配位原子的是电负性较大的非金属的原子，如 F、Cl、Br、I、O、S、N、P、C 等。配位体中只有一个配位原子的称单齿配位体或单基配位体，常见的单齿配位体有中性分子（H_2O、NH_3、CO、CH_3NH_2）、阴离子（X^-、OH^-、CN^-、NO_2^-、SCN^-、NCS^-）。含有一个以上配位原子的配位体称多齿配位体或多基配位体。如 en（乙二胺）、EDTA（乙二胺四乙酸）均为多齿配位体。

形成体和配位体组成配合物的内界。配分子没有外界。配离子带有电荷，其值等于中心离子和配位体电荷的代数和，也等于外界相反的电荷数。

（3）配位数 与形成体直接成键的配位原子的数目称为该形成体的配位数。由单齿配位体所形成的配合物，配位数等于配位体的数目，如在 $[Cu(NH_3)_4]^{2+}$ 中，Cu^{2+} 的配位数是4。由多齿配位体形成的配合物，配位数不等于配位体数目，如在 $[Cu(en)_2]^{2+}$ 中，Cu^{2+} 的配位数也是4，因为一个 en 分子中含有两个配位原子；又如在 $[Ca(EDTA)]^{2-}$ 中，Ca^{2+} 的配位数为6，因为一个 EDTA 中含有六个配位原子。

形成体的配位数与形成体和配位体的性质（电荷、半径、电子层构型）有关，另外还与形成配合物时的环境条件有关。如增大配位体浓度，降低反应的温度，有利于形成高配位数的配合物。但对某一中心离子来说常有特征的配位数，称为该中心离子的特征配位数。

9.1.2 配位化合物的命名

配合物的命名方法遵循一般无机化合物的命名原则，先命名阴离子再命名阳离子。若为配阳离子化合物，则叫做某化某或某酸某。若为配阴离子化合物，则在配阴离子与外界阳离子之间用“酸”字连接，若外界为氢离子，则在配阴离子之后缀以“酸”字。

配离子按照以下原则进行命名。

① 配位体名称列在形成体名称之前。有多种配位体时，先写出阴离子，再写出中性分子；无机配位体在前，有机配位体在后；对于相同类型的配位体，按配位原子元素符号的英文字母次序依次写出。各个配位体之间以黑点“·”分开，在最后一个配位体名称之后缀以“合”字。

② 配位体个数用中文二、三、四等数字表示。形成体的氧化数用带括号的罗马数字表示。一些配合物命名实例见表9-1。

表9-1 一些配合物的化学式及其命名实例

化学式	命称
$H_2[SiF_6]$	六氟合硅(Ⅳ)酸
$H_2[PtCl_6]$	六氯合铂(Ⅳ)酸
$[Ag(NH_3)_2](OH)$	氢氧化二氨合银(Ⅰ)
$[Zn(NH_3)_4]SO_4$	硫酸四氨合锌(Ⅱ)
$Na_3[Ag(S_2O_3)_2]$	二硫代硫酸合银(Ⅰ)酸钠
$K_2[HgI_4]$	四碘合汞(Ⅱ)酸钾
$[CrCl_2(H_2O)_4]Cl$	一氯化二氯·四水合铬(Ⅲ)
$[Co(NH_3)_5(H_2O)]Cl_3$	三氯化五氨·一水合钴(Ⅲ)
$[CoCl_2(NH_3)_2(H_2O)_2]Cl$	一氯化二氯·二氨·二水合钴(Ⅲ)
$K_3[Fe(CN)_5(CO)]$	五氰·一羰基合铁(Ⅱ)酸钾
$[Cu(NH_3)_4][PtCl_4]$	四氯合铂(Ⅱ)酸四氨合铜(Ⅱ)
$[Fe(CO)_5]$	五羰基合铁
$[PtCl_4(NH_3)_2]$	四氯·二氨合铂(Ⅳ)
$[Co(NO_2)_3(NH_3)_3]$	三硝基·三氨合钴(Ⅲ)

9.1.3 螯合物

螯合物是由中心离子和多齿配位体结合而成的具有环状结构的配合物。例如，Cu^{2+} 与两个乙二胺（$H_2NCH_2CH_2NH_2$）形成含有两个五原子环的螯合离子 $[Cu(en)_2]^{2+}$。

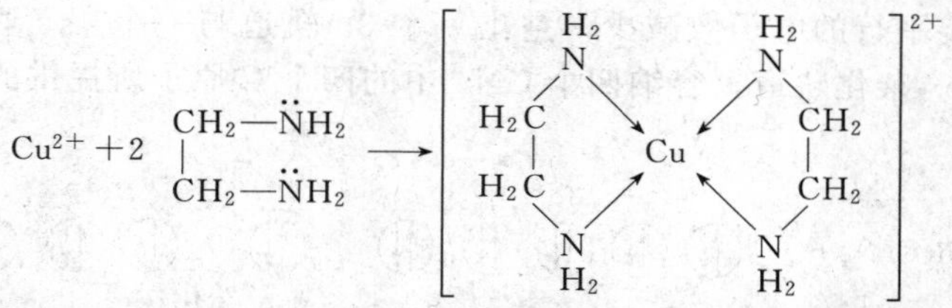

$$Cu^{2+} + 2\begin{matrix} CH_2-\ddot{N}H_2 \\ | \\ CH_2-\ddot{N}H_2 \end{matrix} \longrightarrow [Cu(H_2NCH_2CH_2NH_2)_2]^{2+}$$

每个乙二胺分子中的两个配位氮原子可与中心离子结合，好像螃蟹双螯钳住中心离子，所以通常把形成螯合物的配合剂称为螯合剂。乙二胺四乙酸（H_4Y）具有 4 个可置换的 H^+ 和 6 个配位原子（2 个氨基氮原子和 4 个羟基氧原子），是应用最广泛的氨羧螯合剂，大多数金属离子都能与它形成很稳定的具有五原子环的螯合物。$[CaY]^{2-}$ 的结构如图 9-1 所示。

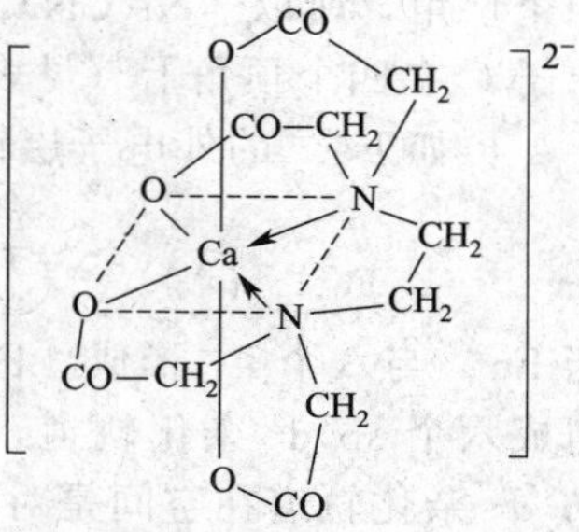

图 9-1 $[CaY]^{2-}$ 结构示意图

螯合物的环称为螯环。螯环的形成使螯合物具有特殊的稳定性。通常螯合物比结构相似而且配位原子相同的非螯形配合物稳定。

螯合物的稳定性还与螯环的大小和多少有关。一般五原子环或六原子环的螯合物比较稳定。一个多齿配位体与中心离子形成的螯环数越多，螯合物越稳定。如在螯合离子 $[CaY]^{2-}$ 中，有 5 个五原子环，因而它很稳定。

9.2 配位化合物的价键理论

1931 年，鲍林（Pauling）把价键概念应用到配合物中，用以说明配合物的化学键本质，随后经过逐步完善，形成了近代的配合物价键理论。

9.2.1 价键理论的要点

价键理论认为：形成体 M 与配位体 L 形成配合物时，形成体以空的杂化轨道，接受配位体提供的孤电子对，形成 σ 配位键（一般用 M← : L 表示）。即形成体空的杂化轨道同配位原子的孤电子对所在的原子轨道相互重叠，而形成配位键。形成体杂化轨道的类型决定配位化合物的几何构型和配位键型（内轨或外轨配键）。

9.2.2 配合物的几何构型

由于形成体的杂化轨道具有一定的方向性，所以配合物具有一定的几何构型，例如 Ni^{2+} 的外电子层结构为

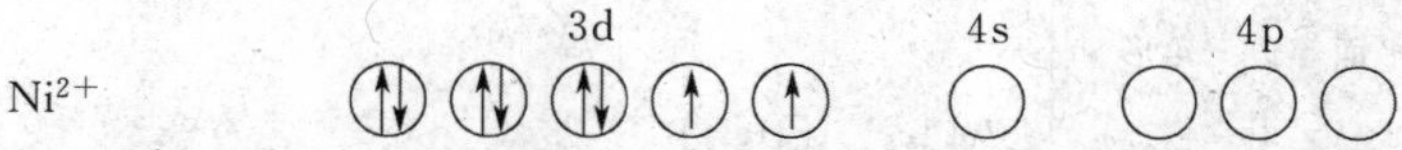

Ni^{2+}　3d ⇅ ⇅ ⇅ ↑ ↑　4s ○　4p ○ ○ ○

其最外层能级相近的 4s 和 4p 轨道皆空着，当 Ni^{2+} 与 4 个氨分子结合为 $[Ni(NH_3)_4]^{2+}$ 时，Ni^{2+} 的一个 4s 和三个 4p 空轨道进行杂化，组成四个 sp^3 杂化轨道，容纳四个氨分子中的氮原子提供的四对孤电子对而形成四个配位键（虚线内杂化轨道中的共用电子对由氮原子提供）。

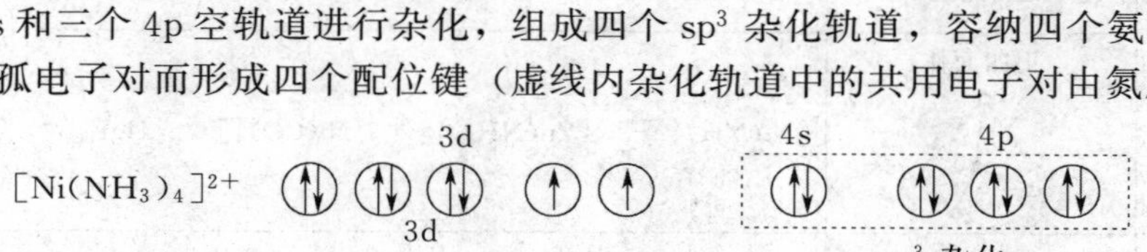

$[Ni(NH_3)_4]^{2+}$　3d ⇅ ⇅ ⇅ ↑ ↑　[4s ⇅　4p ⇅ ⇅ ⇅]

sp^3 杂化

所以 $[Ni(NH_3)_4]^{2+}$ 的几何构型为正四面体，Ni^{2+} 位于正四面体的中心，四个配位原子 N 在正四面体的四个顶角上（见表 9-2）。

当 Ni^{2+} 与四个 CN^- 结合为 $[Ni(CN)_4]^{2-}$ 时，Ni^{2+} 在 CN^- 配位体的影响下，3d 电子

发生重排，原有自旋平行的电子数减少，空出一个 3d 轨道与一个 4s、两个 4p 空轨道进行杂化，组成四个 dsp^2 杂化轨道，容纳四个 CN^- 中的四个 C 原子所提供的四对孤电子对而形成四个配位键。

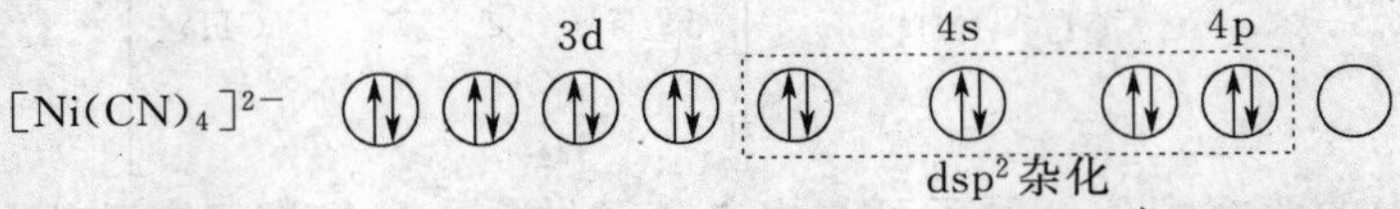

3d 4s 4p

$[Ni(CN)_4]^{2-}$

dsp² 杂化

各 dsp^2 杂化轨道间夹角为 90°，在一个平面上，各杂化轨道的方向是从平面正方形中心指向四个顶角，所以 $[Ni(CN)_4]^{2-}$ 的几何构型为平面正方形。Ni^{2+} 在正方形的中心，四个配位原子 C 在四个顶角上（见表 9-2）。

再如 Fe^{3+} 的外电子层结构如下：

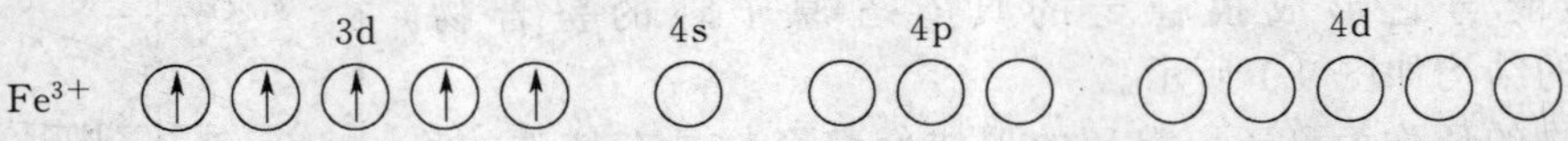

3d 4s 4p 4d

Fe^{3+}

当 Fe^{3+} 与六个 F^- 形成 $[FeF_6]^{3-}$ 时，Fe^{3+} 的一个 4s、三个 4p 和两个 4d 空轨道进行杂化，组成六个 sp^3d^2 杂化轨道，容纳由六个 F^- 提供的六对孤电子对，形成六个配位键。六个 sp^3d^2 杂化轨道在空间是对称分布的，正好推向正八面体的六个顶角。所以 $[FeF_6]^{3-}$ 的几何构型为正八面体形，Fe^{3+} 位于正八面体的中心，六个 F^- 在正八面体的六个顶角上（见表 9-2）。

3d 4s 4p 4d

$[FeF_6]^{3-}$

sp³d² 杂化

但当 Fe^{3+} 与 CN^- 结合时，Fe^{3+} 在配位体的影响下，3d 电子重新分布，原有未成对电子数减少，空出两个 3d 轨道，这两个 3d 轨道和一个 4s、三个 4p 轨道进行杂化，组成六个 d^2sp^3 杂化轨道（也是正八面体形），容纳六个 CN^- 中的六个 C 原子所提供的六对孤电子对，形成六个配位键：

3d 4s 4p

$[Fe(CN)_6]^{3-}$

d² sp³ 杂化

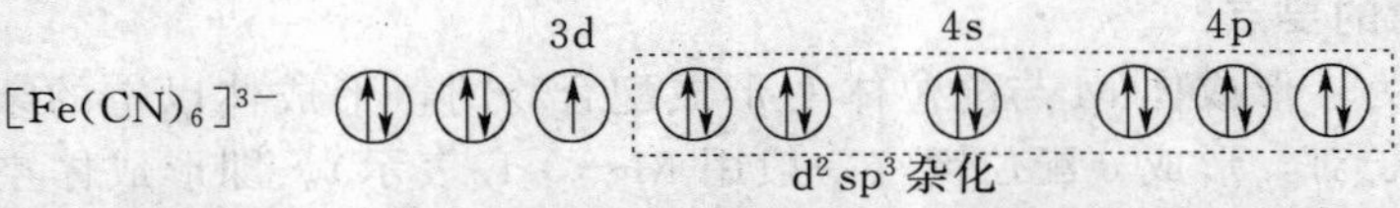

现将常见的轨道杂化类型与配合物几何构型的对应关系列在表 9-2 中。

表 9-2 轨道杂化类型与配合物的几何构型

配位数	杂化类型	几何构型	实例
2	sp	直线形 	$[Ag(CN)_2]^-$、$[Ag(NH_3)_2]^+$、$[CuCl_2]^-$
3	sp^2	平面等边三角形 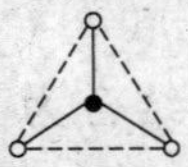	$[CuCl_3]^{2-}$、$[HgI_3]^-$
4	sp^3	正四面体 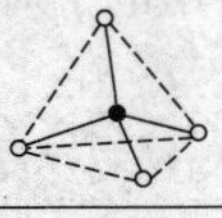	$[Ni(NH_3)_4]^{2+}$、$[Zn(NH_3)_4]^{2+}$、$[Ni(CO)_4]^{2+}$、$[HgI_4]^{2-}$
4	dsp^2	正方形 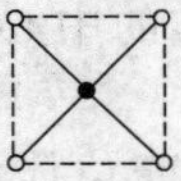	$[Cu(NH_3)_4]^{2+}$、$[Ni(CN)_4]^{2-}$、$[Cu(CN)_4]^{2-}$、$[PtCl_4]^{2-}$、$[PtCl_2(NH_3)_2]$

续表

配位数	杂化类型	几何构型	实例
5	dsp^3	三角双锥形 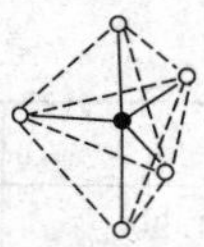	$[Fe(CO)_5]$、$[Co(CN)_5]^{3-}$
6	sp^3d^2	正八面体 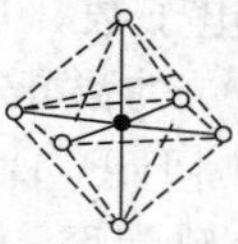	$[FeF_6]^{3-}$、$[CoF_6]^{3-}$、$[Fe(H_2O)_6]^{3+}$
	d^2sp^3		$[Fe(CN)_6]^{4-}$、$[Fe(CN)_6]^{3-}$、$[Co(NH_3)_6]^{3+}$、$[PtCl_6]^{2-}$

9.2.3 内轨配合物与外轨配合物

中心离子以最外层的轨道（ns、np、nd）组成杂化轨道，和配位原子形成的配位键，称为外轨配键，其对应的配合物称为外轨（型）配合物；若中心离子以部分次外层轨道如$(n-1)$d 轨道参与组成杂化轨道，则形成内轨配键，其对应的配合物称为内轨（型）配合物。

$[Ni(CN)_4]^{2-}$和$[Fe(CN)_6]^{3-}$，中心离子Ni^{2+}和Fe^{3+}分别以$(n-1)$d、ns、np轨道组成dsp^2和d^2sp^3杂化轨道与配位原子成键，这样的配位键皆为内轨配键，所形成的配合物为内轨型。属于内轨配合物的还有$[Cu(H_2O)_4]^{2+}$、$[Cu(CN)_4]^{2-}$、$[Fe(CN)_6]^{4-}$、$[Co(NH_3)_6]^{3+}$、$[Co(CN)_6]^{4-}$、$[PtCl_6]^{2-}$等。

在$[Ni(NH_3)_4]^{2+}$和$[FeF_6]^{3-}$中，Ni^{2+}和Fe^{3+}分别以ns、np和ns、np、nd轨道组成sp^3和sp^3d^2杂化轨道与配位原子成键，所以这样的配位键皆为外轨配键，所形成的配合物为外轨型。属于外轨配合物的还有$[HgI_4]^{2-}$、$[CdI_4]^{2-}$以及$[Fe(H_2O)_6]^{2+}$、$[Fe(H_2O)_6]^{3+}$、$[Co(H_2O)_6]^{2+}$、$[Co(NH_3)_6]^{2+}$、$[CoF_6]^{4-}$等。

配合物是内轨型还是外轨型，主要取决于中心离子的电子构型、离子所带的电荷和配位原子的电负性大小。如Cu^+、Ag^+、Zn^{2+}、Cd^{2+}、Hg^{2+}就不可能形成内轨型配合物；就配位体而言，F^-、H_2O等多形成外轨型配合物，NH_3、Cl^-既可形成外轨型配合物，也可形成内轨型配合物，而CN^-多形成内轨型配合物。

对于同一中心离子，外轨型配合物所用的杂化轨道比内轨型配合物的能量要高。前面讨论的$[FeF_6]^{3-}$中Fe^{3+}参与轨道杂化的是4s、4p、4d轨道，而$[Fe(CN)_6]^{3-}$中Fe^{3+}参与轨道杂化的是3d、4s、4p轨道，显然后者能量低，稳定性高。对于同一中心离子，内轨型配合物一般比外轨型稳定配合物。

9.2.4 配位化合物的磁性

价键理论不仅成功地说明了配合物的几何构型和某些化学性质，而且也能根据配合物中未成对电子数的多少较好地解释配合物的磁性。

物质的磁性与组成物质的原子、分子或离子中未成对的电子数有关。如果物质中电子皆已成对，该物质不具有磁性，称之为反磁性。而当物质中有成单电子时，原子或分子就具有磁性，称之为顺磁性。物质磁性强弱可用磁矩来表示。物质的磁矩（μ）与物质的未成对的电子数（n）的关系为：

$$\mu=\sqrt{n(n+2)}$$ （磁矩的单位为玻尔磁子，符号为 B.M.）

对$\mu=0$的物质，其中电子皆已成对，具有反磁性；$\mu>0$的物质，其中有未成对电子，具有顺磁性。

根据上式可估算出未成对电子数 $n=1\sim5$ 的 μ 理论值（计算结果列于表 9-3）。反之，测定配合物的磁矩，也可以了解中心离子未成对电子数，从而可以确定该配合物是内轨型还是外轨型的。

表 9-3 磁矩的理论值

未成对电子数	1	2	3	4	5
$\mu_{理}$/B. M.	1.73	2.83	3.87	4.90	5.92

将测得的磁矩与表 9-3 中的理论值比较，可确定出未成对的电子数，从而可以判断配合物中心离子的杂化类型和配合物的类型。例如实验测得 $[FeF_6]^{3-}$ 的磁矩为 5.90B. M.，与具有 5 个未成对电子的磁矩的理论值 5.92B. M. 很接近，说明在 $[FeF_6]^{3-}$ 中，Fe^{3+} 仍保留有 5 个未成对电子，以 sp^3d^2 杂化轨道与配位原子（F^-）形成外轨配键，则 $[FeF_6]^{3-}$ 属外轨型配合物；而由实验测得 $[Fe(CN)_6]^{3-}$ 的磁矩为 2.0B. M.，此数值与具有 1 个未成对电子的磁矩理论值 1.73B. M. 很接近，表明在成键过程中，中心离子的未成对 d 电子数减少，d 电子重新分布，腾出两个空 d 轨道，而以 d^2sp^3 杂化轨道与配位原子（C）形成内轨配键，所以 $[Fe(CN)_6]^{3-}$ 属内轨型配合物。

9.3 配位平衡

9.3.1 配离子的离解

含配离子的可溶性配合物在水中的离解有两种情况：一是发生在内界与外界之间——全部离解，如

$$[Cu(NH_3)_4]SO_4 \longrightarrow [Cu(NH_3)_4]^{2+} + SO_4^{2-}$$

二是离解出的配离子在水溶液中则与弱电解质相似，会发生部分离解，存在着离解平衡，亦称为配位平衡。

$$[Cu(NH_3)_4]^{2+} \underset{配位}{\overset{离解}{\rightleftharpoons}} Cu^{2+} + 4NH_3$$

9.3.2 配离子的离解常数

当配离子在溶液中离解达平衡时，其平衡常数为

$$[Cu(NH_3)_4]^{2+} \rightleftharpoons Cu^{2+} + 4NH_3$$

$$K^{\ominus}_{不稳} = \frac{c(Cu^{2+})c^4(NH_3)}{c\{[Cu(NH_3)_4]^{2+}\}}$$

式中，$K^{\ominus}_{不稳}$ 称为配合物 $[Cu(NH_3)_4]^{2+}$ 的不稳定常数。一般来说，$K^{\ominus}_{不稳}$ 越大，配离子离解出来的各物质浓度也越大，说明该配离子越不稳定。

若以配离子的生成反应表示上述平衡，则相应平衡常数称为该配离子的稳定常数，用 $K^{\ominus}_{稳}$ 表示。如

$$Cu^{2+} + 4NH_3 \rightleftharpoons [Cu(NH_3)_4]^{2+}$$

$$K^{\ominus}_{稳} = \frac{c\{[Cu(NH_3)_4]^{2+}\}}{c(Cu^{2+})c^4(NH_3)}$$

$K^{\ominus}_{稳}$ 值越大，表示该配离子在水中越稳定。

显然任何一个配离子的稳定常数与其不稳定常数互为倒数关系：

$$K^{\ominus}_{稳} = \frac{1}{K^{\ominus}_{不稳}}$$

在溶液中配离子的离解或生成都是分步进行的，每一步都有一个对应的不稳定常数或稳定常数，称为逐级不稳定常数或逐级稳定常数。例如：

$$Cu^{2+}+NH_3 \rightleftharpoons [Cu(NH_3)]^{2+} \qquad K^{\ominus}_{稳1}=\frac{c\{[Cu(NH_3)]^{2+}\}}{c(Cu^{2+})c(NH_3)}=\frac{1}{K^{\ominus}_{不稳4}}$$

$$[Cu(NH_3)]^{2+}+NH_3 \rightleftharpoons [Cu(NH_3)_2]^{2+} \qquad K^{\ominus}_{稳2}=\frac{c\{[Cu(NH_3)_2]^{2+}\}}{c\{[Cu(NH_3)]^{2+}\}c(NH_3)}=\frac{1}{K^{\ominus}_{不稳3}}$$

$$[Cu(NH_3)_2]^{2+}+NH_3 \rightleftharpoons [Cu(NH_3)_3]^{2+} \qquad K^{\ominus}_{稳3}=\frac{c\{[Cu(NH_3)_3]^{2+}\}}{c\{[Cu(NH_3)_2]^{2+}\}c(NH_3)}=\frac{1}{K^{\ominus}_{不稳2}}$$

$$[Cu(NH_3)_3]^{2+}+NH_3 \rightleftharpoons [Cu(NH_3)_4]^{2+} \qquad K^{\ominus}_{稳4}=\frac{c\{[Cu(NH_3)_4]^{2+}\}}{c\{[Cu(NH_3)_3]^{2+}\}c(NH_3)}=\frac{1}{K^{\ominus}_{不稳1}}$$

若将逐级稳定常数依次相乘，就得到各级累积稳定常数（β_n）：

$$\beta_1=K^{\ominus}_{稳1}=\frac{c\{[Cu(NH_3)]^{2+}\}}{c(Cu^{2+})c(NH_3)}$$

$$\beta_2=K^{\ominus}_{稳1}K^{\ominus}_{稳2}=\frac{c\{[Cu(NH_3)_2]^{2+}\}}{c(Cu^{2+})c^2(NH_3)}$$

$$\beta_3=K^{\ominus}_{稳1}K^{\ominus}_{稳2}K^{\ominus}_{稳3}=\frac{c\{[Cu(NH_3)_3]^{2+}\}}{c(Cu^{2+})c^3(NH_3)}$$

$$\beta_4=K^{\ominus}_{稳1}K^{\ominus}_{稳2}K^{\ominus}_{稳3}K^{\ominus}_{稳4}=\frac{c\{[Cu(NH_3)_4]^{2+}\}}{c(Cu^{2+})c^4(NH_3)}$$

最后一级累积稳定常数为各级配合物的总的稳定常数。

多配位体配离子的总不稳定常数或总稳定常数等于逐级不稳定常数或逐级稳定常数的乘积：

$$K^{\ominus}_{不稳}=K^{\ominus}_{不稳1}K^{\ominus}_{不稳2}\cdots K^{\ominus}_{不稳(n-1)}K^{\ominus}_{不稳n}$$

$$K^{\ominus}_{稳}=K^{\ominus}_{稳1}K^{\ominus}_{稳2}\cdots K^{\ominus}_{稳(n-1)}K^{\ominus}_{稳n}$$

本书中 $K^{\ominus}_{稳}$ 或 $K^{\ominus}_{不稳}$ 均为配离子的总稳定常数或总不稳定常数。

$K^{\ominus}_{稳}$ 或 $K^{\ominus}_{不稳}$ 和其他化学平衡常数一样，不随浓度变化，只随温度变化。在分析化学手册中，列出的经常是各级稳定常数 K_n 或累积稳定常数 β_n，或是它们的对数值，使用时不要混淆。

9.3.3 配离子稳定常数的应用

利用配离子的稳定常数，可以计算配合物溶液中有关离子的浓度，判断配离子与沉淀之间、配离子之间转化的可能性，还可以利用 $K^{\ominus}_{稳}$ 值计算有关电对的电极电势。

9.3.3.1 计算配合物溶液中有关离子的浓度

由于一般配离子的逐级稳定常数彼此相差不太大，因此在计算离子浓度时应注意考虑各级配离子的存在，但在实际工作中，一般所加配位剂过量，此时中心离子基本上处于最高配位状态，而低级配离子可以忽略不计，这样就可以根据总的稳定常数 $K^{\ominus}_{稳}$ 进行计算。

【例 9-1】 计算溶液中与 1.0×10^{-3} mol/L $[Cu(NH_3)_4]^{2+}$ 和 1.0mol/L NH_3 处于平衡状态时游离 Cu^{2+} 的浓度。

解 设平衡时 $c(Cu^{2+})=x$ mol/L

$$Cu^{2+}+4NH_3 \rightleftharpoons [Cu(NH_3)_4]^{2+}$$

平衡浓度/(mol/L)　x　　1.0　　1.0×10^{-3}

$[Cu(NH_3)_4]^{2+}$ 的 $K^{\ominus}_{稳}=2.09\times10^{13}$

有
$$K_{稳}^{\ominus}=\frac{c\{[Cu(NH_3)]_4\}^{2+}}{c(Cu^{2+})c^4(NH_3)}=\frac{1.0\times10^{-3}}{x(1.0)^4}=2.09\times10^{13}$$

$$x=\frac{1.0\times10^{-3}}{1.0\times2.09\times10^{13}}=4.8\times10^{-17}$$

即
$$c(Cu^{2+})=4.8\times10^{-17}\text{mol/L}$$

【例 9-2】 将 10.0mL、0.20mol/L $AgNO_3$ 溶液与 10.0mL、1.0mol/L $NH_3\cdot H_2O$ 溶液混合，计算溶液中 $c(Ag^+)$ 值。

解 两种溶液混合后，因溶液中 $NH_3\cdot H_2O$ 过量，Ag^+ 能定量地转化为$[Ag(NH_3)_2]^+$，且每形成 1mol $[Ag(NH_3)_2]^+$ 要消耗 2mol $NH_3\cdot H_2O$。

$$Ag^+ + 2NH_3 \rightleftharpoons [Ag(NH_3)_2]^+$$

开始浓度/(mol/L)　0.10　0.50　0

平衡浓度/(mol/L)　x　$0.50-2\times0.10+2x$　$0.10-x$

$$K_{稳}^{\ominus}=\frac{c\{[Ag(NH_3)_2]^+\}}{c(Ag^+)c^2(NH_3)}=1.12\times10^7$$

$$x=\frac{0.10}{(0.30)^2\times1.12\times10^7}=9.9\times10^{-8}$$

$$c(Ag^+)=9.9\times10^{-8}\text{mol/L}$$

9.3.3.2 判断配离子与沉淀之间转化的可能性

判断的方法是：首先写出配离子与沉淀之间转化的反应式，然后计算出该反应的平衡常数，根据平衡常数的大小，就可判断该反应转化的可能性。

【例 9-3】 在 1.0L 例 9-1 所述的溶液中，(1) 加入 0.0010mol NaOH，有无 $Cu(OH)_2$ 沉淀生成？(2) 若加入 0.0010mol Na_2S，有无 CuS 沉淀生成？(设溶液体积基本不变)

解 (1) 当加入 0.0010mol NaOH 后，溶液中的 $c(OH^-)=0.0010$mol/L，已知 $Cu(OH)_2$ 的 $K_{sp}^{\ominus}=2.2\times10^{-20}$，则该溶液中有关离子浓度的乘积：

$$Q_c=c(Cu^{2+})c^2(OH^-)=4.8\times10^{-17}\times(10^{-3})^2=4.8\times10^{-23}<K_{sp}^{\ominus}[Cu(OH)_2]=2.2\times10^{-20}$$

加入 0.0010mol NaOH 后无 $Cu(OH)_2$ 沉淀生成。

(2) 若加入 0.0010mol Na_2S，溶液中 $c(S^{2-})=0.0010$mol/L（S^{2-} 的水解忽略不计），已知 CuS 的 $K_{sp}^{\ominus}=6.3\times10^{-36}$，则该溶液中有关离子浓度的乘积：

$$Q_c=c(Cu^{2+})c^2(S^{2-})=4.8\times10^{-17}\times10^{-3}=4.8\times10^{-20}>K_{sp}^{\ominus}(CuS)=6.3\times10^{-36}$$

加入 0.0010mol Na_2S 后有 CuS 沉淀生成。

9.3.3.3 判断配离子之间转化的可能性

配离子之间的转化，与沉淀之间的转化相类似，反应向着生成更稳定的配离子的方向进行，两种配离子的稳定常数相差越大，转化越完全。

【例 9-4】 向含有 $[Ag(NH_3)_2]^+$ 的溶液中加入 KCN，此时可能发生下列反应：

$$[Ag(NH_3)_2]^+ +2CN^- \rightleftharpoons [Ag(CN)_2]^- +2NH_3$$

通过计算，判断 $[Ag(NH_3)_2]^+$ 是否可能转化为 $[Ag(CN)_2]^-$。

解 此反应的平衡常数表达式为：

$$K^{\ominus}=\frac{c\{[Ag(CN)_2]^-\}c^2(NH_3)}{c\{[Ag(NH_3)_2]^+\}c^2(CN^-)}$$

分子、分母同乘 $c(Ag^+)$，有

$$K^{\ominus}=\frac{c\{[Ag(CN)_2]^-\}c^2(NH_3)}{c\{[Ag(NH_3)_2]^+\}c^2(CN^-)}\times\frac{c(Ag^{2+})}{c(Ag^+)}=\frac{K_{稳}^{\ominus}\{[Ag(CN)_2]^-\}}{K_{稳}^{\ominus}\{[Ag(NH_3)_2]^+\}}$$

查表知 $[Ag(NH_3)_2]^+$ 和 $[Ag(CN)_2]^-$ 的 $K^{\ominus}_{稳}$ 分别为 1.12×10^7 和 1.26×10^{21}。则

$$K^{\ominus}=\frac{1.26\times10^{21}}{1.12\times10^{7}}=1.12\times10^{14}$$

$K^{\ominus}$ 值很大，说明转化反应能进行完全，$[Ag(NH_3)_2]^+$ 可以完全转化为 $[Ag(CN)_2]^-$。

9.3.3.4 计算配离子的电极电势

氧化还原电对的电极电势随着配合物的形成会发生改变。由于配合物的生成减小了中心离子的浓度，因此该中心离子的电极电势值会相应下降，并使其氧化还原性发生改变。

【例 9-5】 已知 $\varphi^{\ominus}(Au^+/Au)=1.83V$，$[Au(CN)_2]^-$ 的 $K^{\ominus}_{稳}=1.99\times10^{38}$，计算 $\varphi^{\ominus}([Au(CN)_2]^-/Au)$ 的值？

解 首先计算 $[Au(CN)_2]^-$ 在标准状态下平衡时离解出的 Au^+ 的浓度：

$$[Au(CN)_2]^- \rightleftharpoons Au^+ + 2CN^-$$

$$K^{\ominus}_{不稳}=\frac{c(Au^+)c^2(CN^-)}{c\{[Au(CN)_2]^-\}}=\frac{1}{K^{\ominus}_{稳}\{[Au(CN)_2]^-\}}$$

反应在标准状态下进行，配离子和配位体的浓度均为 1mol/L，则

$$c(Au^+)=\frac{1}{K^{\ominus}_{稳}\{[Au(CN)_2]^-\}}=5.02\times10^{-39}\,mol/L$$

将 $c(Au^+)$ 代入能斯特方程式：

$$\begin{aligned}\varphi^{\ominus}\{[Au(CN)_2]^-/Au\}&=\varphi^{\ominus}(Au^+/Au)+0.05916\lg c(Au^+)\\&=+1.83+0.05916\lg(5.02\times10^{-39})=-0.44(V)\end{aligned}$$

通过以上计算可以看出，Au^+ 在 CN^- 溶液中由于生成相当稳定的 $[Au(CN)_2]^-$，使单质 Au 的还原能力增强，易被氧化为 $[Au(CN)_2]^-$。金的湿法冶炼就应用了这一原理。

9.4 配位滴定法

配位滴定法是以配位反应为基础的一种滴定分析方法。配位反应在分析化学中的应用非常广泛，许多显色剂、萃取剂、掩蔽剂、沉淀剂都是配位体。但是并不是所有的配位反应都可以用于配位滴定。要根据配合物稳定常数的大小来判断配位反应完成的程度以及它是否可用于滴定分析。

无机配合剂能用于滴定分析方法的不多，有机配合剂特别是氨羧配合剂可与金属离子形成很稳定的、而且组成一定的配合物，在分析化学中得到广泛的应用。

氨羧配合剂大部分是以氨基二乙酸基团 $[-N(CH_2COOH)_2]$ 为基体的有机配合剂，这类配合剂中含有配合能力很强的氨氮 $-\ddot{N}<$ 和羧氧 $-\overset{O}{\overset{\|}{C}}-\ddot{O}-$ 这两种配位原子，它能与多数金属离子形成稳定的可溶性配合物。在配位滴定中应用的氨羧配合剂有很多种，其中最常用的是乙二胺四乙酸（两个羧基上的 H^+ 转移到 N 原子上，形成双偶极离子）：

```
HOOCH2C                     CH2COO-
        \H               H/
         N—CH2—CH2—N
        /+               +\
-OOCH2C                     CH2COOH
```

乙二胺四乙酸简称 EDTA 或 EDTA 酸，常用 H_4Y 表示其分子式。由于它在水中的溶解度很小（22℃时，每 100mL 水中仅能溶解 0.02g），故常用它的二钠盐（$Na_2H_2Y\cdot 2H_2O$，相对分子质量 372.26），一般也简称 EDTA。后者溶解度较大（22℃时，每 100mL 水中能溶解 11.1g），其饱和水溶液的浓度约为 0.3mol/L。当 H_4Y 溶解于水时，如

果溶液的酸度很高，它的两个羧基可以再接受 H^+ 而形成 H_6Y^{2+}，这样 EDTA 就相当于六元酸。

9.4.1 乙二胺四乙酸的离解平衡

在酸度很高的水溶液中，EDTA 有六级离解平衡：

$$[H_6Y^{2+}] \rightleftharpoons [H^+]+[H_5Y^+] \qquad K_{a1}=\frac{[H^+][H_5Y^+]}{[H_6Y^{2+}]}=10^{-0.9}$$

$$[H_5Y^+] \rightleftharpoons [H^+]+[H_4Y] \qquad K_{a2}=\frac{[H^+][H_4Y]}{[H_5Y^+]}=10^{-1.6}$$

$$[H_4Y] \rightleftharpoons [H^+]+[H_3Y^-] \qquad K_{a3}=\frac{[H^+][H_3Y^-]}{[H_4Y]}=10^{-2.0}$$

$$[H_3Y^-] \rightleftharpoons [H^+]+[H_2Y^{2-}] \qquad K_{a4}=\frac{[H^+][H_2Y^{2-}]}{[H_3Y^-]}=10^{-2.67}$$

$$[H_2Y^{2-}] \rightleftharpoons [H^+]+[HY^{3-}] \qquad K_{a5}=\frac{[H^+][HY^{3-}]}{[H_2Y^{2-}]}=10^{-6.16}$$

$$[HY^{3-}] \rightleftharpoons [H^+]+[Y^{4-}] \qquad K_{a4}=\frac{[H^+][Y^{4-}]}{[HY^{3-}]}=10^{-10.26}$$

由于分步离解，已质子化了的 EDTA 在水溶液中总是以 H_6Y^{2+}、H_5Y^+、H_4Y、H_3Y^-、H_2Y^{2-}、HY^{3-} 和 Y^{4-} 七种形式存在。在不同的酸度下，各种存在形式的浓度也不相同。从上面平衡可见，酸度越高，平衡向左移动，$[Y^{4-}]$ 越小；酸度越低，平衡向右移动，$[Y^{4-}]$ 越大。

不同 pH 值时各种存在形式的分布曲线如图 9-2 所示。

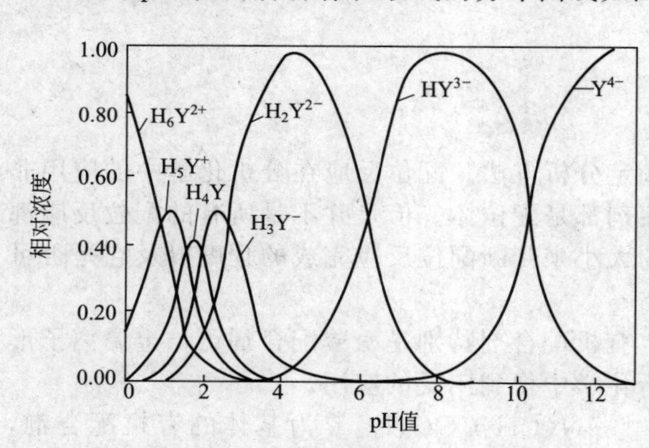

图 9-2 EDTA 各种存在形式在不同 pH 值时的分布曲线

从图 9-2 可以看出，在 pH＜1 的强酸性溶液中，EDTA 主要以 H_6Y^{2+} 形式存在；在 pH＝1～1.6 的溶液中，主要以 H_5Y^+ 形式存在；在 pH＝1.6～2.0 的溶液中，主要以 H_4Y 形式存在，在 pH＝2.0～2.67 的溶液中，主要存在形式是 H_3Y^-；在 pH＝2.67～6.16 的溶液中，主要存在形式是 H_2Y^{2-}；在 pH＝6.16～10.26 的溶液中，主要存在形式是 HY^{3-}；在 pH 值很大（≥12）时才几乎完全以 Y^{4-} 形式存在。

9.4.2 EDTA 与金属离子的配合物

EDTA 与金属离子形成螯合物时，它的氮原子和氧原子与金属离子相键合，生成具有多个五原子环的螯合物。在一般情况下，形成 1∶1 的配合物。

EDTA 与无色的金属离子生成无色的螯合物，与有色金属离子一般生成颜色更深的螯合物。若螯合物的颜色太深将使目测终点发生困难。个别离子（如 Cr^{3+}）可利用 EDTA 作为显色剂，进行比色测定。

在 EDTA 滴定中，被测金属离子 M 与 EDTA 配合，生成配合物 MY，此为主反应：

$$M+Y \rightleftharpoons MY \qquad K_{MY}=\frac{[MY]}{[M][Y]}$$

没有副反应发生时，以配合物的稳定常数 K_{MY} 衡量配位反应进行的程度，标准状态下 EDTA与一些常见离子形成的配合物的稳定常数见表 9-4。

表 9-4 EDTA 与一些常见离子形成的配合物的稳定常数

阳离子	$\lg K_{MY}$	阳离子	$\lg K_{MY}$	阳离子	$\lg K_{MY}$
Na^+	1.66	Ce^{3+}	15.98	Cu^{2+}	18.80
Li^+	2.79	Al^{3+}	16.3	Ti^{3+}	21.3
Ag^+	7.32	Co^{2+}	16.31	Hg^{2+}	21.8
Ba^{2+}	7.86	Pt^{3+}	16.4	Sn^{2+}	22.1
Sr^{2+}	8.73	Cd^{2+}	16.46	Th^{4+}	23.2
Mg^{2+}	8.69	Zn^{2+}	16.50	Cr^{3+}	23.4
Be^{2+}	9.20	Pb^{2+}	18.04	Fe^{3+}	25.1
Ca^{2+}	10.69	Y^{3+}	18.09	U^{4+}	25.8
Mn^{2+}	13.87	VO_2^+	18.1	Bi^{3+}	27.94
Fe^{2+}	14.33	Ni^{2+}	18.60	Co^{3+}	36.0
La^{3+}	15.50	VO^{3+}	18.8		

在 EDTA 滴定中，被测金属离子 M 与 Y 配位，生成配合物 MY，这是主反应。与此同时，反应物 M、Y 及反应产物 MY 也可能与溶液中的其他组分发生各种副反应。

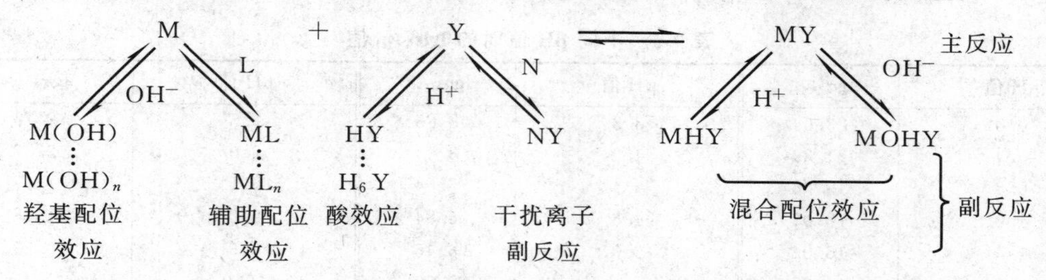

反应式中，L、N 分别是溶液中存在的其他配位剂和其他金属离子。

达到平衡时，未参与配位反应的 M 和 Y 的浓度越小，形成的配合物 MY 的浓度越大，反应进行得越完全，配合物 MY 越稳定。当有副反应发生时，未与 Y 配位的金属离子不只是以 M 型体存在，还可能以 ML、ML_2、…、ML_n、MOH、$M(OH)_2$、…、$M(OH)_n$ 等型体存在，若它们的总浓度以 [M′] 表示，则

$$[M']=[M]+[ML]+[ML_2]+\cdots+[ML_n]+[MOH]+[M(OH)_2]+\cdots+[M(OH)_n]$$

同理，溶液中未与 M 配位的配位剂不只是以 Y 型体存在，还可能以 HY、H_2Y、…、H_6Y、NY 等型体存在，若它们的总浓度以 [Y′] 表示，则

$$[Y']=[Y]+[HY]+[H_2Y]+\cdots+[H_6Y]+[NY]$$

反应产物的总浓度 [(MY)′] 亦为

$$[(MY)']=[MY]+[MHY]\text{（在酸性溶液中）}$$

$$[(MY)']=[MY]+[MOHY]\text{（在碱性溶液中）}$$

$$K^{\ominus\prime}_{MY}=\frac{[(MY)']}{[M'][Y']}$$

此时，反映配合物稳定性的是 $K^{\ominus\prime}_{MY}$，称为条件稳定常数，简称条件常数。它是考虑了各种副反应存在下的稳定常数。只有条件常数才能衡量有副反应存在时配合物的稳定性。

由于 $K^{\ominus}_{MY}$ 值已知，若能找出 [M′] 和 [M]、[Y′] 和 [Y]、[(MY)′] 和 [MY] 之间的关系，就能将 $K^{\ominus\prime}_{MY}$ 和 $K^{\ominus}_{MY}$ 联系起来，使复杂问题简单化。为此，引进副反应系数 α 的概念。

（1）酸效应和酸效应系数　由于氢离子与 Y 之间发生副反应，就使 EDTA 参加主反应的能力下降，这种现象称为酸效应。酸效应的大小用酸效应系数 $\alpha_{Y(H)}$ 来衡量。酸效应系数

表示在一定 pH 值下未参加配位反应的 EDTA 的各种存在形式的总浓度 [Y′] 与已参加配位反应的 Y^{4-} 的平衡浓度 [Y] 之比。即

$$\alpha_{Y(H)}=\frac{[Y']}{[Y]}=\frac{[Y^{4-}]+[HY^{3-}]+[H_2Y^{2-}]+[H_3Y^{-}]+[H_4Y]+[H_5Y^{+}]+[H_6Y^{2+}]}{[Y]}$$

$$=1+\frac{[H^+]}{K^{\ominus}_{a6}}+\frac{[H^+]^2}{K^{\ominus}_{a6}K^{\ominus}_{a5}}+\frac{[H^+]^3}{K^{\ominus}_{a6}K^{\ominus}_{a5}K^{\ominus}_{a4}}+\frac{[H^+]^4}{K^{\ominus}_{a6}K^{\ominus}_{a5}K^{\ominus}_{a4}K^{\ominus}_{a3}}+$$

$$\frac{[H^+]^5}{K^{\ominus}_{a6}K^{\ominus}_{a5}K^{\ominus}_{a4}K^{\ominus}_{a3}K^{\ominus}_{a2}}+\frac{[H^+]^6}{K^{\ominus}_{a6}K^{\ominus}_{a5}K^{\ominus}_{a4}K^{\ominus}_{a3}K^{\ominus}_{a2}K^{\ominus}_{a1}}$$

$$=1+\beta_1[H^+]+\beta_2[H^+]^2+\beta_3[H^+]^3+\beta_4[H^+]^4+\beta_5[H^+]^5+\beta_6[H^+]^6$$

可见，酸效应系数随溶液酸度增加而增大。$\alpha_{Y(H)}$ 值越大，表示酸效应引起的副反应越严重。如果氢离子与 Y 之间没有发生副反应，即未参加配位反应的 EDTA 全部以 Y^{4-} 形式存在，则 $\alpha_{Y(H)}=1$。不同 pH 值时的 $\lg\alpha_{Y(H)}$ 值列于表 9-5。从表 9-5 可以看出，多数情况下 $\alpha_{Y(H)}$ 不等于 1，[Y′] 总是大于 [Y^{4-}]，只有在 pH≥12 时，$\alpha_{Y(H)}$ 才接近等于 1，[Y′] 才等于 [Y^{4-}]。

表 9-5 不同 pH 值时的 $\lg\alpha_{Y(H)}$ 值

pH 值	$\lg\alpha_{Y(H)}$	pH 值	$\lg\alpha_{Y(H)}$	pH 值	$\lg\alpha_{Y(H)}$
0.0	23.64	3.8	8.85	7.5	2.78
0.4	21.32	4.0	8.44	8.0	2.27
0.8	19.08	4.4	7.64	8.5	1.77
1.0	18.01	4.8	6.84	9.0	1.28
1.4	16.02	5.0	6.45	9.5	0.83
1.8	14.27	5.4	5.69	10.0	0.45
2.0	13.51	5.8	4.98	11.0	0.07
2.4	12.19	6.0	4.65	12.0	0.01
2.8	11.09	6.4	4.06	13.0	0.00
3.0	10.60	6.8	3.55		
3.4	9.70	7.0	3.32		

(2) 配位效应和配位效应系数　由于其他配位剂的存在使金属离子参加主反应的能力下降的现象称为配位效应。配位效应的大小用配位效应系数 $\alpha_{Y(N)}$ 来表示，它是金属离子总浓度 [M′] 与游离金属离子浓度 [M] 的比值。

$$\alpha_{Y(N)}=\frac{[M']}{[M]}+\frac{[M]+[ML]+[ML_2]+\cdots+[ML_n]}{[M]}$$

$\alpha_{Y(N)}$ 的大小可以用来表示金属离子发生副反应的程度。

(3) 条件稳定常数　要了解不同酸度下配合物的稳定性，就必须考虑 [Y^{4-}]，即 [Y] 与 [Y′] 的关系。由 $\alpha_{Y(N)}$ 的定义式，可得

$$[Y]=\frac{[Y']}{\alpha_{Y(H)}}$$

所以
$$\frac{[MY]}{[M][Y']}=\frac{[MY]}{[M][Y]\alpha_{Y(H)}}=\frac{K^{\ominus}_{MY}}{\alpha_{Y(H)}}=K^{\ominus\prime}_{MY}$$

式中，$K^{\ominus\prime}_{MY}$ 即条件稳定常数，是考虑了酸效应的 EDTA 与金属离子配合物的稳定常数，它是在一定酸度条件下用 EDTA 溶液总浓度表示的稳定常数。它的大小说明在溶液酸度影响下配合物的实际稳定程度。

将上式用对数形式表示，则为

$$\lg K^{\ominus\prime}_{MY}=\lg K^{\ominus}_{MY}-\lg\alpha_{Y(H)} \tag{9-1}$$

若将配位效应系数也考虑进去，则有

$$\lg K^{\ominus\prime}_{MY}=\lg K^{\ominus}_{MY}-\lg\alpha_{Y(H)}-\lg\alpha_{Y(N)}$$

若 $\lg\alpha_{Y(N)}=0$，由式(9-1) 可知 pH 值越大，$\lg\alpha_{Y(H)}$ 值越小，条件稳定常数越大，主反应越完全，对滴定越有利。pH 值降低，条件稳定常数就减小。对于稳定性高的配合物，溶液的 pH 值即使稍低一些，仍可进行滴定，而对稳定性差的配合物，若溶液的 pH 值低，则不能进行滴定。因此，滴定不同的金属离子，有不同的允许的最小 pH 值。

【例 9-6】 计算配合物 ZnY^{2-} 在 pH=2.0 和 pH=5.0 时的 $\lg K^{\ominus}_{MY}$ 值。

解 已知 $\lg K_{ZnY^{2-}}=16.50$；pH=2.0 时，$\lg\alpha_{Y(H)}=13.51$；pH=5.0 时，$\lg\alpha_{Y(H)}=6.45$

pH=2.0 时，$\lg K_{ZnY'}=\lg K_{ZnY^{2-}}-\lg\alpha_{Y(H)}=16.50-13.51=2.99$

pH=5.0 时，$\lg K_{ZnY'}=\lg K_{ZnY^{2-}}-\lg\alpha_{Y(H)}=16.50-6.45=10.05$

通过计算可知，pH 值越小，配合物的稳定常数越小，副反应越严重，配合物的稳定性越差，主反应进行的完全程度越低。

9.4.3 配位滴定曲线

一般情况下，EDTA 与被测金属离子 M 之间的配位比为 1∶1，但由于 EDTA 有酸效应，M 有辅助配位效应和羟基配位效应，使得配位滴定远比酸碱滴定要复杂。由于条件稳定常数 $K^{\ominus\prime}_{MY}$ 随滴定反应条件而变化，故欲使 $K^{\ominus\prime}_{MY}$ 在滴定过程中基本不变，常用酸碱缓冲溶液来控制溶液的酸度。

(1) 滴定曲线　随着滴定剂 EDTA 的加入，溶液中被滴金属离子的浓度不断下降，在化学计量点附近，被滴金属离子浓度的负对数 pM（pM=−lg[M]）将发生突变。

以滴定剂 EDTA 加入的体积 V 为横坐标，pM 为纵坐标，作 pM-V_{EDTA} 图，即可以得到配位滴定的滴定曲线。图 9-3 是 EDTA 溶液（0.01000mol/L）滴定 Ca^{2+} 溶液（0.01000mol/L）的滴定曲线。

通常仅需计算化学计量点时的 pM，并以此作为选择指示剂的依据。在化学计量点时

$$[M]_{总}=\sqrt{\frac{[MY]}{K^{\ominus}_{MY}}} \tag{9-2}$$

若滴定剂与被测金属离子的初始分析浓度相等，则［MY］即为金属离子初始分析浓度的一半。

(2) 配合物条件稳定常数和金属离子浓度对滴定突跃的影响　与酸碱滴定中用强碱滴定弱酸时，弱酸的 $K^{\ominus}_{a}$ 和酸浓度的作用相似，配位滴定中，浓度一定时，$K^{\ominus\prime}_{MY}$ 值越大，滴定突跃越大；当 $K^{\ominus\prime}_{MY}$ 一定时，溶液浓度越大，滴定突跃越大。

(3) 金属离子能被准确滴定的判据　滴定突跃的大小是决定配位滴定准确度的重要依据。在配位滴定中，采用指示剂目测终点时，要求配位滴定的目测终点与化学计量点 pM 的差值 ΔpM 一般为±(0.2～0.5)，即至少为±0.2。若允许相对误差为 0.1%，则根据终点误差公式可得

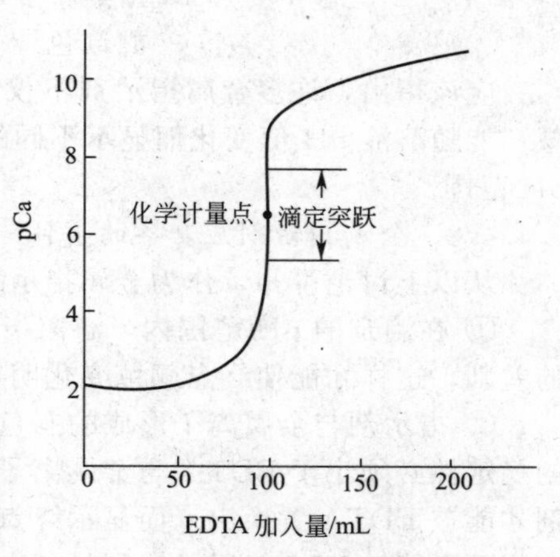

图 9-3　0.01000mol/L EDTA 滴定 0.01000mol/L Ca^{2+} 溶液的滴定曲线（pH=12）

$$\lg cK^{\ominus\prime}_{MY}\geqslant 6 \tag{9-3}$$

因此通常将 $\lg cK^{\ominus\prime}_{MY}\geqslant 6$ 作为金属离子能否被准确滴定的判据。

(4) 配位滴定的最低允许 pH 值　金属离子能被准确滴定的判据是 $\lg cK^{\ominus\prime}_{MY} \geqslant 6$。若只考虑酸效应，不考虑其他配位剂引起的副反应，$\lg cK^{\ominus\prime}_{MY} \geqslant 6$ 值主要由溶液的酸度决定。当溶液的酸度高于某一限度时，就不能准确滴定，这一限度就是滴定的最低允许 pH 值。

滴定各种金属离子时的最低允许 pH 值与金属离子的浓度有关。在配位滴定中，一般金属离子浓度 $c = 10^{-2}$ mol/L，这时 $\lg K^{\ominus\prime}_{MY} \geqslant 8$，金属离子可以准确滴定。

不考虑其他副反应时，由 $\lg K^{\ominus\prime}_{MY} = \lg K^{\ominus}_{MY} - \lg \alpha_{Y(H)}$，得

$$\lg \alpha_{Y(H)} \leqslant \lg K^{\ominus}_{MY} - 8 \tag{9-4}$$

将各种金属离子的 $\lg K^{\ominus}_{MY}$ 值代入式(9-4) 即可求出对应的最大 $\lg \alpha_{Y(H)}$ 值，它所对应的 pH 值就是滴定该金属离子的最低允许 pH 值。

9.4.4 金属指示剂

与其他滴定方法一样，判断配位滴定终点的方法有多种，其中最常用的是用金属指示剂判断滴定终点的方法。

9.4.4.1 金属指示剂的作用原理

金属指示剂是一些有机配合剂，可与金属离子形成有色配合物，其颜色与游离的指示剂的颜色不同，因而它能指示滴定过程中金属离子浓度的变化情况。现以铬黑 T 为例说明其作用原理。

铬黑 T 在 pH≈11 时呈蓝色。如果用 EDTA 滴定 Ca^{2+}、Mg^{2+}、Zn^{2+} 等金属离子，加入铬黑 T 指示剂，滴定前它与少量金属离子配合成酒红色，绝大部分金属离子处于游离状态。随着 EDTA 的滴入，游离金属离子逐步被配合而形成配合物 M-EDTA。等到游离金属离子几乎完全配合后，继续滴加 EDTA 时，由于 EDTA 与金属离子配合物的条件稳定常数大于铬黑 T 与金属离子配合物的条件稳定常数，因此 EDTA 夺取指示剂配合物中的金属离子，将指示剂游离出来，溶液显示游离铬黑 T 的蓝色，指示出滴定终点的到达。

$$\underset{\text{酒红色}}{\text{M-铬黑 T}} + \text{EDTA} \rightleftharpoons \text{M-EDTA} + \underset{\text{蓝色}}{\text{铬黑 T}}$$

应该指出，许多金属指示剂不仅具有配合剂的性质，而且本身常是多元弱酸或多元弱碱，能随溶液 pH 值变化而显示不同的颜色。因此使用金属指示剂时，必须注意选用合适的 pH 范围。

9.4.4.2 金属指示剂应具备的条件

从以上讨论可知，作为金属指示剂，必须具备下列条件。

① 在滴定的 pH 范围内，游离指示剂和指示剂与金属离子配合物两者的颜色应有显著的差别，这样才能使终点颜色变化明显。

② 指示剂与金属离子形成的有色配合物要有适当的稳定性。指示剂与金属离子配合物的稳定性必须小于 EDTA 与金属离子配合物的稳定性，这样在滴定到达化学计量点时指示剂才能被 EDTA 置换出来而显示终点的颜色变化。如果指示剂与金属离子形成更稳定的配合物而不能被 EDTA 置换，则虽加入大量 EDTA 也达不到终点，这种现象称为指示剂的封闭。例如铬黑 T 能被 Fe^{3+}、Al^{3+}、Cu^{2+} 和 Ni^{2+} 等封闭。为了消除封闭现象，可以加入适当的配合剂来掩蔽能封闭指示剂的离子（量多时要分离除去）。

③ 指示剂与金属离子形成的配合物应易溶于水。在滴定时如果生成胶体溶液或沉淀，指示剂与 EDTA 的置换作用将进行缓慢而使终点拖长，这种现象称为指示剂的僵化。例如用 PAN 作指示剂，在温度较低时，易发生僵化。为避免指示剂的僵化，可加入有机溶剂或将溶液加热，以增大有关物质的溶解度。在接近终点时要缓慢滴定，剧烈振摇。

9.4.4.3 常用的金属指示剂

一些常用金属指示剂的主要使用情况列于表 9-6。

表 9-6 常用的金属指示剂

指示剂	使用的适宜 pH 范围	颜色变化		直接滴定的离子	指示剂配制	注意事项
		In	MIn			
铬黑 T（简称 BT 或 EBT）	8～10	蓝	红	pH＝10，Mg^{2+}、Zn^{2+}、Cd^{2+}、Pb^{2+}、Mn^{2+}、稀土元素离子	1∶100 NaCl（固体）	Fe^{3+}、Al^{3+}、Cu^{2+}、Ni^{2+} 等封闭 EBT
酸性铬蓝 K	8～13	蓝	红	pH＝10，Mg^{2+}、Zn^{2+}、Mn^{2+}；pH＝13，Ca^{2+}	1∶100 NaCl（固体）	
二甲酚橙（简称 XO）	＜6	亮黄	红	pH＜1，ZrO^{2+}；pH＝1～3.5，Bi^{3+}、Th^{4+}；pH＝5～6，Tl^{3+}、Zn^{2+}、Pb^{2+}、Cd^{2+}、Hg^{2+}、稀土元素离子	0.5% 水溶液	Fe^{3+}、Al^{3+}、Ni^{2+}、$Ti^{Ⅳ}$ 等封闭 XO
磺基水杨酸（简称 ssal）	1.5～2.5	无色	紫红	pH＝1.5～2.5，Fe^{3+}	5%水溶液	ssal 本身无色，FeY^- 呈黄色
钙指示剂（简称 NN）	12～13	蓝	红	pH＝12～13，Ca^{2+}	1∶100 NaCl（固体）	$Ti^{Ⅳ}$、Fe^{3+}、Al^{3+}、Cu^{2+}、Ni^{2+}、Co^{2+}、Mn^{2+} 等封闭 NN
PAN	2～2	黄	紫红	pH＝2～3，Ti^{4+}、Bi^{3+}；pH＝4～5，Cu^{2+}、Ni^{2+}、Pb^{2+}、Cd^{2+}、Zn^{2+}、Mn^{2+}、Fe^{2+}	1% 乙醇溶液	MIn 在水中溶解度小，为防止 PAN 僵化，滴定时须加热

9.4.5 配位滴定的方式和应用

配位滴定可以采用直接滴定、返滴定、置换滴定和间接滴定等方式，因此，配位滴定可以直接或间接测定元素表中大多数元素。

（1）直接滴定法 如果金属离子与 EDTA 的配位反应能满足滴定分析的要求，就可以直接滴定法。直接滴定法简便、迅速，可能引入的误差较少。只要条件允许，应尽可能地采用直接滴定法，但有下列任何一种情况，都不宜直接滴定。

① 待测离子与 EDTA 形成的配合物不稳定。

② 待测离子与 EDTA 的配位反应很慢，例如 Al^{3+}、Cr^{3+}、Zr^{4+} 等的配合物虽稳定，但在常温下反应进行得很慢。

③ 没有适当的指示剂，或金属离子对指示剂有严重的封闭或僵化现象。

④ 在滴定条件下，金属离子水解或生成沉淀，滴定过程中沉淀不易溶解，也不能用加入辅助配位剂的方法防止这种现象的发生。

选择并控制适宜的条件，大多数金属离子都可采用 EDTA 直接滴定。例如，pH＝1，滴定 Bi^{3+}；pH＝1.5～2.5 滴定 Fe^{3+}；pH＝2.5～3.5，滴定 Th^{4+}；pH＝5～6，滴定 Pb^{2+}、Cd^{2+} 及稀土；pH＝9～10，滴定 Zn^{2+}、Mn^{2+}；pH＝10，滴定 Mg；pH＝12～13，滴定 Ca^{2+} 等。

（2）返滴定法 返滴定法是在适当的酸度下在试液中加入已知量且过量的 EDTA，加热（或不加热）使待测离子与 EDTA 配位完全，然后调节溶液的 pH 值，加入指示剂，以适当的金属离子的标准溶液作为返滴定剂，滴定过量的 EDTA。用作返滴定剂的金属离子 N 与 EDTA 的配合物 NY 应有足够的稳定性，以保证测定的准确度，但又不能比待测离子 M 与 EDTA 的配合物 MY 更稳定，否则将发生下式反应：

$$N+MY \rightleftharpoons NY+M$$

使测定结果偏低。

例如 Al^{3+} 与 EDTA 的反应速率缓慢，且对二甲酚橙等指示剂有封闭作用。当溶液酸度不高时，Al^{3+}也水解而生成一系列多核氢氧基配合物，使与EDTA的反应更加缓慢且无确定的计量关系，故一般采用返滴定法测定。具体步骤是：首先调节试液pH≈3.5（避免Al^{3+}水解），加入一定量且过量的EDTA并加热至沸，使Al^{3+}与EDTA的反应迅速地定量进行；待反应完成后调节试液pH值为5～6，加入二甲酚橙指示剂，再用Zn^{2+}（Pb^{2+}）标准溶液返滴定过量的EDTA以测定铝的含量。

（3）置换滴定法　配位滴定中用到的置换滴定有下列两类。

① 置换出金属离子　例如Ag^+与EDTA配合物不够稳定（$\lg K^{\ominus}_{AgY}=7.3$），不能直接滴定。在$Ag^+$试液中加入过量$[Ni(CN)_4]^{2-}$，发生如下置换反应：

$$2Ag^+ + [Ni(CN)_4]^{2-} \rightleftharpoons 2[Ag(CN)_2]^- + Ni^{2+}$$

然后在pH=10的氨性溶液中，以紫脲酸铵为指示剂，用EDTA滴定置换出的Ni^{2+}，即可求得Ag^+含量。

② 置换出EDTA　例如测定某复杂试样中的Al^{3+}，试样中可能含有Pb^{2+}、Zn^{2+}、Fe^{3+}等杂质离子。用返滴定法测定Al^{3+}时，实际上得到的是这些离子的合量。为了得到准确的Al^{3+}量，在返滴定至终点后，加入NH_4F，发生下列反应：

$$[AlY]^- + 6F^- + 2H^+ \rightleftharpoons [AlF_6]^{3-} + [H_2Y]^{2-}$$

置换出与Al^{3+}等摩尔的EDTA，再用Zn^{2+}标准溶液滴定EDTA，得Al^{3+}的准确含量。

置换滴定法不仅能扩大配位滴定法的应用范围，还可以提高配位滴定法的选择性。

（4）间接滴定法　有些离子和EDTA生成的配合物不稳定，如Na^+、K^+等；有些离子和EDTA不配位，如SO_4^{2-}、PO_4^{3-}、CN^-、Cl^-等阴离子。这些离子可采用间接滴定法测定。间接滴定法扩大了配位滴定法的测定范围，但间接滴定法手续较烦琐，引入误差机会较多，并不是理想的方法。

习　题

1. 填表

配离子	磁　矩	中心离子未成对电子数	空间构型	杂化轨道
$[CoF_6]^{3-}$	4.9B.M.			
$[Ni(CN)_4]^{2-}$			平面正方形	

2. 完成下表

配合物	名　称	配离子电荷	形成体氧化值
$[PtCl_4(NH_3)_2]$			
	三氯化五氨·一水合钴(Ⅲ)		
	五氯·一氨合铂(Ⅳ)酸钾		

3. 完成下表

配离子	形成体	配体	配位原子	配位数
$[PtCl_4(NH_3)_2]$				
$[Fe(OH)_2(H_2O)_4]^+$				

4. 10mL 0.010mol/L $CuSO_4$与10mL 6.0mol/L的$NH_3 \cdot H_2O$混合并达到平衡，计算溶液中Cu^{2+}、NH_3及$[Cu(NH_3)]^{2+}$的浓度各是多少？若向此混合溶液中加入0.010mol NaOH固体，是否有$Cu(OH)_2$

沉淀生成？

5. 今有 50mL 0.10mol/L 的 $[Ag(NH_3)_2]^+$ 溶液，求：(1) Ag^+ 与氨的平衡浓度；(2) 如果在溶液中加入等体积的 6.0mol/L 的氨水后，溶液中 Ag^+ 的平衡浓度是多少？
6. 求 0.10mol/L $[Ag(NH_3)_2]^+$ 溶液中含有 0.10mol/L 氨水时的 Ag^+ 浓度。若在此体系中加入 KCN 固体（忽略体积变化），反应 $[Ag(NH_3)_2]^+ + 2CN^- \rightleftharpoons [Ag(CN)_2]^- + 2NH_3$ 能否发生？
7. 在 pH＝10.0 的氨缓冲溶液中，NH_3 的浓度为 0.100mol/L，用 0.0100mol/L 的 EDTA 滴定 25.00mL 0.0100mol/L 的 Zn^{2+} 溶液，计算滴定前溶液中游离的 $[Zn^{2+}]$。
8. 分析含铅、铋和镉的合金试样时，称取试样 1.936g，溶于 HNO_3 溶液后，用容量瓶配成 100.0mL 试液。吸取该试液 25.00mL 调节 pH 值为 1，以二甲酚橙为指示剂，用 0.02479mol/L EDTA 溶液滴定，消耗 25.67mL，然后加六亚甲基四胺缓冲溶液调解 pH 值至 5，继续用 EDTA 滴定，又消耗 24.76mL。加入邻二氮菲，置换出 EDTA 配合物中的 Cd^{2+}，然后用 0.02174mol/L $Pb(NO_3)_2$ 标准溶液滴定游离的 EDTA，消耗 6.76mL。计算试样中铅、铋和镉的百分含量。
9. 计算用 0.0200mol/L 的 EDTA 标准溶液滴定同浓度的 Cu^{2+} 溶液时的适宜酸度范围？假设 Mg^{2+} 和 EDTA的浓度皆为 10^{-2}mol/L，在 pH＝6 时，镁与 EDTA 生成的配合物的条件稳定常数是多少（不考虑生成羟基配合物等副反应）？并说明在此 pH 值条件下能否用 EDTA 标准溶液滴定 Mg^{2+}。如不能滴定，求其允许的最低 pH 值。

第 10 章　有机化合物概述

10.1　有机化合物的概念

有机化学是碳化合物的化学，同时又是与生命有关的化学，它是研究有机化合物的结构、反应、合成、提取以及化合物之间相互转化的学科。

化学上通常把化合物分为无机化合物和有机化合物两大类：例如，水（H_2O）、食盐（NaCl）、氨（NH_3）和硫酸（H_2SO_4）等，叫做无机化合物；而甲烷（CH_4）、乙烯（C_2H_4）、醋酸（$C_2H_4O_2$）和葡萄糖（$C_6H_{12}O_6$）等，叫做有机化合物。“有机”（Organic）一词来源于“有机体”（Organism），即有生命的物质。这是由于当时人们对生命现象的本质缺乏认识而赋予有机化合物的神秘色彩，认为它们是不能用人工方法合成的，而是“生命力”所创造的。随着科学的发展，越来越多的原来由生物体中取得的有机物，可以用人工的方法来合成，而无需借助“生命力”。但“有机”这个名称却被保留下来了。有机化合物定义为：含碳元素的化合物叫做有机化合物。但一些简单的含碳元素的化合物，如一氧化碳（CO）、二氧化碳（CO_2）、碳酸盐（Na_2CO_3、$NaHCO_3$、$CaCO_3$ 等）、电石（CaC_2）和氢氰酸（HCN）等，与无机化合物关系密切，仍属于无机化合物。

有机物种类繁多，分子结构复杂。目前已确定结构的有机物超过千万种（无机物约 5 万种），新发现、新合成的有机物以每年近几十万种的速度急剧增加。

有机化学现在已经发展成为一个庞大的学科，它广泛地渗透到生命科学的各个领域中。生命现象中最深层次的问题，实质上是与有机化学问题有关，这是自然界本身的必然联系。

10.2　有机化合物的结构

分子是由组成原子按照一定的排列顺序，相互影响、相互作用而结合在一起的整体，这种排列顺序和相互关系称为分子结构。将表示分子中各原子的连接顺序和方式的化学式称为构造式（也称结构式）。常用的有机化合物的构造式的表示方法有三种。如

物质名称	丁烷	1-丁烯	乙醚
分子式	C_4H_{10}	C_4H_8	$C_4H_{10}O$
短线式	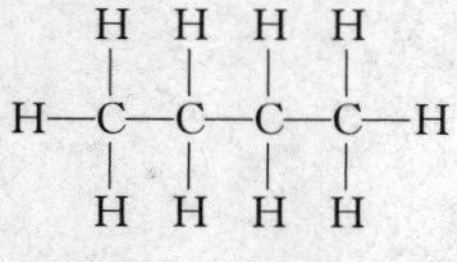 H₃C 各键展开：H—C—C—C—C—H（每个 C 上下各连 H）	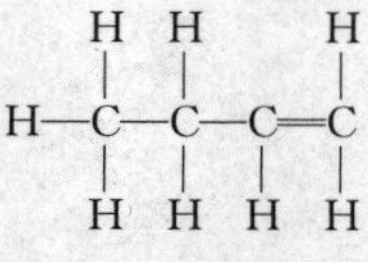 H—C—C—C═C（末端 C 连 H）	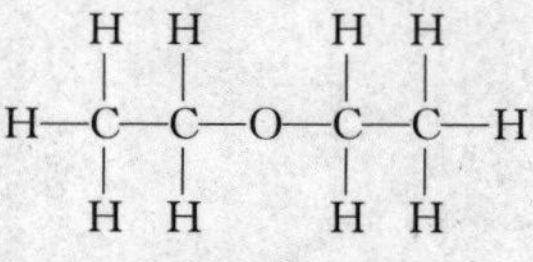 H—C—C—O—C—C—H（每个 C 上下各连 H）
缩简式	$CH_3CH_2CH_2CH_3$	$CH_3CH_2CH═CH_2$	$CH_3CH_2OCH_2CH_3$
键线式	 ╱╲╱	 ╱╲⫽	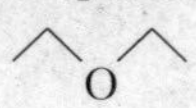 ╱╲O╱╲

用短线表示共价键结构的式子，称为短线式；省去分子中所有的单键，按照分子中原子相互连接的次序写出的化学式为分子的缩简式；键线式则是省去了构成烃或烃基中的碳和氢原子，用折线表示分子的骨架（碳链或碳环），折点或端点表示碳原子，其他原子或官能团仍写在相应的位置。其中缩简式比较常用，但在表达比较复杂的有机分子构造时，键线式更有优越性。

由于分子内原子相互影响相互作用，分子的性质不仅决定于组成元素的性质和数量，而且也决定于分子的结构。

10.3 有机化学反应中的酸和碱

很多有机反应都可归属酸碱反应。在一些有机反应中，不体现质子的得失，而呈现电子的转移，此为路易斯（Lewis）酸碱概念的反应。

路易斯（Lewis）酸碱理论对酸碱的定义是：能够接受未共用电子对的分子和离子，称为 Lewis 酸，即酸是电子对的接受体；能够给出未共用电子对的分子和离子，称为 Lewis 碱，即碱是电子对的给予体。Lewis 酸和碱结合生成的产物，称为酸碱配合物，它是酸和碱共用电子对的产物。

Lewis 酸的结构特征是具有空轨道原子的分子或正离子。如 H^+ 的价电子层是空的，可以接受一对电子构成二电子的价电子层，故 H^+ 是酸。Lewis 碱的结构特征是具有未共用的电子对原子的分子或负离子，例如 $:NH_3$ 和 $:OH^-$ 能够提供未共用电子对，它们是碱，一些常见的 Lewis 酸碱如下。

Lewis 酸：BF_3，$AlCl_3$，$FeCl_3$，$SnCl_4$，$ZnCl_2$，LiCl，$MgCl_2$，H^+，R^+，Ag^+ 等。

Lewis 碱：H_2O，NH_3，CH_3NH_2，CH_3OH，CH_3OCH_3，X^-，OH^-，CN^-，NH_2^-，RO^-，R 等。

10.4 有机化合物的一般特点

有机化合物和无机化合物并没有截然不同的界限，但由于有机化合物主要以共价键相结合，而无机物大部分以离子键相结合，两者结构上的差异，使得它们的性质有明显区别。有机化合物的主要特点如下。

① 容易燃烧。大多数有机物都易燃烧，如甲烷、乙醇、乙醚、苯、汽油等。

② 熔点、沸点低，热稳定性差。许多有机物在常温下是气体、液体。常温下是固体的有机物，熔点一般不超过 400℃。有机物受热易发生分解。这是由于有机分子中的原子间以共价键结合，分子间的引力是较弱的范德华力或氢键所致。

③ 难溶于水。大多数有机物难溶于水，因为有机物多是弱极性或非极性化合物。水是极性溶剂，根据“相似相溶”原理，所以不能互溶。不溶于水的有机物通常可溶于乙醚、苯等有机溶剂中。

④ 反应速率比较缓慢。有机物之间的反应多数不是离子反应，而是分子间的反应，所以需要较长时间才能完成。通常可通过加热、光照或加催化剂的方法来增加分子的动能，降低反应的活化能或改变反应的历程来提高反应速率。

⑤ 反应复杂、副反应多。有机物分子结构比较复杂，反应时可有多个部位同时进行反应，因而产物不单一。在特定条件下主要进行的一个反应叫主反应，其他的反应叫副反应。

反应产物往往是复杂的混合物，也导致主反应产率不是很高。选择有利的反应条件减少副反应来提高主产物的产率，是有机化学的一个重要课题。

因为有机物具有与无机物不同的特点，所以有机化学成为化学学科的一个分支。但研究无机化合物的全部原理，如化学键、化学反应速率、化学平衡等概念，同样也适用于研究有机化合物。

10.5 有机反应的基本类型

化合物分子之间发生化学反应，必须包含着这些分子中某些化学键的断裂和新的化学键形成，从而形成新分子。

10.5.1 化学键断裂方式

有机化合物绝大多数是共价化合物，以碳与其他非碳原子 Y 间共价键的断裂为例，共价键的断裂方式有两种。

（1）均裂 一个共价键断裂时，组成该键的一对电子由键合的两个原子各留一个。

$$\mathrm{C}\!:\!\mathrm{Y} \xrightarrow{\text{均裂}} \mathrm{C}\cdot + \mathrm{Y}\cdot$$

（2）异裂 一个共价键断裂时，组成该键的一对电子保留在一个原子上。当成键的两个原子之一是碳原子时，异裂即可以生成碳正离子，也可以生成碳负离子。

$$\mathrm{C}\!:\!\mathrm{Y} \xrightarrow{\text{异裂}} \begin{cases} \mathrm{C}\!:^{-} + \mathrm{Y}^{+} \\ \mathrm{C}^{+} + :\!\mathrm{Y}^{-} \end{cases}$$

断裂方式决定于分子结构和反应条件。

10.5.2 有机反应的类型

（1）自由基型反应 均裂产生的带单电子的原子（或基团）叫做自由基（或游离基），按均裂进行的反应叫做自由基型反应或游离基反应。一般自由基反应多在高温、光照或过氧化物存在下进行。如烷烃的卤代反应等。

（2）离子型反应 异裂产生的则是离子，按异裂进行的反应叫做离子型反应。一般离子型反应是在极性溶剂中或在酸、碱催化下进行的。如卤代烃的取代反应。

多数有机反应是分别按这两种方式进行的。

应该指出的是，有机化学中的“离子型”反应不同于无机物的瞬间的离子反应，一般是发生在极性分子之间，通过共价键的异裂形成一个离子型的中间体而完成的。

自由基、碳正离子、碳负离子都是反应过程中暂时生成的瞬间存在的活性中间体。

（3）协同反应 特点是旧键的断裂和新键的形成是同时发生的；反应过程中不生成自由基或离子活性中间体，是经过多中心环状过渡态协同地进行。

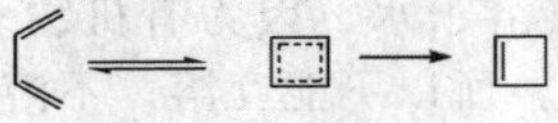

10.6 有机化合物的分类

迄今为止，被发现的有机物已达千万种之多。为有效地学习和研究，必须对众多的有机化合物进行科学的分类，分类方法也是基于有机物分子的结构知识。

目前对有机化合物的分类主要采用两种方法：其一，是基于有机物分子结构的基本骨架特征；其二，是以有机物分子结构中的官能团（也称功能团）或特征结构为分类基础。

10.6.1 按基本骨架特征分类

（1）开链化合物　这类化合物的结构特征是碳原子与碳原子，碳原子与其他原子均以链状相连，在分子结构中没有环状相连。开链化合物也称为脂肪族化合物。开链化合物分为饱和、不饱和两种。例如：

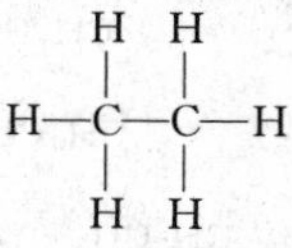

乙烷 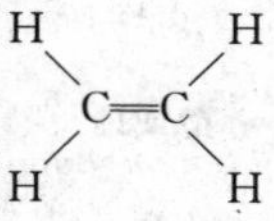　乙烯 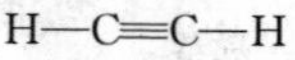　乙炔 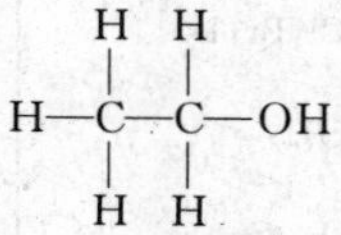　乙醇

（2）脂环化合物　这类化合物的结构特征是在分子结构中，一定有碳原子互相连接成的环状结构部分，其性质与脂肪族化合物相似，叫做脂环化合物或脂环族化合物。脂环化合物也分为饱和、不饱和两种。例如：

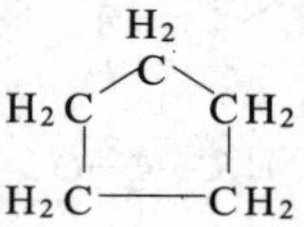

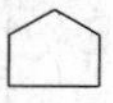

环戊烷　环己烷　环戊烯

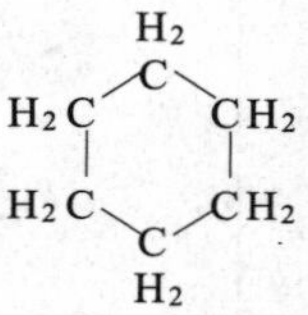

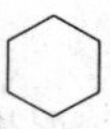

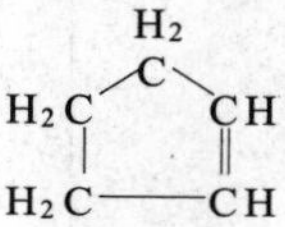

（3）芳香族化合物　这类化合物的结构特征是分子中都含有一个由碳原子组成的在一个平面内的闭环共轭体系，并具有特殊的稳定性。它们在性质上与脂肪族化合物有较大的区别，其中大部分化合物分子中都含有一个或多个苯环。例如：

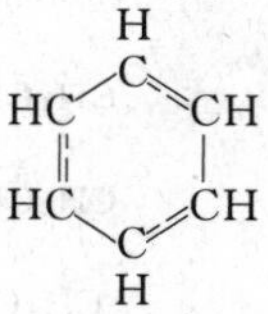

苯　萘

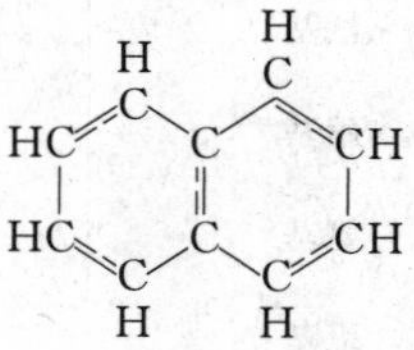

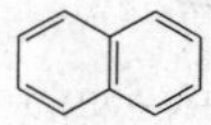

（4）杂环化合物　杂环化合物的结构特征是在分子结构中，一定有杂环结构部分存在。所谓“杂环”即是由碳原子和其他原子（如 N、O、S 等）所组成的环。因为通常称碳原子以外的其他原子为“杂原子”，所以通常称此类化合物为杂环化合物。例如：

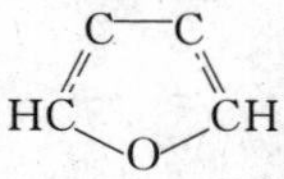

呋喃　吡啶

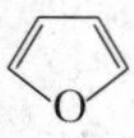

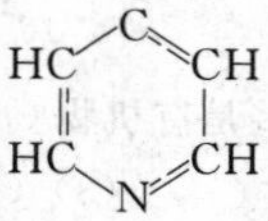

10.6.2 按官能团（或特征结构）分类

“官能团”是指有机物分子结构中，能代表该类化合物主要性质的原子或原子团，主要反应的发生也与其有关。按官能团分类的方法，是将含有同样官能团的化合物归为一类，因此一般来说，含有相同官能团的化合物在化学性质上基本相同。

“特征结构”是指有机物分子结构中的特殊化学键，这类化学键不仅能使人们识别它们，而且是若干典型化学反应发生处。一些重要官能团和特征结构见表10-1。

表10-1 常见的官能团及有机化合物分类

官能团	官能团名称	化合物类别	化合物举例
$>C=C<$	双键(烯基)	烯烃	$H_2C=CH_2$
$-C\equiv C-$	叁键(炔基)	炔烃	$HC\equiv CH$
$-X(F,Cl,Br,I)$	卤原子(卤基)	卤烃	CH_3CH_2Cl
$-OH$	羟基	醇或酚	CH_3CH_2OH
$-C-O-C-$	醚键	醚	$CH_3CH_2-O-CH_2CH_3$
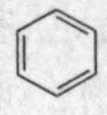 (苯环)	芳环	芳烃	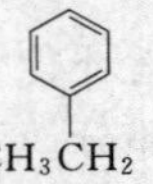 $C_6H_5-CH_2CH_3$
$-CH=O$	醛基	醛	$CH_3CH_2-CH=O$
$-C(=O)-$	酮基	酮	$H_3C-C(=O)-CH_3$
$-C(=O)-OH$	羧基	羧酸	$CH_3CH_2-C(=O)-OH$
$R-O-C(=O)-$	酯基	酯	$CH_3CH_2-C(=O)-OC_2H_5$
$-C\equiv N$	氰基	腈	$CH_3CH_2-C\equiv N$
$-NO_2$	硝基	硝基化合物	$CH_3CH_2-NO_2$
$-NH_2(-NHR,-NR_2)$	氨基	胺	$CH_3CH_2-NH_2$
$-SH$	巯基	硫醇	CH_3CH_2-SH
$-SO_3H$	磺酸基	磺酸	$CH_3CH_2-SO_3H$

清晰掌握有机化合物的分类方法和熟记各类有机化合物的官能团或特征结构将是识别有机物和系统学好有机物化学的前提知识。

习 题

1. 下列化合物中哪些是无机物，哪些是有机物？

(1) C_2H_5OH (2) Na_2CO_3 (3) CH_3COOH (4) CO_2

(5) $CHCl_3$ (6) KSCN (7) $CO(NH_2)_2$ (8) KCN

2. 指出下列化合物的官能团

(1) C_2H_5OH (2) $CH_3CH_2NH_2$ (3) CH_3COOH

(4) CH_3CHO (5) $CH_3CH_2OCH_2CH_3$ (6) $CH_3-C(=O)-CH_3$

3. 按照不同的碳架和官能团，指出下列化合物属于哪一类化合物。

(1) 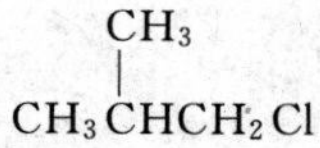 $CH_3CH(CH_3)CH_2Cl$

(2) 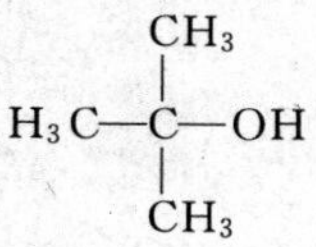 $(CH_3)_3C{-}OH$

(3) 4-甲基苯酚（对位：OH，CH_3）

(4) $(CH_3)_2CH{-}O{-}CH(CH_3)_2$

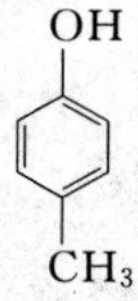

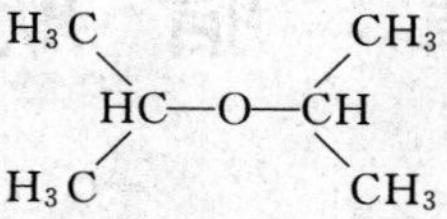

(5) 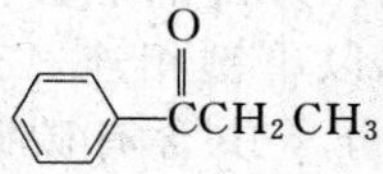 $C_6H_5{-}\overset{O}{\overset{\|}{C}}CH_2CH_3$

(6) 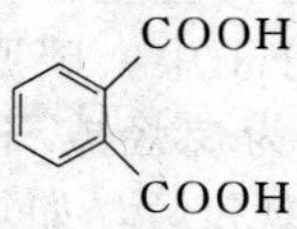 邻苯二甲酸（苯环上两个邻位 COOH）

第 11 章　脂 肪 烃

由碳和氢两种元素组成的有机化合物称为碳氢化合物，简称烃。开链的烃称为脂肪烃。脂肪烃分为饱和烃和不饱和烃。脂肪烃分子中，碳原子之间都以单键相连，其余价键均为氢原子所饱和者则称为饱和烃，亦称为烷烃或石蜡烃；而分子中含有碳碳双键（C═C）或碳碳三键（C≡C）者，则称为不饱和烃，如烷烃为饱和烃，烯烃、二烯烃和炔烃为不饱和烃。成环状的烃，称为环烃。环烃又分为脂环烃和芳香烃。其他有机化合物可以看成是烃的衍生物（烃分子中的氢被置换成不同的官能团），所以烃是有机化合物的母体。

11.1　烷烃

11.1.1　烷烃的通式和同系列

最简单的烷烃是甲烷，含有一个碳原子和四个氢原子。其他烷烃随着分子中碳原子数的增加，氢原子数也相应有规律地增加。例如：

```
     H           H  H             H  H  H              H  H  H  H
     |           |  |             |  |  |              |  |  |  |
  H—C—H     H—C—C—H     H—C—C—C—H     H—C—C—C—C—H
     |           |  |             |  |  |              |  |  |  |
     H           H  H             H  H  H              H  H  H  H
    甲烷          乙烷               丙烷                   丁烷
```

比较甲烷、乙烷、丙烷和丁烷的组成和构造可以看出：每个烷烃的组成都可以用 $n(CH_2)+2H$表示，因此烷烃的通式为 C_nH_{2n+2}；相邻两个烷烃组成上相差一个 CH_2，不相邻的两个烷烃组成上相差 CH_2 的整数倍，这种具有同一通式、组成上相差 CH_2 及其整数倍的一系列化合物，称为同系列。同系列中的各化合物互为同系物。CH_2 称为同系列的系差。

由于在同系列中，结构相似，化学性质也相似，物理性质也有规律地变化，因此，研究一些典型的或有代表性的化合物，就可以推测同系列中其他同系物的基本性质。

11.1.2　烷烃的结构

在第 8 章物质结构基础中，已经介绍了在甲烷分子中碳原子的 4 个 sp^3 杂化轨道分别与

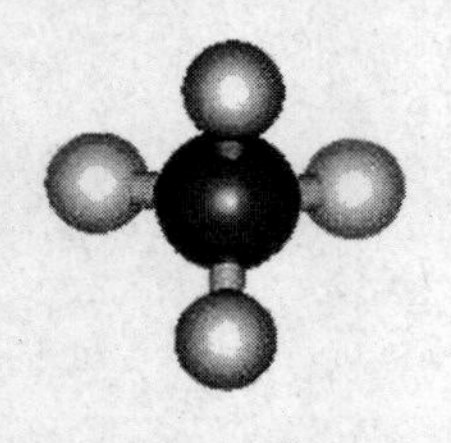

(a) 球棒模型

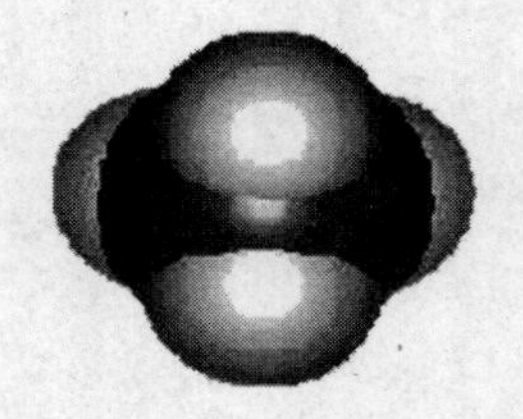

(b) 比例模型

图 11-1　甲烷的立体模型

4个氢原子的1s轨道，沿键轴方向相互接近达到最大重叠，形成4个完全相同的C—H σ键，C—H σ键之间的键角为109.5°。甲烷分子的构型为正四面体。为了更形象地表明分子的立体结构，常用立体模型。常用的模型有两种：球棒模型（Kekulé 模型）和比例模型（Stuart 模型），比例模型与真实分子的原子半径和键长的比例为2×10^8：1。如图11-1所示。

烷烃分子中的每一个碳原子都为sp^3杂化，随着碳原子数的增多，碳链不是直线而是呈锯齿形。乙烷和丙烷的球棒模型见图11-2和图11-3。

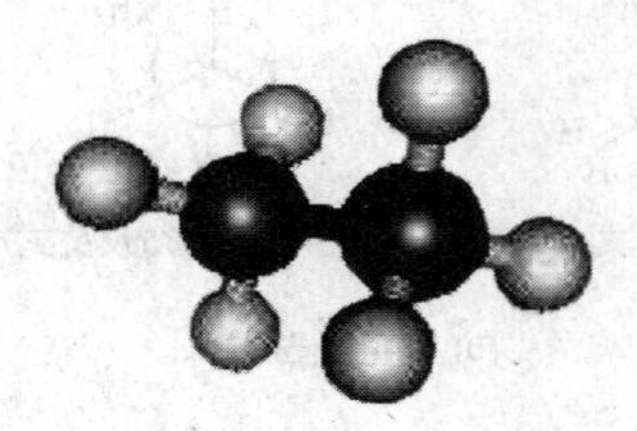

图11-2　乙烷的球棒模型

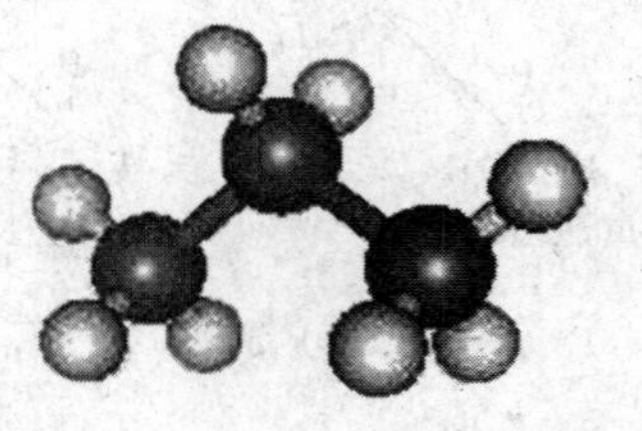

图11-3　丙烷的球棒模型

11.1.3　烷烃的异构现象

11.1.3.1　烷烃的构造异构

分子式相同的不同化合物称为同分异构体。化合物分子的同分异构包括构造异构和立体异构。分子式相同而分子构造（即分子内原子间相互连接的顺序）不同的化合物，称为构造异构体。由构造不同而引起的同分异构叫做构造异构。

甲烷、乙烷和丙烷没有构造异构体，但丁烷有正丁烷和异丁烷两个构造异构体。

$$\underset{\text{正丁烷}}{CH_3CH_2CH_2CH_3} \qquad \underset{\text{异丁烷}}{CH_3\overset{\overset{\large CH_3}{|}}{C}HCH_3}$$

正丁烷和异丁烷具有相同的分子式C_4H_{10}，但它们具有不同的物理性质（沸点分别是−0.5℃和−11.73℃），是不同的化合物。正丁烷的四个碳原子结合成链状，而异丁烷则有一个碳原子处于支链。这种因碳架不同而形成的构造异构体，称为碳架异构，正丁烷和异丁烷互为碳架异构体。随着碳原子数的增加，烷烃构造异构体的数目显著增多，如表11-1所示。

表11-1　烷烃构造异构体的数目

碳原子数	异构体数	碳原子数	异构体数	碳原子数	异构体数
1～3	1	7	9	15	4 347
4	2	8	18	20	366319
5	3	9	35		
6	5	10	75		

11.1.3.2　烷烃的构象异构

在有机化合物分子中，由于围绕σ键旋转而产生的分子中原子或基团在空间不同的排列方式称为构象。每一种排列的构象就叫做一个构象异构体。构象异构属于立体异构，因为构象异构体中，原子的连接顺序是相同的。

在乙烷分子中固定一个甲基，使另一个甲基沿C—H σ键键轴旋转，则两个甲基中的氢原子的相对位置不断改变，从而产生许多不同的空间排列方式。每一种排列方式即为一种构象。在无数的构象中，有两种典型的极限构象：一种是两个碳原子上的各氢原子处于相互重叠位置的构象，称为重叠式（顺叠式）构象；另一种是一个甲基上的氢原子处于另一个甲基上两个氢原子正中间位置的构象，称为交叉式（反叠式）构象。

构象的表示方法通常采用透视式和纽曼（Newman）投影式。透视式表示从侧面看到的分子模型的形象。纽曼投影式是沿着 C—C σ 键轴去观察分子模型的形象，两个碳原子在投影式中处于重叠位置，用 ⅄ 表示距离观察者较近的碳原子（三条线的交点）及其三个键（三条线），用 ○ 表示距离观察者较远的碳原子（圆圈）及其三个键（三条线），每一个碳原子的三个键，在投影式中互成 120°角。乙烷的重叠式和交叉式构象如图 11-4 所示。

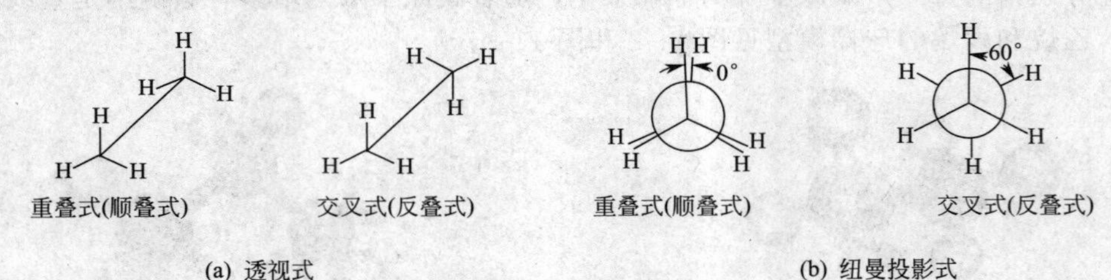

图 11-4 乙烷分子的构象

在重叠式构象中，两个碳原子上的 C—C σ 键的成键电子（σ 电子）相距最近，彼此之间斥力最大，能量最高，稳定性最小，因而重叠式构象是不稳定构象。而在交叉式构象中，两个碳原子上的 C—H σ 键相距最远，σ 电子之间的相互斥力最小，能量最低，稳定性最大，因而交叉式构象是稳定构象。

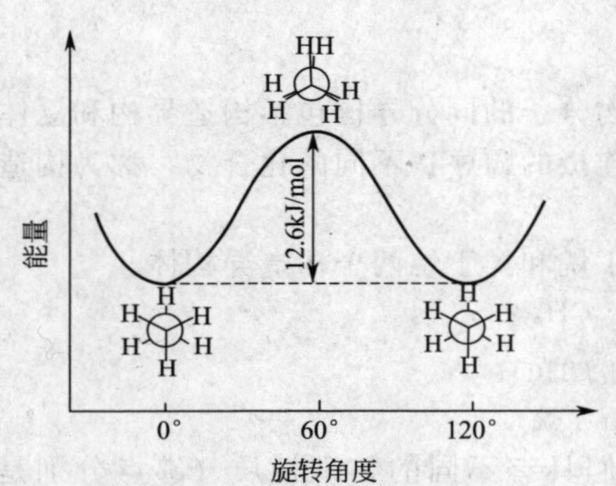

图 11-5 乙烷不同构象的能量曲线

在乙烷分子中，重叠式和交叉式构象之间能量差为 12.6kJ/mol，此能量差称为能垒，其他构象的能量介于这两者之间。如图 11-5 所示。

乙烷的交叉式构象吸收 12.6kJ/mol 能量则转变成重叠式，而在室温时分子所具有的动能已超过此能量，足以使 σ 键自由旋转，因此乙烷分子是各种构象形式的动态平衡混合体系，通常所说的单键可以自由旋转就是基于这一点。但在室温下，乙烷分子主要以较稳定的交叉式构象存在。

11.1.4 烷烃的命名

11.1.4.1 碳原子和氢原子的分类

从烷烃的构造式可以看出，分子内各碳原子和氢原子不完全相同。根据碳原子和氢原子在分子中的位置，可以将碳原子和氢原子分成不同类型。只与一个碳原子相连的碳原子称为伯（一级）碳原子，常用 1°表示；与二个碳原子相连的碳原子称为仲（二级）碳原子，常用 2°表示；与三个碳原子相连的碳原子称为叔（三级）碳原子，常用 3°表示；与四个碳原子相连的碳原子称为季（四级）碳原子，常用 4°表示。例如：

$$\underset{1^\circ}{CH_3}—\underset{2^\circ}{CH_2}—\underset{3^\circ}{\overset{\overset{\displaystyle CH_3}{|}}{CH}}—\underset{\underset{\displaystyle CH_3}{|}}{\overset{\overset{\displaystyle CH_3}{|}}{\underset{4^\circ}{C}}}—CH_3$$

与伯、仲、叔碳原子相连的氢原子，分别称为伯、仲、叔氢原子。

11.1.4.2 烷基

烷烃分子中去掉一个氢原子后余下的基团称为烷基，其通式为 C_nH_{2n+1}，通常用 R—表示。

通常去掉直链烷烃末端氢原子后的烷基称为正烷基，如正丙基 $CH_3CH_2CH_2—$；去掉一个仲氢原子后的烷基称为仲烷基，如仲丁基 $CH_3\underset{|}{C}HCH_2CH_3$；去掉一个叔氢原子后的烷

基称为叔烷基，如叔丁基 $(CH_3)_3C—$、叔戊基 $\begin{array}{l}CH_3CH_2CH(CH_3)_2\\ \qquad\quad\ \ |\end{array}$；$(CH_3)_2CH(CH_2)_n—$型的烷基称为异烷基，如异丙基 $(CH_3)_2CH—$、异丁基 $(CH_3)_2CHCH_2—$、异戊基 $(CH_3)_2CHCH_2CH_2—$；而碳链末端具有 $(CH_3)_3C—$结构的烷基称为新烷基，如新戊基 $(CH_3)_3CCH_2—$、新己基 $(CH_3)_3CCH_2CH_2—$。

11.1.4.3 烷烃命名法

现在我国常用的命名法是普通命名法和系统命名法。有些类型的化合物，有时也使用衍生物命名法，有些化合物还使用俗名。但最重要的还是普通命名法和系统命名法，尤其是后者。

(1) 普通命名法　普通命名法又称为习惯命名法。碳原子数在十以下的烷烃，分别用甲、乙、丙、丁、戊、己、庚、辛、壬、癸等天干名称命名；碳原子数在十以上的以十一、十二等数字命名。以"正"、"异"、"新"等前缀区别不同的构造异构体。"正"代表直链烷烃；"异"指从端位数第二个碳原子连有一个甲基"支链"的烷烃；"新"指从端位数第二个碳原子连有两个甲基"支链"的烷烃。例如：

$$CH_3CH_2CH_2CH_2CH_3 \qquad \begin{array}{c} \quad CH_3 \\ \quad | \\ CH_3—CH—CH_2CH_3 \end{array} \qquad \begin{array}{c} CH_3 \\ | \\ CH_3—C—CH_3 \\ | \\ CH_3 \end{array}$$

正戊烷　　异戊烷　　新戊烷

普通命名法简单、方便，但一般只能适用于比较简单的烷烃。

(2) 系统命名法　系统命名法是普遍适用的命名法。它是根据 IUPAC 命名原则，结合我国文字特点指定的一种命名法。根据系统命名法，直链烷烃的命名与普通命名法基本一致；而带有支链的烷烃则看作是直链烷烃的烷基衍生物，其命名的基本原则如下。

① 选择最长的碳链作为主链，支链作为取代基。若有几条碳数目相同的碳链可作为主链时，一般选取包含支链最多的那条碳链作为主链。根据主链所含的碳原子数称为"某"烷。如下面的烷烃的主链选择以标注序号的为正确。

$$\begin{array}{l} \qquad\qquad\ \ {}^{3}\ \ {}^{4}\quad\ \ {}^{5}\quad\ \ {}^{6} \\ CH_3CH_2CHCH_2CH_2CH_3 \\ \qquad\qquad\ \ | \\ \quad CH_3CHCH_3 \\ \quad\ {}_{1}\quad\ {}_{2} \end{array} \qquad \begin{array}{l} \qquad\qquad\qquad CH_3 \qquad\quad\ CH_3 \\ {}^{7}\quad\ {}^{6}\quad\ {}^{5}|\qquad\ {}^{4}\qquad\ {}^{3}|\qquad\ {}^{2}\quad\ {}^{1} \\ CH_3CH_2CH—CH—CH—CHCH_3 \\ \qquad\qquad\qquad\ \ |\qquad\qquad\qquad\ | \\ \quad CH_3CH_2CH_2 \qquad\qquad\quad CH_3 \end{array}$$

② 从靠近支链的一端对主链上的碳原子依次用阿拉伯数字 1,2,3…编号，取代基的位次用主链上碳原子的数字表示。然后将取代基的位次和名称依次写在主链名称之前，两者之间用半字线"-"相连。例如

$$\begin{array}{l} {}^{1}\quad\ \ {}^{2}\ \ {}^{3}\qquad {}^{4}\qquad {}^{5} \\ CH_3CHCH_2CH_2CH_3 \\ \qquad\ | \\ \qquad CH_3 \end{array} \qquad \begin{array}{l} \qquad\qquad\ \ {}^{4}\ \ \ {}^{5}\qquad {}^{6}\qquad {}^{7}\qquad {}^{8} \\ CH_3CH_2CHCH_2CH_2CH_2CH_3 \\ \qquad\qquad\ | \\ \qquad\qquad CH_2CH_2CH_3 \\ \qquad\qquad\ \ {}_{3}\qquad {}_{2}\qquad {}_{1} \end{array}$$

2-甲基戊烷　　4-乙基辛烷

③ 主链上连有几个不同的取代基时，取代基排列的次序，按次序规则（详见本章烯烃命名）所规定的"较优"基团后列出；主链上连有几个相同的取代基时，相同基团合并，用汉字二、三、四等表示其数目，并逐个标明其所在位次，位次号之间用逗号"，"分开。例如

$$\begin{array}{l} \qquad\qquad\qquad CH_2CH_3 \\ \qquad\qquad\qquad | \\ CH_3CH_2CHCHCH_2CH_2CH_2CH_2CH_3 \\ \qquad\qquad\ |{}_{3}\ \ {}_{4}\quad {}_{5}\qquad {}_{6}\qquad {}_{7}\qquad {}_{8}\qquad {}_{9} \\ \quad CH_3CHCH_3 \\ \qquad\ {}_{2}\quad\ {}_{1} \end{array} \qquad \begin{array}{l} \qquad\qquad\qquad\qquad CH_3 \\ \qquad\ {}^{3}\quad {}^{4}\qquad {}^{5}|{}^{6}\qquad {}^{7}\qquad {}^{8} \\ CH_3CHCH_2CCH_2CH_2CH_3 \\ \qquad\ |\qquad\qquad\ | \\ CH_3CH_2 \qquad CH_2CH_3 \\ {}_{1}\qquad {}_{2} \end{array}$$

2-甲基-3,4-二乙基壬烷　　3,5-二甲基-5-乙基辛烷

④ 当主链的编号有几种可能时，须遵循“最低系列”的编号原则。即顺次逐项比较各系列的不同位次，最先遇到的位次最小者，定为“最低系列”。例如

$$\overset{1}{C}H_3\overset{2}{C}H\overset{3}{C}H_2\overset{4}{C}H—\overset{5}{C}H\overset{6}{C}H_2\overset{7}{C}H_2\overset{8}{C}H_3$$

（2 位、4 位、5 位各连 CH_3）

2,4,5-三甲基辛烷

11.1.5 烷烃的物理性质

有机化合物的物理性质，通常是指物态、熔点、沸点、溶解度、折射率、相对密度等。纯物质的物理性质在一定的条件下都有固定的数值，常把这些物理数值称为物理常数。通过对这些物理常数的测定，常常可以鉴定有机化合物及其纯度。表 11-2 列出了直链烷烃的物理常数，从中可以看出，烷烃同系列化合物的物理常数随相对分子质量的增减而有规律地变化。

表 11-2 一些直链烷烃的物理常数

名 称	物 态	熔点/℃	沸点/℃	相对密度(d_4^{20})	折射率(n_D^{20})
甲烷	气体	−182.5	−162	0.424	—
乙烷		−183.3	−88.5	0.456	—
丙烷		−187	−42	0.501	1.3397
丁烷		−138	0	0.579	1.3562
戊烷	液体	−130	36	0.626	1.3575
己烷		−95	69	0.659	1.3751
庚烷		−90.5	98	0.684	1.3878
辛烷		−57	126	0.703	1.3974
壬烷		−54	151	0.718	0.4054
癸烷		−30	174	0.730	1.4102
十一烷		−26	196	0.740	1.4172
十二烷		−10	216	0.749	1.4216
十三烷		−6	234	0.757	1.4256
十四烷		5.5	252	0.764	1.4290
十五烷		10	266	0.769	1.4315
十六烷		18	280	0.775	1.4345
十七烷	固体	22	292	0.778	1.4369
十八烷		28	308	0.777	1.4349
十九烷		32	320	0.777	1.4409
二十烷		36	343	0.786	1.4425

(1) 物态　在室温下，C_4 以下烷烃是气体，C_5～C_{16} 的烷烃是液体，C_{17} 和 C_{17} 以上的烷烃是固体。由于烷烃是由碳氢两种元素组成的，因此烷烃基本上是非极性分子。

(2) 沸点　沸点是化合物的蒸气压与外界压力达相等时的温度。化合物的蒸气压与分子间引力的大小有关。烷烃属于非极性分子，分子间的作用力主要是范德华力。对于烷烃，相对分子质量越大，分子间的作用力越强，破坏这种力所需要的能量越高，故沸点越高。所以直链烷烃的沸点随碳原子数的增加而有规律地升高。

在碳原子数相同的烷烃异构体中，直链烷烃的沸点比支链烷烃的沸点高，支链越多，沸点越低。因为烷烃支链增多时空间阻碍增大，分子间接触减小，分子间作用力减小，故沸点相应降低。例如，正戊烷沸点为 36℃，异戊烷沸点为 28℃，而新戊烷沸点为 9.5℃。

(3) 熔点　直链烷烃的熔点也是随着碳原子数的增加而有规律地升高。如表 11-2 所示。具有偶数碳原子的直链烷烃，具有较高的对称性，其熔点通常比相邻含奇数碳原子烷烃的熔点升高较多。

对于烷烃的构造异构体，其对称性越高，熔点也越高。例如，戊烷中新戊烷的对称性最

高，熔点也最高。

(4) 相对密度　直链烷烃比水轻，其相对密度都小于1。相对密度的大小与分子间作用力有关，分子间作用力增大，相对密度将增大。相对密度随着碳原子数的增加而增大。相同碳原子数的烷烃，支链越多，相对密度越小。

(5) 溶解度　烷烃几乎不溶于水和其他强极性溶剂，而溶于非极性的或极性很小的有机溶剂，如汽油等。烷烃在有机溶剂中的溶解度，符合“相似互溶”的规则。

(6) 折射率　直链烷烃的折射率也随碳原子数的增加而缓慢增大。折射率是液体有机化合物的固有特性，也可作为鉴定液体有机化合物方法之一。

11.1.6 烷烃的化学性质

烷烃是饱和烃，原子之间以比较牢固的σ键相连，C—H σ键的极性小，在常温下化学性质比较稳定，不与强酸、强碱、强氧化剂、强还原剂反应，因此，常将烷烃作为反应中的溶剂。但是这种稳定性是相对的，在一定条件下烷烃也显示一定的反应性能。

11.1.6.1 自由基取代反应

烷烃分子中的氢原子被其他原子或基团所取代的反应，称为取代反应。被卤原子取代的反应，称为卤代反应，也称为卤化反应。

(1) 卤代反应　烷烃和卤素在室温和黑暗中不起反应，在漫射光、热或催化剂作用下，烷烃与卤素反应，则烷烃分子中的氢原子被卤原子所取代，生成烃的衍生物和卤化氢，同时放出热。例如

$$CH_4 + Cl_2 \xrightarrow{h\nu} \underset{\text{氯甲烷}}{CH_3Cl} + HCl$$

甲烷的氯化很难停留在一个氢原子被取代阶段，分子中的氢原子能逐步被氯原子取代

$$CH_3Cl + Cl_2 \xrightarrow{h\nu} \underset{\text{二氯甲烷}}{CH_2Cl_2} + HCl$$

$$CH_2Cl_2 + Cl_2 \xrightarrow{h\nu} \underset{\text{三氯甲烷(氯仿)}}{CHCl_3} + HCl$$

$$CHCl_3 + Cl_2 \xrightarrow{h\nu} \underset{\text{四氯甲烷(四氯化碳)}}{CCl_4} + HCl$$

所得产物为四种氯甲烷的混合物，但调节甲烷和氯的比例，可以使其中一种产物为主。

其他烷烃与卤素也发生取代反应，但反应产物更复杂。例如：十二烷基苯磺酸钠是工业上生产合成洗涤剂的主要成分，其原料之一的一氯代十二烷就是由直链烷烃经氯化而得的氯代十二烷的混合物。

$$C_{12}H_{26} + Cl_2 \xrightarrow{120℃} C_{12}H_{25}Cl + HCl$$

(2) 烷烃的卤代反应规律与自由基的稳定性

① 卤素的反应活性　卤素与烷烃反应的相对活性是：$F_2 > Cl_2 > Br_2 > I_2$。由于氟化反应太激烈，碘化反应难以进行，所以卤化反应通常是指氯化和溴化。

② 氢原子的反应活性　同一烷烃分子中，伯、仲、叔氢原子被卤原子取代的难易程度、反应的位置不同，即取向不同。实验结果表明，烷烃中氢原子的反应活性为：叔氢＞仲氢＞伯氢。

值得注意，甲烷分子中的氢原子虽然也是伯氢，但比乙烷、丙烷等分子中伯氢较难卤化，这可用C—H键的离解能说明。

	$H_3C—H$	$CH_3CH_2—H$	$CH_3CH_2CH_2—H$
键的离解能/(kJ/mol)	435	410	410

$$\begin{array}{lcc} & (CH_3)_2CHCH_2—H & (CH_3)_3CCH_2—H \\ 键的离解能/(kJ/mol) & 395 & 415 \end{array}$$

甲基中 C—H 键的离解能大于其他烷基自由基，不易离解形成甲基自由基，因此甲基自由基的稳定性比其他烷基自由基均差。

自由基的稳定性次序为

$$(CH_3)_3C\cdot > (CH_3)_2CH\cdot > CH_3CH_2\cdot > CH_3\cdot$$

11.1.6.2 氧化反应

在有机化合物分子中引入氧原子或脱去氢原子的反应，称为氧化反应。反之，脱去氧原子或引入氢原子的反应，称为还原反应。

室温下，烷烃一般不与氧化剂反应，与空气中的氧也不起反应。但烷烃在空气中可以燃烧，这可以看成是强烈的氧化反应。反应生成二氧化碳和水，并放出大量的热。因此，有些烷烃如汽油、柴油、天然气等成为工业上重要的燃料。

一般而言，烷烃的氧化过程复杂，产物常常是混合物，但在适当条件下，烷烃可被氧化成醇、醛、酮和羧酸等含氧化合物。其中的一些反应在工业上得到了利用。例如，高级烷烃用空气或氧气氧化制备高级脂肪酸。

$$R—CH_2—CH_2—R' + O_2 \xrightarrow[107\sim110℃]{MnO_2} RCOOH + R'COOH + 其他羧酸$$

其中含 $C_{12}\sim C_{18}$ 的脂肪酸可以用来代替天然油脂制取肥皂；丁烷用空气氧化可以制取醋酸等。

11.1.6.3 异构化反应

化合物由一种异构体转变成另一种异构体的反应，称为异构化反应。异构化反应是在催化剂作用下，使烷烃骨架重新排列的一种化学反应。例如，正丁烷在氯化铝和氯化氢的存在下在 90～150℃发生异构化，生成异丁烷。

$$CH_3—CH_2—CH_2—CH_3 \underset{90\sim150℃}{\overset{AlCl_3,HCl}{\rightleftharpoons}} CH_3—\underset{}{\overset{CH_3}{\overset{|}{C}H}}—CH_3$$

烷烃异构化是可逆的，反应受热力学平衡控制，低温有利于支链异构体的生成。常用的酸性催化剂有 $AlCl_3$、BF_3、SiO_2-Al_2O_3、H_2SO_4 等。

烷烃的异构化反应在石油工业中占有重要地位。如炼油工业往往利用烷烃的异构化反应，使石油馏分中的直链烷烃异构化为支链烷烃，以提高汽油的质量。

11.1.6.4 裂化反应

烷烃在高温和没有氧气存在下进行的分解反应，称为裂化反应。例如：

$$H_3C—CH_2—CH_2—CH_3 \xrightarrow{500℃} \begin{cases} CH_4 + C_3H_6 \\ CH_3CH_3 + C_2H_4 \\ C_4H_8 + H_2 \end{cases}$$

裂化反应是复杂的过程，从反应本质看，是 C—C 键和 C—H 键断裂的分解反应，生成小分子的烷烃、烯烃和氢气等许多化合物的混合物。而且烷烃分子中所含碳原子数越多，产物也越复杂，反应条件不同产物也不同。

裂化反应是石油加工中的一个重要反应，把高沸点馏分裂化为相对分子质量小的低沸点馏分，以提高汽油、柴油等的产量和质量。裂化反应分为热裂化和催化裂化。在不加催化剂条件下加热裂化，称为热裂化，一般裂化反应温度为 500～700℃；在催化剂作用下的裂化反应称为催化裂化，一般要求裂化温度为 450～500℃。将石油在高于 700℃温度下进行深度裂化的过程，石油工业中称为裂解。从化学的观点看，裂化和裂解的涵义是相同的。但在石油工业中，这两个名词涵义却不同。裂解的目的是为了获得低级烯烃等化工原料，而裂化的目的是为了提高油品的质量和产量。

11.1.7 烷烃的天然来源

（1）天然气 天然气是埋藏在地下的可燃性气体。含有大量的 C_1～C_4 的烷烃，主要成分是甲烷，除用作燃料外，也是重要的化工原料，可用于合成甲醇、乙炔、炭黑和氨等。煤层空隙中存有甲烷，当矿井内甲烷含量在5.5%～14%时，遇明火会引起爆炸。沼气池中的植物发酵后会分解生成甲烷，所以甲烷又叫沼气。

（2）石油 石油的成分非常复杂，是多种烃的混合物，主要有烷烃、环烷烃和芳烃，其组分随产地而异。从油田中得到的原油通常是深褐色的黏稠液体。石油经分馏可以得到若干馏分，它们有不同的用途。石油分馏产品的组成和用途如表11-3所示。

表 11-3 石油主要馏分的组成和用途

名称	主要成分	沸点范围/℃	用途
石油气	C_1～C_4	30以下	化工原料、燃料
石油醚	C_5～C_6	30～60	溶剂
汽油	C_7～C_9	60～200	内燃机燃料、溶剂
航空煤油	C_{10}～C_{15}	160～245	喷气式飞机燃料油
煤油	C_{11}～C_{16}	175～310	点灯、燃料、工业洗涤油
柴油	C_{15}～C_{19}	250～400	柴油机燃料
润滑油	C_{16}～C_{20}	300以上	机械润滑
凡士林	C_{20}～C_{24}	350以上	制药、防锈涂料
石蜡	C_{20}～C_{30}	350以上	制皂、蜡烛、蜡纸、脂肪酸
沥青			防腐绝缘材料、铺路及建筑材料

11.2 烯烃

烯烃是分子中含有碳碳双键（C═C）的不饱和碳氢化合物，又称不饱和烃。根据分子中双键的数目，烯烃可分为单烯烃、二烯烃和多烯烃。根据碳链骨架，烯烃可分为不饱和链烯烃和不饱和环烯烃。碳碳双键（C═C）是烯烃的官能团，它决定了烯烃类化合物的基本性质。烯烃比相应的烷烃少两个氢原子，通式为 C_nH_{2n}。与烷烃相似，烯烃也有同系列，相邻两个同系物之间相差一个 CH_2，CH_2 也是其系差。

11.2.1 烯烃的结构

烯烃的结构特征是碳碳双键。实验表明，烯烃中的碳碳双键与烷烃中的碳碳单键在键长、键能以及键角等共价键属性上是不同的。在烯烃中，形成碳碳双键的碳原子的原子轨道不是 sp^3 杂化。

（1）碳碳双键的组成 在乙烯分子中，碳原子是 sp^2 杂化，每个碳原子余下一个未参加杂化的2p轨道，此轨道垂直于 sp^2 杂化轨道所在的平面，如图11-6所示。乙烯分子中每个碳原子有3个 sp^2 杂化轨道。1个碳原子的1个 sp^2 杂化轨道与另一个碳原子的1个 sp^2 杂化轨道以头碰头的方式相互重叠，形成C—C σ键，每个碳原子余下的2个 sp^2 杂化轨道分别与两个氢原子的1s轨道以头碰头的方式相互重叠，形成4个C—H σ键。形成σ键的轨道称为σ轨道，所有的σ轨道的对称轴都在同一平面上。每一个碳原子余下的一个未参与杂化的2p轨道，保持原有的轨道形状，相互平

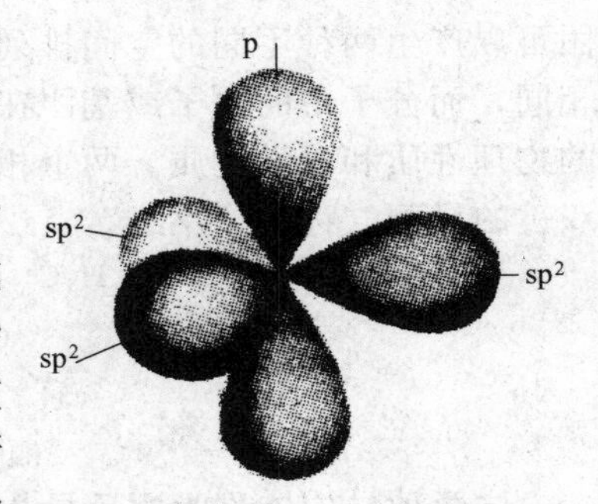

图 11-6 碳原子的 sp^2 杂化轨道

行，以肩并肩的方式在侧面相互重叠形成 π 键，形成 π 键的轨道，称为 π 轨道。C—C σ 和 C—C π 这两个共价键，就构成了乙烯分子中的 C ═ C 双键。乙烯分子的结构如图 11-7 所示。

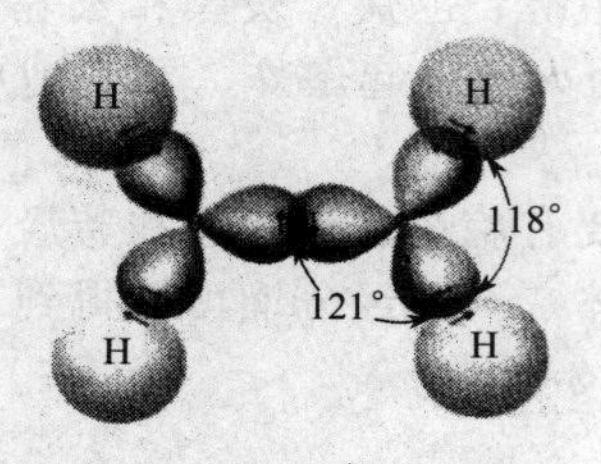

(a) 乙烯分子中的 σ 键

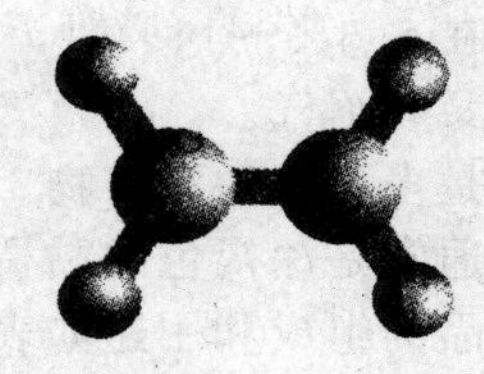

(b) 乙烯分子中 5 个 σ 键的球棒模型

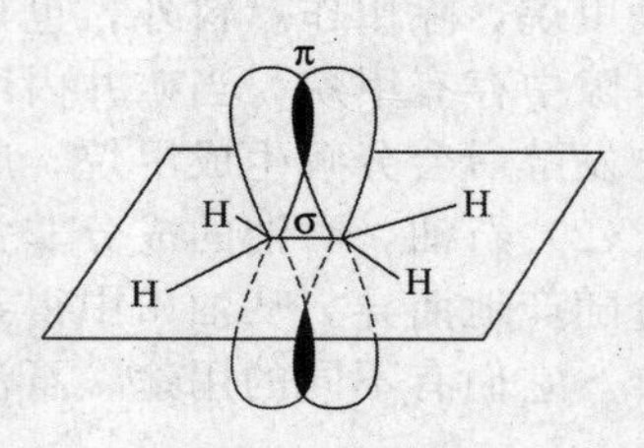

(c) 乙烯分子中的 π 键

图 11-7 乙烯分子的结构

（2）π 键的特性 π 键是由两个 p 轨道从侧面平行重叠而成的，轨道重叠的程度一般比 σ 键要小。因此 π 键不如 σ 键牢固，在反应中比 σ 键容易断裂，这从它们的键能估算也可知道。测得的实验数据是，乙烷分子的碳碳键能是 347kJ/mol，而乙烯分子的碳碳双键键能为 611kJ/mol，这说明乙烯分子中的 π 键键能比 σ 键要低，是较弱的共价键。两个双键碳原子和与其直接相连的四个原子（或基团）在同一平面上，形成碳碳双键的两个原子之间不能绕键轴自由旋转。

11.2.2 烯烃的异构现象

烯烃也存在同分异构现象，但比烷烃复杂。烯烃的异构分为两大类，一类是构造异构，另一类是构型异构。烯烃的构造异构包括碳架异构和官能团位置异构；烯烃的构型异构（属于立体异构）包括顺反异构和对映异构。

（1）碳架异构

$$CH_3-CH_2-CH=CH_2 \qquad CH_3-\overset{CH_3}{\overset{|}{C}}=CH_2$$

1-丁烯　　　　异丁烯

（2）官能团位置异构 分子中官能团在碳链上的位置不同时，便形成官能团的位置异构。

$$CH_3-CH_2-CH=CH_2 \qquad CH_3-CH=CH-CH_3$$

1-丁烯　　　　2-丁烯

通常把双键在一端的烯烃叫做端烯烃，也称为 α-烯烃。

（3）顺反异构 当双键的两个碳原子上各连接的两个不同的原子或基团不同时，4 个基团可以产生两种不同的空间排列方式。分子中原子在空间的排列方式，称为构型。这种构造相同，而分子中的原子或基团在空间排列的方式不同，称为构型异构。构型异构体具有不同的物理性质和化学性质。两个相同的基团在双键的同侧，称为“顺式”，两个相同的基团在双键的异侧，称为“反式”。

$$\begin{matrix} H_3C & & CH_3 \\ & C=C & \\ H & & H \end{matrix} \qquad \begin{matrix} H & & CH_3 \\ & C=C & \\ H_3C & & H \end{matrix}$$

顺-2-丁烯　　　　反-2-戊烯

这两种异构体称为顺反异构体，这种异构现象称为顺反异构。顺-2-丁烯与反-2-丁烯是构型不同的化合物。

并不是所有的烯烃都能产生顺反异构体。只要两个双键碳原子中有一个连有两个相同的原子或基团，就不会产生顺反异构体。

11.2.3 烯烃的命名

11.2.3.1 烯基的命名

烯烃分子中去掉一个氢原子后余下的基团，称为烯基。最常见的烯基有：

$$CH_2=CH- \qquad CH_3-CH=CH- \qquad CH_2=CH-CH_2-$$

乙烯基　　　丙烯基　　　烯丙基

11.2.3.2 烯烃的命名

烯烃的命名主要是系统命名法。除此之外，还有普通命名法（也称习惯命名法）、衍生物命名法以及俗名。虽然各有所用，但后几种命名法多有局限性，一般只适用于简单的或特殊的烯烃。

烯烃的系统命名法与烷烃有许多相同之处，但由于烯烃分子中有官能团（C═C）存在，因此命名方法与烷烃有所不同。烯烃的命名原则如下。

① 选择含有碳碳双键的最长碳链作为主链，支链作为取代基，根据主链所含碳原子数称为“某烯”。

② 从距离碳碳双键最近的一端开始，对主链碳原子依次用阿拉伯数字1,2,3…编号，或者说给予双键最小的编号。碳碳双键的位次用两个双键碳原子中编号小的碳原子的号数表示，写在“某烯”之前，并用半字线相连。

③ 取代基的位次、数目、名称写在烯烃名称之前，其原则和书写格式与烷烃相同。例如

$$CH_2=C(CH_2CH_2CH_3)-CH_2CH_3 \qquad CH_3-C(CH_3)_2-CH=CHCH_3 \qquad CH_3CH(CH_2CH_2CH_3)-C(CH_2CH_3)=CH_2$$

2-乙基-1-戊烯　　　4,4-二甲基-2-戊烯　　　3-甲基-2-乙基-1-己烯

与烷烃不同的是，当烯烃主碳链的碳原子数多于十个时，命名时在烯字之前加一碳字，称为“某碳烯”，例如

$$CH_3(CH_2)_{10}CH_3 \qquad CH_3(CH_2)_3CH=CH(CH_2)_4CH_3$$

十二烷　　　5-十一碳烯

11.2.3.3 烯烃顺反异构体的命名

烯烃顺反异构体的命名可采用两种方法——顺反命名法和 Z,E-命名法。

(1) 顺反命名法　对具有顺反异构体的烯烃命名时，只需在系统名称前分别冠以“顺”字或“反”字，并用半字线与化合物名称相连。例如

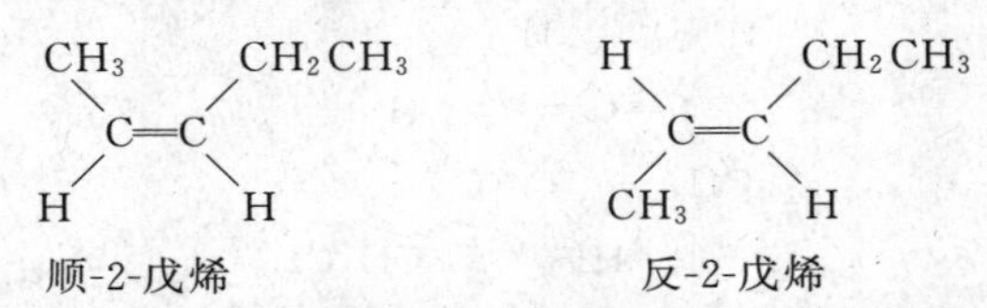

顺-2-戊烯　　　反-2-戊烯

(2) Z,E-命名法　两个双键碳原子所连接的四个原子或基团都不相同时，则很难用顺反命名法命名，需要采用 Z,E-命名法。在介绍 Z,E-命名法前，先介绍次序规则。

为了表示分子内原子间的立体化学关系，需要确定有关原子或基团的排列次序，这种方法称为次序规则。用次序规则决定 Z,E 的构型。次序规则的要点如下。

① 将与双键碳原子直接相连的原子按原子序数大小排列，大者为“较优”基团；若为同位素，则质量高的定为“较优”基团；未共用电子对（∶）被规定为最小（原子序数为

0)。例如，一些原子的优先次序为

$$I>Br>Cl>S>O>N>C>D>H$$

这里，符号“>”表示优先于。

② 如果与双键碳原子直接相连的原子的原子序数相同，则需要比较由该原子外推至相邻的第二个原子的原子序数，如仍相同，再依次外推，直至比较出较优基团为止。按照这一规则，几个简单烷基的优先次序为：

$$-C(CH_3)_3>-CH(CH_3)_2>-CH_2CH_3$$

③ 当基团是不饱和的，也就是含有双键或三键时，可以认为双键和三键原子连接着两个或三个相同的原子。由此可知 $-C\equiv CH>-CH=CH_2$。

根据次序规则可知，一些常见基团的优先次序为

$$-I>-Br>-Cl>-SO_2R>-SR>-F>-OOCR>-OR>-OH>-NO_2>$$
$$-NH_2>-CCl_3>-COOR>-COR>-CHO>-CH=CH_2>-CH(CH_3)_2>$$
$$-CH_2CH=CH_2>-CH_2CH_2CH_3>-CH_2CH_3>-CH_3>-D>-H$$

采用 *Z*,*E*-命名法时，根据次序规则比较出两个双键碳原子上所连接的两个原子或基团的优先次序。当两个双键碳原子上的“较优”原子或基团都处于双键的同侧时，称为 *Z* 式（*Z* 是德文 Zusammen 的字首，为同侧之意）；当两个双键碳原子的“较优”原子或基团处于双键两侧时，则称为 *E* 式（*E* 是德文 Entgegen 的字首，为相反之意）。*Z*、*E* 写在括号里放在相应烯烃名称之前，同时用半字线相连。例如

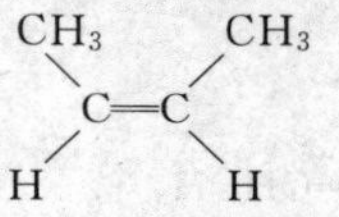

$CH_3(H)C=C(H)CH_3$（两个 CH_3 同侧）　　$H(CH_3)C=C(H)CH_3$（两个 CH_3 异侧）

(*Z*)-2-丁烯 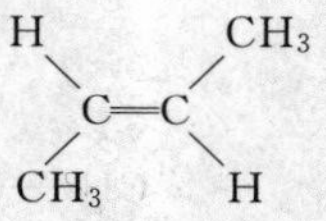　　(*E*)-2-丁烯

顺反命名法与 *Z*,*E*-命名法不是完全对应的，顺式不一定是 *Z* 式，反式不一定是 *E* 式。例如

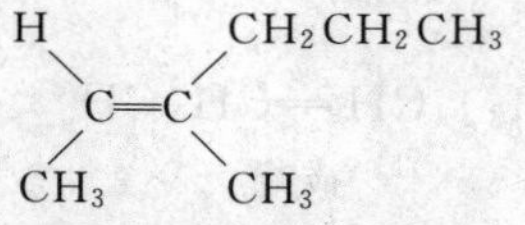

$H(CH_3)C=C(CH_2CH_2CH_3)CH_3$　　$CH_3(H)C=C(CH_2CH_2CH_3)CH_3$

(*E*)-3-甲基-2-己烯　　(*Z*)-3-甲基-2-己烯

或顺-3-甲基-2-己烯　　或反-3-甲基-2-己烯

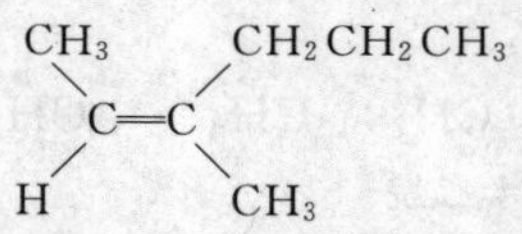

如果每个双键上所连接的基团都有 *Z*、*E* 两种构型，则需逐个表明其构型。例如

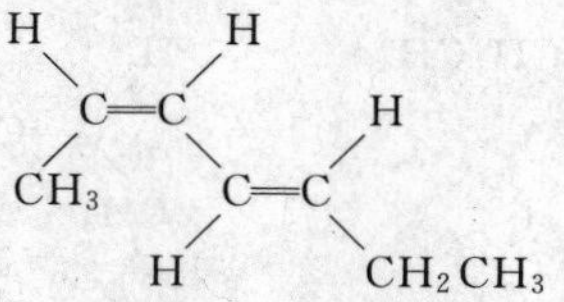

$CH_3CH=CH-CH=CHCH_2CH_3$

(2*Z*,4*E*)-2,4-庚二烯

11.2.4 烯烃的物理性质

烯烃的物理性质与烷烃相似，它们一般是无色的，有一定的气味，其沸点和相对密度等也随着相对分子质量的增加而递升。在常温常压下，乙烯、丙烯和丁烯是气体，从戊烯开始是液体，高级烯烃是固体。它们的相对密度都小于1。难溶于水，而易溶于非极性和弱极性的有机溶剂，如苯、氯仿和石油醚等。一些常见烯烃的物理常数见表11-4。

表 11-4 一些常见烯烃的物理常数

名称	构造式	熔点/℃	沸点/℃	相对密度(d_4^{20})
乙烯	$CH_2=CH_2$	−169.5	−103.7	0.570(沸点时)
丙烯	$CH_3CH=CH_2$	−185.2	−47.7	0.610(沸点时)
1-丁烯	$CH_3CH_2CH=CH_2$	−184	0.9	0.625(沸点时)
顺-2-丁烯	(H)(CH₃)C=C(H)(CH₃)，两个H同侧	−139.3	−6.4	0.6213
反-2-丁烯	(H)(CH₃)C=C(CH₃)(H)，两个H异侧	−105.5	3.5	0.6042
2-甲基-1-丙烯	$(CH_3)_2C=CH_2$	−140.8	−6.9	0.631
1-戊烯	$CH_3(CH_2)_2CH=CH_2$	−138	30.1	0.641
1-己烯	$CH_3(CH_2)_3CH=CH_2$	−139	63.5	0.673
1-庚烯	$CH_3(CH_2)_4CH=CH_2$	−119	93.6	0.697
1-十八碳烯	$CH_3(CH_2)_{15}CH=CH_2$	17.5	179	0.791

从表 11-4 可以看出，顺反异构体的熔点、沸点有所不同。如顺-2-丁烯的沸点比反-2-丁烯的略高，而熔点则是后者略高于前者。这是因为顺-2-丁烯是非对称分子，偶极矩不等于零，具有弱极性，故沸点略高；而反-2-丁烯是对称分子，它在晶格中的排列比顺式较紧密，所以熔点略高。其他烯烃的顺反异构也存在这种现象。

11.2.5 烯烃的化学性质

烯烃的官能团是碳碳双键，双键中的 π 键比 σ 键容易断裂，因此，碳碳双键能发生多种反应。另外，受碳碳双键的影响，与双键碳原子直接相连的碳原子，也比较活泼，能发生某些反应。与官能团直接相连的碳原子称为 α-碳原子，α-碳原子上的氢原子称为 α-氢原子。烯烃上的 α-氢原子，受 π 键的影响，也显示出一定的活性，较易发生反应。

综上所述，烯烃发生反应的主要部位是：

$$R-\underset{\uparrow \atop ②}{CH_2}-\underset{\uparrow \atop ①}{CH=CH_2}$$

① 双键上的反应，如加成、氧化、聚合等

② α-碳原子上的反应，如取代、氧化等

11.2.5.1 加成反应

在一定条件下，烯烃与试剂作用，双键中的 π 键断开，两个双键碳原子分别与试剂的一部分结合，生成饱和产物，这种反应称为加成反应。如下式所示：

$$\gt C=C\lt + X-Y \longrightarrow -\underset{X}{\overset{|}{\underset{|}{C}}}-\underset{Y}{\overset{|}{\underset{|}{C}}}-H$$

（1）催化加氢　在适当的催化剂存在下，烯烃与氢进行加成，生成相应的烷烃，这个反应称为催化加氢。常用的催化剂有镍（工业上常采用 Raney 镍）、钯、铂等。

$$CH_3CH=CH_2+H_2 \xrightarrow[25℃,5MPa]{Ni,C_2H_5OH} CH_3CH_2CH_3$$

反应温度和压力，随烯烃和催化剂的不同而改变。分子中含有碳碳双键的化合物，都可在适当的条件下进行催化加氢。

烯烃催化加氢反应是定量的，通过消耗氢气的量，可以推知烯烃中含有双键的数目。

烯烃的催化加氢反应，在工业上和研究工作中都具有重要意义。例如，石油加工生产的粗汽油常含有少量烯烃，由于烯烃易发生氧化和聚合反应而影响油品质量，因此对粗汽油进行加氢处理，将其中的烯烃转变为相应的烷烃，可以提高油品的质量。加氢处理后的汽油称为加氢汽油。

(2) 与卤素加成　由于烯烃中含有较弱的π键，π电子受原子核的束缚力小，电子云流动性较大，容易极化和给出电子，因此烯烃容易与需要电子的试剂发生加成反应。这种需要电子的试剂称为亲电试剂。这种烯烃与亲电试剂进行的加成反应称为亲电加成。亲电加成是烯烃的特征反应。亲电试剂可以是分子或离子，它们能在反应中接受电子形成新的共价键。H^+、Br_2 及所有的 Lewis 酸都可以作为亲电试剂。

烯烃与卤素容易进行加成反应，生成邻二卤代烃（两个卤原子所在的碳原子相邻，也称邻二卤化物）。例如：

$$CH_3-CH=CH_2+Br_2 \xrightarrow{CCl_4} \underset{\substack{|\\Br}}{CH_3-CH}-\underset{\substack{|\\Br}}{CH_2}$$

1,2-二溴丙烷

烯烃与溴的反应，不仅可用来制备邻二溴化物，而且由于反应中溴的红棕色消失现象明显，因此也常被用来鉴别和定量测定含有碳碳双键的化合物。

对于同一烯烃，不同卤素的加成活性由大到小的顺序为

$$F_2>Cl_2>Br_2>I_2$$

其中氟非常活泼，反应难于控制；而碘的活性很差，除少数烯烃外，一般不与烯烃发生加成反应；常用氯和溴与烯烃反应。氯也很活泼，为了使氯和烯烃顺利进行加成反应而不过于猛烈，通常采取既加入溶剂稀释，又加入催化剂的办法。例如：工业上由乙烯和氯制备1,2-二氯乙烷，就是采用氯化铁作催化剂，1,2-二氯乙烷作溶剂。

$$CH_2=CH_2+Cl_2 \xrightarrow{FeCl_3} \underset{\substack{|\\Cl}}{CH_2}-\underset{\substack{|\\Cl}}{CH_2}$$

1,2-二氯乙烷

对于同一卤素，不同烯烃的加成活性由大到小的顺序为

$$(CH_3)_2CH=CH(CH_3)_2>(CH_3)_2C=CHCH_3>(CH_3)_2C=CH_2>$$
$$CH_3-CH=CH_2>CH_2=CH_2$$

(3) 与卤化氢加成及马氏规则

① 与卤化氢加成　实验证明烯烃与卤化氢的加成也是亲电加成，产物为卤代烃。例如

$$CH_2=CH_2+HCl \xrightarrow[130\sim250℃]{AlCl_3} \underset{\substack{|\\H}}{CH_2}-\underset{\substack{|\\Cl}}{CH_2}$$

这是工业上制备氯乙烷的方法之一。

烯烃与卤化氢的加成反应，烯烃的活性与其同卤素的加成相似。对于不同卤化氢，由于反应第一步是HX离解出H^+与碳碳双键加成，因此容易离解出H^+的HX，其反应活性大。卤化氢与同一烯烃的反应活性是：

$$HI>HBr>HCl$$

② 马氏规则　乙烯是一个对称分子，它与卤化氢加成时，无论氢原子或卤原子加到哪一个双键碳原子上，均得到相同产物。不对称烯烃与卤化氢加成时，则可能生成两种产物。例如，丙烯与氯化氢的加成：

$$CH_3-CH=CH_2 \xrightarrow{HCl} \begin{cases} \underset{H}{CH_2}-\underset{Cl}{CH}-CH_3 & \text{2-氯丙烷(主要产物)} \\ \underset{Cl}{CH_2}-\underset{H}{CH}-CH_3 & \text{1-氯丙烷} \end{cases}$$

实验结果表明，此反应的主要产物是2-氯丙烷。

马尔柯夫尼柯夫（Markovnikov）通过实验总结出了一条经验规则，即不对称烯烃与卤化氢等极性试剂进行加成时，试剂中的氢原子加到含氢较多的双键碳原子上，卤原子加到含氢较少的双键碳原子上。此规则称为马尔柯夫尼柯夫规则，简称马氏规则，也称为不对称加成规则。利用此规则可以预测很多加成反应的产物，其预测与实验结果是一致的。

③ 马氏规则的理论解释　马氏规则可以用电子的诱导效应加以解释。

以丙烯与HCl的加成反应为例，与不饱和碳原子相连的甲基（或烷基）碳原子为sp^3杂化，双键碳原子为sp^2杂化，由于sp^2杂化轨道比sp^3杂化道含有较多的s成分，轨道的s成分越多，原子核对电子的吸引力越大，因此$C_{sp^3}-C_{sp^2}$ σ键之间的电子云密度偏向sp^2的杂化双键碳原子，与sp^2(sp)杂化的碳原子相连的甲基（或烷基）表现出供电性，即供电诱导效应，使得双键上的电子云发生偏移，离甲基较远的双键碳原子上带有部分负电荷。当与卤化氢加成时，带部分正电荷的氢原子（或带电荷的质子）加到带有部分负电荷的双键碳原子上，而带有部分负电荷的氯原子（或带负电荷的氯原子）则加到带有部分正电荷的双键碳原子上。这种由于电子密度分布对性质产生的影响叫电子诱导效应。

$$CH_3 \rightarrow \overset{\delta+}{CH}=\overset{\delta-}{CH_2} + \overset{\delta+}{H}\rightarrow\overset{\delta-}{Cl} \longrightarrow CH_3-\underset{Cl}{CH}-\underset{H}{CH_2}$$

另外，马氏规则也可从反应过程中生成的正碳离子中间体的稳定性进行解释。如丙烯与氯化氢的加成，首先可能生成两种碳正离子（Ⅰ）和（Ⅱ）：

$$CH_3-CH=CH_2+HCl \xrightarrow[-Cl^-]{} \underset{(\text{I})}{CH_3-\overset{+}{CH}-\underset{H}{CH_2}} + \underset{(\text{II})}{CH_3-\underset{H}{CH}-\overset{+}{CH_2}}$$

在上述碳正离子（Ⅰ）和（Ⅱ）中，（Ⅰ）中带正电荷的碳原子连接的烷基比（Ⅱ）中的多，因此（Ⅰ）中的正电荷分散较好且较稳定，容易生成，成为反应的主要活性中间体。丙烯与氯化氢加成反应主要按（Ⅰ）的方式进行。带正电荷碳原子上连接的烷基越多，正碳离子越稳定。正碳离子稳定性由大到小的顺序是：

$$(CH_3)_3\overset{+}{C} > (CH_3)_2\overset{+}{C}H > CH_3\overset{+}{C}H_2 > \overset{+}{C}H_3$$

即叔碳正离子（3°）>仲碳正离子（2°）>伯碳正离子（1°）>甲基正离子（1°）。

在一般情况下，不对称烯烃与不对称试剂加成都遵从马氏规则的解释。

④ 过氧化物效应　在过氧化物（用R—O—O—R表示）存在下，不对称烯烃与溴化氢的加成，生成违反马氏规则的产物，这种加成称为反马氏加成。这种由于过氧化物的存在而引起烯烃加成取向的改变，也称为过氧化物效应。不对称烯烃与卤化氢的加成，只有溴化氢存在过氧化物效应。

$$CH_3-CH_2-CH=CH_2 + HBr \begin{cases} \longrightarrow CH_3CH_2\underset{Br}{CH}-\underset{H}{CH_2} \\ \xrightarrow{R-O-O-R} CH_3CH_2\underset{H}{CH}-\underset{Br}{CH_2} \end{cases}$$

（4）与硫酸加成　烯烃与浓硫酸容易进行加成反应，生成硫酸氢烷基酯（酸性硫酸酯）。

质子首先加到一个双键碳原子上，生成正碳离子中间体，然后与硫酸氢负离子与之结合。

$$CH_2=CH_2+HOSO_2OH \longrightarrow H_3C-CH_2OSO_3H$$

硫酸氢乙酯

反应很容易进行，只要将烯烃与硫酸一起摇荡，便可以得到清亮的加成产物溶液。

硫酸是二元酸，有两个活泼氢原子，在一定条件下可与两分子乙烯进行加成，生成硫酸二乙酯（中性硫酸酯）。

$$CH_2=CH_2+HOSO_2OH+CH_2=CH_2 \longrightarrow CH_3CH_2OSO_2OCH_2CH_3$$

硫酸二乙酯

不同烯烃和硫酸加成的难易顺序，与烯烃和卤素、卤化氢加成的难易顺序相同；不对称烯烃与硫酸的加成也符合马氏规则。例如：

$$H_3C-CH_2=CH_2+HOSO_2OH \longrightarrow CH_3-\underset{\underset{OSO_2OH}{|}}{CH}-CH_3$$

硫酸氢丙酯

由于硫酸氢烷酯能溶于硫酸中，因此可利用上述反应来提纯某些化合物。例如，烷烃不与硫酸反应，也不溶于硫酸，当烷烃中混有少量烯烃杂质时，可用浓硫酸洗涤，则烯烃转变为硫酸氢烷酯溶于硫酸中而被除去。

将硫酸氢烷酯用水稀释并加热，则水解生成醇和硫酸。

$$CH_3CH_2OSO_2OH+H_2O \xrightarrow{\triangle} CH_3CH_2OH+H_2SO_4$$

烯烃加硫酸而后水解，反应的总结果是烯烃加一分子水生成醇。这是工业上制备醇的方法之一，称为烯烃的间接水合法。

（5）与水加成　在酸（常用硫酸或磷酸）的催化作用下，烯烃与水直接加成生成醇，这个反应也叫做烯烃的水合。这也是醇的工业制法之一，称为直接水合法。不对称烯烃与水的加成也符合马氏规则。

$$CH_2=CH_2+HOH \xrightarrow[280\sim300℃,7MPa]{H_3PO_4} CH_3-CH_2-OH$$

乙醇

$$CH_3-CH=CH_2+HOH \xrightarrow[195℃,2MPa]{H_3PO_4} CH_3-\underset{\underset{OH}{|}}{CH}-CH_3$$

异丙醇

（6）与次卤酸加成　烯烃与次卤酸（常用次氯酸和次溴酸）加成生成卤代醇。

$$CH_2=CH_2+HClO \longrightarrow \underset{\underset{OH}{|}}{CH_2}-\underset{\underset{Cl}{|}}{CH_2}$$

2-氯乙醇

在实际生产中，由于次卤酸不稳定，常用卤素和水直接反应。

$$CH_2=CH_2+Br_2+H_2O \longrightarrow \underset{\underset{Br}{|}}{CH_2}-\underset{\underset{OH}{|}}{CH_2}+HBr$$

2-溴乙醇

不对称烯烃与次卤酸的加成，也遵从马氏规则。

$$CH_3-CH=CH_2+Cl_2+H_2O \longrightarrow H_3C-\underset{\underset{OH}{|}}{CH}-\underset{\underset{Cl}{|}}{CH_2}+HCl$$

1-氯-2-丙醇

在工业上常利用此反应制备氯代醇，称为次氯酸化反应。

（7）硼氢化-氧化反应　烯烃也能与硼氢化物（简称硼烷）进行加成反应，生成三烷基硼，三烷基硼在碱性溶液中能被过氧化氢氧化成醇。常用的硼烷是乙硼烷 B_2H_6，或写成 $1/2(BH_3)_2$（甲硼烷 BH_3 不能单独存在）。例如：

$$\frac{1}{2}(BH_3)_2 \xrightarrow{CH_2=CH_2} \underset{\text{一乙基硼}}{CH_3CH_2BH_2} \xrightarrow{CH_2=CH_2} \underset{\text{二乙基硼}}{(CH_3CH_2)_2BH} \xrightarrow{CH_2=CH_2} \underset{\text{三乙基硼}}{(CH_3CH_2)_3B}$$

$$(CH_3CH_2)_3B \xrightarrow[25\sim30℃]{H_2O_2,OH^-,H_2O} 3CH_3CH_2OH + B(OH)_3$$

以上两步反应联合起来称为硼氢化-氧化反应，总的反应结果相当于烯烃加上了一分子水。硼氢化-氧化反应得到反马氏规则产物，且无重排。这是制备醇的一种重要方法，α-烯烃经硼氢化-氧化反应均得到伯醇，操作简便，产率也高，在有机合成上有较好的应用价值。

11.2.5.2 氧化反应

烯烃中双键的活泼性还表现在容易被氧化，其氧化反应较复杂，随烯烃的结构、氧化剂、反应条件和催化剂的不同，氧化产物也不同。

（1）催化氧化　在特定催化剂存在下，烯烃与 O_2 作用被氧化成环氧化合物或羰基化合物。

以活性银为催化剂，在较高的温度下，用空气氧化乙烯，双键中的 π 键断裂，生成环氧乙烷（亦称氧化乙烯）。

$$CH_2=CH_2 + \frac{1}{2}O_2 \xrightarrow[200\sim300℃,1\sim2MPa]{Ag} \underset{\text{环氧乙烷}}{H_2C\overset{O}{—}CH_2}$$

（2）$KMnO_4$ 氧化　烯烃用稀、冷高锰酸钾的中性或碱性溶液氧化，双键中的 π 键断裂，生成 α-二醇（α-二醇是类名，是指两个羟基分别连接在两个相邻碳原子上的化合物，也称邻二醇），反应过程中高锰酸钾的紫色消失，同时生成褐色二氧化锰沉淀，现象非常明显，因此可用来鉴别烯烃。但应注意，除不饱和烃外，醇、醛等有机化合物也能被高锰酸钾所氧化，因此不能认为能使高锰酸钾溶液褪色的就一定是不饱和烃。

$$3H_3CCH=CH_2 + 2KMnO_4 + 4H_2O \xrightarrow{OH^-} 3H_3C\underset{OH}{CH}—\underset{OH}{CH_2} + 2MnO_2\downarrow + 2KOH$$

产物 α-二醇容易被进一步氧化，故较少用此反应制备 α-二醇。

在较强烈的条件下，如在加热下用浓的高锰酸钾碱溶液或用酸性高锰酸钾水溶液氧化，碳碳双键完全断裂，生成氧化产物。例如

$$CH_3—\overset{CH_3}{C}=CH—CH_3 \xrightarrow{MnO_4^-,OH^-} \underset{\text{丙酮}}{CH_3—\overset{CH_3}{C}=O} + \underset{\text{乙酸}}{O=\overset{OH}{C}—CH_3}$$

由于烯烃结构不同，氧化产物不同，此反应可用来推测原烯烃的结构。

（3）臭氧氧化　烯烃与臭氧作用生成臭氧化物，臭氧化物在还原剂（如锌粉）存在下用水分解，则生成醛或酮。例如：

$$CH_3—\overset{CH_3}{C}=CH—CH_3 \xrightarrow{O_3} \text{(臭氧化物：}H_3C,CH_3\text{ 与 }C\text{ 相连，}C—O—C\text{，}O—O\text{ 桥，}CH_3,H\text{)} \xrightarrow{Zn,H_2O} \underset{\text{乙醛}}{CH_3—\overset{H}{C}=O} + \underset{\text{丙酮}}{O=\overset{CH_3}{C}—CH_3}$$

可利用此反应制备醛和酮或根据产物的结构推测原烯烃的结构。

11.2.5.3 聚合反应

在适当条件下，烯烃中的 π 键打开，在相同分子间加成，这种反应称为聚合反应，亦称

为加聚反应。能进行聚合反应的小分子化合物称为单体；聚合的产物称为聚合物。由二、三或四分子聚合的产物，分别称为二、三或四聚体。由许多分子聚合而成的产物，称为高聚物。例如

$$nCH_2=CH_2 \xrightarrow[60\sim70℃]{TiCl_4\text{-}Al(C_2H_5)_3} \left[CH_2-CH_2\right]_n$$

聚乙烯

$$nH_3CCH=CH_2 \xrightarrow[50℃,2MPa]{TiCl_4\text{-}Al(C_2H_5)_3} \left[\underset{\displaystyle CH_3}{\underset{|}{CH}}-CH_2\right]_n$$

聚丙烯

式中，$\left[CH_2-CH_2\right]$ 等称为链节；n 称为聚合度。

聚乙烯和聚丙烯通称聚烯烃，它们具有非常广泛的用途。但聚合条件不同，聚合度不同，用途也不尽相同。例如，低压聚乙烯密度较大，主要用于制造瓶、杯、管和壳体结构等；而高压聚乙烯密度较低，广泛用于薄膜、吹塑容器等。

11.2.5.4 α-氢的氯代反应

烯烃与氯很容易发生加成反应，对于含有α-氢原子的烯烃，不仅能够发生加成反应，还可以发生α-氢原子被取代的反应。因此，当丙烯与氯反应时，就会发生两个反应——加成反应和取代反应，生成两种不同的产物。实验证明，温度越高越有利于取代，300℃以下，主要发生加成；当温度高到500℃，主要发生取代反应，可以得到较高产率的取代产物。工业上就是采用这个方法，使干燥的丙烯在500～530℃与氯气反应来生产3-氯-1-丙烯。

$$CH_3-CH=CH_2+Cl_2 \xrightarrow{500℃} Cl-CH_2-CH=CH_2+HCl$$

3-氯-1-丙烯

如果采用其他卤化试剂，反应也可在较低温度下进行。例如，用 N-溴代丁二酰亚胺（简称 NBS）为溴化剂，则α-溴化可以在较低温度下进行。

$$CH_3CH=CH_2 \xrightarrow[h\nu,CCl_4]{NBS} BrCH_2CH=CH_2$$

11.2.6 低级烯烃的工业来源

乙烯是最重要的基本有机化工原料。据统计大约有机试剂产量的2/5是以乙烯为原料制得的。乙烯的产量被认为是衡量一个国家石油化学工业发展水平的标志。乙烯主要用于制取有机化工原料和聚合物，如聚乙烯、环氧乙烷、乙二醇、二氯乙烷、氯乙烯、乙醇及乙醛等。

乙烯是无色略带甜味的气体，与空气混合形成爆炸性混合物，爆炸极限为27%～36%（体积分数）。

乙烯和丙烯等低级烯烃主要来源于石油裂解气和炼厂气。石油的某一个馏分在高温（>750℃）裂解，生成低级烃的气体混合物（石油裂解气），经分离得到乙烯和丙烯。石油裂解气主要含有氢和 C_4 以下的烷烯烃等。

炼油厂是在石油炼制过程中产生的大量气体，其中主要含有氢、C_4 以下的烷烯烃和少量其他气体。

11.3 炔烃

分子中含有碳碳三键的开链不饱和烃，称为炔烃。碳碳三键（C≡C）是炔烃的官能团，它比相应的烯烃少两个氢原子，通式为 C_nH_{2n-2}。最简单的炔烃是乙炔。

11.3.1 乙炔的结构

乙炔是直线形分子（H—C≡C—H），乙炔中的两个碳原子是 sp 杂化轨道，两个碳原子各以一个 sp 杂化轨道相互重叠，形成 $C_{sp}—C_{sp}$ σ 键。每一个碳原子的另一个 sp 杂化轨道则分别与氢原子的 1s 轨道相互重叠，形成 $C_{sp}—H_s$ σ 键。乙炔分子中的碳原子和氢原子都在同一直线上，即键角为 180°。

每个碳原子上未参与杂化的两个 2p 轨道，它们的轴相互垂直，分别平行重叠形成两个相互垂直的 π 键，这两个 π 键电子云在空间绕 $C_{sp}—C_{sp}$ σ 键呈圆柱状分布。乙烯分子的结构如图 11-8 所示。

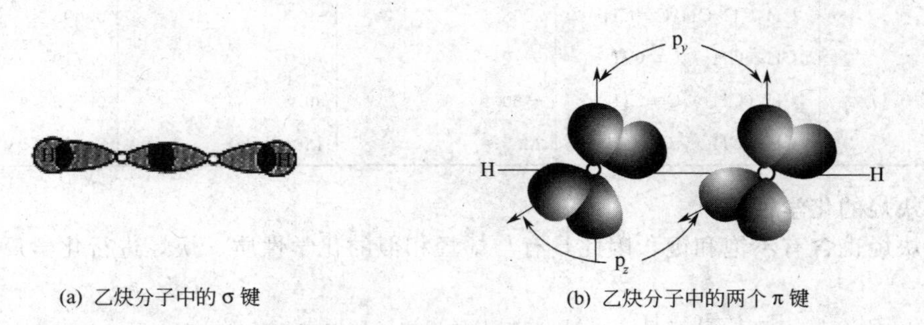

(a) 乙炔分子中的 σ 键　　(b) 乙炔分子中的两个 π 键

图 11-8　乙炔分子的结构

11.3.2 炔烃的构造异构和命名

11.3.2.1 炔烃的构造异构

与烯烃相似，炔烃也有同系列，相邻两个同系物之间也相差一个 CH_2，CH_2 也是它们的系差。简单的炔烃没有构造异构体，含有四个或四个以上碳原子的炔烃，由于碳架异构和三键位次（官能团位次）异构而产生了构造异构体。例如

$CH_3CH_2CH_2C≡CH$　1-戊炔

$CH_3CH_2C≡CCH_3$　2-戊炔

$CH_3CH(CH_3)C≡CH$（$CH_3CHC≡CH$，3-位上连 CH_3）　3-甲基-1-丁炔

与烯烃不同，由于乙炔分子是直线形的，乙炔和乙炔分子中的一个或两个氢原子被取代后形成其他炔烃，都无顺反异构现象。

11.3.2.2 炔烃的命名

炔烃一般采用衍生命名法和系统命名法，其中以系统命名法最常见。

(1) 系统命名法　炔烃的系统命名法与烯烃相似，将相关的“烯”字改成“炔”字即可。例如：

$CH_3(CH_2)_{10}C≡CH$　1-十三碳炔

$CH_3CHC≡CCH_3$（2-位上连 CH_3）　4-甲基-2-戊炔

(2) 烯炔的命名　分子中同时含有碳碳双键和三键的不饱和链烃称为烯炔。在系统命名法中，选择含有双键和三键在内的最长碳链作为主链，称为“某烯炔”，主链的编号也遵循“最低系列”原则，若主链编号时双键、三键处于相同位次时，则优先给双键以最低编号。例如

$CH_3CH=CHC≡CH$　3-戊烯-1-炔

$CH_3C≡CCHCH_2CH=CH_2$（CH 上连 CH_3）　4-甲基-1-庚烯-5-炔

$HC≡CCH=CH_2$　1-丁烯-3-炔

11.3.3 炔烃的物理性质

炔烃的物理性质与烯烃相似。常温下，C_2～C_4 的炔烃是气体，从 C_5 开始为液体，高

级炔烃为固体。它们的相对密度都小于1。难溶于水，而易溶于非极性和弱极性的有机溶剂。一些炔烃的物理常数如表11-5所示。

表11-5 一些炔烃的物理常数

名 称	构造式	熔点/℃	沸点/℃	相对密度(d_4^{20})
乙炔	$CH\equiv CH$	−81.8(压力下)	−83.4	0.618(沸点时)
丙炔	$H_3CC\equiv CH$	−101.5	−23.3	0.671(沸点时)
1-丁炔	$CH_3CH_2C\equiv CH$	−112.5	8.5	0.668(沸点时)
1-戊炔	$CH_3CH_2CH_2C\equiv CH$	−98	39.7	0.695
1-己炔	$CH_3(CH_2)_3C\equiv CH$	−124	71.4	0.719
1-庚炔	$CH_3(CH_2)_4C\equiv CH$	−80.9	99.8	0.733
1-十八碳炔	$CH_3(CH_2)_{15}C\equiv CH$	22.5	180(2kPa)	0.8695(0℃)

11.3.4 炔烃的化学性质

由于炔烃也含有不饱和键，因此具有与烯烃相似的化学性质。炔烃进行化学反应的主要部位是：

$$R—C\equiv C—H$$

（箭头①指向三键，②指向炔氢）

① 三键上的反应，如加成、氧化、聚合等

② 炔氢的反应

11.3.4.1 *加成反应*

炔烃与烯烃相似，也能进行加成反应。碳碳三键中π键容易断裂，既可与一分子试剂加成，也可与两分子试剂加成。

$$—C\equiv C— \xrightarrow{X—Y} —\underset{X}{C}=\underset{Y}{C}— \xrightarrow{X—Y} —\overset{X}{\underset{X}{C}}—\overset{Y}{\underset{Y}{C}}—$$

(1) 催化加氢　在适当的催化剂作用下，炔烃与氢进行加成，生成相应的烯烃或烷烃。例如

$$CH\equiv CH \xrightarrow[Pd]{H_2} CH_2=CH_2 \xrightarrow[Pd]{H_2} CH_3—CH_3$$

催化剂为Ni、Pd、Pt时，炔烃加氢很难停留在烯烃阶段，一般是加两分子氢生成烷烃。选择适当的催化剂和条件，可使炔烃的加氢控制在烯烃阶段。选择林德拉（Lindlar）催化剂（醋酸铅部分毒化的$Pd\text{-}CaCO_3$、喹啉部分毒化的$Pd\text{-}BaSO_4$）和Ni_2B（也称为P-2催化剂）等，对炔烃进行加氢时，则生成相应的顺式烯烃。例如

$$H_3CC\equiv CCH_3 + H_2 \xrightarrow[\text{或林德拉催化剂}]{Ni_2B} \text{(顺式) } (H_3C)(H)C=C(CH_3)(H)$$

炔烃在液氨溶液中用钠作催化剂时，主要生成反式烯烃，这也是立体专一性的反应。例如

$$H_3CC\equiv CCH_3 \xrightarrow{Na,\text{液}NH_3} \text{(反式) } (H)(H_3C)C=C(CH_3)(H)$$

若分子内同时含有三键和双键，催化氢化首先发生在三键上，而双键仍可保留。因为催化加氢反应中，炔烃在催化剂表面的吸附作用比烯烃快，因此炔烃比烯烃更容易进行催化加氢。例如

$$CH{\equiv}C{-}\overset{CH_3}{\overset{|}{C}}{=}CHCH_2CH_3 + H_2 \xrightarrow[\text{喹啉}]{Pd\text{-}CaCO_3} CH_2{=}CH{-}\overset{CH_3}{\overset{|}{C}}{=}CHCH_2CH_3$$

工业上，利用这个反应可以除去乙烯中含有的少量乙炔，来提高乙烯的纯度。

(2) 亲电加成反应　炔烃与亲电试剂进行亲电加成反应比烯烃困难。因为 sp 杂化的三键碳原子比 sp^2 杂化的双键碳原子具有较多的 s 轨道成分，sp 杂化轨道中的电子受原子核的束缚力越大，因此较难给出电子与亲电试剂进行亲电加成反应。炔烃可以与卤素、卤化氢等亲电试剂作用。

① 与卤素加成　炔烃与卤素（氯和溴）在催化剂的作用下，能进行加成反应。例如

$$HC{\equiv}CH \xrightarrow[CCl_4]{Cl_2,FeCl_3} \underset{\text{1,2-二氯乙烯}}{ClCH{=}CHCl} \xrightarrow[CCl_4]{Cl_2,FeCl_3} \underset{\text{1,1,2,2-四氯乙烷}}{HCCl_2{-}CHCl_2}$$

$$CH_3C{\equiv}CH + Br_2 \longrightarrow \underset{\text{1,2-二溴丙烯}}{H_3CC(Br){=}CHBr} \xrightarrow{Br_2} \underset{\text{1,1,2,2-四溴丙烷}}{H_3CCBr_2{-}CHBr_2}$$

炔烃与溴的加成在室温下即可进行，溴的红棕色迅速褪去，故此反应可用来鉴别碳碳三键。

分子中同时含有双键和三键，而且两者不直接相连时，与溴反应首先是双键进行亲电加成。

$$CH_3C{\equiv}CCH_2CH{=}CH_2 + Br_2 \xrightarrow[90\%]{CCl_4,-20℃} CH_3C{\equiv}CCH_2\underset{Br}{CH}{-}\underset{Br}{CH_2}$$

② 与卤化氢加成　乙炔与卤化氢也能进行加成反应，但一般比较困难，需要用汞盐等作催化剂，并且要加热。例如

$$CH{\equiv}CH \xrightarrow[150\sim160℃]{HCl,HgCl_2} \underset{\text{氯乙烯}}{CH_2{=}CHCl} \xrightarrow{HCl,HgCl_2} \underset{\text{1,1-二氯乙烷}}{CH_3CHCl_2}$$

不对称炔烃与卤化氢的加成也服从马氏规则。炔烃与一分子卤化氢加成生成卤代烯烃，继续与第二个卤化氢分子加成则生成同碳二卤代烷。例如

$$CH{\equiv}CCH_2CH_3 \xrightarrow{HBr} \underset{\text{2-溴-1-丁烯}}{CH_2{=}\underset{Br}{C}CH_2CH_3} \xrightarrow{HBr} \underset{\text{2,2-二溴丁烷}}{CH_3CBr_2CH_2CH_3}$$

在过氧化物存在下，炔烃与溴化氢的加成也是按自由基加成机理进行，产物违反马氏规则，且优先进行顺式加成。

$$CH{\equiv}CCH_2CH_3 + HBr \xrightarrow{ROOR} \underset{\text{1-溴-1-丁烯}}{BrCH{=}CHCH_2CH_3}$$

③ 与水加成　与烯烃不同，炔烃在酸催化下直接加水是困难的，但在强酸和汞盐存在下，比较容易与水加成，首先生成烯醇（—OH 与双键碳相连），这个稳定性极小的烯醇随即发生分子内重排，转变成稳定的酮或醛。这种重排又称为烯醇式和酮式的互变异构。互变异构属于构造异构。乙炔与水加成生成乙醛，是工业上生产乙醛的方法之一。

$$CH\equiv CH + HOH \xrightarrow[H_2SO_4]{HgSO_4} \left[\underset{\text{乙烯醇}}{\underset{|}{CH_2=\underset{OH}{CH}}} \right] \xrightarrow{\text{重排}} \underset{\text{乙醛}}{CH_3-\overset{}{\underset{\|\atop O}{C}}H}$$

不对称炔烃与水加成遵从马氏规则。例如

$$CH_3CH_2C\equiv CH \xrightarrow[HgSO_4, H_2SO_4]{HOH} \left[CH_3CH_2\underset{OH}{\underset{|}{C}}=CH_2 \right] \xrightarrow{\text{重排}} CH_3CH_2\underset{O}{\underset{\|}{C}}CH_3$$

由此可知，炔烃的水合反应，除乙炔得到乙醛外，其他炔烃均得到酮。在 $HgSO_4$-H_2SO_4 催化下，炔烃水合生成醛或酮的反应，称为 Kucherov 反应。反应中所用汞盐有剧毒，因此早已开始非汞催化剂的研究，并取得了很大进展。

(3) 与醇、羧酸等的亲核加成　与烯烃相比，炔烃较难发生亲电加成反应。相反，炔烃容易与给出电子的试剂（如 RCOOH、ROH、HCN 等）进行加成反应。$RCOO^-$、RO^- 和 CN^- 这些带有负电荷的离子或能提供未共用电子对的分子，称为亲核试剂，这种由亲核试剂进攻而进行的加成反应，称为亲核加成。例如

$$CH\equiv CH + HOCH_3 \xrightarrow{20\%\ KOH\ \text{水溶液}} \underset{\text{甲基乙烯基醚}}{CH_2=CH-O-CH_3}$$

$$CH\equiv CH + CH_3-\overset{O}{\overset{\|}{C}}-OH \xrightarrow[170\sim230^\circ C]{\text{醋酸锌-活性炭}} \underset{\text{乙酸乙烯酯}}{CH_2=CH-O-\overset{O}{\overset{\|}{C}}-CH_3}$$

$$CH\equiv CH + HCN \xrightarrow{CuCl} \underset{\text{丙烯腈}}{CH_2=CH-CN}$$

上述三种反应产物均含有乙烯基，能发生加成聚合成为高分子化合物，因此它们是合成高分子材料（如合成树脂、塑料、合成纤维、合成橡胶）的原料。

11.3.4.2 氧化反应

炔烃可被高锰酸钾氧化成羧酸或二氧化碳和水，而高锰酸钾被还原成褐色的二氧化锰。

$$3CH\equiv CH + 10KMnO_4 + 2H_2O \longrightarrow 6CO_2 + 10KOH + 10MnO_2$$

$$CH_3CH_2C\equiv CCH_3 \xrightarrow[OH^-]{KMnO_4, H_2O} \underset{\text{丙酸}}{CH_3CH_2-\underset{OH}{\underset{|}{C}}=O} + \underset{\text{乙酸}}{O=\underset{OH}{\underset{|}{C}}-CH_3}$$

反应过程中，紫色高锰酸钾颜色消失，同时有褐色二氧化锰沉淀生成，可用此反应鉴别碳碳三键，也可通过产物推测原炔烃的结构。

也可利用此反应通过产物推测原炔烃的结构。

11.3.4.3 聚合反应

乙炔也能发生聚合反应，聚合条件不同，产物也不同。例如，乙炔在氯化亚铜-氯化铵的强酸溶液中，发生双分子聚合，生成乙烯基乙炔。乙烯基乙炔能进一步反应，生成二乙烯基乙炔。

$$2CH\equiv CH \xrightarrow[HCl]{CuCl-NH_4Cl} \underset{\text{乙烯基乙炔}}{CH_2=CH-C\equiv CH} \xrightarrow[CH\equiv CH]{CuCl-NH_4Cl} \underset{\text{二乙烯基乙炔}}{CH_2=CH-C\equiv C-CH=CH_2}$$

在齐格勒-纳塔（Ziegler-Natta）催化剂［如 $TiCl_4$-$Al(C_2H_5)_3$ 等］的作用下，乙炔可聚合成线型高分子化合物——聚乙炔。

$$nCH\equiv CH \xrightarrow{\text{Ziegler-Natta 催化剂}} \underset{\text{聚乙炔}}{\left[CH=CH \right]_n}$$

聚乙炔分子具有单、双键交替结构，有较好的导电性。若在其中掺杂 I_2、Br_2 或 BF_3 等 Lewis 酸，其电导率可达到金属水平，因此称为“合成金属”。线型高分子量的聚乙炔是结晶性高聚物半导体。目前正在研究利用聚乙炔作为太阳能电池、电极和半导体材料等。

11.3.4.4 金属氢化物的生成

在炔烃分子中与三键碳原子直接相连的氢原子酸性较强（比水的酸性弱），也较活泼，称为活泼氢或炔氢。

由于炔氢的弱酸性，因此乙炔和端位炔烃（三键位于 C_1～C_2 之间）能与强碱（如 Na、$NaNH_2$、液氨溶液等）作用，生成金属炔化物。例如

$$CH\equiv CH \xrightarrow[\text{或 }NaNH_2,\text{液 }NH_3]{Na} \underset{\text{乙炔钠}}{CH\equiv CNa} \xrightarrow[\text{或 }NaNH_2,\text{液 }NH_3]{Na} \underset{\text{乙炔二钠}}{NaC\equiv CNa}$$

炔钠能与伯卤代烷（卤原子连接在烷烃的伯碳原子上）进行炔烃的烷基化反应，在炔烃分子中引入烷基。这是制备高级炔烃的方法之一，也是增长碳链的一种方法。例如

$$CH_3CH_2C\equiv CH + NaNH_2 \xrightarrow{\text{液 }NH_3} CH_3CH_2C\equiv CNa + NH_3$$

$$CH_3CH_2C\equiv CNa + CH_3CH_2Br \xrightarrow{\text{液 }NH_3} CH_3CH_2C\equiv CCH_2CH_3 + NaBr$$

炔氢还可以被 Ag^+ 和 Cu^+ 取代，生成炔银或炔亚铜沉淀。例如

$$CH\equiv CH + 2[Ag(NH_3)_2]NO_3 \longrightarrow \underset{\text{乙炔二银（白色）}}{AgC\equiv CAg\downarrow} + 2NH_4NO_3 + 2NH_3$$

$$CH_3CH_2C\equiv CH + [Ag(NH_3)_2]NO_3 \longrightarrow \underset{\text{丁炔银（白色）}}{CH_3CH_2C\equiv CAg\downarrow} + NH_4NO_3 + NH_3$$

$$CH\equiv CH + 2[Cu(NH_3)_2]Cl \longrightarrow \underset{\text{乙炔二亚铜（棕红色）}}{CuC\equiv CCu\downarrow} + 2NH_4Cl + 2NH_3$$

上述反应非常灵敏，现象明显，可用来鉴别乙炔和端位炔烃。反应中生成的重金属炔化物，在干燥时受撞击、振动或受热容易发生爆炸，因此实验后应立即用酸处理，使之分解为原来的炔烃。

炔亚铜或炔银可在稀盐酸或稀硝酸中分解为原来的炔烃。可利用这一性质来萃取重金属及分离、精制乙炔和端位炔烃。

$$CuC\equiv CCu + 2HCl \longrightarrow CH\equiv CH + 2CuCl$$

$$CH_3CH_2C\equiv CAg + HNO_3 \longrightarrow CH_3CH_2C\equiv CH + AgNO_3$$

11.3.5 重要的炔烃

乙炔是基本有机合成原料，是工业上唯一重要的炔烃。

乙炔的工业制法主要有两种。

（1）电石法　在电炉中将生石灰和焦炭熔融，生成碳化钙（电石），然后水解生成乙炔。

$$CaO + 3C \xrightarrow[3000℃]{\text{电炉}} \underset{\text{碳化钙}}{CaC_2} + CO\uparrow$$

$$CaC_2 + 2H_2O \longrightarrow Ca(OH)_2 + CH\equiv CH$$

（2）由烃类裂解　德国首先使用甲烷或其他的烷烃在电弧中裂解或通过甲烷在高温下部分氧化而制得。

$$2CH_4 \xrightarrow[\text{或电弧法}]{\text{部分氧化法}} CH\equiv CH + 3H_2$$

乙炔易溶于丙酮，为了运输和使用安全，通常把乙炔在1.2MPa下压入盛满丙酮浸润的饱和多孔性物质（如硅藻土、软木屑或石棉）的钢瓶中。乙炔是易爆炸的物质，高压的乙炔、液态或固态的乙炔受到敲打和碰击时易爆炸。但乙炔的丙酮溶液是安全的，因此把它溶于丙酮中可以避免发生爆炸的危险。

乙炔燃烧时产生白光，最早用作照明。乙炔和氧气燃烧时的氧炔焰温度可达2700℃，因此，目前乙炔的主要用途之一是用氧炔焰来焊接和切割铁和钢。乙炔由于价格低和化学活性强，它的另一主要用途是广泛作为合成重要有机化合物的原料。乙炔在不同催化剂作用下，可以制备乙醛、乙酸、酮类、塑料、合成纤维和橡胶等高分子化合物。

11.4 二烯烃

分子中含有两个碳碳双键的开链不饱和烃，称为二烯烃，亦称双烯烃。它与同碳数的炔烃是同分异构体，通式也是 C_nH_{2n-2}，二烯烃至少含有三个碳原子。

11.4.1 二烯烃的分类和命名

11.4.1.1 二烯烃的分类

根据二烯烃分子中两个双键位次的不同，将其分为三种类型。

(1) 隔离双键二烯烃　两个双键被两个或两个以上单键隔开的二烯烃，称为隔离（孤立）双键二烯烃。例如

$$CH_2{=}CH{-}CH_2{-}CH_2{-}CH{=}CH_2$$

1,5-己二烯

由于两个双键相距较远，相互之间影响小，所以隔离二烯烃的性质与单烯烃相似。

(2) 累积双键二烯烃　两个双键连接在同一个碳原子上的二烯烃，称为累积双键二烯烃。例如

$$CH_2{=}C{=}CH_2 \qquad CH_2{=}C{=}CH{-}CH_3$$

丙二烯　　　　1,2-丁二烯

由于累积双键很不稳定，所以不易得到。

(3) 共轭双键二烯烃　两个双键被一个单键隔开的二烯烃，称为共轭双键二烯烃，简称共轭二烯烃。例如

$$CH_2{=}CH{-}CH{=}CH_2 \qquad CH_2{=}\underset{}{\overset{CH_3}{\overset{|}{C}}}{-}CH{=}CH_2$$

1,3-丁二烯　　　　2-甲基-1,3-丁二烯（异戊二烯）

由于双键的相互影响，共轭二烯烃的性质比较特殊，在理论和实际应用上比较重要。本节将重点讨论这类化合物。

11.4.1.2 二烯烃的命名

二烯烃的命名与烯烃相似，不同的是分子中含有两个双键称为二烯，主链应包括两个双键，且应标明其位次。例如

$$CH_3{-}CH{=}CH{-}CH_2{-}CH{=}CH_2 \qquad CH_2{=}\overset{CH_3}{\overset{|}{C}}{-}\overset{CH_3}{\overset{|}{C}}{=}CH_2$$

1,4-己二烯　　　　2,3-二甲基-1,3-丁二烯

当双键碳原子上连有不同的原子或基团时，也有顺反异构。命名时要逐个标明其构型。例如

$$\underset{\text{H}}{\overset{\text{CH}_3}{}}\text{C=C}\underset{\text{H}}{}\text{—}\underset{}{\overset{\text{H}}{}}\text{C=C}\overset{\text{H}}{}\text{CH}_3$$

顺,顺-2,4-己二烯
或(2Z,4Z)-2,4-己二烯

$$\underset{\text{H}}{\overset{\text{CH}_3}{}}\text{C=C}\underset{\text{H}}{}\text{—}\overset{\text{H}}{}\text{C=C}\overset{\text{CH}_3}{}\underset{}{\text{H}}$$

顺,反-2,4-己二烯
或(2Z,4E)-2,4-己二烯

11.4.2 共轭二烯烃的化学性质

共轭二烯烃除具有一般单烯烃的性质外，由于结构的特殊性，还具有一些特殊的性质。

(1) 1,2-加成和1,4-加成 共轭二烯烃与卤素、卤化氢等亲电试剂，即可进行一分子加成，也可进行两分子加成，与一分子试剂加成时可生成两种加成产物。例如

$$CH_2{=}CH{-}CH{=}CH_2 \xrightarrow{Br_2} \begin{cases} \xrightarrow{-80℃} CH_2{=}CH{-}\underset{Br}{\underset{|}{CH}}{-}\underset{Br}{\underset{|}{CH_2}} & \text{1,2-加成} \\ \xrightarrow{40℃} \underset{Br}{\underset{|}{CH_2}}{-}CH{=}CH{-}\underset{Br}{\underset{|}{CH_2}} & \text{1,4-加成} \end{cases}$$

$$CH_2{=}CH{-}CH{=}CH_2 \xrightarrow[-80℃]{HBr} \begin{cases} \xrightarrow{\text{1,2-加成}} CH_2{=}CH{-}\underset{Br}{\underset{|}{CH}}{-}\underset{H}{\underset{|}{CH_2}} & 80\% \\ \xrightarrow{\text{1,4-加成}} \underset{Br}{\underset{|}{CH_2}}{-}CH{=}CH{-}\underset{H}{\underset{|}{CH_2}} & 20\% \end{cases}$$

一分子HBr加到同一双键的两个碳原子上时，称为1,2-加成；而加到共轭双键两端的双键碳原子上，称为1,4-加成。共轭二烯烃的结构导致其既能发生1,2-加成，也能发生1,4-加成，这是共轭烯烃的特殊反应性能。一般情况下，低温有利于1,2-加成，温度升高有利于1,4-加成。

(2) 双烯合成 共轭二烯烃和具有不饱和键的化合物进行1,4-加成，生成环状化合物的反应，称为双烯合成，亦称狄尔斯(Diels)-阿德尔(Alder)反应。这是共轭二烯烃的另一特征反应。例如

$$\begin{matrix} CH_2 \\ \| \\ CH \\ | \\ CH \\ \| \\ CH_2 \end{matrix} + \begin{matrix} CH_2 \\ \| \\ CH_2 \end{matrix} \xrightarrow[17h]{165℃,9MPa} \text{(环己烯)}$$

环己烯

在双烯合成反应中，通常将含有共轭双键的二烯烃及其衍生物称为双烯体；含有不饱和键的烯和炔及其衍生物，称为亲双烯体；产物称加和物。当亲双烯体含有吸电基或/和双烯体含有供电基时，反应容易进行。

$$\begin{matrix} CH_2 \\ \| \\ CH \\ | \\ CH \\ \| \\ CH_2 \end{matrix} + \begin{matrix} CH{-}CHO \\ \| \\ CH_2 \end{matrix} \xrightarrow{100℃} \text{(环己烯基)}{-}CHO$$

$$\begin{matrix} CH_2 \\ \| \\ CH \\ | \\ CH \\ \| \\ CH_2 \end{matrix} + \begin{matrix} COOCH_3 \\ | \\ C \\ ||| \\ C \\ | \\ COOCH_3 \end{matrix} \xrightarrow{\triangle} \text{(1,4-环己二烯)}\begin{matrix} {-}COOCH_3 \\ {-}COOCH_3 \end{matrix}$$

双烯合成在理论及应用上都有重要价值。这是由链状化合物合成环状化合物的方法之一。共轭二烯烃与顺丁烯二酸酐生成结晶固体，可用于共轭二烯烃的鉴定。

（3）聚合反应与合成橡胶　共轭二烯烃容易进行聚合反应，生成高分子聚合物。共轭二烯烃的聚合反应是合成橡胶的基本反应。例如，1,3-丁二烯或 2-甲基-1,3-丁二烯在齐格勒-纳塔型（Ziegler-Natta）催化剂（如四氯化钛-三烷基铝等）作用下，主要以 1,4-加成方式进行顺式加成聚合。这种聚合方式称为定向聚合。

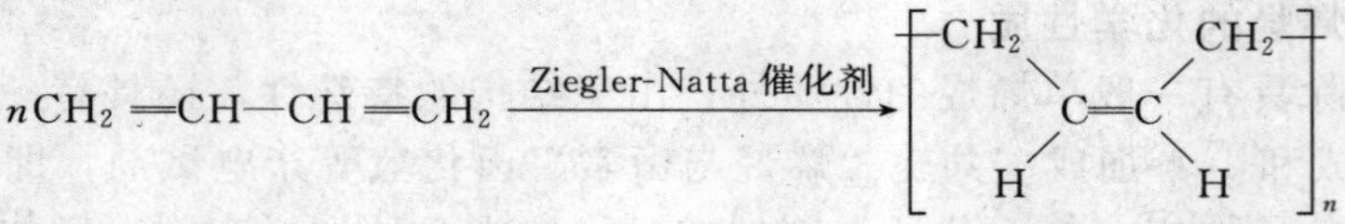

$$nCH_2{=}CH{-}CH{=}CH_2 \xrightarrow{\text{Ziegler-Natta 催化剂}} \left[\begin{array}{ccc} {-}CH_2 & & CH_2{-} \\ & C{=}C & \\ H & & H \end{array}\right]_n$$

顺丁橡胶

$$nCH_2{=}\underset{}{\overset{CH_3}{\overset{|}{C}}}{-}CH{=}CH_2 \xrightarrow{\text{Ziegler-Natta 催化剂}} \left[\begin{array}{ccc} {-}CH_2 & & CH_2{-} \\ & C{=}C & \\ H_3C & & H \end{array}\right]_n$$

异戊橡胶

异戊橡胶的结构和性质与天然橡胶相似，被称为合成天然橡胶。共轭二烯烃的高聚物——合成橡胶，具有广泛的工业用途。

11.4.3　重要的二烯烃

1,3-丁二烯是重要的二烯烃，是生产合成橡胶的主要原料，工业上有多种合成方法。目前由于石油工业的发展、催化剂的使用及化工技术的进步，丁二烯的主要来源是从石油裂解和脱氢而来的。石油裂解产生的 1-丁烯在催化剂的作用下脱氢，产生 1,3-丁二烯。近来更偏重于由丁烷一步脱氢制备 1,3-丁二烯。

习　题

1. 下列哪组是构造异构体？哪组是同一化合物？

（1）$CH_3\underset{CH_3}{\underset{|}{C}H}{-}\underset{CH_3}{\underset{|}{C}H}CH_2CH_3$ 和 $CH_3\underset{CH(CH_3)_2}{\underset{|}{C}H}CH_2CH_3$

（2）$CH_3CH_2\underset{CH_3}{\underset{|}{C}H}\overset{CH_3}{\overset{|}{C}H}CH_2CH_3$ 和 $CH_3\underset{C(CH_3)_3}{\underset{|}{C}H}CH_2CH_3$

（3）$CH_3CH_2\underset{C_2H_5}{\underset{|}{C}H}\overset{CH_3}{\overset{|}{C}H}CH_3$ 和 $(CH_3)_2CH\underset{C_2H_5}{\underset{|}{\overset{C_2H_5}{\overset{|}{C}H}}}$

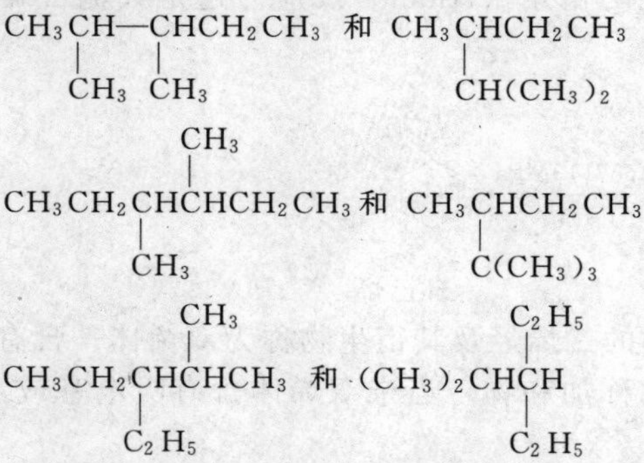

2. 写出分子式为 C_5H_{12} 烷烃的全部构造异构体，并用系统命名法命名。

3. 写出下列化合物的构造式，并指出 1°、2°、3°、4°碳原子和 1°、2°、3°、4°氢原子。

（1）2,2-二甲基丁烷　　（2）2,2,3-三甲基戊烷

（3）3-甲基-4-乙基己烷　　（4）2,4-二甲基-5-异丙基壬烷

（5）2,4,5,5-四甲基-4-乙基庚烷　　（6）3-甲基-3-乙基-6-异丙基壬烷

4. 写出符合下列条件的烷烃的构造式，并命名。

（1）含有一个甲基侧链和相对分子质量为 86 的烷烃

（2）只有伯氢而无其他氢原子的 C_5H_{12} 烷烃

（3）含有一个叔氢原子的己烷

（4）有四种一氯取代的戊烷

5. 将下列各组化合物的沸点由高到低排列成序。
(1) 3,3-二甲基戊烷、正庚烷、2-甲基庚烷、正戊烷和 2-甲基己烷
(2) 正辛烷和 2,2,3,3-四甲基丁烷

6. 画出 1-氯-2-溴-乙烷指定构象的纽曼投影式：
(1) Cl 和 Br 原子彼此重叠的构象
(2) Cl 和 Br 原子分别与氢原子重叠的构象
(3) 两种不同的交叉式构象

7. 完成下列反应，写出可能生成的各种一卤代烷。

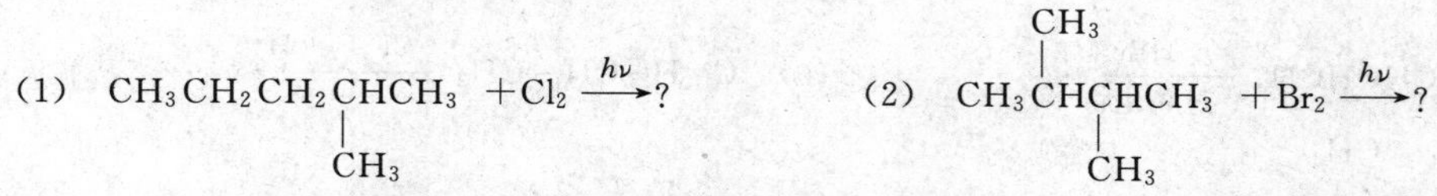

8. A、B、C 是分子式为 C_5H_{12} 的烷烃的 3 个构造异构体。A 与氯气在 300℃ 反应得到 4 种一氯代产物的混合物，B 在同样条件下得到三种一氯代产物的混合物，C 仅生成一种一氯代产物。推测 A、B、C 的构造式。

9. 将下列自由基按照从大到小稳定性的顺序排列：
(1) $(CH_3)_2CHCH_2CH_2\cdot$ (2) $(CH_3)_2CH\dot{C}HCH_3$ (3) $(CH_3)_2\dot{C}CH_2CH_3$

10. 写出下列基的构造：
(1) 异丙基 (2) 丙烯基 (3) 2-丁烯基 (4) 烯丙基 (5) 丙炔基 (6) 炔丙基

11. 用系统命名法命名下列化合物：
(1) 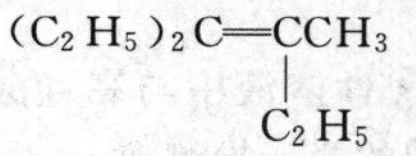 $(C_2H_5)_2C{=}C(C_2H_5)CH_3$ （C_2H_5 连在右侧双键碳上） (2) $CH_3CH_2C(CH_3)_2CH{=}CH_2$
(3) $CH_3CH_2{-}C({=}CH_2){-}CH(CH_3)CH_3$ 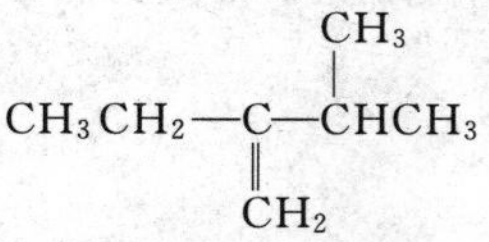 (4) $C_2H_5{-}C{\equiv}C{-}C(CH_3)_3$
(5) $CH_2{=}CH{-}CH{=}C(CH_3)_2$ (6) $CH_3{-}CH{=}C{=}C(CH_3)_2$
(7) 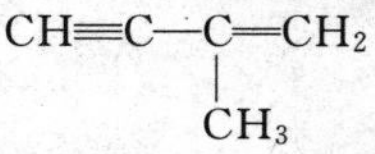 $CH{\equiv}C{-}C(CH_3){=}CH_2$ (8) 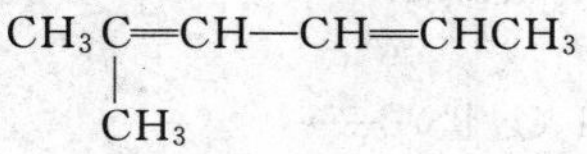 $CH_3C(CH_3){=}CH{-}CH{=}CHCH_3$

12. 写出下列化合物的构造式：
(1) 2,4-二甲基-2-戊烯 (2) 3-甲基-2-乙基-1-己烯
(3) (*Z*)-3-甲基-4-氯-3-庚烯 (4) 反-3,4-二甲基-3-己烯

13. 用 *Z*,*E*-命名法命名下列化合物：

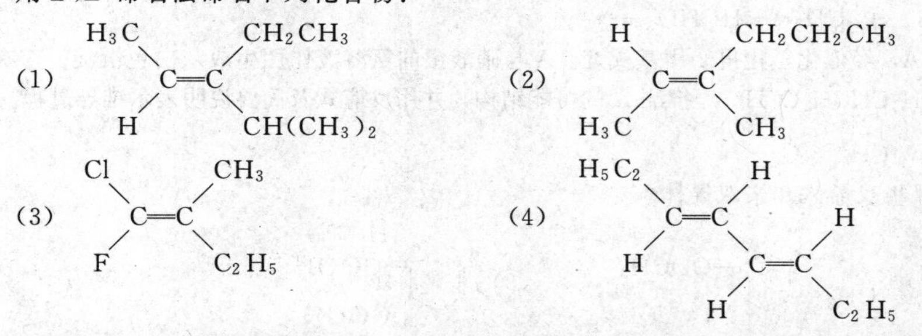

14. 下列化合物有无顺反异构现象？如有则写出其构型，并用系统命名法给予命名。
(1) $CH_3CH_2CH_2CH{=}CHC_2H_5$ (2) $(CH_3)_2CHCH{=}CHCH(CH_3)CH_2CH_3$
(3) 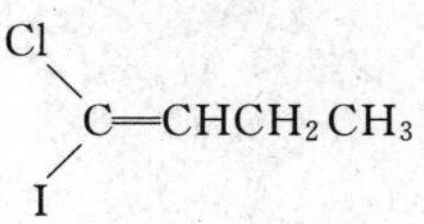 $ClIC{=}CHCH_2CH_3$ （Cl 与 I 连在同一双键碳上） (4) $CH_2{=}CHCH{=}CHCH_3$
(5) 1,3,5-己三烯 (6) 2-甲基-2-丁烯

15. 在聚丙烯中，常用己烷或庚烷作溶剂，但要求溶剂中不能含有不饱和烃。如何检验溶剂中有无烯烃杂质？若有，将如何除去？

16. 完成下列反应式：

(1) $CH_3C(CH_3)=CHCH_3 + H_2O \xrightarrow{H_2SO_4} ?$　　(2) $CH_3C(CH_3)=CHCH_3 + HBr \longrightarrow ?$

(3) $CH_3C(CH_3)=CHCH_3 + Br_2 \longrightarrow ?$　　(4) $CH_3C(CH_3)=CHCH_3 + H_2 \xrightarrow{Pt} ?$

(5) $CH_3C(CH_3)=CHCH(CH_3)CH_3 \xrightarrow[\text{过氧化物}]{HBr} ?$　　(6) $C_{10}H_{21}CH=CH_2 \xrightarrow{CF_3CO_3H} ?$

(7) $CH_3C(CH_3)=CH_2 \xrightarrow[\text{②}Zn,\ H_2O]{\text{①}O_3} ?$　　(8) $CH_2=CHCF_3 + HI \longrightarrow ?$

(9) $CH_3CH_2CH=CHCH_3 \xrightarrow[KMnO_4]{H^+} ?$　　(10) $CH_2=CHCH_3 + Cl_2 \xrightarrow{\text{光}} ?$

17. 用化学方法鉴别下列化合物：

(1) 己烷　1-己烯　2-己烯

(2) 1-戊炔　2-戊炔

(3) 丁烷　乙烯基乙炔　1,3-丁二烯

18. 分子式为 C_5H_{10} 的化合物 A，与 1 分子氢作用得到 C_5H_{12} 的化合物。A 在酸性溶液中与高锰酸钾作用得到一个含有 4 个碳原子的羧酸。A 经臭氧氧化并还原水解，得到两种不同的醛。推测 A 的可能结构，并用反应式及简要说明表示推导过程。

19. 比较下列碳正离子的稳定性顺序：

(1) $CH_3\overset{+}{C}HCH_3$　$CH_3CH_2\overset{+}{C}H_2$

(2) $CH_3CH_2CH_2\overset{+}{C}H_2$　$CH_3\overset{+}{C}HCH_2CH_3$

20. 完成下列反应：

(1) $CH_3CH_2CH_2C\equiv CH + HCl$（过量）$\longrightarrow$

(2) $CH_3CH_2C\equiv CH_3 + KMnO_4 \xrightarrow[\triangle]{H^+}$

(3) $CH_3CH_2C\equiv CCH_3 + H_2O \xrightarrow[H_2SO_4]{HgSO_4}$

(4) $CH_2=CHCH=CH_2 + CH_2=CHCHO \longrightarrow$

21. 分子式为 C_6H_{10} 的化合物 A，经催化氢化得 2-甲基戊烷。A 与硝酸银的氨溶液作用生成灰白色沉淀。A 在汞盐催化下与水作用得到 $CH_3CH(CH_3)CH_2C(=O)CH_3$。推测 A 的可能结构，并用反应式及简要说明表示推导过程。

22. 制备下列化合物，需要哪些双烯体和亲双烯体？

(1) 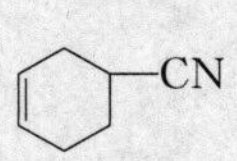 4-氰基环己烯（环己烯环上连 —CN）　(2) 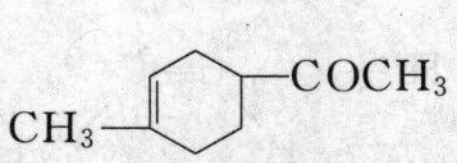 环己烯环上连 CH_3— 和 —$COCH_3$　(3) 环己烯环上顺式连两个 —COOH（H、H 标出）

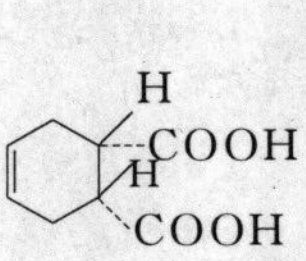

23. 完成下列转变：

(1) $CH_3CH_2CHCl_2 \longrightarrow CH_3CCl_2CH_3$

(2) $CH_3CHBrCH_3 \longrightarrow CH_3CH_2CH_2Br$

(3) $CH_3CH=CH_2 \longrightarrow CH_3C\equiv CCH_2CH_3$

(4) $CH\equiv CH \longrightarrow CH_3C(=O)CH_3$

第 12 章 环 烃

具有环状结构的碳氢化合物称为环烃，根据结构或性质的不同，环烃又可分为脂环烃和芳香烃。

12.1 脂环烃

12.1.1 脂环烃的分类和同分异构

分子中含有碳环构造，而性质上与脂肪烃相似的烃类，称为脂环烃。按照分子中所含碳环的数目可将其分为单环脂环烃、双环（二环）脂环烃、多环脂环烃。按组成环的碳原子数目，脂环烃可分为三元环、四元环、五元环、六元环等。例如：

单环脂环烃：

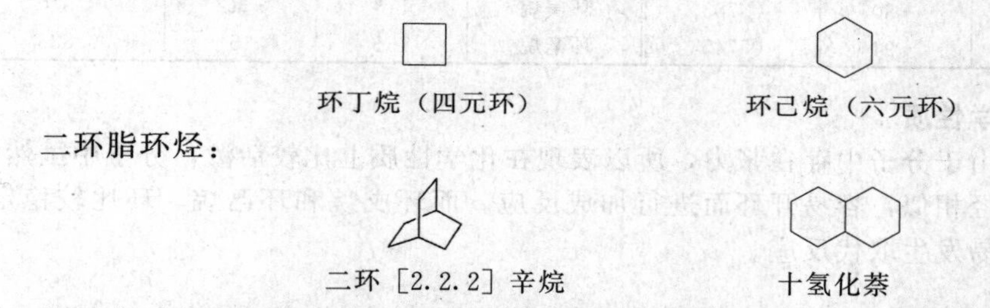

环丁烷（四元环）　　环己烷（六元环）

二环脂环烃：

二环［2.2.2］辛烷　　十氢化萘

按照分子中有无不饱和键，脂环烃可分为饱和脂环烃、不饱和脂环烃。环上有双键的叫做环烯烃，有两个双键的叫做环二烯烃，有一个三键的则叫做环炔烃。例如：

环戊烯　　1,4-环己二烯

饱和的脂环烃也叫做环烷烃，环烷烃和烯烃互为同分异构体，通式是 C_nH_{2n}。

12.1.2 脂环烃的命名

通常所说的脂环烃指的都是单环脂环烃。脂环烃的命名与相应的开链烃相似，只是在相应的名称前面加上一个“环”字。

（1）环烷烃的命名　与烷烃类似，只是在碳原子数相同的烷烃名称之前加上一个“环”字，叫做环某烷。对于带有支链的环烷烃，把支链看作取代基，取代基的名称写在环烷烃的前面。当取代基不止一个时，按照最低系列原则给环上的碳原子编号，以含碳原子数最少的取代基作为 1 位，取代基列出的顺序根据“次序规则”，较优先的基团后写出。例如：

甲基环戊烷　　1-甲基-3-丙基环己烷

如取代基为较长的碳链，将环视为取代基，作为烷烃的衍生物来命名：

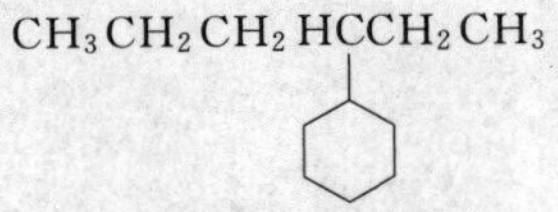

$$CH_3CH_2CH_2HCCH_2CH_3$$
（环己基连于 HC 上）

3-环己基己烷

（2）不饱和脂环烃的命名　环烯烃和环炔烃的命名编号时在使不饱和键的位次最小的前提下，使取代基有尽可能低的编号。对于只有一个不饱和键的环烯（或炔）烃，双键（或三键）的位置也可以不标出来。例如：

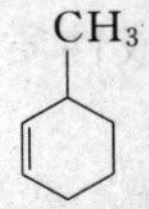

CH_3　　CH_3

3-甲基环己烯 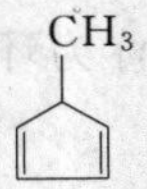　　5-甲基-1,3-环戊二烯

12.1.3 脂环烃的物理性质

在常温常压下，环丙烷与环丁烷为气体，环戊烷和环己烷为液体。环烷烃的熔点、沸点均比碳原子数目相同的烷烃高。相对密度也比相应的烷烃大，但比水轻。常见的环烷烃的物理常数见表 12-1。

表 12-1　常见环烷烃的物理常数

化合物名称	沸点/℃	熔点/℃	相对密度	化合物名称	沸点/℃	熔点/℃	相对密度
环丙烷	−33	−127	0.720	环己烷	81	6.5	0.799
环丁烷	12	−80	0.703	环庚烷	118	−12	0.810
环戊烷	49	−94	0.745	环辛烷	151	15	0.836

12.1.4 脂环烃的化学性质

环丙烷和环丁烷由于分子中存在张力，所以表现在化学性质上比较活泼，分子中虽然没有碳碳双键，但与烯烃相似，容易开环而进行加成反应。而环戊烷和环己烷，环比较稳定，性质与烷烃相似，容易发生取代反应。

12.1.4.1 取代反应

环烷烃在高温或紫外线的照射下，与卤素发生自由基取代反应，生成相应的卤代物。在反应过程中，碳环保持不变。例如：

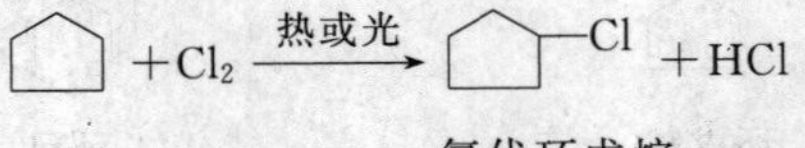

$$\text{环戊烷} + Cl_2 \xrightarrow{\text{热或光}} \text{环戊基}-Cl + HCl$$

氯代环戊烷

$$\text{环己烷} + Br_2 \xrightarrow{\text{日光}} \text{环己基}-Br + HBr$$

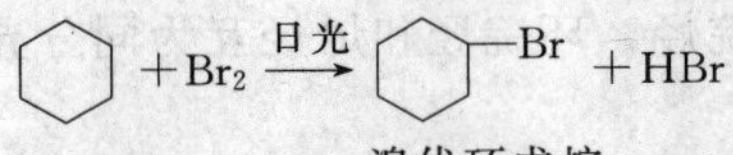

溴代环戊烷

12.1.4.2 开环加成反应

（1）催化氢化　环丙烷和环丁烷在不同的催化剂作用下加氢，发生开环反应，生成相应的烷烃。环越大，开环的条件越苛刻。例如：

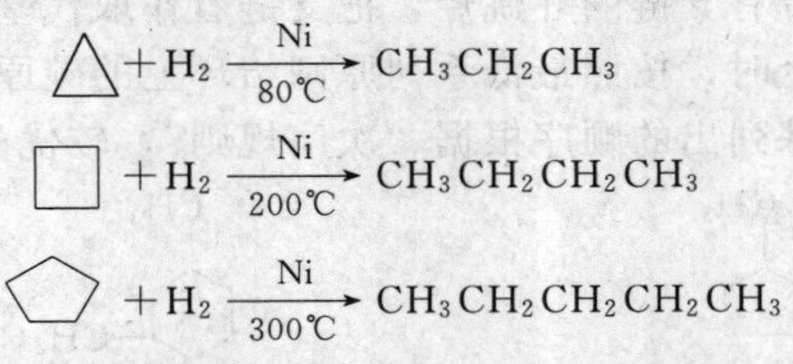

$$\text{环丙烷} + H_2 \xrightarrow[80℃]{Ni} CH_3CH_2CH_3$$

$$\text{环丁烷} + H_2 \xrightarrow[200℃]{Ni} CH_3CH_2CH_2CH_3$$

$$\text{环戊烷} + H_2 \xrightarrow[300℃]{Ni} CH_3CH_2CH_2CH_2CH_3$$

由反应条件可以看出，环越大稳定性越高，在上述条件下环己烷不能反应。

（2）加卤素　与烯烃相似，常温下环丙烷与卤素立即发生加成反应，生成相应的卤代烃。而环丁烷需要加热才能与卤素反应。例如：

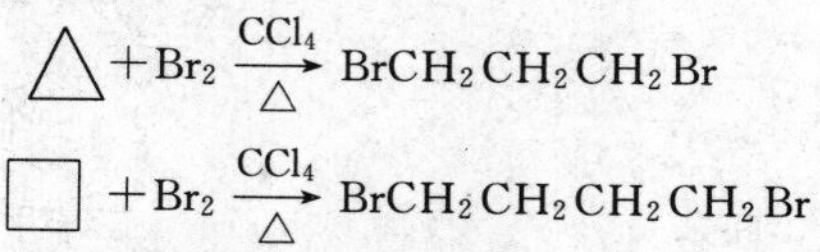

$$\triangle + Br_2 \xrightarrow[\triangle]{CCl_4} BrCH_2CH_2CH_2Br$$

$$\square + Br_2 \xrightarrow[\triangle]{CCl_4} BrCH_2CH_2CH_2CH_2Br$$

因此，一般不宜用溴褪色的方法来区别环烷烃与烯烃。环戊烷以上的环烷烃的性质与烷烃相似，它们与溴不发生开环加成，随着反应温度的升高而发生自由基取代反应。

（3）加卤化氢　环丙烷和环丁烷也很容易与卤化氢进行开环加成反应。例如：

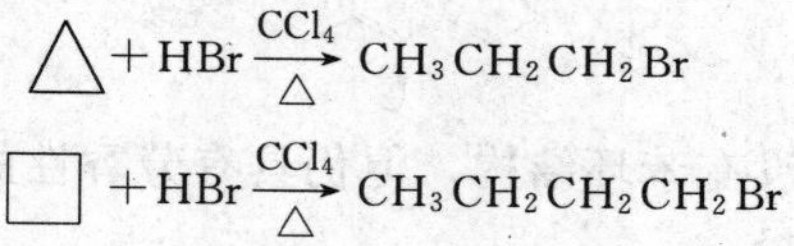

$$\triangle + HBr \xrightarrow[\triangle]{CCl_4} CH_3CH_2CH_2Br$$

$$\square + HBr \xrightarrow[\triangle]{CCl_4} CH_3CH_2CH_2CH_2Br$$

环丙烷的烷基衍生物更容易与卤化氢发生开环加成反应，加成时环的断裂处发生在连有氢原子最多和连有氢原子最少的两个成环相邻碳原子之间，加成反应遵循马氏规则。例如：

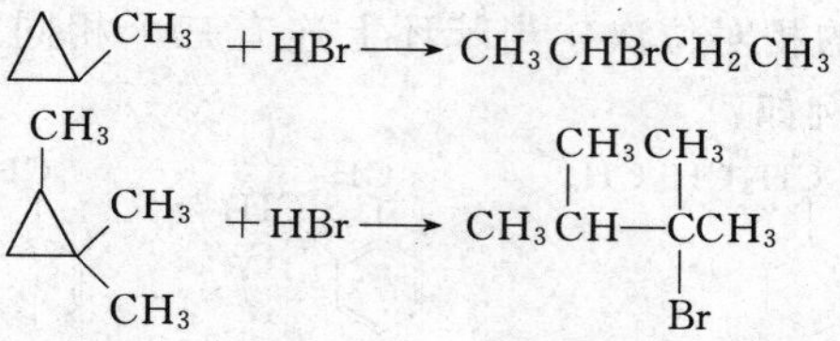

$$\triangle\!\!-CH_3 + HBr \longrightarrow CH_3CHBrCH_2CH_3$$

$$(CH_3)_3\text{-环丙烷} + HBr \longrightarrow CH_3CH(CH_3)\text{—}CBr(CH_3)CH_3$$

2,3-二甲基-2-溴丁烷

12.1.4.3　氧化反应

不论是小环或大环环烷烃，氧化反应都与烷烃相似，在通常条件下不易发生氧化反应，在室温下它不与高锰酸钾水溶液反应，因此这可作为环烷烃与烯烃、炔烃的鉴别反应。例如，含有环丙基和双键的化合物，用高锰酸钾水溶液氧化时，双键断裂，碳环却不受影响。

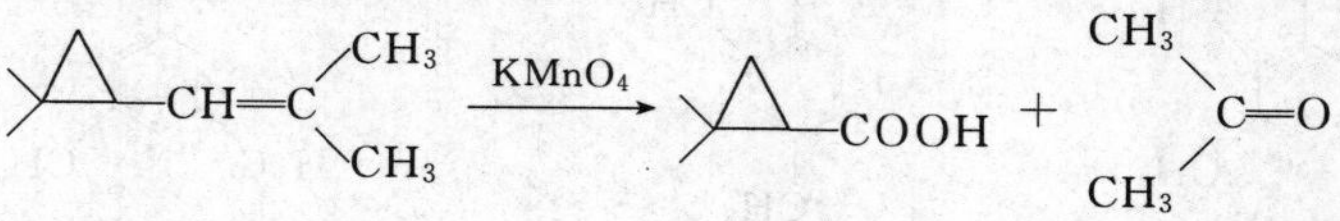

$$(CH_3)_2\text{-环丙基}-CH{=}C(CH_3)_2 \xrightarrow{KMnO_4} (CH_3)_2\text{-环丙基}-COOH + (CH_3)_2C{=}O$$

12.2　芳烃

芳香族碳氢化合物称为芳香烃，简称芳烃，一般是指分子中含有苯环结构的烃。芳烃及其衍生物总称为芳香族化合物。苯可以看作是芳香族化合物的母体。

12.2.1　芳烃的分类和命名

（1）芳烃的分类　芳烃可分为苯系芳烃和非苯系芳烃两大类。

苯系芳烃根据苯环的多少和连接方式的不同分为单环芳烃、多环芳烃和稠环芳烃。

① 单环芳烃　分子中只含有一个苯环的芳烃称为单环芳烃。例如：

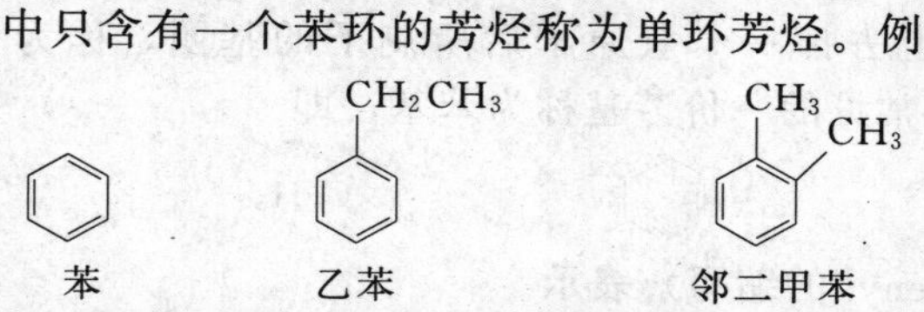

苯　　乙苯（$C_6H_5CH_2CH_3$）　　邻二甲苯（$C_6H_4(CH_3)_2$）

② 多环芳烃　分子中含有两个或两个以上彼此独立的苯环，这样的芳烃称为多环芳烃。例如：

联苯　　　　三苯甲烷

③ 稠环芳烃　分子中含有两个或两个以上苯环，苯环之间通过共用相邻两个碳原子的称为芳烃。例如：

萘　　　　蒽　　　　菲

非苯系芳烃是指分子中没有苯环结构，但仍具有芳香性的环状碳氢化合物。

本节将重点讨论单环芳烃。

(2) 芳烃的命名　单环芳烃的命名是以苯环为母体，烷基作为取代基，称为某烷基苯（“基”字常省略）。当苯环上连有两个或两个以上的取代基时，可用阿拉伯数字表明它们的相对位次；当苯环上只有两个取代基时，也常用“邻”、“间”、“对”或 *o*-(ortho)、*m*-(meta)、*p*-(para) 等字头表明它们的相对位次；当苯环上连有三个相同的取代基时，也常用“连”、“偏”、“均”等字头表示。例如：

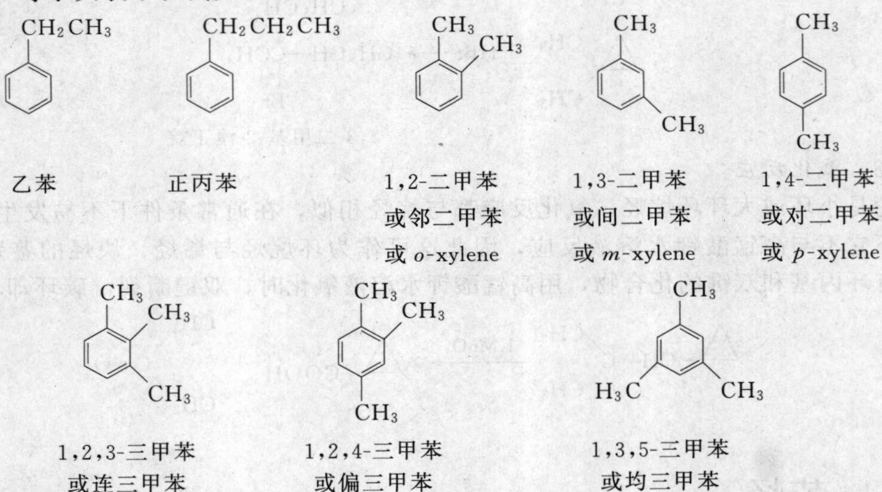

乙苯　　正丙苯　　1,2-二甲苯 或邻二甲苯 或 *o*-xylene　　1,3-二甲苯 或间二甲苯 或 *m*-xylene　　1,4-二甲苯 或对二甲苯 或 *p*-xylene

1,2,3-三甲苯 或连三甲苯　　1,2,4-三甲苯 或偏三甲苯　　1,3,5-三甲苯 或均三甲苯

当苯环上的侧链为不饱和烃基或构造比较复杂的烷基时，命名时以侧链为母体，苯环作为取代基。例如：

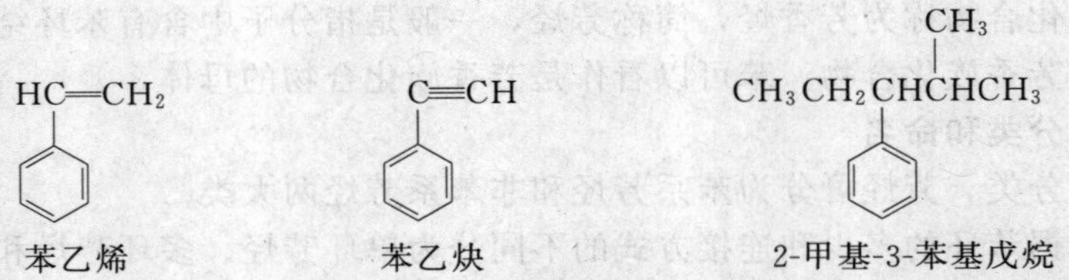

苯乙烯　　苯乙炔　　2-甲基-3-苯基戊烷

芳烃分子中的芳环上去掉一个氢原子后所剩下的基团，称为芳基。一价芳基通常用“Ar”表示。最简单、最常见的一价芳基称为苯基，即

$C_6H_5—$

苯基也常用 Ph（phenyl 的缩写）表示。

甲苯侧链甲基上去掉一个氢原子后所得到的基团叫做苄基或苯甲基，即

$CH_2—$（苯环）　　　　$C_6H_5—CH_2—$

苄基也常用 Ph—CH_2—表示。

12.2.2 苯的结构

苯的分子式为 C_6H_6，碳氢比是 1∶1，是一个高度不饱和烃。但它与烯烃、炔烃等不饱和烃相比有明显的不同，如苯不易发生加成和氧化反应，却容易发生卤化、磺化、硝化等取代反应。那么苯具有怎样的结构呢？近代物理方法测得，苯分子的六个碳原子和六个氢原子都在同一平面上，其中六个碳原子构成正六边形，碳碳键键长均为 0.140nm，键角都是 120°。

轨道杂化理论认为：苯环中碳原子呈 sp^2 杂化状态，并以 sp^2 杂化轨道与相邻碳原子的 sp^2 杂化轨道重叠，形成碳碳 σ 键，同时又以 sp^2 杂化轨道，分别与一个氢原子的 s 轨道重叠形成碳氢 σ 键，如图 12-1(a) 所示。六个碳原子各自剩下的一个 p 轨道，对称轴垂直于 σ 键所在平面，彼此相互平行侧面相互重叠形成一个闭合的大 π 键共轭体系，如图 12-1(b) 所示。大 π 键的 π 电子高度离域，使 π 电子云完全平均化，像两个救生圈，分别处于 σ 键所在平面的上方和下方，如图 12-1(c) 所示，从而使体系能量显著降低，苯分子得到稳定。

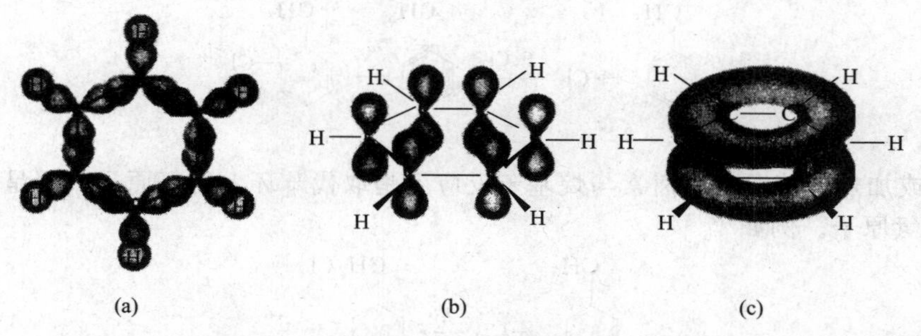

图 12-1　苯分子环状结构及 π 电子云分布图

12.2.3 单环芳烃

12.2.3.1 单环芳烃的物理性质

单环芳烃一般为无色液体，相对密度小于 1，一般在 0.86～0.90 之间，但比相对分子质量相近的烷烃和烯烃的相对密度大。不溶于水，可溶于某些有机溶剂，例如四氯化碳、乙醚等。

二甘醇、环丁砜、*N*-甲基吡咯烷-2-酮、*N*,*N*-二甲基甲酰胺等溶剂，对于溶解芳烃有很高的选择性，因此常用这些溶剂萃取芳烃。单环芳烃具有特殊气味，有毒，易燃烧，使用时应注意。表 12-2 给出一些单环芳烃的物理常数。

表 12-2　单环芳烃的物理常数

名　称	熔点/℃	沸点/℃	相对密度	名　称	熔点/℃	沸点/℃	相对密度
苯	6.5	80.1	0.879	偏三甲苯	−43.9	169.2	0.876
甲苯	−95	110.6	0.867	均三甲苯	−44.7	164.6	0.865
邻二甲苯	−25.2	144.4	0.880	乙苯	−95	136.1	0.867
间二甲苯	−47.9	139.1	0.864	正丙苯	−99.6	159.3	0.862
对二甲苯	13.2	138.4	0.861	异丙苯	−96	152.4	0.862
连三甲苯	−25.5	176.1	0.894				

从表 12-2 中可以看出，单环芳烃的沸点随着分子中碳原子数的增加而升高。熔点的变

化则有所不同。在二元取代苯的三种异构体中，对位异构体的熔点最高。一般来说，熔点越高，异构体的溶解度也越小。

12.2.3.2 单环芳烃的化学性质

苯的分子式为 C_6H_6，从其碳氢之比来看，应具有高度不饱和性，但实际上却比较稳定。从结构上看，苯是一个具有闭合共轭大 π 键的环状分子，分子中的六个碳原子和六个氢原子都处在同一个平面上，有六个 π 电子，是一个六原子六电子的共轭体系，这样的分子具有较大的共轭能，环具有特殊的稳定性，比较容易进行取代反应，而不易进行加成和氧化反应，这种性质是芳香族化合物的特性，称为芳香性。

(1) 取代反应 苯环上的氢原子被其他原子或基团取代的反应，包括卤化、硝化、磺化、烷基化、酰基化等反应，是苯及其同系物最重要的化学反应，分别讨论如下。

① 卤化 以铁粉或无水三卤化铁为催化剂，苯与卤素发生卤代反应生成卤苯。例如

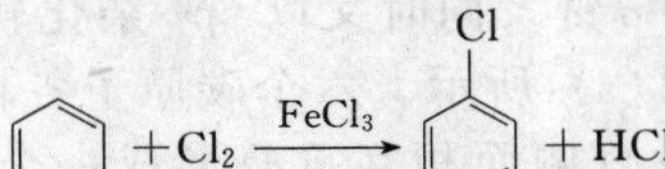

$$C_6H_6 + Cl_2 \xrightarrow{FeCl_3} C_6H_5Cl + HCl$$

卤素不同，与苯发生取代反应的活性也不同，其活性次序为：氟>氯>溴>碘。

卤苯的卤代比苯困难，产物主要是邻二卤苯和对二卤苯。

烷基苯的卤代比苯容易，在相同条件下，主要产物为邻位和对位取代物。例如：

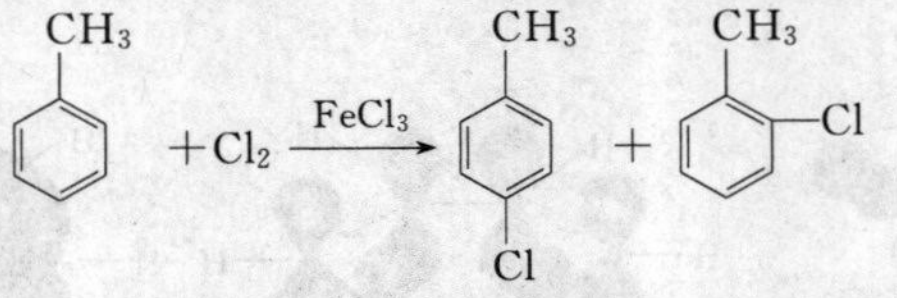

$$C_6H_5CH_3 + Cl_2 \xrightarrow{FeCl_3} p\text{-}ClC_6H_4CH_3 + o\text{-}ClC_6H_4CH_3$$

在光照或加热的情况下，卤素与烷基苯反应不是取代苯环上的氢原子，而是取代苯环侧链 α-碳上的氢原子。例如

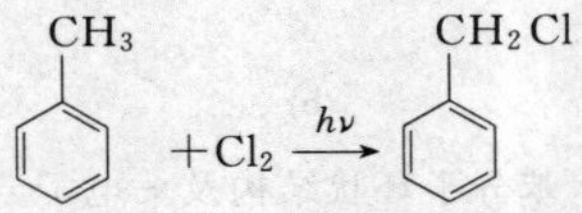

$$C_6H_5CH_3 + Cl_2 \xrightarrow{h\nu} C_6H_5CH_2Cl$$

苯氯甲烷（苄基氯）

苯环上的氯代和溴代是不可逆反应。

② 硝化 苯及其同系物与浓硝酸和浓硫酸混合物（也称混酸）发生硝化反应，环上的一个氢原子被硝基取代生成硝基苯。例如

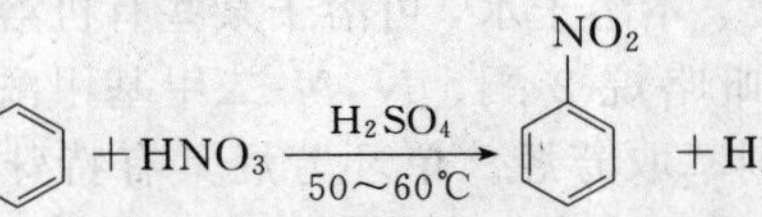

$$C_6H_6 + HNO_3 \xrightarrow[50\sim60℃]{H_2SO_4} C_6H_5NO_2 + H_2O$$

硝基苯的硝化比苯困难。硝基苯在较高温度下，可以继续硝化，主要生成间二硝基苯。

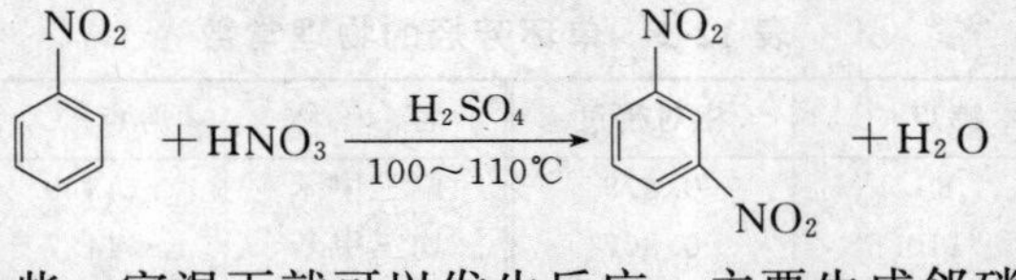

$$C_6H_5NO_2 + HNO_3 \xrightarrow[100\sim110℃]{H_2SO_4} m\text{-}C_6H_4(NO_2)_2 + H_2O$$

甲苯的硝化比苯容易些，室温下就可以发生反应，主要生成邻硝基甲苯和对硝基甲苯。

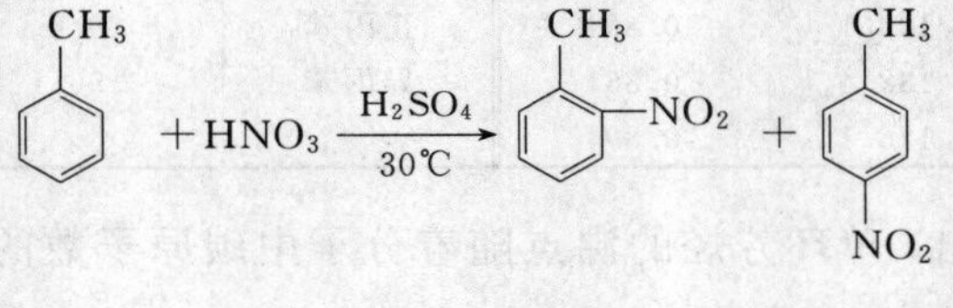

$$C_6H_5CH_3 + HNO_3 \xrightarrow[30℃]{H_2SO_4} o\text{-}CH_3C_6H_4NO_2 + p\text{-}CH_3C_6H_4NO_2$$

苯环上的硝化是不可逆反应。

③ 磺化　苯及其同系物与浓硫酸或发烟硫酸发生磺化反应，环上的一个氢原子被磺酸基取代生成苯磺酸。例如

$$C_6H_6 \xrightarrow[\text{或 }20\%H_2SO_4\text{-}SO_3\text{，}25℃]{\text{浓 }H_2SO_4\text{，}70\sim80℃} C_6H_5SO_3H$$

苯磺酸的磺化比苯困难。苯磺酸在较高温度下，可以继续磺化，主要生成间苯二磺酸。

甲苯的磺化比苯容易些。甲苯的磺化主要生成邻甲苯磺酸和对甲苯磺酸。

$$C_6H_5CH_3 \xrightarrow{\text{浓 }H_2SO_4} o\text{-}CH_3C_6H_4SO_3H + p\text{-}CH_3C_6H_4SO_3H$$

与卤化和硝化不同，苯环上的磺化反应是一个可逆反应，实验表明，升高温度对对位产物有利。

在有机合成中利用它的可逆性起到占位作用，以得到所需的化合物。磺酸与硫酸都是强酸，常用磺酸来代替硫酸作酸性催化剂。长链烷基苯磺酸盐是目前普遍使用的合成洗涤剂的有效成分。

④ 付列德尔-克拉夫茨（Friedel-Crafts）反应　付列德尔-克拉夫茨反应分为烷基化和酰基化两类。

a. 烷基化反应　在 Lewis 酸无水氯化铝等催化下，芳烃与卤代烷发生烷基化反应，环上的氢原子被烷基取代生成烷基芳烃。例如

$$C_6H_6 + CH_3Cl \xrightarrow{AlCl_3} C_6H_5CH_3 + HCl$$

$$C_6H_6 + CH_3CH_2Cl \xrightarrow{AlCl_3} C_6H_5CH_2CH_3 + HCl$$

$$C_6H_6 + C_{12}H_{25}Cl \xrightarrow[50℃]{AlCl_3} C_6H_5C_{12}H_{25} + HCl$$

此法是工业上生产十二烷基苯的方法。

当所用烷基化试剂卤代烷含有三个或三个以上碳原子时，烷基往往发生异构化。例如

$$C_6H_6 + CH_3CH_2CH_2Cl \xrightarrow{AlCl_3} \underset{30\%}{C_6H_5CH_2CH_2CH_3} + \underset{70\%}{C_6H_5CH(CH_3)_2}$$

烷基是活化苯环的取代基，所以，当苯进行烷基化时，总会有副产物多烷基苯生成。

在芳烃的烷基化反应中，无水氯化铝是最常用的催化剂。其他 Lewis 酸和质子酸，例如氯化铁、氯化锌、三氟化硼、硫酸等，都是上述烷基化反应的催化剂。

常用的烷基化试剂还有烯烃、醇。例如

$$C_6H_6 + CH_2{=}CH_2 \xrightarrow[90\sim100℃]{H_2SO_4} C_6H_5CH_2CH_3$$

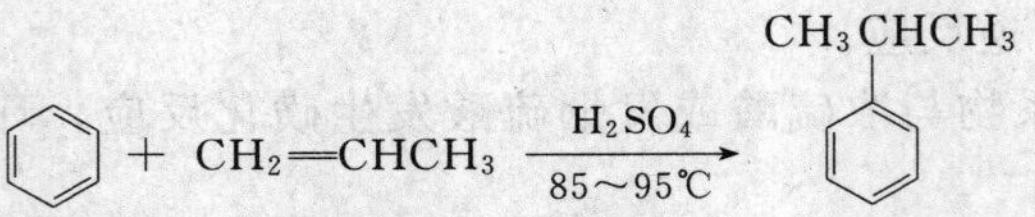

$$\text{C}_6\text{H}_6 + CH_2{=}CHCH_3 \xrightarrow[85\sim95℃]{H_2SO_4} C_6H_5CH(CH_3)_2$$

此法是工业上生产乙苯和异丙苯的方法。

b. 酰基化反应　在 Lewis 酸无水氯化铝等催化下，芳烃与酰卤、酸酐等发生酰基化反应，环上的氢原子被酰基取代生成芳酮。例如

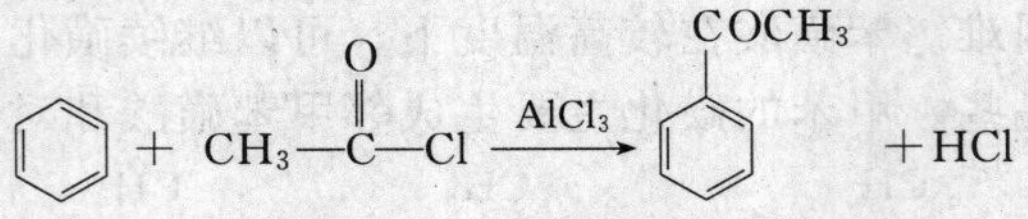

$$\text{C}_6\text{H}_6 + CH_3{-}\overset{O}{\overset{\|}{C}}{-}Cl \xrightarrow{AlCl_3} C_6H_5COCH_3 + HCl$$

乙酰氯　　苯乙酮

$$\text{C}_6\text{H}_6 + (CH_3CO)_2O \xrightarrow[70\sim80℃]{AlCl_3} C_6H_5COCH_3 + CH_3COOH$$

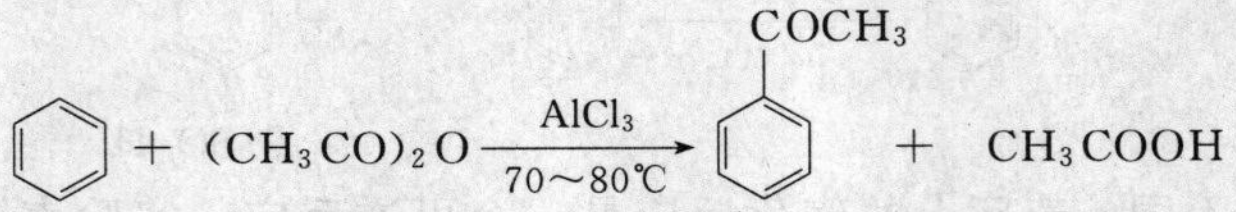

乙酸酐　　乙酸

这是制备芳酮的一个重要方法。

在芳烃的酰基化反应中，无水氯化铝是最常用的催化剂。其他 Lewis 酸和质子酸，例如氯化铁、氯化锌、三氟化硼、硫酸等，也都是上述酰基化反应的催化剂。

酰基化反应既不发生异构化，也不生成多元取代物。

当芳环上连有强的吸电子基（硝基、磺酸基、酰基和氰基）时，一般不发生烷基化和酰基化反应。

（2）氧化反应

① 侧链氧化　苯环比较稳定，一般氧化剂不能使其氧化。当苯环上连有侧链时，由于受苯环的影响，侧链上的 α-氢原子比较活泼，容易被氧化，而且不论侧链长短，结构如何，最后的氧化产物都是苯甲酸。例如

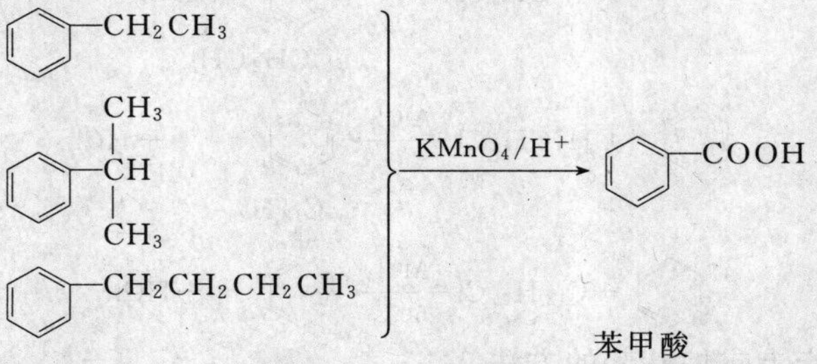

$$\left.\begin{array}{l} C_6H_5CH_2CH_3 \\ C_6H_5CH(CH_3)_2 \\ C_6H_5CH_2CH_2CH_2CH_3 \end{array}\right\} \xrightarrow{KMnO_4/H^+} C_6H_5COOH$$

苯甲酸

如果与苯环相连的侧链上无 α-氢原子时，该侧链不能被氧化。实验室中可利用这一反应来鉴别含有 α-氢原子的烷基苯。

多烷基苯在强氧化剂条件下，被氧化成多元羧酸。例如：

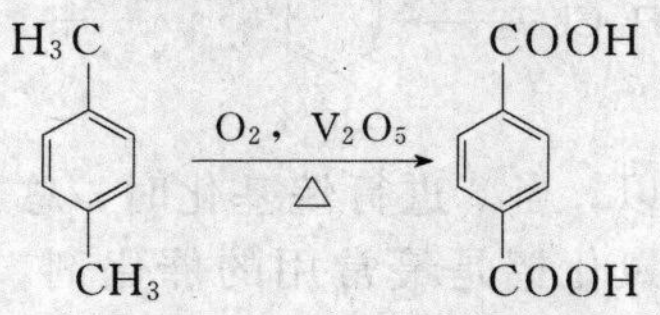

$$H_3C{-}C_6H_4{-}CH_3 \xrightarrow[\triangle]{O_2,\ V_2O_5} HOOC{-}C_6H_4{-}COOH$$

对苯二甲酸

这是工业上生产对苯二甲酸的主要方法。

若两个烷基处于邻位，则被氧化成酸酐。例如：

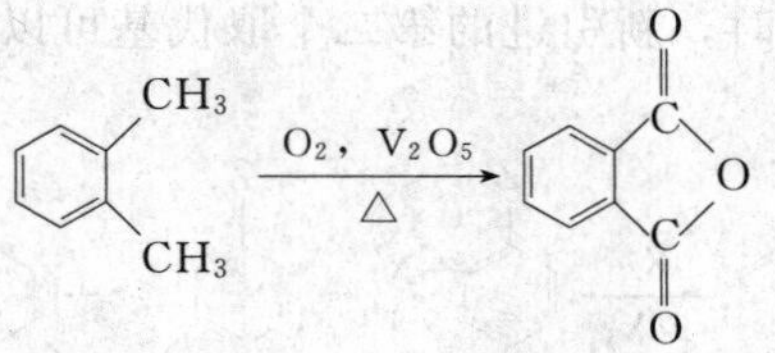

$$o\text{-}C_6H_4(CH_3)_2 \xrightarrow[\triangle]{O_2,\ V_2O_5} \text{邻苯二甲酸酐}$$

邻苯二甲酸酐

这是工业上生产邻苯二甲酸酐的主要方法。

② 苯环氧化　一般情况下苯环不易发生氧化反应，但如果采用较强的氧化条件，在高温和催化剂的作用下，苯环则发生破裂，生成顺丁烯二酸酐。

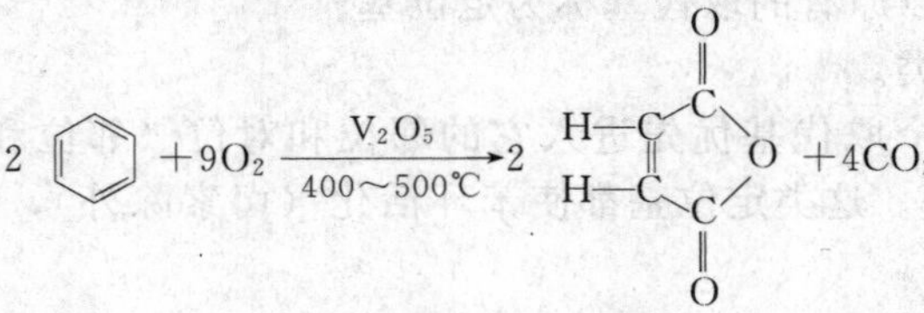

$$2\,C_6H_6 + 9O_2 \xrightarrow[400\sim500℃]{V_2O_5} 2\,\text{顺丁烯二酸酐} + 4CO_2 + 4H_2O$$

顺丁烯二酸酐

这是工业上生产顺丁烯二酸酐的主要方法。

(3) 加成反应　前面指出，芳烃化合物的特点是特殊稳定性，即环上的取代反应远比加成反应易于进行。当然这并不是说芳烃环不能发生加成反应，而只是说与烯烃相比较为困难。在一定条件下，芳环也发生加成反应。例如

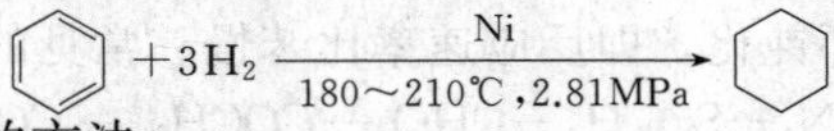

$$C_6H_6 + 3H_2 \xrightarrow[180\sim210℃,2.81MPa]{Ni} C_6H_{12}$$

这是工业上生产环已烷的方法。

又如，在日光或紫外线的照射下，苯与氯发生加成反应，生成六氯环已烷。

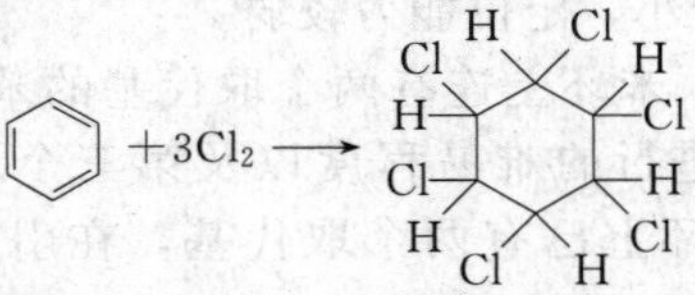

$$C_6H_6 + 3Cl_2 \longrightarrow C_6H_6Cl_6$$

六氯环已烷的分子式为 $C_6H_6Cl_6$，俗称六六六，曾广泛用作农用杀虫剂，但因其残留严重，不仅对人畜有害，也污染环境，现已禁止生成和使用。

12.2.3.3 苯环上取代反应的定位规律

(1) 两类定位基　实验表明：烷基苯的卤代、硝化、磺化或其他取代反应，不仅比苯容易进行，而且均主要生成邻位和对位二元取代物（邻位和对位二元取代物之和＞60％），间位取代物较少。例如

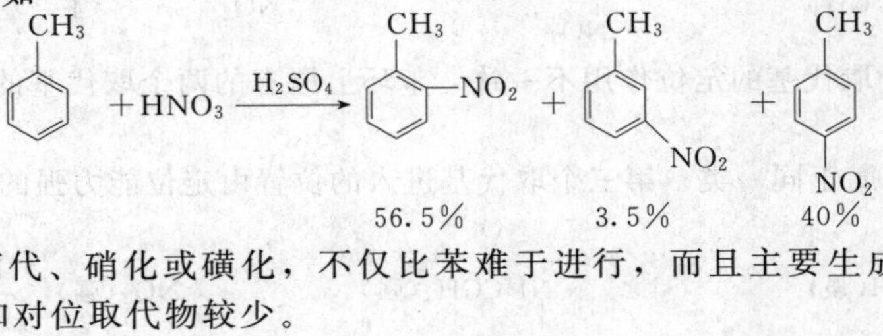

$$C_6H_5CH_3 + HNO_3 \xrightarrow{H_2SO_4} o\text{-}CH_3C_6H_4NO_2 + m\text{-}CH_3C_6H_4NO_2 + p\text{-}CH_3C_6H_4NO_2$$

56.5％　　3.5％　　40％

而硝基苯的卤代、硝化或磺化，不仅比苯难于进行，而且主要生成间位二元取代物（＞40％），邻位和对位取代物较少。

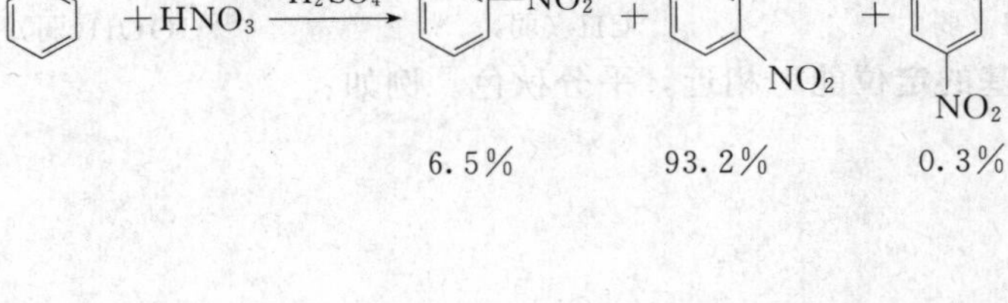

$$C_6H_5NO_2 + HNO_3 \xrightarrow{H_2SO_4} o\text{-}C_6H_4(NO_2)_2 + m\text{-}C_6H_4(NO_2)_2 + p\text{-}C_6H_4(NO_2)_2$$

6.5％　　93.2％　　0.3％

一元取代苯进行取代反应时，新引进的第二个取代基可以进入原有取代基的邻位、间位或对位，生成三种异构体：

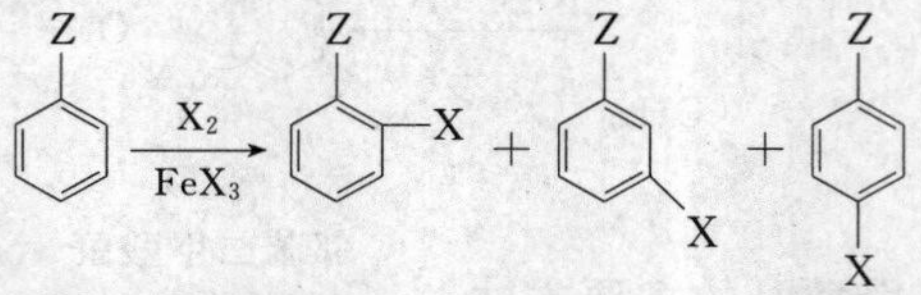

$$\text{C}_6\text{H}_5\text{Z} \xrightarrow[\text{FeX}_3]{\text{X}_2} o\text{-ZC}_6\text{H}_4\text{X} + m\text{-ZC}_6\text{H}_4\text{X} + p\text{-ZC}_6\text{H}_4\text{X}$$

这三个位置上的氢原子被取代的概率是不等的，大量的实验结果表明，第二个取代基进入的位置（邻位、间位或对位）主要是由苯环上的原有取代基决定的，即原有取代基对第二个取代基的进入有定位效应，所以原有的取代基称为定位基。

常见的定位基可分为两类。

第一类定位基：使第二个取代基优先进入它的邻位和对位（邻位和对位异构体之和＞60%），也称为邻对位定位基。这类定位基都使苯环活化（卤素除外），即反应速率比苯快。常见的邻对位定位基如下：

$—O^-$，$—N(NH_3)_2$，$—NH_2$，$—OH$，$—OCH_3$，$—NHCOCH_3$，$—OCOCH_3$，$—R$，$—Cl$，$—Br$，$—I$，$—C_6H_5$ 等

一般来说，排在前面的邻对位定位基对苯环的活化程度较大，定位能力较强；排在后面的邻对位定位基对苯环的活化程度较小，定位能力较弱。

第二类定位基：使第二个取代基优先进入它的间位（间位异构体大于40%），也称为间位定位基。间位定位基使苯环钝化，即反应速率比苯慢。常见的间位定位基如下：

$—N^+(CH_3)_3$，$—NO_2$，$—CN$，$—SO_3H$，$—CHO$，$—COCH_3$，$—COOH$，$—COOCH_3$，$—CONH_2$ 等

一般来说，排在前面的间位定位基对苯环的钝化程度较大，定位能力较强；排在后面的间位定位基对苯环的钝化程度较小，定位能力较弱。

(2) 二取代苯的定位规律　苯环上连有两个取代基的苯的衍生物称为二取代苯，二取代苯在发生取代反应时，反应进行的难易程度以及第三个取代基进入的位置，由原有的两个取代基的性质来决定。苯环上已有两个取代基，在引入第三个取代基时，有以下几种情形。

① 原有的两个取代基的定位作用一致　如果苯环上原有的两个取代基的定位作用一致，则第三个取代基进入的位置为原两个取代基共同指向的位置。例如：

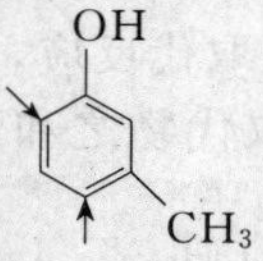

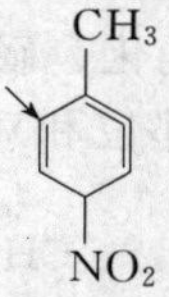

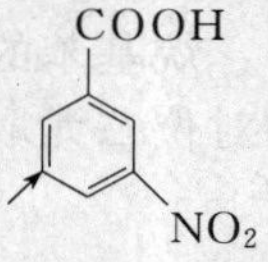

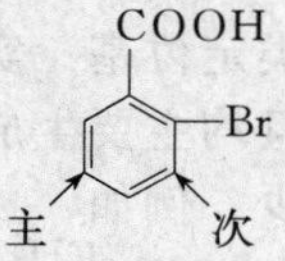

OH / CH_3　　CH_3 / NO_2　　COOH / NO_2　　COOH / Br（主、次）

② 原有的两个取代基的定位作用不一致　苯环上原有的两个取代基的定位作用不一致，有两种情况。

a. 两个取代基属于同一类　第三个取代基进入的位置由定位能力强的来决定。例如：

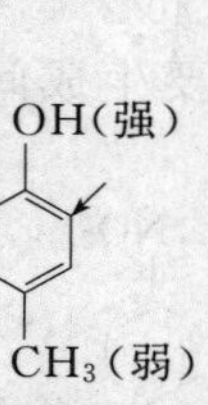

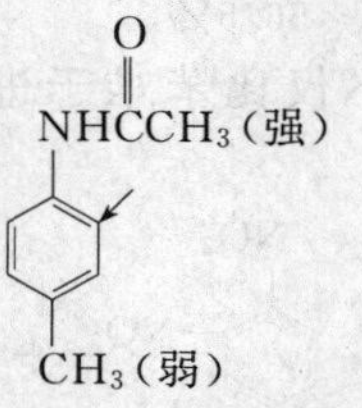

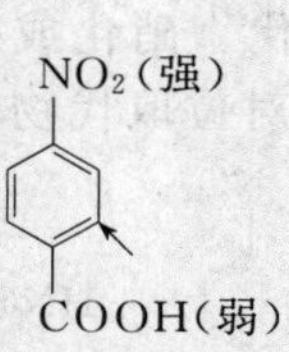

OH(强) / CH_3(弱)　　$NHCCH_3$(强)（C=O）/ CH_3(弱)　　NO_2(强) / COOH(弱)

如果两个取代基的定位能力相近，平分秋色。例如：

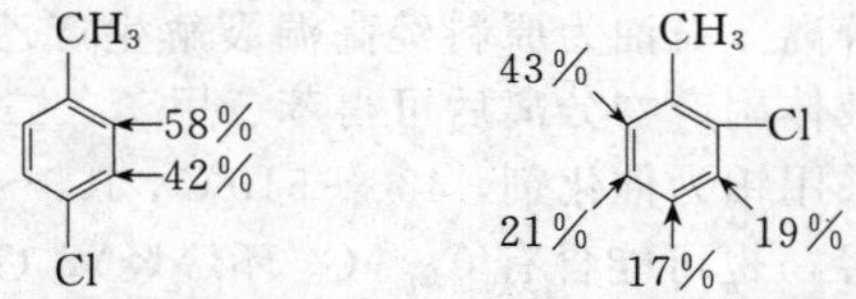

b. 两个取代基不属于同一类 第三个取代基进入的位置由邻对位定位基来决定，但主要进入二类定位基的邻位。例如：

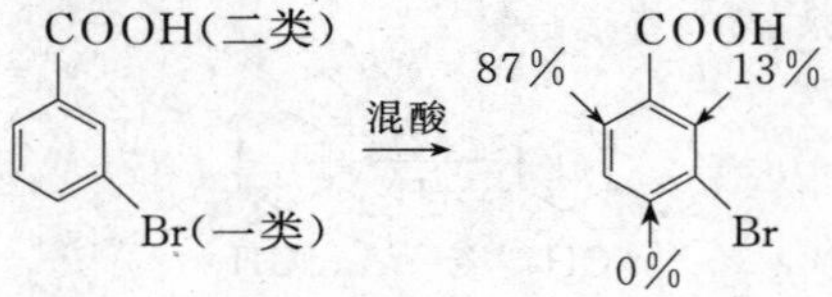

12.2.3.4 定位规律在有机合成上的应用

在生产实践和科学实验中，定位规律对于合成苯的衍生物具有重要的指导作用。利用定位规律可以预测反应的主要产物，设计合理的有机合成路线。

例 1. 由苯合成间硝基氯苯：

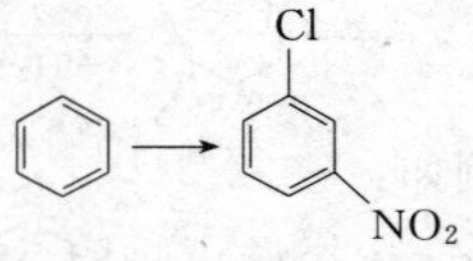

分析：氯原子是邻对位定位基（第一类定位基），硝基是间位定位基（第二类定位基）。所以，合成间硝基氯苯时，应先硝化，再氯化，合成路线如下：

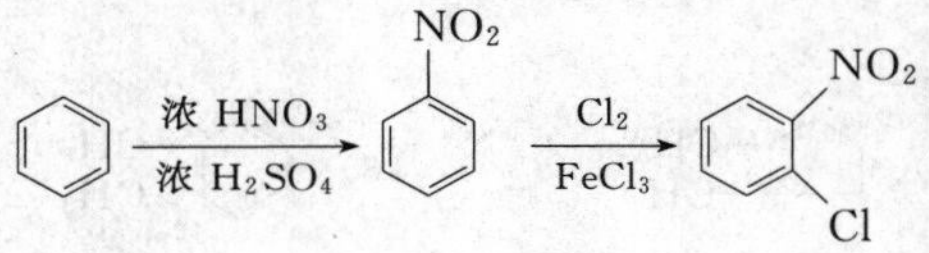

例 2. 由苯合成间硝基苯甲酸：

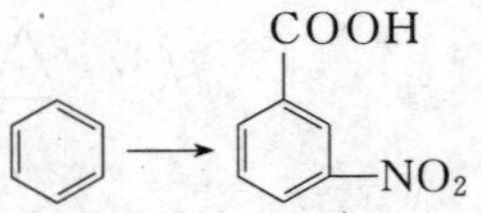

分析：羧基不能直接引入，需由甲基转化，所以这一合成涉及三步反应，即烷基化反应（引入甲基）、硝化反应（引入硝基）和氧化反应（将甲基转化为羧基）。如果先硝基化得到硝基苯，由于硝基是一个强的吸电子基，硝基苯不能发生烷基化反应，所以第一步要引入甲基得到甲基苯，由于甲基是邻、对位定位基，甲苯硝化主要得到邻、对位产物，与题意不符，因此必须先氧化，将甲基转化为羧基，羧基是间位定位基，硝化则得到间位产物间硝基苯甲酸。

合理的合成路线如下：

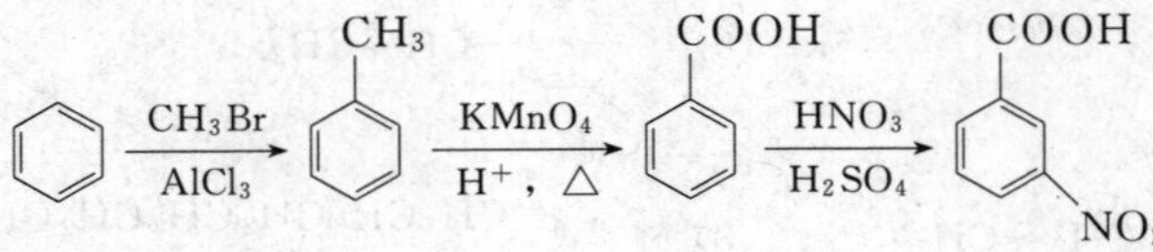

12.2.4 芳烃的来源

芳烃的来源是煤和石油。作为苯、甲苯、乙苯和二甲苯的来源，石油的重要性早已超过了煤。

（1）从煤焦油中分离 煤经干馏得到的黑色黏稠液体叫做煤焦油，从煤焦油中可以分离出芳烃——苯、甲苯、萘、蒽、菲等。

(2) 从石油裂解产品中分离　石油为原料经高温裂解生产乙烯、丙烯和1,3-丁二烯时，得到一定量的液体副产物。液体副产物分离后可得苯、甲苯、二甲苯等芳烃。

(3) 芳构化　工业上常采用铂为催化剂，430～510℃，1.5～2.5MPa，处理石油的C_6～C_8馏分（主要是C_6～C_8烷烃，也可能含有C_6～C_8环烷烃），C_6～C_8馏分中的各组分发生一系列反应，最后生成C_6～C_8芳烃：苯、甲苯、乙苯和二甲苯等，这个过程称为铂重整。这个反应也称芳构化反应。主要反应如下：

① 环烷烃脱氢，例如：

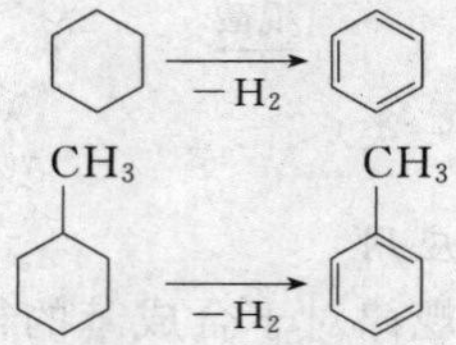

$$\text{环己烷} \xrightarrow[-H_2]{} \text{苯}$$

$$\text{甲基环己烷}(CH_3) \xrightarrow[-H_2]{} \text{甲苯}(CH_3)$$

② 环烷烃异构化、脱氢，例如：

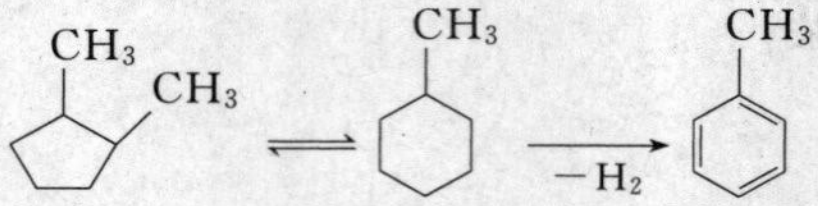

$$\text{1,2-二甲基环戊烷}(CH_3, CH_3) \rightleftharpoons \text{甲基环己烷}(CH_3) \xrightarrow[-H_2]{} \text{甲苯}(CH_3)$$

③ 烷烃脱氢、环化、再脱氢，例如：

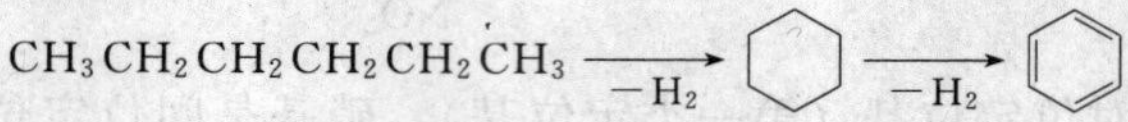

$$CH_3CH_2CH_2CH_2CH_2CH_3 \xrightarrow[-H_2]{} \text{环己烷} \xrightarrow[-H_2]{} \text{苯}$$

习　题

1. 命名下列脂环烃化合物：

(1) 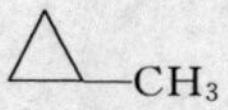 环丙基—CH_3　(2) 环戊烷(相邻两个 CH_3)　(3) 苯环(相邻两个 CH_3)

(4) 环戊烯—CH_3　(5) 环戊二烯　(6) 环丙烷(同一碳上两个 CH_3)

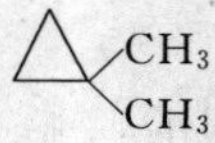

2. 命名下列芳烃化合物：

(1) 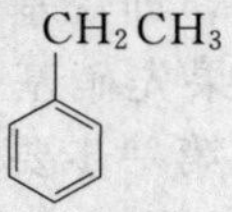 C_6H_5—CH_2CH_3　(2) C_6H_5—C(CH_3)=CH—CH_3

(3) CH_3—C_6H_4—CH_2—CH_3（对位）　(4) 苯环邻位取代：CH_2CH_3、$CH(CH_3)_2$

(5) 苯环间位取代：CH_2CH_3、CH_2CH_3　(6) 苯环上 CH_3、CH_3（间位）及 CH=CH_2

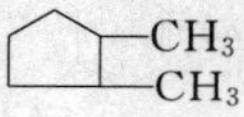

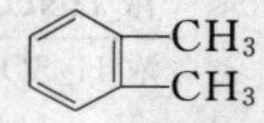

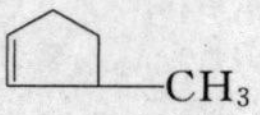

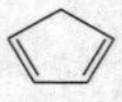

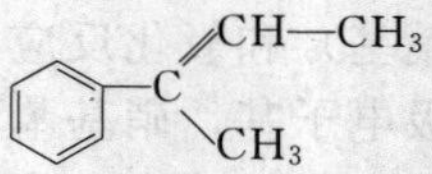

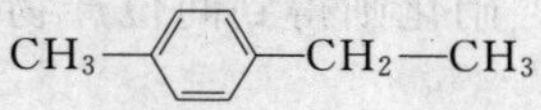

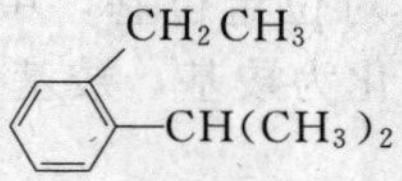

(7) CH_3—CH(CH_3)—CH(C_6H_5)—CH_2—CH_3　(8) C_6H_5—$CH_2CH_2CH_2CH_2CH_2CH_2CH_3$

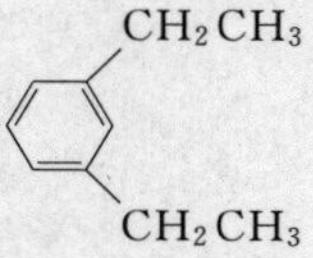

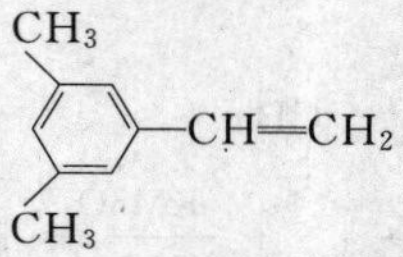

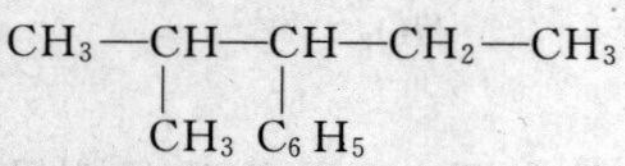

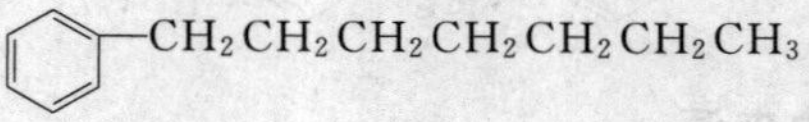

3. 写出下列芳烃的结构式：

(1) 2,4,6-三硝基甲苯　(2) 均三甲苯

(3) 3-苯基-1-丙炔　(4) 苯乙烯

(5) 3-苯基己烷　(6) 二苯甲烷

4. 写出下列脂环烃的结构式：

(1) 1,3-二甲基环己烷　　(2) 甲基环丁烷

(3) 3,4-二甲基环己烯　　(4) 环戊二烯

5. 完成下列各反应式：

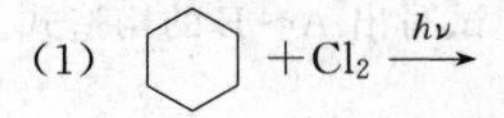

(1) 环己烷 $+Cl_2 \xrightarrow{h\nu}$　　(2) 环丙烷 $+Br_2 \xrightarrow[\text{室温}]{CCl_4}$

(3) 环戊烷 $+Br_2 \xrightarrow{300℃}$　　(4) 环丙基环丁烷 $+H_2 \xrightarrow[80℃]{Ni}$

(5) 乙苯（CH_2CH_3）$+HNO_3 \xrightarrow{(CH_3CO)_2O}$　　(6) 溴苯（Br） $+Br_2 \xrightarrow{FeBr_3}$

(7) 乙苯（CH_2CH_3） $+Cl_2 \xrightarrow{h\nu}$　　(8) 苯 + 环己烯 $\xrightarrow[0℃]{HF}$

(9) 苯 $+C_{12}H_{25}Cl \xrightarrow[\text{约 50℃}]{AlCl_3}$　　(10) 苯 $+(CH_3CH_2CO)_2O \xrightarrow[70\sim80℃]{AlCl_3}$

(11) 乙苯（CH_2CH_3） $\xrightarrow{KMnO_4,\ H_2O}$　　(12) 苯—NO_2 $\xrightarrow[110℃]{\text{浓 } H_2SO_4}$

(13) CH_3—苯—$NHCOCH_3$ $\xrightarrow[60℃]{\text{浓 } H_2SO_4}$　　(14) 苯—$C(CH_3)_3$ $\xrightarrow{\text{浓 } H_2SO_4}$

6. 下列化合物中哪些不能发生 Friedel-Crafts 烷基化反应？

(1) C_6H_5CN　　(2) $C_6H_5CH_3$　　(3) $C_6H_5CCl_3$

(4) C_6H_5CHO　　(5) $C_6H_5COCH_3$　　(6) C_6H_5Br

7. 比较下列各组化合物进行硝化反应活性的大小。

(1) 甲苯，硝基苯，溴苯

(2) 甲苯，间二甲苯，对二甲苯

(3) 氯苯，对硝基氯苯，2,4-二硝基氯苯

8. 用箭头标出下列化合物进行硝化反应时，硝基加入苯环的位置。

(1) 对位 CH_3、OH 取代苯　　(2) 对位 Br、NO_2 取代苯　　(3) 间位 COOH、CH_3 取代苯　　(4) 间位 NH_2、CH_2CH_3 取代苯

9. 用化学方法鉴别下列各组化合物

(1) 苯，环己烯，环己烷

(2) 苯—CH_2CH_3，苯—$CH{=}CH_2$，苯—$C{\equiv}CH$

(3) 环丙烷，丙烷，丙烯

10. 以苯为主要原料，选择适当的无机（或有机）试剂合成下列化合物。

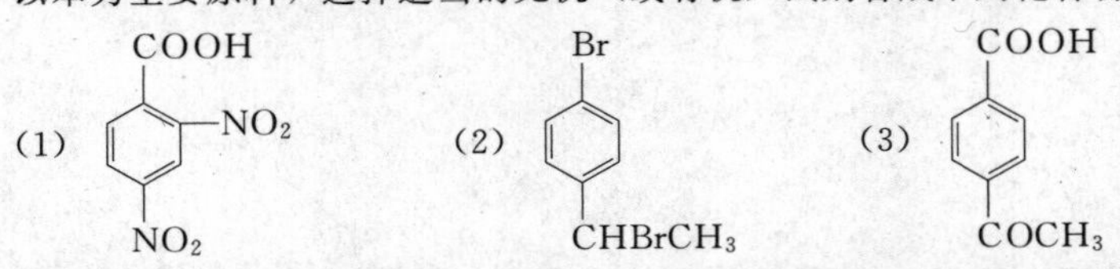

11. 某化学式为 C_7H_{14} 的饱和烃，只含一个一级碳原子，写出化合物的所有构造式并命名之。

12. 化合物 A 的分子式为 C_9H_8，在室温下能迅速使 Br_2-CCl_4 溶液和稀的高锰酸钾褪色，在温和条件下氢

化时只吸收1mol H_2，生成化合物B，分子式为C_9H_{10}；A在强烈条件下氢化时可吸收4mol H_2；A强烈氧化时可生成邻苯二甲酸。试写出A和B的结构式。

13. 某不饱和烃A的分子式为C_9H_8，A能和氯化亚铜氨溶液反应产生红色沉淀。A催化加氢得到化合物B（C_9H_{12}），将B用酸性重铬酸钾氧化得到酸性化合物C（$C_8H_6O_4$），C加热得到化合物D。若将A和丁二烯作用，则得到另一个不饱和化合物E，E催化脱氢得到2-甲基联苯。试写出A～E的构造式。

第 13 章　卤　代　烃

烃分子中一个或几个氢原子被卤原子取代的化合物，称为烃的卤素衍生物或卤代烃。卤原子（—F、—Cl、—Br、—I）是其官能团。在卤代烃中，氟代烃的制备和化学性质与其他卤代烃有所不同，故通常单独讨论。

由于碘太贵，碘代烃在工业上用途不大。最重要的、大规模生产的是氯代烃。凡用氯代烃可以满足需要的，就不用溴代烃，更不用碘代烃。由于 C—Br 键的活性大于 C—Cl 键，为了使反应较易进行，实验室中常用溴代烃来合成有机化合物。本章重点讲述氯代烃和溴代烃，碘代烃不予介绍。

13.1　卤代烃的分类及其命名

13.1.1　卤代烃的分类

（1）按分子中烃基结构的不同　可分为饱和卤代烃、不饱和卤代烃（卤代烯烃与卤代炔烃）和卤代芳烃。

RCH_2X	$RCH{=}CHX$	C_6H_5Cl（苯环—Cl）
饱和卤代烃	不饱和卤代烃	卤代芳烃

（2）按分子中所含卤原子的数目不同　分为一卤代烃和多卤代烃。

一卤代烃：RCH_2X　　C_6H_5X

多卤代烃：$XCH_2CH_2CH_2X$　　$RCHX_2$　　CHX_3

（3）按与卤原子直接相连的碳原子的不同类型　分为伯卤代烃、仲卤代烃、叔卤代烃。

RCH_2X	R_2CHX	R_3CX
伯卤代烃（1°）	仲卤代烃（2°）	叔卤代烃（3°）

13.1.2　卤代烃的命名

13.1.2.1　普通命名法

简单的卤代烃可以用普通命名法来命名。普通命名法也称习惯命名法，是按烷基的名称来命名的，称为卤代某烃或某基卤。例如：

$CHCl_3$	三氯甲烷（氯仿）	$CH_2{=}CHCH_2Br$	烯丙基溴
$CH_3CH_2CH_2Cl$	正丙基氯	$C_6H_5CH_2Cl$（苯环—CH_2Cl）	氯化苄（苄基氯）
$(CH_3)_2CHCl$	异丙基氯		
$(CH_3)_3CBr$	叔丁基溴		

13.1.2.2　系统命名法

（1）卤代烷烃的命名　卤代烷烃命名时，选择连有卤原子的最长碳链作为主链，根据主链上碳原子的数目叫做“某烷”；支链和卤原子看作取代基；主链碳原子编号与烷烃相同，遵循最低系列原则；然后把支链和卤原子的位次、数目、名称写在主链名称“某烷”之前，取代基列出的次序按“次序规则”（即较优基团后列出的顺序）。例如

$CH_3—CH(Cl)—CH_2—CH(CH_3)—CH_3$　　2-甲基-4-氯戊烷

$CH_3—CH(Cl)—CH_2—CH(CH_3)—CH(Br)—CH_2—CH(F)—CH_3$　　4-甲基-7-氟-2-氯-5-溴辛烷

（2）卤代烯（炔）烃的命名　卤代烯烃和卤代炔烃命名时，选择含有不饱和键和卤原子在内的最长的碳链为主链，卤原子为取代基，按烯烃的命名原则来命名。例如

$CH_3CH(Br)CH=CHCH_3$　　4-溴-2-戊烯

$CH≡CCH_2Br$　　3-溴丙炔

$CH_2=CH—CH(CH_3)—C(Br)=CH—CH_2Cl$　　3-甲基-6-氯-4-溴-1,4-己二烯

（3）卤代芳烃的命名　卤代芳烃的命名分两种情况：当卤原子直接与芳环相连时，命名时以芳烃作为母体，卤原子作为取代基；当卤原子连在芳环侧链上时，命名则以脂肪烃作为母体，芳基和卤原子作为取代基。例如

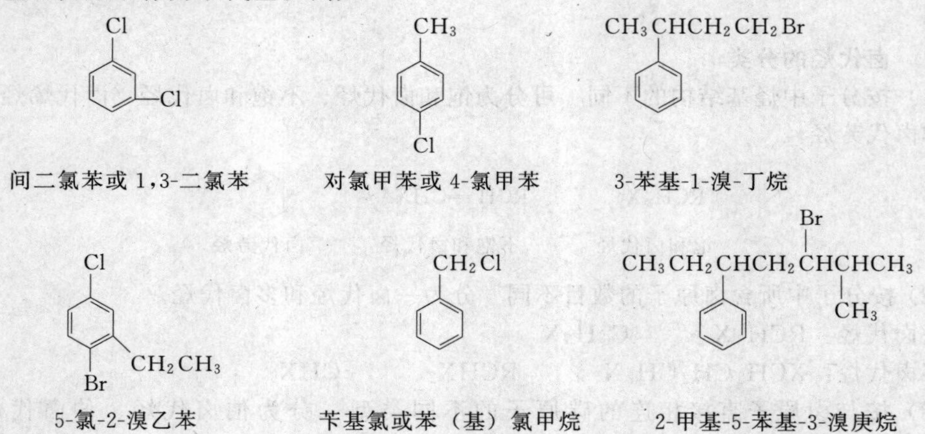

间二氯苯或 1,3-二氯苯　　对氯甲苯或 4-氯甲苯　　3-苯基-1-溴-丁烷

5-氯-2-溴乙苯　　苄基氯或苯（基）氯甲烷　　2-甲基-5-苯基-3-溴庚烷

13.2　卤代烷的物理性质

常温下，除氯甲烷、溴甲烷和氯乙烷为气体外，其他常见的一卤代烷为无色的液体，含 15 个碳原子以上的为固体。卤代烷的蒸气有毒，尤其是含有氯或碘的化合物可通过皮肤吸收，使用时要注意安全。

一卤代烷的熔、沸点随着分子中碳原子数的增加而升高。含有相同碳原子数的卤代烷，氯代烷的沸点最低，碘代烷的沸点最高。在卤代烷异构体中，支链越多，沸点越低。

一氯代烷的相对密度小于 1，一溴代烷和一碘代烷的相对密度大于 1。在同系列中，卤代烷的相对密度随着分子中碳原子数的增大而下降。

卤代烷均不溶于水，但可溶于乙醇、乙醚、汽油、苯等有机溶剂。表 13-1 给出一些一卤代烷的物理常数。

表 13-1 一些一卤代烷的物理常数

名 称	沸点/℃	相对密度(d_4^{20})	名 称	沸点/℃	相对密度(d_4^{20})
氯甲烷	-24	0.920	1-溴丁烷	102	1.276
氯乙烷	12.2	0.910	1-溴戊烷	130	1.223
1-氯丙烷	46.2	0.892	碘甲烷	42.5	2.279
1-氯丁烷	78.5	0.884	碘乙烷	72.3	1.933
1-氯戊烷	108	0.883	1-碘丙烷	102.4	1.747
溴甲烷	3.5	1.732	1-碘丁烷	130	1.617
溴乙烷	38.4	1.430	1-碘戊烷	157	1.517
1-溴丙烷	71.0	1.351			

13.3 卤代烷的化学性质

卤原子是卤代烷的官能团。卤代烷的化学反应主要表现在卤原子上：①卤原子被其他原子或基团所取代的反应——亲核取代反应；②从卤代烷分子中消去卤化氢生成 C═C 双键的反应——消除反应。反应时，卤代烷的活性顺序是：碘代烷>溴代烷>氯代烷。

13.3.1 取代反应

由于卤原子强的吸电子能力，使碳卤键的极性较大，较易断裂，在一定的条件下，卤代烷分子中的卤原子可被其他原子或基团所取代，发生取代反应。

(1) 水解 卤代烷与强碱的稀水溶液一起共热，卤原子被羟基取代生成醇。例如

$$CH_3CH_2CH_2CH_2Br + NaOH \xrightarrow{H_2O,\triangle} CH_3CH_2CH_2CH_2OH + NaBr$$

(2) 醇解 在相应的醇中，卤代烷与醇钠反应，卤原子被烷氧基取代生成醚。例如

$$CH_3CH_2CH_2CH_2Cl + NaOC_2H_5 \xrightarrow[\triangle]{C_2H_5OH} CH_3CH_2CH_2CH_2OC_2H_5 + NaCl$$

这是制备醚（特别是混醚）最常用的一个方法，称为 Williamson 合成法。

(3) 氰解 卤代烷与氰化钠、氰化钾反应，卤原子被氰基取代生成腈。例如

$$CH_3CH_2CH_2CH_2Br + NaCN \xrightarrow[\triangle]{H_2O,C_2H_5OH} CH_3CH_2CH_2CH_2CN + NaBr$$

由卤代烷转变为腈时，分子中增加了一个碳原子，在有机合成上，这是增长碳链常用的一个方法，也是制备腈的一个方法。腈水解可得羧酸、酰胺等化合物。但由于氰化钠或氰化钾剧毒，此反应受到很大的限制。

(4) 氨解 卤代烷与氨反应，卤原子被氨基取代生成胺。伯卤代烷与过量的氨反应生成伯胺。例如

$$CH_3CH_2CH_2CH_2Cl + 2NH_3 \xrightarrow[\triangle]{C_2H_5OH} CH_3CH_2CH_2CH_2NH_2 + NH_4Cl$$

该反应可以用来制备伯胺。

(5) 与硝酸银的反应 卤代烷与硝酸银的乙醇溶液反应，卤原子被—ONO_2 取代，生成硝酸酯和卤化银沉淀。例如

$$RX + AgNO_3 \xrightarrow{CH_3CH_2OH} RONO_2 + AgX\downarrow \quad (X=Cl, Br, I)$$

卤代烷的结构不同，与硝酸银的乙醇溶液反应，显示出不同的反应活性。

当烷基相同，卤原子不同时，卤代烷的活性顺序是

碘代烷>溴代烷>氯代烷

当卤原子相同，烷基不同时，卤代烷的活性顺序是：

叔卤代烷＞仲卤代烷＞伯卤代烷

利用这个反应，根据生成 AgX 沉淀的快慢和颜色来鉴别不同的卤代烷。

13.3.2 消除反应

如前所述，卤代烷与强碱（如氢氧化钠等）的稀水溶液共热时，主要发生取代反应生成醇。当与强碱的醇溶液（常用氢氧化钾乙醇溶液）共热时，则主要发生消除反应，从分子中脱去一分子的卤化氢（β-碳上的氢原子和卤原子结合）而生成烯烃。例如

$$CH_3CH_2CH_2CH_2Br \xrightarrow[\text{乙醇溶液}]{KOH,\triangle} CH_3CH_2CH{=}CH_2 + HBr$$

这种从分子中脱去简单的小分子（如 H_2O、HX 等）生成不饱和烃的反应称为消除反应。

卤代烷发生消除反应时，是从 β-碳上脱氢。如果卤代烷分子中有两个 β-碳上都有氢原子，反应就会有两种产物。例如

2-溴丁烷与浓氢氧化钾乙醇溶液共热，消除一分子溴化氢时，会生成两种产物——1-丁烯和 2-丁烯。

$$\underset{\displaystyle\,\,|\,\,Br}{CH_3CH_2CHCH_3} \xrightarrow[\text{乙醇溶液}]{KOH,\triangle} \underset{19\%}{CH_3CH_2CH{=}CH_2} + \underset{81\%}{CH_3CH{=}CHCH_3}$$

实验表明，卤代烷脱去卤化氢时，氢原子较易从含氢较少的 β-碳原子上脱去，换句话说，较易生成双键碳原子上连有较多烷基的烯烃。这是一条经验规律，叫做扎依采夫（Saytzeff）规则。卤代烷发生消除反应的活性顺序是：

叔卤代烷＞仲卤代烷＞伯卤代烷

卤代烷的水解反应与脱卤化氢反应都是在碱性溶液中进行的，因此当卤代烷水解时，不可避免地会有脱卤化氢的副反应发生；同样脱卤化氢时也会有取代产物生成，这与二者的反应历程有关。取代反应与消除反应是一对同时发生、相互竞争的反应，根据多方面实验得出的结论是：热、碱、浓、醇（高温、强碱、浓度大、醇溶液）有利于消除而不利于取代。烃基结构不同，卤代烷发生取代反应和消除反应的难易也是不一样的：

发生取代反应的活性顺序为：伯卤代烷＞仲卤代烷＞叔卤代烷。

发生消除反应的活性顺序为：叔卤代烷＞仲卤代烷＞伯卤代烷。

13.3.3 与金属镁反应

卤代烷与金属镁在无水乙醚（通称干乙醚或纯醚）中反应，生成烷基卤化镁，称为格利雅（Grinard）试剂，简称格氏试剂，一般用 RMgX 表示。

$$R{-}X + Mg \xrightarrow{\text{干乙醚},\triangle} R{-}Mg{-}X \quad (X{=}{-}Cl、{-}Br)$$

与金属镁反应时，卤代烷的活性顺序是：碘代烷＞溴代烷＞氯代烷。其中碘代烷太贵，而氯代烷的活性较小，实验室中一般用溴代烷来制备格氏试剂。

格氏试剂溶解于乙醚中。应用时不需要把它从乙醚溶液中分离出来，而是直接使用其醚溶液。

格氏试剂中的 $\overset{\delta-}{C}{-}\overset{\delta+}{Mg}$键是极性很强的键，性质非常活泼。能与酸、水、醇、氨等含有活泼氢的化合物作用，格氏试剂被分解，生成相应的烷烃。例如：

$$RMgX + HX \longrightarrow RH + MgX_2$$

$$RMgX + H_2O \longrightarrow RH + Mg(OH)X$$

$$RMgX + R'OH \longrightarrow RH + Mg(OR')X$$

$$RMgX + NH_3 \longrightarrow RH + Mg(NH_2)X$$

$$RMgX + HC\equiv CR' \longrightarrow RH + R'C\equiv CMgX$$

因此，在制备格氏试剂时，所用溶剂乙醚必须是无水、无醇的干乙醚。

常温时，格氏试剂与氧（空气）反应生成含氧化合物，含氧化合物用酸分解则生成醇。

$$RMgX \xrightarrow{O_2} ROMgX \xrightarrow{H^+} ROH$$

在有机合成中，格氏试剂具有多方面的重要应用，例如，格氏试剂能与二氧化碳、醛、酮、酯等多种化合物反应生成羧酸和醇，将分别在以后章节中讲述。

13.4 卤代烯烃和卤代芳烃

13.4.1 分类

根据分子中卤原子与不饱和键的相对位置的不同，可以把一卤代烯烃和一卤代芳烃分为以下三类。

（1）乙烯基（苯基）型卤代烃　卤原子直接与双键碳原子或苯环相连，这样的卤代烃称为乙烯基（苯基）型卤代烃。例如

$CH_2{=}CHCl$　氯乙烯

$CH_3CH_2CH{=}CHCl$　1-氯-1-丁烯

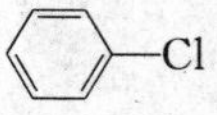

$C_6H_5{-}Cl$　氯苯

（2）烯丙基（苄基）型卤代烃　卤原子与双键或苯环相隔一个饱和碳原子的卤代烃，称为烯丙基型卤代烃。例如

$CH_2{=}CHCH_2Cl$　3-氯丙烯

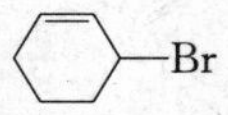

（环己烯基）$-Br$　3-溴环己烯

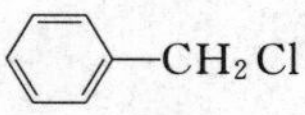

$C_6H_5{-}CH_2Cl$　苄氯

$C_6H_5{-}CH(Cl)CH_3$　α-氯代乙苯

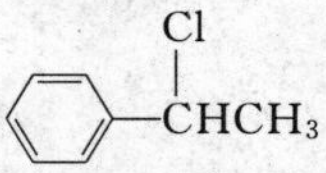

（3）隔离型卤代烃　卤原子与双键或苯环相隔两个或两个以上饱和碳原子的卤代烃，称为隔离型卤代烃。例如

$CH_2{=}CHCH_2CH_2Cl$　4-氯-1-丁烯

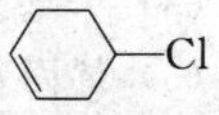

（环己烯基）$-Cl$　4-氯环己烯

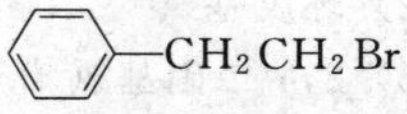

$C_6H_5{-}CH_2CH_2Br$　β-溴代乙苯

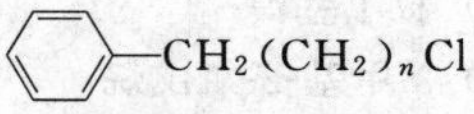

$C_6H_5{-}CH_2(CH_2)_nCl$　$n\geqslant 1$

13.4.2 不同类型的卤代烯烃和卤代芳烃反应活性的差异

在卤代烯烃和卤代芳烃分子中，存在两个官能团。由于分子中卤原子与碳碳双键和芳环的相对位置不同，它们之间的相互影响也不一样，表现在化学性质上，尤其是卤原子的活泼性上差别较大。

乙烯基（苯基）型卤代烃，卤原子直接与 sp^2 杂化的碳原子相连，这类化合物中的卤原子很不活泼，在一般条件下不发生取代反应。而烯丙基（苄基）型卤代烃却与之相反，分子中的卤原子相当活泼，比卤代烷分子中的卤原子还要活泼，很容易与 NaOH、NaOR、NaCN、NH_3 等试剂发生亲核取代反应。例如，烯丙基氯的碱性水解反应

$$CH_2{=}CH{-}CH_2Cl \xrightarrow{OH^-,\ H_2O} CH_2{=}CH{-}CH_2OH$$

很容易发生，反应时既可以按照 S_N1 历程进行，也可以按照 S_N2 历程进行。隔离型卤代烃，分子中的卤原子的活泼性基本上和卤代烷中的卤原子相同。

用不同类型的卤代烃分别与硝酸银的醇溶液作用，烯丙基（苄基）型卤代烃、叔卤代烷最活泼，在室温下立即生成卤化银沉淀；隔离型卤代烯烃、伯、仲卤代烷需要加热才能生成卤化银沉淀；乙烯基（苯基）型卤代烃最不活泼，即使加热也不能生成卤化银沉淀。可以利用这个性质来鉴别不同类型的卤代烃。

综上讨论，不同卤代烃的活性次序为

苄基卤代烃
烯丙基卤代烃
叔卤代烷
} ＞隔离型卤代烯烃、伯、仲卤代烷＞乙烯基型卤代烃、苯基卤代烃

习 题

1. 用系统命名法命名下列化合物：

(1) $CH_3CH(CH_2Cl)CH_2CH_2CH(CH_3)_3$

(2) 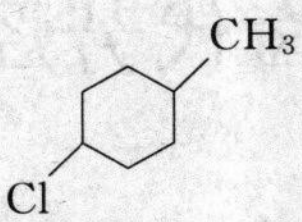 4-甲基环己基氯（结构式：环己烷环上1位Cl、4位CH_3）

(3) $CH_2{=}CH{-}CH_2Cl$

(4) 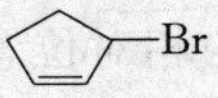 环戊烯环上连Br（结构式）

(5) 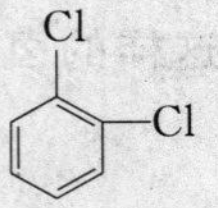 邻二氯苯（结构式：苯环上两个相邻Cl）

(6) 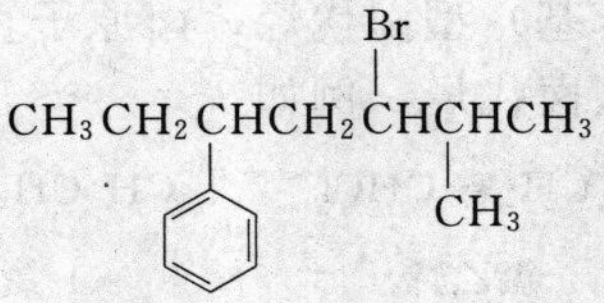 $CH_3CH_2CH(C_6H_5)CH_2CH(Br)CH(CH_3)CH_3$

(7) 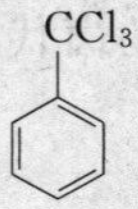 $C_6H_5CCl_3$

(8) 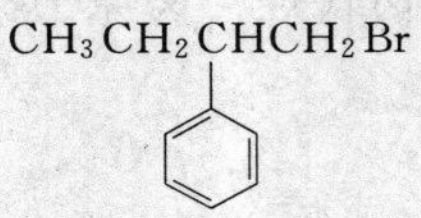 $CH_3CH_2CH(C_6H_5)CH_2Br$

(9) $(CH_3)_2CHCH_2CH_2Cl$

(10) 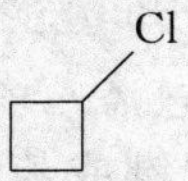 环丁基氯（结构式：环丁烷连Cl）

2. 写出下列卤代烃的构造式：

(1) 叔丁基溴 (2) 环戊基氯 (3) 苄基氯
(4) 3-甲基-2-氯戊烷 (5) 2,4-二硝基氯苯 (6) 烯丙基溴
(7) 碘仿

3. 完成下列反应式：

(1) $CH{\equiv}C{-}CH_2Br \xrightarrow[H_2O]{NaOH}$

(2) $CH_2{=}CH{-}CH_3 \xrightarrow{HBr} \xrightarrow{NaCN}$

(3) $(CH_3)_3CBr + NaCN \xrightarrow{C_2H_5OH}$

(4) $H_3C{-}CH_2{-}CH_2{-}CH_2Cl \xrightarrow{NH_3}$

(5) $CH_3CH_2CH_2Br + NaOH \xrightarrow[\triangle]{C_2H_5OH}$

(6) $CH_3{-}CH(Cl){-}CH_2{-}CH_3 \xrightarrow[C_2H_5OH]{KOH}$

(7) 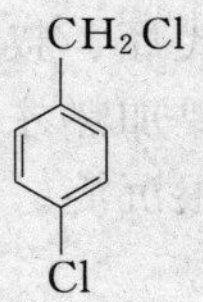 对氯苄基氯（苯环上1位CH_2Cl、4位Cl）$\xrightarrow[Et_2O]{Mg}$

(8) 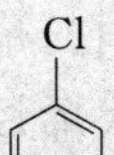 氯苯 $\xrightarrow[110℃]{HNO_3,\ H_2SO_4}$

(9) $C_6H_5CH_2Cl \xrightarrow{NaOH}$　　(10) 2-$(CH_3CH_2CHCH_2Br)$-C_6H_4Cl $\xrightarrow[EtOH]{AgNO_3}$

4. 用简单的化学方法区别下列各组化合物：

(1) 1-溴丙烷、1-溴丙烯、3-溴丙烯

(2) 环己烷、环己烯、δ-溴代环己烯

(3) 对溴甲苯、苄基溴、β-溴代乙苯

5. 将下列各组化合物按在 KOH 溶液中脱去 HX 由易到难的顺序排列：

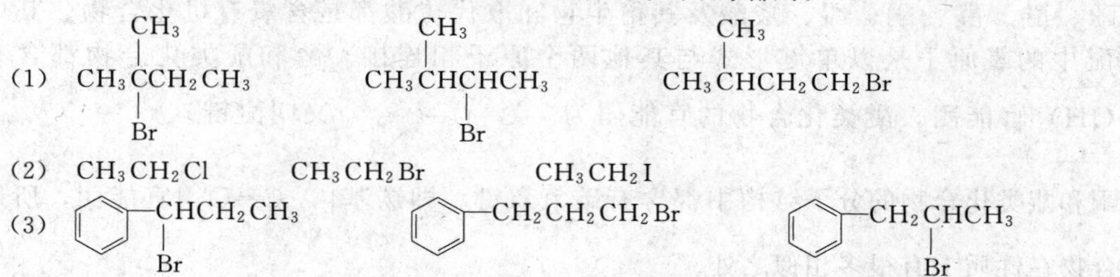

6. 化合物 A 的分子式为 C_5H_{10}，它与溴水不发生反应，在紫外线照射下与溴作用只生成一种产物 C_5H_9Br (B)。将 B 与 KOH-C_2H_5OH 溶液作用得到 C_5H_8 (C)，C 经臭氧化、锌粉还原水解后生成戊二醛 D。试写出 A～D 的构造式。

第 14 章　含氧有机化合物

醇、酚、醚、醛、酮、醌、羧酸及其衍生物和取代羧酸都是含氧有机化合物。其中醇、酚、醚中的氧原子是以单键形式与其他两个原子相连接。醇和酚类化合物都含有羟基（—OH）官能团，醚类化合物的官能团为 $\rangle C—O—C\langle$ ，又叫醚键。

醛、酮和醌类化合物的分子结构中都含有碳氧双键，即羰基（$\rangle C=O$）官能团，所以这三类化合物在性质上有很多相似之处。

羧酸是一类具有酸性的有机化合物，羧基（—COOH）是这类物质的官能团；当羧基中的羟基被其他原子或基团取代后所形成的化合物称为羧酸的衍生物，如果羧酸分子中烃基上的氢原子被其他原子或基团取代，所形成的化合物称为取代羧酸。

14.1　醇

醇可以看作是烃分子中的氢原子被羟基取代后的化合物，通式为 ROH。羟基（—OH）是醇的官能团。

14.1.1　醇的分类和命名

14.1.1.1　醇的分类

① 根据羟基所连的碳原子种类的不同，分成伯醇、仲醇、叔醇。

RCH_2OH（伯醇）　　$R—CH(OH)—R'$（仲醇）　　$R—C(R'')(OH)—R'$（叔醇）

② 根据羟基所连的烃基的不同，分为饱和醇、不饱和醇、脂环醇、芳香醇。

饱和醇：CH_3CH_2OH　　不饱和醇：$CH_2=CHCH_2OH$，$CH\equiv CCH_2OH$

脂环醇：环己醇（$C_6H_{11}OH$）　　芳香醇：$C_6H_5(CH_2)_nOH$

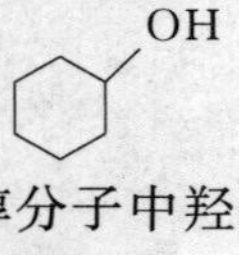

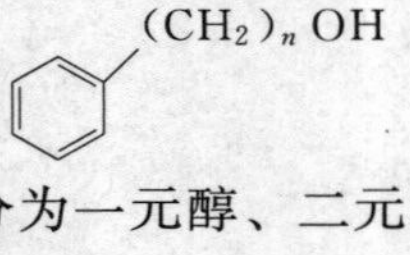

③ 根据醇分子中羟基数目不同，可分为一元醇、二元醇及多元醇。

CH_3CH_2OH（一元醇）　　$CH_2OH—CH_2OH$（二元醇）　　$CH_2OH—CHOH—CH_2OH$（多元醇）

14.1.1.2　醇的命名

（1）普通命名法　结构简单的醇可以采用普通命名法命名。普通命名法根据羟基所连接

的烃基的名称来命名，即在相应烃基名称的后面加上一个“醇”字，往往“基”字省略。例如

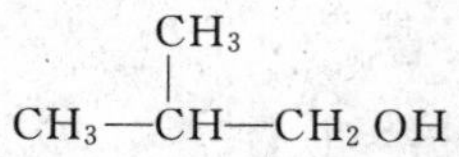

$$CH_3-\underset{}{\overset{CH_3}{\overset{|}{C}H}}-CH_2OH$$
异丁醇

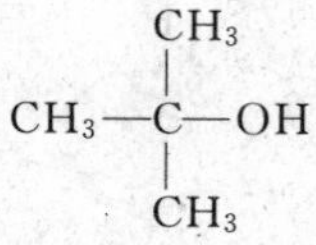

$$CH_3-\overset{CH_3}{\underset{CH_3}{C}}-OH$$
叔丁醇

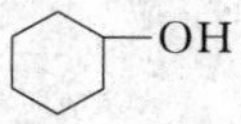

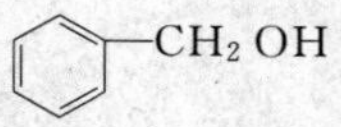

环己醇（环己基—OH）

苄醇（苯基—CH_2OH）

（2）系统命名法　选择连有羟基的最长的碳链作为主链，若为多元醇，主链应连有尽可能多的羟基。从靠近羟基的一端开始给主链上的碳原子编号，根据主链上的碳原子数目称为“某醇”。然后在“某醇”的前面按“次序规则”依次写出取代基的位次、数目、名称及羟基的位次。例如

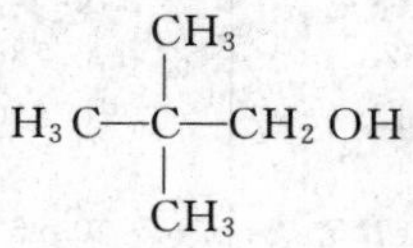

$$H_3C-\overset{CH_3}{\underset{CH_3}{C}}-CH_2OH$$
2,2-二甲基-1-丙醇

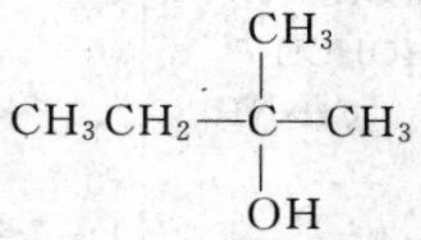

$$CH_3CH_2-\overset{CH_3}{\underset{OH}{C}}-CH_3$$
2-甲基-2-丁醇

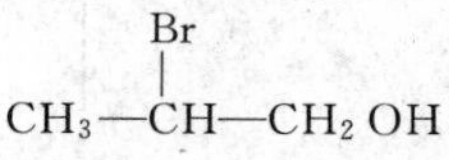

$$CH_3-\overset{Br}{C}H-CH_2OH$$
2-溴-1-丙醇

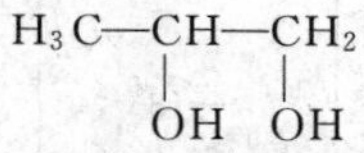

$$H_3C-\underset{OH}{CH}-\underset{OH}{CH_2}$$
1,2-丙二醇

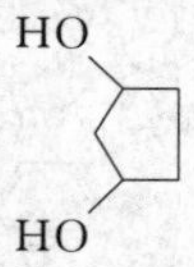

1,3-环戊二醇（环戊烷 1,3-位各连一个 HO）

对于不饱和醇，选择同时连有羟基和不饱和键的最长碳链作为主链，从靠近羟基的一端开始编号，将不饱和键的位次写在母体名称的前面。例如

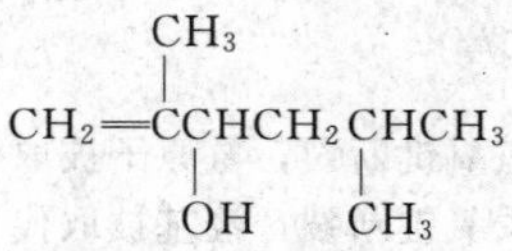

$$CH_2=\overset{CH_3}{C}\underset{OH}{CH}CH_2\underset{CH_3}{CH}CH_3$$
2,5-二甲基-1-己烯-3-醇

芳醇的命名：将芳基视为取代基。例如

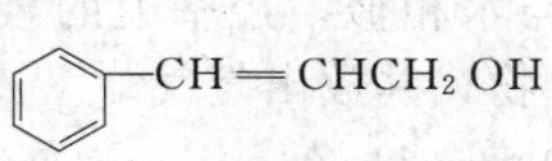

$$C_6H_5-CH=CHCH_2OH$$
3-苯基-2-丙烯-1-醇

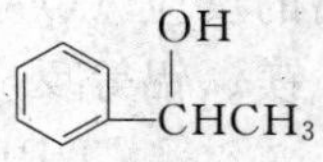

$$C_6H_5-\overset{OH}{C}HCH_3$$
1-苯基乙醇

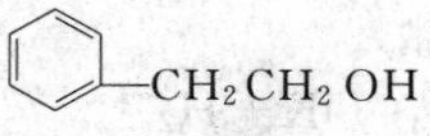

$$C_6H_5-CH_2CH_2OH$$
2-苯基乙醇

14.1.2 醇的物理性质

低级直链饱和的一元醇为无色透明有酒味的液体，含 5～11 个碳原子的醇是具有一种令人不愉快的气味的油状液体，含 12 个碳原子以上的醇是无色无臭的蜡状固体。

醇含有极性很大的—OH 基团，由于氢原子连接在电负性较强的氧原子上，使得羟基上的氢原子几乎是裸露的质子，醇分子之间能够形成氢键，醇分子与水分子之间也能形成氢键。故在物理性质方面表现为醇的沸点较高，并随碳原子数的增加而升高；醇的水溶性较大，低级醇能与水混溶。一些醇类化合物的物理常数见表 14-1。

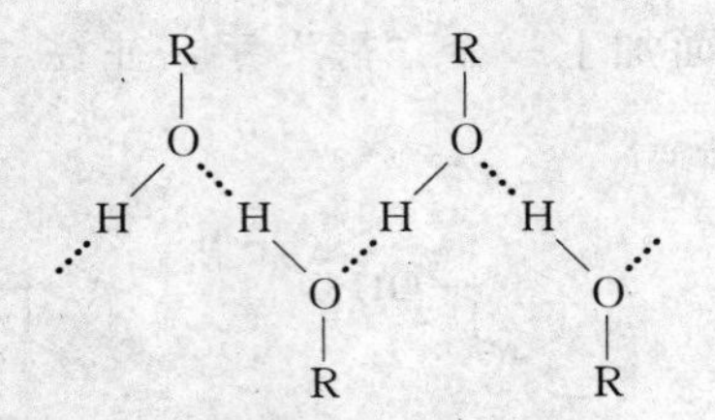

醇分子之间的氢键

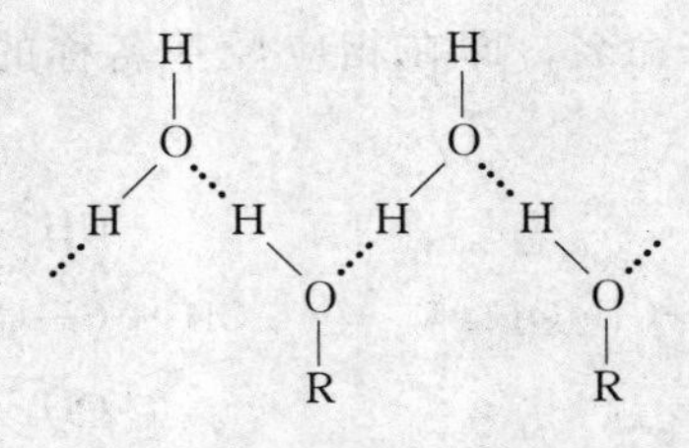

醇分子与水分子之间的氢键

表 14-1　一些醇类化合物的物理常数

化合物名称	结构式	熔点/℃	沸点/℃	相对密度(d_4^{20})	溶解度/(g/100g 水)
甲醇	CH_3OH	97.8	64.7	0.792	∞
乙醇	CH_3CH_2OH	−114	78.3	0.789	∞
丙醇	$CH_3CH_2CH_2OH$	−126	97.2	0.804	∞
异丙醇	$CH_3CHOHCH_3$	−88	82.3	0.786	∞
正丁醇	$CH_3(CH_2)_2CH_2OH$	−89.6	117.7	0.810	7.9
环己醇	⬡—OH	24	161.5	0.962	3.6
丙三醇	CH_2OH—$CHOH$—CH_2OH	18	290	1.261	∞
苯甲醇	⌬—CH_2OH	−15	205	1.046	4

14.1.3　醇的化学性质

醇的化学反应主要发生在官能团羟基以及受其影响而比较活泼的 α-和 β-氢原子上；在醇分子中由于氧的电负性较大，所以 O—H 和 C—O 键都带有极性，容易发生断裂，发生相应的化学反应。

$$\mathrm{R{-}\underset{H}{\overset{H}{C}}{-}\underset{H}{\overset{H}{C}}{-}O{-}H}$$

④　③②　①

①氢氧键断裂，氢原子被取代

②碳氧键断裂，羟基被取代

③④受羟基的影响，α-(β-)C—OH 键断裂，形成不饱和键

(1) 与活泼金属的反应（O—H 键断裂）　醇与水相似，羟基上的氢原子比较活泼，能与活泼金属钠、钾、镁、铝等反应生成金属醇化合物，并放出氢气。

$$ROH + Na \longrightarrow RONa + H_2\uparrow$$

例如：

$$2CH_3CH_2OH + 2Na \longrightarrow \underset{\text{乙醇钠}}{2CH_3CH_2ONa} + H_2\uparrow$$

$$2(CH_3)_3COH + 2K \longrightarrow \underset{\text{叔丁醇钾}}{2(CH_3)_3COK} + H_2\uparrow$$

此反应说明醇具有一定的弱酸性。但醇与金属钠（钾）的反应比水缓和得多，表明羟基上氢原子的活泼性比水弱，醇的酸性比水小。各种醇的反应活性为：

甲醇＞伯醇＞仲醇＞叔醇

这也表明它们酸性的强弱次序为：甲醇＞伯醇＞仲醇＞叔醇。

由于醇与金属钠的反应比水慢得多，反应所生成的热量不足以使氢气自燃，故常利用醇与金属钠的反应销毁残余的金属钠，而不发生燃烧和爆炸。

(2) 与氢卤酸的反应（C—O 键的断裂）　醇与氢卤酸作用，羟基被卤素取代而生成卤

代烃和水。

$$ROH + HX \rightleftharpoons RX + H_2O$$

这个反应是可逆的。如果使一种反应物过量或移去一种生成物，可使平衡向右移动，从而提高卤代烃的产率。

这是实验室制备卤代烃的一种方法。在实际工作中制备溴代烷时，用硫酸与溴化钠作用产生溴化氢，而不直接加氢溴酸。

例如：$CH_3CH_2CH_2CH_2OH + NaBr \xrightarrow[\triangle]{H_2SO_4} CH_3CH_2CH_2CH_2Br$

氢卤酸的反应活性是：HI＞HBr＞HCl。

例如

$$CH_3CH_2CH_2CH_2OH + HI(47\%) \xrightarrow{\triangle} CH_3CH_2CH_2CH_2I + H_2O$$

$$CH_3CH_2CH_2CH_2OH + HBr(48\%) \xrightarrow[\triangle]{H_2SO_4} CH_3CH_2CH_2CH_2Br + H_2O$$

$$CH_3CH_2CH_2CH_2OH + HCl \xrightarrow[\triangle]{ZnCl_2} CH_3CH_2CH_2CH_2Cl + H_2O$$

不同结构的醇的反应活性顺序是：烯丙基型醇、苄基型醇＞叔醇＞仲醇＞伯醇＞甲醇。

鉴别低级的（六个碳原子以下）伯、仲、叔醇用卢卡斯（Lucas）试剂（无水氯化锌与浓盐酸配成的溶液）。

例如

$$H_3C-C(CH_3)_2-OH \xrightarrow[\text{室温}]{(\text{浓 }HCl+\text{无水 }ZnCl_2)} H_3C-C(CH_3)_2-Cl + H_2O$$

1min 浑浊，放置分层

$$CH_3CH_2CH(OH)CH_3 \xrightarrow[\text{室温}]{\text{卢卡斯试剂}} CH_3CH_2CH(Cl)CH_3 + H_2O$$

10min 浑浊，放置分层

$$CH_3CH_2CH_2CH_2OH \xrightarrow[\text{室温}]{\text{卢卡斯试剂}} CH_3CH_2CH_2CH_2Cl + H_2O$$

放置 1h 也不反应(浑浊)

加热才起反应(先浑浊，后分层)

(3) 与无机含氧酸的成酯反应　醇与无机酸或有机酸作用失去一分子水，生成相应的酯，有机酸酯将在本章后面讲到，这里主要讲述无机酸酯。常见的无机酸酯有硫酸酯、硝酸酯、磷酸酯等。

硫酸为二元酸，与醇反应可以生成酸性和中性两种硫酸酯。一般醇与浓硫酸作用，首先生成硫酸氢酯（酸性硫酸酯），再经过减压蒸馏得到硫酸酯（中性硫酸酯）。例如

$$\underset{}{H_5C_2-OH} + \underset{(H_2SO_4)}{HOSO_3H} \longrightarrow H_5C_2O-S(=O)_2-OH + H_2O$$

硫酸氢乙酯（酸性酯）

$$2C_2H_5OSO_3H \xrightarrow{\text{减压蒸馏}} H_5C_2OS(=O)_2OC_2H_5 + H_2SO_4$$

硫酸二乙酯（中性酯）

同样硫酸和甲醇作用，可以得到硫酸氢甲酯和硫酸二甲酯。硫酸二甲酯和硫酸二乙酯是烷基化试剂，它们的蒸气有剧毒，使用时要注意安全。

醇与硝酸作用生成硝酸酯。例如：

$$\begin{array}{l} CH_2OH \\ | \\ CHOH \\ | \\ CH_2OH \end{array} + 3HONO_2 \, (HNO_3) \longrightarrow \begin{array}{l} CH_2ONO_2 \\ | \\ CHONO_2 \\ | \\ CH_2ONO_2 \end{array} + 3H_2O$$

三硝酸甘油酯(硝酸甘油)

三硝酸甘油酯又叫硝酸甘油，它是一种无色或淡黄色的黏稠液体，撞击或者快速加热会发生猛烈的爆炸，主要用作炸药。由于它有扩张冠状动脉的作用，在临床上用作扩张血管和缓解心绞痛的急救药。

(4) 脱水反应　醇与脱水剂一起共热，则发生脱水反应，因反应条件不同存在两种脱水方式：分子内脱水和分子间脱水。分子内脱水生成烯，分子间脱水生成醚。

醇的分子内脱水和分子间脱水是两种互相竞争的反应。一般来说，较低温度有利于醇分子间脱水成醚，较高温度有利于醇分子内脱水成烯。控制好反应条件，可以使其中一种产物为主。例如

$$CH_3CH_2OH \xrightarrow[170℃]{96\%\ H_2SO_4} H_2C{=}CH_2 + H_2O$$

$$CH_3CH_2{-}OH + HO{-}CH_2CH_3 \xrightarrow[140℃]{H_2SO_4} CH_3CH_2{-}O{-}CH_2CH_3 + H_2O$$

乙醚

醇的脱水方式不仅与反应条件有关，还与醇的结构有关，只有伯醇与浓硫酸共热成醚，仲醇易发生分子内脱水，叔醇只能发生分子内脱水。仲醇和叔醇在发生分子内脱水时，如果醇分子中不止一种 β-氢原子，则遵循扎依采夫规则：脱去羟基和含氢较少的 β-碳上的氢原子，即生成的主要产物是双键碳上连有较多烃基的烯烃。例如：

$$CH_3CH_2CH_2\underset{\displaystyle OH}{\underset{|}{C}H}CH_3 \xrightarrow{-H_2O} CH_3CH_2CH{=}CHCH_3 + CH_3CH_2CH_2CH{=}CH_2$$

2-戊烯（主要产物）　1-戊烯（次要产物）

$$CH_3{-}CH_2{-}\underset{\displaystyle OH}{\underset{|}{\overset{\displaystyle CH_3}{\overset{|}{C}}}}{-}CH_3 \xrightarrow[87℃]{46\%\ H_2SO_4} CH_3{-}CH{=}\overset{\displaystyle CH_3}{\overset{|}{C}}{-}CH_3 \quad (84\%)$$

2-甲基-2-丁烯

(5) 氧化　伯醇和仲醇的分子结构中与羟基连接的 α-碳原子上连有 α-氢原子，由于受羟基的影响，α-氢比较活泼很容易被氧化；而叔醇的分子中与羟基连接的 α-碳原子上没有 α-氢原子，所以一般不被氧化。

常用的氧化剂是 $K_2Cr_2O_7/H_2SO_4$、$KMnO_4$ 等。

伯醇首先被氧化为醛，醛很容易继续被氧化为羧酸。例如

$$CH_3CH_2OH \xrightarrow{KMnO_4} CH_3CHO \xrightarrow{KMnO_4} CH_3COOH$$

如果选择只氧化为醛，可以选择使用沙瑞特（Sarrett）试剂作为氧化剂。此试剂具有高度选择性，可以把伯醇控制在生成醛阶段，当分子中有双键、三键时也不受影响。沙瑞特试剂是由 CrO_3 和吡啶形成的配合物，用 CH_2Cl_2 作为溶剂。例如

$$CH_3CH{=}CHCH_2OH \xrightarrow[CH_2Cl_2,\ 25℃]{\text{沙瑞特试剂}} CH_3CH{=}CHCHO$$

仲醇氧化生成酮。例如

$$H_3C-\underset{}{\overset{OH}{\overset{|}{C}}}H-CH_2CH_3 \xrightarrow{Na_2Cr_2O_7/H_2SO_4} H_3C-\overset{O}{\overset{\|}{C}}-CH_2CH_3$$

在上述氧化条件下，叔醇很难被氧化，但在剧烈的条件下，如在酸性高锰酸钾条件下，叔醇脱水成烯，然后烯烃氧化断裂生成小分子的物质，这些小分子的混合物没有制备意义。

14.2 酚

羟基直接连在芳环上的化合物叫做酚，可以用 ArOH 表示，羟基是酚的官能团。为了区别于醇羟基，酚中的羟基称为酚羟基。

14.2.1 酚的分类和命名

根据分子中芳环的不同，可分为苯酚、萘酚、蒽酚等；根据芳环上所含的羟基数目的不同，可分为一元酚、二元酚和三元酚等。

酚的命名是在芳环名称之后加上“酚”字，有其他取代基时，在芳环名称之前再冠以其他取代基的位次、数目和名称。如果芳环上连有醛基、羧基、磺酸基等基团时，则将酚羟基作为取代基来命名。例如：

2-氯苯酚　　4-甲基苯酚　　2,4-二硝基苯酚　　4-甲基-1-萘酚

对苯二酚　　1,3,5-苯三酚（均苯三酚）　　邻羟基苯甲酸　　5-羟基-1-萘磺酸

14.2.2 苯酚的结构

酚羟基中的 O 原子是 sp^2 杂化。以苯酚为例，O 原子上有两对未共用电子对，一对位于杂化的 sp^2 轨道上，另一对处于未杂化的 p 轨道上，由于 p 电子云与苯环大 π 键电子云发生重叠，形成 p-π 共轭体系。如图 14-1 所示。

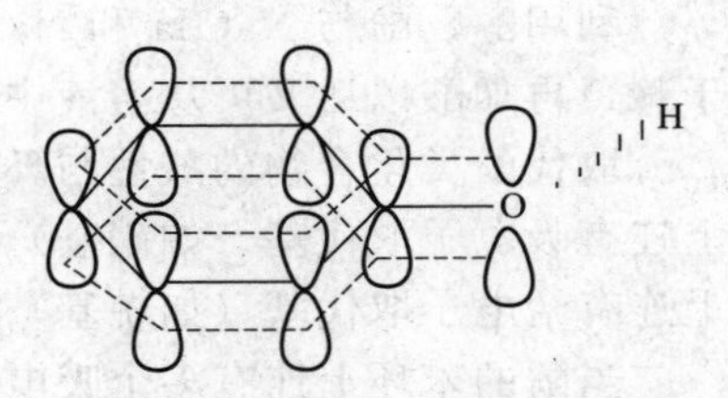

图 14-1 苯酚的 p-π 共轭示意图

14.2.3 苯酚的物理性质

与醇相似，酚类分子中含有羟基，分子间可以形成氢键，所以它们的沸点和熔点比分子量相近的芳烃高。酚类化合物在室温下大多数为固体，只有少数烷基酚为高沸点的液体，而且具有特殊的气味。酚类化合物可溶于乙醇、乙醚等一些有机溶剂；苯酚微溶于水，随着分子中羟基数目的增多，酚类在水中的溶解度增大，表 14-2 是一些酚类化合物的物理常数。

表 14-2 一些酚类化合物的物理常数

化合物名称	熔 点/℃	沸点/℃	溶解度/(g/100g 水)	$pK_a^\ominus$
苯酚	43	181	9.3	9.96
对甲苯酚	35.5	201	2.3	10.14
邻甲苯酚	30	191	2.5	10.28
间甲苯酚	11	201	2.6	10.08
对硝基苯酚	114	分解	1.7	7.15
邻硝基苯酚	45	分解	0.2	7.23
间硝基苯酚	96	—	1.4	8.40
2,4,6-三硝基苯酚	122	分解	1.40	0.71
α-萘酚	94	279	难	9.31
β-萘酚	123	286	0.1	9.55

14.2.4 酚的化学性质

虽然酚与醇都含有羟基，但由于酚羟基与芳环直接相连，酚羟基中氧原子上的未共用电子对参与了苯环的共轭，形成了 p-π 共轭体系。p-π 共轭的结果是：p 电子云向苯环偏移，苯环上电子云密度有所增加，使苯环上容易发生亲电取代反应；由于 p 电子云向苯环的偏移，使得 C—O 之间的电子云密度增加，同时使 O—H 键的极性增大，因此，酚羟基难以被取代，而易离解出氢离子，所以酚羟基的氢较醇羟基的氢活泼。

14.2.4.1 酚羟基上的反应

(1) 酸性 苯酚具有酸性，它的 $pK_a^\ominus=9.96$，酸性比醇强（例如，乙醇的 $pK_a^\ominus=17$），苯酚可以溶于氢氧化钠水溶液中，并生成苯酚钠。

$$C_6H_5-OH + NaOH \longrightarrow C_6H_5-ONa + H_2O$$

苯酚钠

苯酚本身可以形成 p-π 共轭，当羟基中的氢原子以质子形式离去后，形成苯氧负离子。由于负电荷可以很好地离域和分散到整个共轭体系中，这种共轭效应使得苯氧负离子非常稳定，所以苯酚显示出了一定的酸性。

苯酚的酸性比水的酸性强，但比碳酸（$pK_a^\ominus=6.38$）的酸性弱，所以苯酚是一种弱酸性的物质，不能与碳酸氢钠作用生成二氧化碳，相反，将 CO_2 气态通入到苯酚钠的水溶液中，就可使苯酚游离出来。

$$C_6H_5-ONa + CO_2 + H_2O \longrightarrow C_6H_5-OH + NaHCO_3$$

利用醇、酚与 NaOH 和 $NaHCO_3$ 反应性的不同，可鉴别和分离酚和醇。利用酚可以溶于碱，再加酸以后又可从溶液中析出，能够方便地从混合物中把它分离提取出来。

取代酚类化合物的酸性与环上取代基的性质及其在环上的位置有关。一般来说，当苯环上连有吸电子取代基（如硝基）时，这将使芳氧负离子更稳定，所以酸性会增强；而当苯环上连有给电子取代基（如烷基）时，会使芳氧负离子不稳定，所以将使酸性降低。

当酚的苯环上连有多个吸电子取代基时，酸性会更强。例如：2,4-二硝基苯酚的 $pK_a^\ominus=3.96$；而 2,4,6-三硝基苯酚的 $pK_a^\ominus=0.71$，其酸性与强无机酸接近，俗称苦味酸。

(2) 酚醚的生成 酚与醇相似，也可以生成醚，但又与醇的形成方法不同，这是因为酚羟基中的碳氧键比较牢固，一般不能通过两个酚分子之间脱水生成醚，而是用威廉姆逊（Williamson）合成法来制备。即用酚钠与烷基化试剂（卤代烷或烷基硫酸酯）在弱碱性条件下进行反应来制备。例如

$$C_6H_5-ONa + (CH_3O)_2SO_2 \longrightarrow C_6H_5-OCH_3 + CH_3OSO_3Na$$

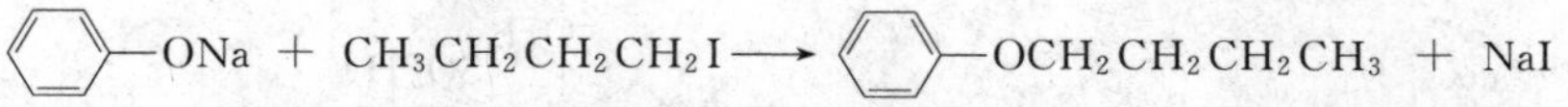

$$C_6H_5ONa + CH_3CH_2CH_2CH_2I \longrightarrow C_6H_5OCH_2CH_2CH_2CH_3 + NaI$$

(3) 与 $FeCl_3$ 的显色反应　大多数含有酚羟基的化合物能与 $FeCl_3$ 发生反应，并使溶液呈现不同的颜色，常用于鉴别酚类，而这种显色反应一般认为是生成了配合物。例如，苯酚与 $FeCl_3$ 反应，呈现蓝紫色。

$$6C_6H_5OH + FeCl_3 \longrightarrow H_3[Fe(C_6H_5O)_6] + 3HCl$$

蓝紫色

其他酚类也有类似的显色反应，如邻甲苯酚与 $FeCl_3$ 溶液呈红色，对硝基苯酚与 $FeCl_3$ 溶液呈棕色，邻苯二酚与 $FeCl_3$ 溶液呈绿色，α-萘酚与 $FeCl_3$ 溶液呈紫色等。

需要强调指出的是：具有烯醇式结构 —C═C—OH 的化合物也会与 $FeCl_3$ 发生显色反应，但一般醇类没有这种显色反应。

14.2.4.2　芳环上的取代反应

羟基与芳环直接相连，由于 p-π 共轭增加了苯环电子云密度，芳环上的反应活性增强，所以在酚的芳环上很容易发生各种亲电取代反应。

(1) 卤代反应　芳烃的卤代要在氯化铁的催化下进行，苯酚在室温条件下与溴水作用不需要催化剂就会立即生成2,4,6-三溴苯酚白色沉淀。

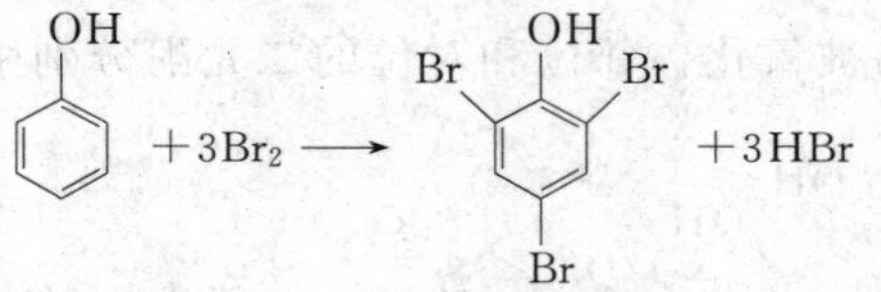

$$C_6H_5OH + 3Br_2 \longrightarrow C_6H_2Br_3OH + 3HBr$$

2,4,6-三溴苯酚

反应非常灵敏，常用于酚的定性和定量分析。

将苯酚和溴在低温非极性溶剂（如 CS_2、CCl_4、$CHCl_3$ 等）中反应，主要得到对溴苯酚。

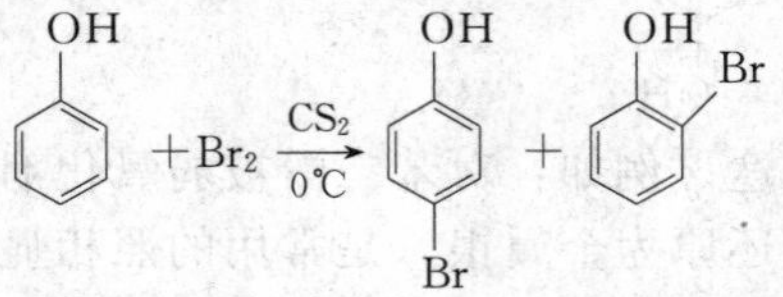

$$C_6H_5OH + Br_2 \xrightarrow[0℃]{CS_2} p\text{-}BrC_6H_4OH + o\text{-}BrC_6H_4OH$$

(2) 硝化反应　苯酚比苯容易硝化，在室温下即可与稀硝酸作用，生成邻硝基苯酚和对硝基苯酚混合物。但由于酚容易被氧化，所以产率较低，无工业生产价值。

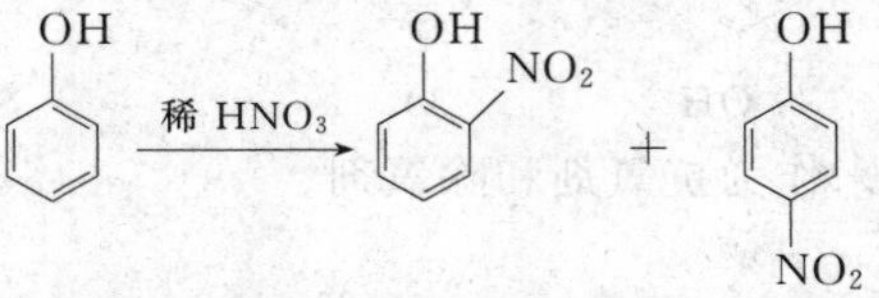

$$C_6H_5OH \xrightarrow{稀\ HNO_3} o\text{-}O_2NC_6H_4OH + p\text{-}O_2NC_6H_4OH$$

生成的邻、对位混合物可用水蒸气蒸馏法分离。邻硝基苯酚可以形成分子内氢键，对硝基苯酚是形成分子间氢键。前者酚分子间不能发生缔合，与水也不缔合，故沸点和在水中的溶解度较对硝基苯酚低得多，所以邻硝基苯酚可以随水蒸气蒸出。可用于实验室进行少量的制备。

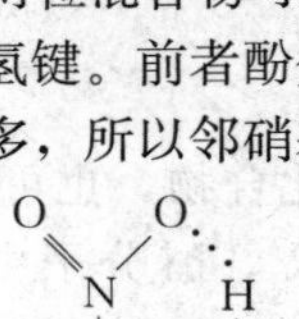

分子内氢键 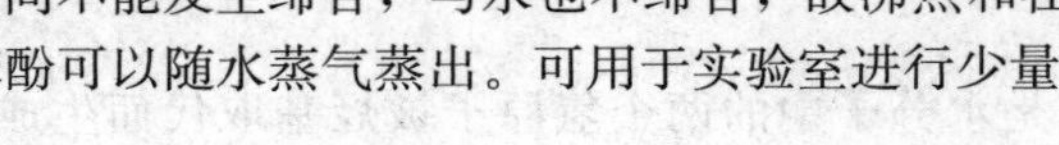　　分子间氢键

(3) 磺化反应　苯酚与浓硫酸作用，随反应温度不同，可得到不同的一元取代物。室温下主要得邻羟基苯磺酸，100℃主要得到对羟基苯磺酸。

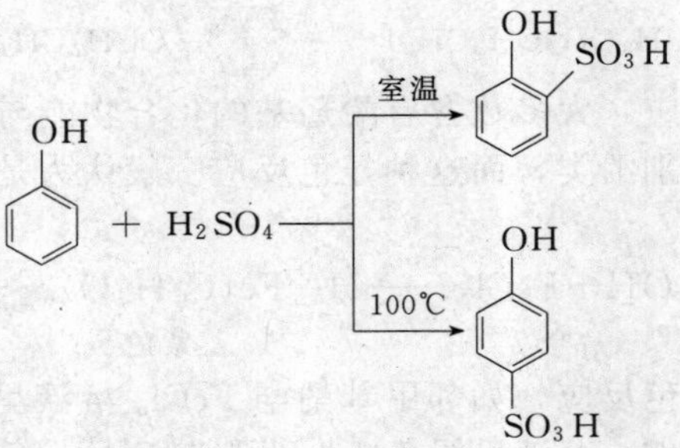

$$\text{C}_6\text{H}_5\text{OH} + H_2SO_4 \xrightarrow{\text{室温}} \text{邻羟基苯磺酸}(OH, SO_3H)$$

$$\text{C}_6\text{H}_5\text{OH} + H_2SO_4 \xrightarrow{100℃} \text{对羟基苯磺酸}(OH, SO_3H)$$

14.2.4.3 氧化反应

酚类化合物非常容易被氧化，长期放置的苯酚，会慢慢被空气中的氧氧化，从无色晶体变为粉红色，如果苯酚用 $K_2Cr_2O_7$ 氧化，不仅酚羟基被氧化，同时对位上的氢也被氧化，产物为对苯醌。

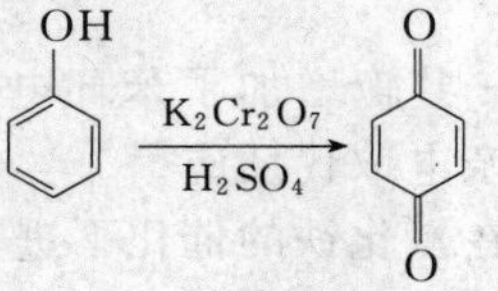

$$\text{C}_6\text{H}_5\text{OH} \xrightarrow[H_2SO_4]{K_2Cr_2O_7} \text{O=C}_6\text{H}_4\text{=O}$$

对苯醌

二元酚比一元酚更容易被氧化，邻位和对位的二元酚分别生成红色的邻苯醌和黄色的对苯醌产物。

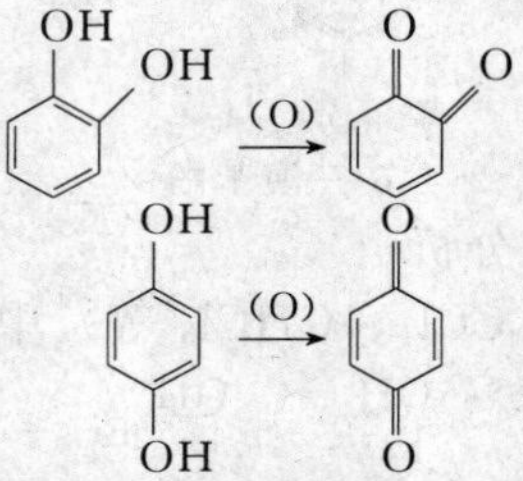

$$\text{邻苯二酚} \xrightarrow{(O)} \text{邻苯醌}$$

邻苯醌（红色）

$$\text{对苯二酚} \xrightarrow{(O)} \text{对苯醌}$$

对苯醌（黄色）

酚的氧化具有许多实际用途。例如：对苯二酚被弱氧化剂如氧化银、溴化银等氧化，能将照片底片上感光后的银离子还原为金属银，是常用的照相显影剂。

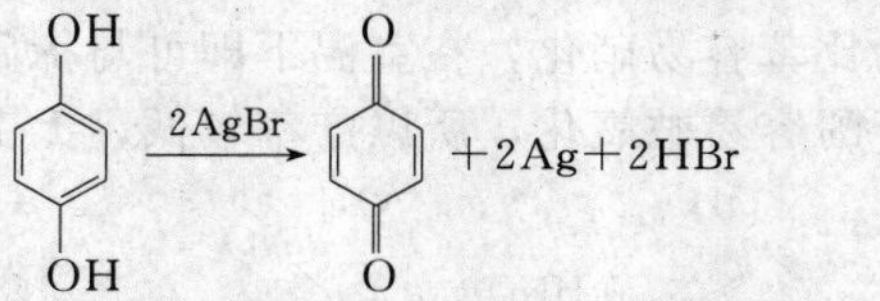

$$\text{对苯二酚} \xrightarrow{2AgBr} \text{对苯醌} + 2Ag + 2HBr$$

酚易被氧化的性质常用来作为抗氧剂和除氧剂。

14.3 醚

醚可以看作是水分子中的两个氢原子被烃基取代而生成的化合物，也可以看作是醇或酚羟基上的氢原子被烃基取代后的产物。通式可表示为 R—O—R′，醚分子中的 C—O—C 称为醚键，也是醚的官能团。

14.3.1 醚的分类和命名

（1）醚的分类　根据醚键中氧原子两边所连接烃基的不同，将醚分为单醚和混醚。两个烃基相同的称为单醚，两个烃基不同的则称为混醚。根据烃基结构的不同，醚又可分为饱和醚、不饱和醚、环醚和芳醚。多氧大环醚称为冠醚。

饱和醚 { 单醚 $CH_3CH_2OCH_2CH_3$; 混醚 $CH_3OCH_2CH_3$ }

不饱和醚 $CH_3OCH_2CH=CH_2$ $CH_2=CHOCH=CH_2$

芳香醚 $C_6H_5-OCH_3$ $C_6H_5-O-C_6H_5$

环醚 (环氧乙烷) (1,4-二氧六环) (四氢呋喃)

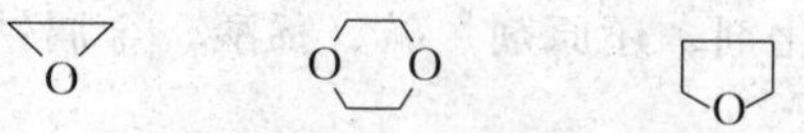

(2) 醚的命名 简单的醚，一般用普通命名法命名，根据醚键两边所连接烃基的名称来命名，在烃基名称之前加上一个“醚”字。对于单醚称为二某烃基醚，或省去“二”字称为某醚。对于混醚，基团排列的先后顺序按“次序规则”排列，即较优基团后列出，但芳基要放在烷基前面。例如：

$CH_3CH_2-O-CH_2CH_3$ 二乙醚（乙醚）

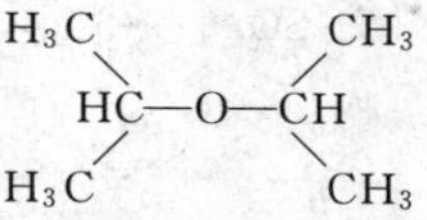

$(H_3C)_2CH-O-CH(CH_3)_2$ 二异丙基醚（异丙醚）

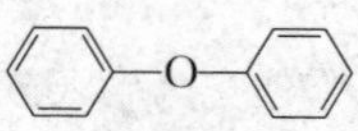

$C_6H_5-O-C_6H_5$ 二苯醚（苯醚）

$H_3C-O-CH_2CH_3$ 甲基乙基醚（甲乙醚）

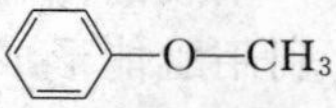

$C_6H_5-O-CH_3$ 苯基甲基醚（苯甲醚）

对于结构复杂的醚要采用系统命名，即把与氧原子相连的碳链较长的烃基作为母体，碳链较短的烃基连同氧原子一起视为取代基，称为某烷氧基，参照各类母体去命名。

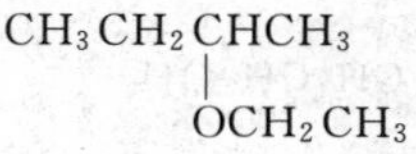

$CH_3CH_2CH(OCH_2CH_3)CH_3$ 2-乙氧基丁烷

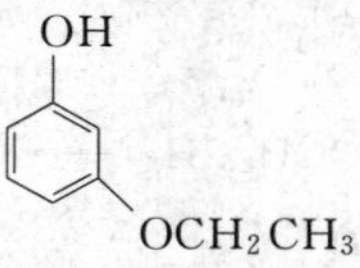

m-$HOC_6H_4OCH_2CH_3$ 间乙氧基苯酚

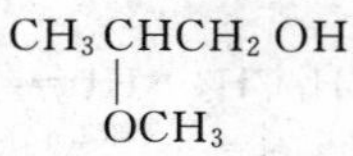

$CH_3CH(OCH_3)CH_2OH$ 2-甲氧基-1-丙醇

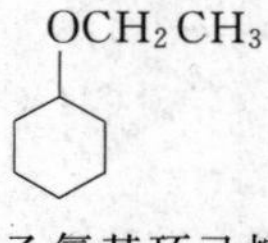

$C_6H_{11}OCH_2CH_3$ 乙氧基环己烷

环醚叫环氧某烷。例如：

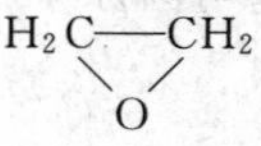

H_2C-CH_2 (—O—) 环氧乙烷

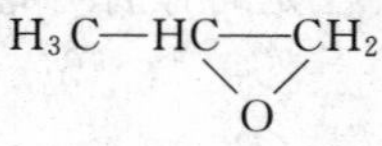

$H_3C-HC-CH_2$ (—O—) 1,2-环氧丙烷

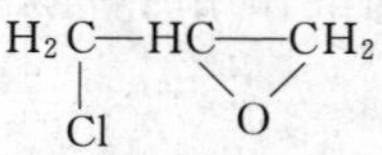

$H_2C(Cl)-HC-CH_2$ (—O—) 3-氯-1,2-环氧丙烷

14.3.2 醚的物理性质

在常温下，除甲醚和甲乙醚是气体外，其余大多数醚为无色有特殊气味的易燃液体。

醚的氧原子两边分别与烃基相连，分子间不可能形成氢键，所以沸点低于分子量相近的醇。但醚结构中的氧可以与水分子中的氢原子形成氢键，醚在水中的溶解度比烷烃大，低级醚在水中的溶解度与同碳数的醇相近。环醚的溶解度就更大了，如四氢呋喃、1,4-二氧六环可以与水互溶。这是由于成环后，其中的氧原子突出在环外，与水分子形成氢键的能力得到加强的缘故。表 14-3 为一些醚类化合物的物理常数。

表 14-3 一些醚类化合物的物理常数

化合物名称	熔 点/℃	沸 点/℃	相对密度(d_4^{20})	水中溶解度
甲醚	−140	−24.9	0.661	—
乙醚	−116	34.6	0.713	—
正丙醚	−122	90.5	0.736	微溶
正丁醚	−65	142	0.774	不溶
正戊醚	—	—	0.773	微溶
乙烯醚	—	35	0.774	溶于水
二苯醚	27	259	1.075	不溶
苯甲醚	−37.5	155	0.996	不溶

醚是良好的有机溶剂，但值得注意的是，多数醚易挥发，易燃。尤其是常用的乙醚极易挥发和着火，其蒸气与空气能形成爆炸混合物，爆炸极限为1.85%～36.5%（体积分数），在使用时要注意安全。

14.3.3 醚的化学性质

醚属于一类不活泼的化合物，一般不与氧化剂、还原剂、碱、稀酸、金属钠等反应，但与强酸性物质可以发生某些化学反应。

(1) 𨦡盐的形成　醚键中氧原子上有共用电子对，作为Lewis碱，可以与浓酸（浓H_2SO_4、浓HCl等）形成盐（质子化的醚）。

$$R-\ddot{O}-R + H_2SO_4 \longrightarrow \underset{\text{𨦡盐}}{\left[R-\overset{H}{\ddot{O}}-R\right]^+} HSO_4^-$$

$$\left[R-\overset{H}{\ddot{O}}-R\right]^+ HSO_4^- \xrightarrow{H_2O} R-O-R + H_2SO_4$$

醚的碱性很弱，生成的𨦡盐由于是弱碱和强酸构成的盐，很不稳定，遇水就会分解，又恢复成原来的醚。利用醚能形成𨦡盐而溶于浓酸的特性，可区别醚与烷烃，也可以将醚从烷烃等混合物中分离出来。

(2) 醚键的断裂　醚与强无机酸一起共热，醚键会发生断裂，最有效和最常用的酸是浓的氢碘酸，其次是浓的氢溴酸。醚与氢卤酸作用生成醇和相应的卤代烃。但如果是在过量的氢卤酸存在下，生成的醇也可以变为卤代烃。

$$CH_3CH_2OCH_2CH_3 + HI \rightleftharpoons CH_3CH_2\overset{+}{\underset{H}{O}}CH_2CH_3 \xrightarrow{I^-} CH_3CH_2I + CH_3CH_2OH$$

$$CH_3CH_2OCH_2CH_3 + HI \xrightarrow{HI(\text{过量})} 2CH_3CH_2I + H_2O$$

混醚与氢卤酸作用时，醚键断裂后往往是含碳原子较少的烷基与卤原子结合，较大的烷基生成醇。

$$\underset{CH_3}{CH_3\underset{|}{C}HCH_2OCH_2CH_3} + HI \xrightarrow{\triangle} \underset{CH_3}{CH_3\underset{|}{C}HCH_2OH} + CH_3CH_2I$$

氢卤酸使醚键断裂的能力为：HI>HBr>HCl，所以HI是醚键断裂常用的试剂。

(3) 过氧化物的生成　醚对一般氧化剂是稳定的，但如长期放置与空气接触，会慢慢发生自动氧化，生成过氧化物。例如：

$$CH_3CH_2-O-CH_2CH_3 \xrightarrow{O_2} CH_3\underset{O-OH}{\underset{|}{C}H}-O-CH_2CH_3$$

过氧化物不稳定，遇热会发生分解，并容易引起爆炸，所以对于久置的醚在使用前必须检查是否含有过氧化物。方法是：用碘化钾-淀粉试纸检测，若试纸变为蓝紫色说明有过氧化物存在；或用$FeSO_4$-KCNS溶液检验，若混合液变为血红色，也表明醚中含有过氧化物。如果醚中有过氧化物存在，可用还原剂$FeSO_4$溶液充分振摇和洗涤，以破坏其中的过氧化物。

14.4 醛、酮

醛、酮分子中都含有羰基$\left(\gt C=O\right)$，所以也把它们总称为羰基化合物。羰基处于

碳链的一端，分别与一个氢原子和一个烃基相连（甲醛中羰基碳与两个氢相连）的羰基化合物称为醛，通式为 $R-\overset{O}{\overset{\|}{C}}-H$，其中 $-\overset{O}{\overset{\|}{C}}-H$ 为醛基；羰基处于碳链的中间，两边分别与两个烃基相连的羰基化合物称为酮，通式表示为 $R-\overset{O}{\overset{\|}{C}}-R'$，其中的 $-\overset{O}{\overset{\|}{C}}-$ 又可称为酮基。

羰基化合物广泛存在于自然界中，这类物质性质非常活泼，有些是化学工业、制药工业中的重要原料，而且在生物体中也存在这种结构，具有重要的生理活性。

14.4.1 醛、酮的结构、分类和命名

14.4.1.1 醛、酮的结构

醛、酮分子中都含有羰基（$>C=O$）这个官能团，在羰基中，碳和氧以双键相连。碳氧双键与碳碳双键类似，也是由一个 σ 键和一个 π 键组成。羰基碳采取 sp^2 杂化，以三条 sp^2 杂化轨道分别与一个氧原子和两个其他原子形成三个 σ 键，这三个 σ 键分布在同一平面上，键角近于120°。碳原子上还有一条未参与杂化的p轨道，与氧原子上的一条p轨道侧面重叠形成 π 键，所以羰基具有平面三角形结构。

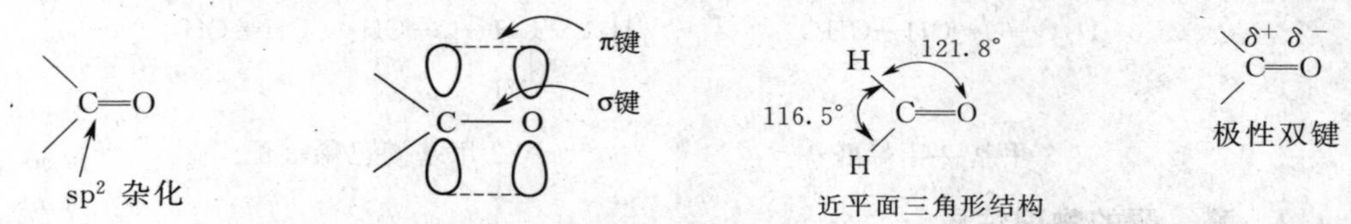

碳氧双键（C=O）中，由于氧原子的电负性比碳原子大，所以 π 电子云的分布偏向氧原子，使氧原子周围的电子云密度比碳原子周围要高，氧带有部分负电荷，碳带有部分正电荷，所以羰基是一个极性基团。

14.4.1.2 醛、酮的分类

醛、酮按照羰基连接的烃基的不同，可以分为脂肪醛、酮和芳香醛、酮；按照烃基是否含有不饱和键，分为饱和醛、酮和不饱和醛、酮；按照分子中含有羰基的数目，分为一元醛、酮和多元醛、酮；一元酮又可分为单酮和混酮。羰基连接两个相同烃基的酮，称为单酮；羰基连接两个不同烃基的酮，称为混酮。

14.4.1.3 醛、酮的命名

（1）普通命名法　醛的普通命名法与醇的相似，只需要将名称中的“醇”字改成“醛”字即可。例如：

$HCHO$	CH_3CHO	$(CH_3)_2CHCHO$
甲醛	乙醛	异丁醛

酮的普通命名法是按照羰基所连接的两个烃基的名称来命名，根据次序规则，较优的基团写在后面，带有芳基的混酮要将芳基写在前面。例如：

$CH_3\overset{O}{\overset{\|}{C}}CH_3$	$CH_3\overset{O}{\overset{\|}{C}}CH_2CH_3$	$C_6H_5-\overset{O}{\overset{\|}{C}}CH_2CH_3$
二甲酮（丙酮）	甲基乙基酮（甲乙酮）	苯基乙基酮

（2）系统命名法　选择含有羰基在内的最长碳链为主链，从离羰基最近的一端开始给主链上的碳原子编号，然后把取代基的位次、数目及名称写在醛、酮母体名称的前面。由于醛

基总是在碳链的一端，永远是1号，因此不需要标明其位次。但酮除丙酮、丁酮外，其他酮需要标明羰基的位次。例如：

$$CH_3CH_2CH_2-\underset{}{\overset{CH_3}{\overset{|}{C}}}H-CHO \qquad CH_3CH_2-\overset{O}{\overset{\|}{C}}-CH_2CH_2CH_3 \qquad CH_3CH_2-\overset{O}{\overset{\|}{C}}-CH_2C(CH_3)_3$$

2-甲基戊醛　　3-己酮　　5,5-二甲基-3-己酮

芳香族醛、酮的命名，以脂肪族醛、酮为母体，将芳环视为取代基。例如：

$$C_6H_5-CHO \qquad C_6H_5-\underset{CH_3}{\underset{|}{C}}H-CH_2-CHO \qquad \underset{C_6H_5}{\underset{|}{H_2C}}-\overset{O}{\overset{\|}{C}}-CH_2CH_2CH_3$$

苯甲醛　　3-苯基丁醛　　1-苯基-2-戊酮

不饱和醛酮的命名，选择既含有羰基又含有不饱和键的最长碳链作为主链，编号仍然是从离羰基最近一端开始，同时要指出不饱和键的位置。例如

$$H_3C-\overset{CH_3}{\overset{|}{C}}=CH-CHO \qquad H_3C-\underset{CH_3}{\underset{|}{C}}H-\overset{O}{\overset{\|}{C}}-CH_2-CH=CH_2$$

3-甲基-2-丁烯醛　　2-甲基-5-己烯-3-酮

14.4.2 醛、酮的物理性质

除甲醛在室温下是气体外，小于12个碳的脂肪醛、酮都是液体；由于羰基是一个极性官能团，醛、酮分子是具有极性的，故它们的沸点比分子量相近的非极性化合物高；但醛、酮分子不能形成氢键，沸点比相应醇低得多。

醛、酮的羰基氧能与水分子中的氢原子形成氢键，低级醛、酮在水中有相当大的溶解度，例如，甲醛、乙醛、丙酮可与水互溶，随着分子量的增大，醛、酮的水溶性减小。表14-4为一些醛、酮化合物的物理常数。

表14-4　一些醛、酮化合物的物理常数

化合物名称	熔点/℃	沸点/℃	相对密度(d_4^{20})	溶解度/(g/100g水)
甲醛	−92	−19.5	0.815	55
乙醛	−123	20.8	0.781	∞
丙醛	−81	48.8	0.807	20
苯甲醛	−26	178.1	1.046	0.33
丙烯醛	−87.7	53	0.841	溶
丙酮	−94.8	56.1	0.792	∞
丁酮	−86	79.6	0.805	35.5
环己酮	−16.4	156	0.942	微溶
苯乙酮	19.7	202	1.026	微溶
丁二酮	−2.4	88	0.980	25

14.4.3 醛、酮的化学性质

醛、酮的化学性质主要由其官能团羰基决定。羰基是个强极性基团，由于π键的极化，羰基氧带部分负电荷，碳带部分正电荷$\left(\overset{\delta^+}{C}=\overset{\delta^-}{O}\right)$。氧原子可以形成比较稳定的氧负离子，

它比带正电荷的碳离子要稳定得多，因此，反应中心是带部分正电荷的碳。羰基碳原子易受亲核试剂进攻而发生亲核加成反应；另外，受羰基的影响，与之相邻的α-氢比较活泼，能发生一系列反应。

由于醛、酮在结构上的共同点，使它们的化学性质有许多相似之处，但由于酮中的羰基与两个烃基相连，而醛中的羰基与一个烃基和一个氢原子相连，从而使它们的化学性质也有一定的差异。总的来说，醛比酮活泼，有些醛能进行的反应，酮则不能。现分别讨论如下。

14.4.3.1 *羰基的亲核加成反应*

（1）与氢氰酸的加成　醛、脂肪族甲基酮和少于 8 个碳的环酮能与 HCN 发生加成反应，生成α-羟基腈也叫α-氰醇，反应通式表示为：

$$R-\overset{\overset{\large O}{\|}}{C}-H(CH_3) + HCN \rightleftharpoons R-\underset{\underset{\large CN}{|}}{\overset{\overset{\large OH}{|}}{C}}-H(CH_3)$$

α-羟基腈

反应产物α-羟基腈比原料醛或酮增加了一个碳原子，这是使碳链增长的一种方法。

上述反应受碱催化。当加碱时，可以加速反应的进行；而加酸时，则会降低反应的速率。这说明氢氰酸与羰基化合物的加成，起决定作用的是 CN^-，即 CN^- 作为亲核试剂进攻带有部分正电荷的羰基碳原子。

醛、酮与 HCN 的加成反应是可逆的，由于 HCN 有剧毒，同时具有挥发性，在实际工作中是使用氰化钠或氰化钾滴加无机酸来替代直接加 HCN。

α-羟基腈是一类很有用的有机合成中间体，氰基在酸性条件下水解可以成为羧基，还原时成为氨基，所以在有机合成中可以进行官能团的转换。

醛、酮亲核加成反应的难易与亲核试剂的强弱有关，但更决定于醛和酮的结构。这类反应一般来说醛比酮容易进行，因为醛空间位阻小，亲核试剂进攻容易；酮因烷基的斥电子诱导作用，相对抵消了羰基碳的电正性，反应活性比醛小；另外，酮的空间位阻较大也不利于亲核试剂的进攻。醛酮发生亲核加成反应活性顺序是：

$$\begin{matrix}H\\ \quad\backslash\\ \quad C{=}O\\ \quad/\\ H\end{matrix} > \begin{matrix}H\\ \quad\backslash\\ \quad C{=}O\\ \quad/\\ R\end{matrix} > \begin{matrix}H_3C\\ \quad\backslash\\ \quad C{=}O\\ \quad/\\ R\end{matrix} > \begin{matrix}R'\\ \quad\backslash\\ \quad C{=}O\\ \quad/\\ R\end{matrix} > \begin{matrix}H_3C\\ \quad\backslash\\ \quad C{=}O\\ \quad/\\ Ar\end{matrix} > \begin{matrix}Ar\\ \quad\backslash\\ \quad C{=}O\\ \quad/\\ Ar\end{matrix}$$

（2）与醇的加成　在干燥的 HCl 存在下，醛可以与醇发生亲核加成反应，生成半缩醛。半缩醛不稳定，它能继续与另一分子醇反应，失去一分子水，生成稳定的缩醛。

$$R-\overset{\overset{\large O}{\|}}{C}-H + HOR' \xrightleftharpoons{\text{干燥 HCl}} R-\underset{\underset{\large OR'}{|}}{\overset{\overset{\large OH}{|}}{C}}-H \xrightarrow[\text{干燥 HCl}]{HOR} R-\underset{\underset{\large OR'}{|}}{\overset{\overset{\large OR'}{|}}{C}}-H + H_2O$$

半缩醛　　缩醛

缩醛具有醚的结构（一个碳原子上连有两个醚键），对氧化剂、碱等稳定；而在酸性溶液中不稳定，会水解为原来的醛和酮。例如：

$$C_6H_5-\underset{\underset{\large OCH_2CH_3}{|}}{\overset{\overset{\large OCH_2CH_3}{|}}{CH}} \xrightarrow{H^+} C_6H_5-CHO + 2CH_3CH_2OH$$

一般来说，酮与醇的反应比较慢，但有些酮与乙二醇可以顺利地生成环状缩酮。

$$\begin{matrix} R \\ \ \ \ \ C{=}O \\ R' \end{matrix} + \begin{matrix} CH_2OH \\ | \\ CH_2OH \end{matrix} \xrightarrow{\text{干燥 HCl}} \begin{matrix} R \quad O{-}CH_2 \\ C \quad\ \ | \\ R' \quad O{-}CH_2 \end{matrix}$$

在有机合成中常用生成缩醛的方法来保护醛基，使活泼的醛基在反应中不受破坏，待反应完毕后，再用稀酸水解生成原来的醛。例如：由 $CH_3{-}CH{=}CH{-}CHO$ 制取 $CH_3{-}\underset{OH}{\underset{|}{CH}}{-}\underset{OH}{\underset{|}{CH}}{-}CHO$ 就必须先经缩醛化，把醛基先保护起来后再进行氧化反应。

$$CH_3{-}CH{=}CH{-}CHO + \begin{matrix} CH_2OH \\ | \\ CH_2OH \end{matrix} \xrightarrow{\text{干燥 HCl}} CH_3{-}CH{=}CH{-}CH\begin{matrix} O{-}CH_2 \\ | \\ O{-}CH_2 \end{matrix} \xrightarrow{KMnO_4/OH^-}$$

$$CH_3{-}\underset{OH}{\underset{|}{CH}}{-}\underset{OH}{\underset{|}{CH}}{-}CH\begin{matrix} O{-}CH_2 \\ | \\ O{-}CH_2 \end{matrix} \xrightarrow[H_2O]{H^+} CH_3{-}\underset{OH}{\underset{|}{CH}}{-}\underset{OH}{\underset{|}{CH}}{-}CHO + \begin{matrix} CH_2OH \\ | \\ CH_2OH \end{matrix}$$

（3）与格氏试剂的加成　在无水乙醚条件下，醛、酮可以与格氏试剂（$R^{\delta-}\text{-}Mg^{\delta+}X$）发生加成反应，得到的加成产物，在酸性条件下水解可以生成相应的醇。

$$-\overset{O^{\delta-}}{\overset{\|}{C^{\delta+}}}- + R{-}MgX \xrightarrow{\text{无水乙醚}} -\overset{OMgX}{\overset{|}{\underset{R}{\underset{|}{C}}}}- \xrightarrow{H^+} -\overset{OH}{\overset{|}{\underset{R}{\underset{|}{C}}}}- + Mg\begin{matrix} OH \\ X \end{matrix}$$

在有机合成中，醛、酮与格氏试剂的加成反应是制备醇的一个重要的方法，用不同的羰基化合物，可分别得到伯、仲、叔醇。

甲醛与格氏试剂的反应，产物水解后可以得到伯醇：

$$HCHO + C_6H_{11}{-}MgCl \xrightarrow{\text{无水乙醚}} C_6H_{11}{-}CH_2{-}OMgCl \xrightarrow[H^+]{H_2O} C_6H_{11}{-}CH_2OH$$

其他的醛与格氏试剂的反应，产物水解后可以得到仲醇：

$$CH_3CHO + CH_3CH_2MgCl \xrightarrow{\text{无水乙醚}} CH_3\underset{OMgCl}{\underset{|}{CH}}CH_2CH_3 \xrightarrow[H^+]{H_2O} CH_3\underset{OH}{\underset{|}{CH}}CH_2CH_3$$

酮与格氏试剂的反应，产物水解后可以得到叔醇：

$$CH_3CH_2{-}\overset{O}{\overset{\|}{C}}{-}CH_3 + C_6H_5{-}MgX \xrightarrow[(2)H_3O^+]{(1)\text{无水乙醚}} CH_3CH_2{-}\overset{OH}{\overset{|}{\underset{C_6H_5}{\underset{|}{C}}}}{-}CH_3$$

（4）与氨的衍生物的加成缩合反应　醛和酮能与羟胺（NH_2OH）、肼（H_2NNH_2）、苯肼（$H_2NNH{-}C_6H_5$）、2,4-二硝基苯肼（$H_2NNH{-}C_6H_3(NO_2)_2$）、氨基脲（$NH_2CONHNH_2$）等一些氨的衍生物发生加成缩合反应，脱去一分子水，得到含有碳氮双键（C═N）的化合物。

此反应可以用通式表示为：

$$(R')H-\overset{R}{\overset{|}{C}}=O + H_2\ddot{N}-Y \rightleftharpoons (R')H-\overset{R}{\overset{|}{C}}(OH)-N(H)Y \xrightarrow{-H_2O} (R')H-\overset{R}{\overset{|}{C}}=NY$$

醛、酮与氨的衍生物的加成缩合反应的产物如下：

$$>C=O + \underset{\text{羟胺}}{NH_2-OH} \longrightarrow -\overset{|}{C}(OH)-NH-OH \xrightarrow{-H_2O} \underset{\text{肟，白色}\downarrow\text{有固定熔点}}{>C=N-OH}$$

$$>C=O + \underset{\text{肼}}{NH_2-NH_2} \longrightarrow -\overset{|}{C}(OH)-NH-NH_2 \xrightarrow{-H_2O} \underset{\text{腙，白色}\downarrow\text{有固定熔点}}{>C=N-NH_2}$$

$$>C=O + \underset{\text{苯肼}}{NH_2-NH-C_6H_5} \longrightarrow -\overset{|}{C}(OH)-NH-NH-C_6H_5 \xrightarrow{-H_2O} \underset{\text{苯腙，黄色}\downarrow\text{有固定熔点}}{>C=N-NH-C_6H_5}$$

$$>C=O + \underset{\text{2,4-二硝基苯肼}}{NH_2-NH-C_6H_3(NO_2)_2} \longrightarrow \xrightarrow{-H_2O} \underset{\text{2,4-二硝基苯腙（黄色}\downarrow\text{）}}{>C=N-NH-C_6H_3(NO_2)_2}$$

$$>C=O + \underset{\text{氨基脲}}{NH_2NH-\overset{O}{\overset{\|}{C}}-NH_2} \longrightarrow \xrightarrow{-H_2O} \underset{\text{缩氨脲（白色}\downarrow\text{）}}{>C=N-NH-\overset{O}{\overset{\|}{C}}-NH_2}$$

所生成的产物往往是有颜色的固体，具有固定的晶型和熔点，这些产物在稀酸下能水解为原来的醛、酮，常用来分离、提纯和鉴别醛、酮。2,4-二硝基苯肼和醛、酮的反应非常灵敏，生成橙黄色的2,4-二硝基苯腙沉淀，故常用来检验羰基，称为羰基试剂。

14.4.3.2 *α-氢原子的反应*

与羰基直接相连的碳原子称为α-碳原子，连在α-碳上的氢称为α-氢原子。醛、酮的α-氢原子受羰基吸电子作用的影响，化学性质比较活泼。

(1) 卤代和卤仿反应　在酸或碱的催化下，含有α-氢的醛、酮可以与卤素发生反应，α-氢原子被卤原子取代生成α-卤代醛、酮。例如：

$$C_6H_5-\overset{O}{\overset{\|}{C}}-CH_3 + Br_2 \xrightarrow{CH_3COOH} C_6H_5-\overset{O}{\overset{\|}{C}}-CH_2Br + HBr$$

在碱催化下，卤代反应迅速，具有 $-\overset{O}{\overset{\|}{C}}-CH_3$ 结构的醛、酮一般很难控制在生成一、二元卤代物，而是3个α-氢原子都被卤代，生成三卤代物。例如：

$$H(R)-\overset{O}{\overset{\|}{C}}-CH_3 + X_2 \xrightarrow{OH^-} H(R)-\overset{O}{\overset{\|}{C}}-CX_3$$

生成的三卤代物，由于三个卤原子的强吸电子作用，使碳碳键的极性增加，增大了羰基碳的正电性，三卤代物在碱性溶液中不稳定，立即分解成三卤甲烷（卤仿）和相应羧酸盐，由于最后的产物中有卤仿，所以此反应又称卤仿反应。

$$H(R)-\overset{O}{\overset{\|}{C}}\,\Big|\,-CX_3 \xrightarrow{OH^-} H(R)-\overset{O}{\overset{\|}{C}}-ONa + \underset{\text{卤仿}}{CHX_3}$$

如果卤素采用碘，生成的碘仿（CHI_3）是一个黄色沉淀，有特别的气味，因此常用碘仿反应（I_2＋NaOH溶液）来鉴别乙醛和甲基酮。氯仿和溴仿因为是无色液体，不适用于鉴别。

含有 $R(H)-\overset{OH}{\overset{|}{C}H}-CH_3$ 结构的醇也可以发生卤仿反应，因为卤素的碱溶液歧化生成的次卤酸钠具有氧化性，能将其氧化成甲基酮结构，所以上述醇也可以用碘仿反应来鉴别。

卤仿反应所得的产物比母体化合物少了一个碳原子，是缩短碳链的反应之一。

(2) 羟醛缩合反应　在稀碱（10%NaOH）的作用下，具有α-氢原子的醛发生分子间的加成反应，一分子醛的α-氢原子加到另一分子醛的羰基氧原子上，其余部分加到羰基碳原子上，生成β-羟基醛，这类反应称为羟醛缩合反应（又称醇醛缩合反应）。例如：

$$CH_3\overset{O}{\overset{\|}{C}}-H + CH_3\overset{O}{\overset{\|}{C}}-H \xrightarrow{\text{稀 }OH^-} \underset{\beta\text{-羟基丁醛}}{CH_3\overset{OH}{\overset{|}{C}H}-CH_2-\overset{O}{\overset{\|}{C}}-H}$$

生成的β-羟基醛分子中如果含有α-氢原子，α-氢原子由于同时受到β-碳原子上的羟基和相邻羰基的影响，非常活泼，产物稍微受热，即可以发生分子内脱水，生成α,β-不饱和醛。

$$H_3C-\overset{OH}{\overset{|}{C}H}-CH_2-\overset{O}{\overset{\|}{C}}-H \xrightarrow[\triangle]{} \underset{\text{2-丁烯醛}}{H_3C-CH=CH-\overset{O}{\overset{\|}{C}}-H} + H_2O$$

2-丁烯醛催化加氢即生成正丁醇：

$$H_3C-CH=CH-\overset{O}{\overset{\|}{C}}-H + H_2O \xrightarrow[\triangle]{Ni} CH_3CH_2CH_2CH_2OH$$

这是工业上以乙醛为原料，经羟醛缩合和催化加氢制备正丁醇的方法。

除乙醛外，其他醛经羟醛缩合，所得产物都是在α-碳原子上带有支链的羟醛或烯醛。例如

$$2CH_3CH_2CHO \xrightleftharpoons{\text{稀 }OH^-} CH_3CH_2\underset{OH}{\underset{|}{C}H}-\overset{CH_3}{\overset{|}{C}H}-CHO \xrightleftharpoons[-H_2O]{\triangle} CH_3CH_2CH=\overset{CH_3}{\overset{|}{C}}-CHO$$

若采用两种不同的含有α-氢原子的醛进行羟醛缩合反应，则会发生交叉羟醛缩合，会生成四种β-羟基醛混合物，因此无制备价值。但若选用一种无α-氢的醛与一种有α-氢的醛进行交叉羟醛缩合，则有一定的制备价值。例如：

$$C_6H_5CHO + CH_3CHO \xrightarrow[\triangle]{OH^-} \underset{\text{肉桂醛}}{C_6H_5CH=CHCHO}$$

另外，需要指出的是，具有α-氢原子的酮也可以发生类似的缩合反应，但反应的平衡不利于产物的进行，由于反应发生比较困难，所以酮的缩合反应需要一些特殊的条件。

羟醛缩合与交叉羟醛缩合都是增长碳链的反应，而且碳原子数是成倍的增长，既可增加直链碳原子，又可增加支链，在有机合成中具有重要的用途。常用来制备β-羟基醛（酮）以及各种相应的醇和卤代烃。

14.4.3.3 氧化还原反应

(1) 氧化反应　醛羰基上连有一个氢原子，非常容易被氧化，弱的氧化剂就可使醛氧化，生成同碳数的羧酸。而酮则较难发生氧化，因此可以利用氧化法来鉴别醛、酮。常用的鉴别醛、酮的弱氧化剂有托伦（Tollens）试剂和斐林（Fehling）试剂等。

托伦试剂是硝酸银的氨溶液，所有醛都能与托伦试剂发生反应。

$$RCHO+2[Ag(NH_3)_2]OH \xrightarrow[\triangle]{} RCOONH_4+2Ag\downarrow+3NH_3+H_2O$$

当试管壁较为光滑洁净时，还原得到的金属银沉积在试管壁上形成银镜，所以该反应也称银镜反应。

斐林试剂是由硫酸铜与酒石酸钾钠的氢氧化钠溶液等量混合而成。斐林试剂使两价铜离子还原成砖红色的氧化亚铜沉淀。

$$RCHO+2Cu(OH)_2+NaOH \xrightarrow[\triangle]{} RCOONa+Cu_2O\downarrow+3H_2O$$

斐林试剂不能与芳香醛作用，所以可以用斐林试剂区别脂肪醛和芳香醛。

托伦试剂和斐林试剂都不能氧化酮，也不能氧化醛分子中的碳碳双键和碳碳三键，以及β-位和β-位以远的羟基。例如

$$HOCH_2CH_2CHO \xrightarrow{\text{托伦试剂或斐林试剂}} HOCH_2CH_2COOH$$

$$CH_3CH{=\!=}CHCHO \xrightarrow{\text{托伦试剂或斐林试剂}} CH_3CH{=\!=}CHCOOH$$

酮不易被氧化，用强氧化剂氧化酮，则发生碳碳键的断裂而生成复杂的氧化产物，没有实用价值。

(2) 还原反应

① 还原成醇　采用催化加氢的方法，醛、酮分别还原成伯醇和仲醇。例如：

$$CH_3(CH_2)_3CHO+H_2 \xrightarrow{Ni} CH_3(CH_2)_3CH_2OH$$

$$CH_3CH_2CH_2\overset{O}{\overset{\|}{C}}CH_2CH_3+H_2 \xrightarrow{Ni} CH_3CH_2CH_2\overset{OH}{\overset{|}{C}H}CH_2CH_3$$

催化加氢的方法产率一般很高（90%～100%），但选择性不高，如果分子中同时存在 C=C、C≡C 时，羰基和不饱和键同时都被还原。例如：

$$\text{(环己烯基)}\!-\!\overset{O}{\overset{\|}{C}}CH_3 \xrightarrow[Ni]{H_2} \text{(环己基)}\!-\!\overset{OH}{\overset{|}{C}H}CH_3$$

如果只要羰基还原，而保留不饱和键，则需要使用选择性较高的化学还原剂，如氢化铝锂（$LiAlH_4$）、硼氢化钠（$NaBH_4$）等还原剂。$LiAlH_4$ 极易水解，第一步加成反应要在无水条件下，然后再进行第二步水解。$NaBH_4$ 不与水、质子性溶剂作用，使用比较方便，但还原能力不如 $LiAlH_4$ 强。例如

$$\text{2-环己烯酮} \xrightarrow[\text{无水乙醚}]{LiAlH_4} \xrightarrow{H_3O^+} \text{2-环己烯醇}$$

$$CH_3CH{=\!=}CHCH_2CHO \xrightarrow[(2)\,H_2O]{(1)\,NaBH_4} CH_3CH{=\!=}CHCH_2CH_2OH$$

异丙醇铝也是一种选择性很高的醛、酮还原剂，尤其当分子中含有 C=C 双键、硝基（$-NO_2$）等一些容易被还原的基团时，采用异丙醇铝作还原剂，只有结构中的羰基被还原，其他基团不被还原。例如

$$O_2N-C_6H_4-\overset{O}{\overset{\|}{C}}-CH_2CH_3 \xrightarrow{Al[OCH(CH_3)_2]_3} O_2N-C_6H_4-\overset{OH}{\overset{|}{C}H}-CH_2CH_3$$

② 还原成烃 醛、酮用锌汞齐和浓盐酸作还原剂，羰基可被直接还原为亚甲基，此反应叫克莱门森（Clemmensen）还原法。例如

$$C_6H_5-\overset{O}{\overset{\|}{C}}-CH_2CH_3 \xrightarrow[\text{浓 }HCl,\triangle]{Zn\text{-}Hg} C_6H_5-CH_2-CH_2CH_3$$

此反应是在酸性介质中进行的，因此，羰基化合物中含有对酸敏感的基团（如羟基、碳碳双键等）时，不能用此法还原。

（3）康尼查罗（Cannizzaro）反应 不含有 α-氢的醛，在浓碱的作用下，发生自身氧化还原反应，一分子醛被氧化为羧酸，另一分子醛被还原成醇，此反应叫做康尼查罗反应，又叫歧化反应。例如：

$$2HCHO \xrightarrow{\text{浓 }NaOH} HCOONa + CH_3OH$$

$$2H_3C-C_6H_4-CHO \xrightarrow{\text{浓 }NaOH} H_3C-C_6H_4-COONa + H_3C-C_6H_4-CH_2OH$$

两种不同的无 α-氢的醛，也可以进行交叉歧化反应，由于产物中有两种醇和两种酸，产物不易分离而无应用意义。若其中之一为甲醛时，由于甲醛的醛基很活泼，还原性较强，反应结果总是甲醛被氧化为甲酸，另一种醛被还原成醇。例如：

$$HCHO + C_6H_5-CHO \xrightarrow{\text{浓 }NaOH} HCOONa + C_6H_5-CH_2OH$$

14.5 羧酸

羧酸是分子中含有羧基（—COOH）的一类有机化合物，除甲酸以外，羧酸可以看作是烃分子中的氢原子被羧基取代的产物。其通式为 RCOOH，其中 R 为烷基或芳基，羧基（—COOH）是羧酸的官能团。

羧酸是许多有机物氧化的最好产物，它在自然界中普遍（以酯的形式）存在，在工业、农业、医药和人们的日常生活中有着广泛的应用。

14.5.1 羧酸的结构和命名

14.5.1.1 羧酸的结构

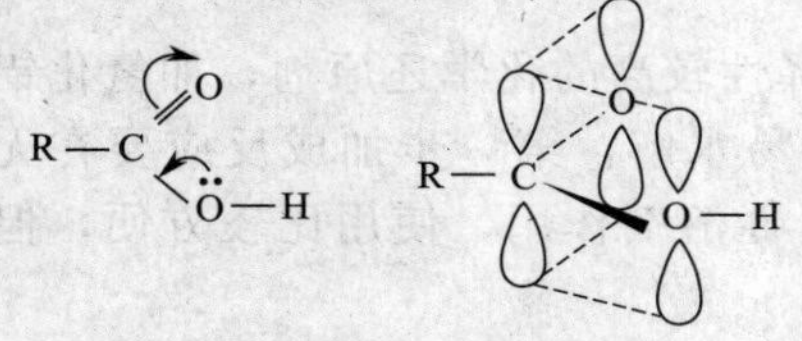

图 14-2 羧酸的结构示意图

羧基是羧酸的官能团，羧基碳原子为 sp^2 杂化，3 个 sp^2 杂化轨道分别与相连接的原子形成 3 个 σ 键，这 3 个 σ 键同在一个平面上；碳原子未杂化的 p 轨道与羰基氧原子的 p 轨道侧面重叠形成 π 键，羧基中羟基氧原子上的未共用 p 电子对与羰基的 π 键形成 p-π 共轭体系。如图 14-2 所示。

14.5.1.2 羧酸的命名

（1）俗名 许多羧酸根据它的天然来源命名，称为俗名，
例如甲酸最初是从蚂蚁中得到的，故俗名为蚁酸；乙酸存在与食醋中，因而又称醋酸。一些常见羧酸的俗名见表 14-6。

（2）系统命名 羧酸的系统命名与醛的命名相似。选择含有羧基的最长碳链为主链，从羧基碳开始用阿拉伯数字给主链上的碳原子编号（或者用希腊字母 α、β、γ、δ-等从与羧基

相邻的碳原子开始编号)。把取代基的位次和名称写在“某酸”之前。例如:

$$\underset{\displaystyle CH_3}{CH_3\overset{|}{C}HCOOH}$$

2-甲基丙酸(α-甲基丙酸)

$$\underset{\displaystyle Br}{CH_3\overset{|}{C}HCH_2COOH}$$

3-溴丁酸(β-溴丁酸)

不饱和酸命名时,选择含有羧基和不饱和键的最长碳链为主链,并标明不饱和键烯(或炔)的位次。例如:

$CH_2=CHCOOH$ 丙烯酸

$CH_2=C(CH_3)CH_2COOH$ 3-甲基-3-丁烯酸

$CH_2=C(CH_2CH_2CH_3)CH=CHCOOH$ 4-丙基-2,4-戊二烯酸

羧酸中含有脂环和芳环时,以脂肪族羧酸为母体,脂环和芳环作为取代基。

C_6H_5-COOH 苯甲酸

$C_6H_5-CH_2CH_2COOH$ 3-苯基丙酸

$C_6H_{11}-CH(CH_3)-CH(CH_3)-COOH$ 2-甲基-3-环己基丁酸

如果为二元羧酸,选择含有两个羧基在内的最长碳链为主链,根据主链碳原子的个数称为“某二酸”。芳香族二元酸要注明两个羧基的位置。

$HOOC-COOH$ 乙二酸

$H_3C-(CH_2)_{14}-COOH$ 十六碳酸

$H_3C-CH(COOH)_2$ 2-甲基丙二酸

$C_6H_4(COOH)_2$ 邻苯二甲酸

对于多官能团的化合物,命名时究竟选哪个官能团为主来决定母体的名称呢?通常是按照表 14-5 所列举的官能团优先次序来确定母体和取代基。表 14-5 中处于前面的官能团为优先基团,以优先基团作为母体,其他官能团作为取代基。例如:

$CH_2(Cl)-CH(Br)-CH(CH_3)-CHO$ 2-甲基-4-氯-3-溴丁醛

$CH_3-C(=O)-CH_2-COOH$ 3-丁酮酸(乙酰乙酸)

4-甲基-5-羟基-2-氯苯磺酸(苯环上:$-SO_3H$、$-Cl$、$-CH_3$、$-OH$)

表 14-5 一些重要官能团的优先次序

官能团名称	官能团结构	官能团名称	官能团结构	官能团名称	官能团结构
羧基	$-COOH$	醛基	$-CH=O$	三键	$-C\equiv C-$
磺基	$-SO_3H$	酮基	$>C=O$	双键	$-C=C-$
酯基	$-COOR$	醇羟基	$-OH$	烷氧基	$-O-R$
酰卤基	$-COX$	酚羟基	$-OH$	烷基	$-R$
酰氨基	$-CONH_2$	巯基	$-SH$	卤原子	$-X$
氰基	$-C\equiv N$	氨基	$-NH_2$	硝基	$-NO_2$

注:本次序是按照国际纯粹与应用化学联合会(IUPAC)公布的有机化学命名法和我国化学界目前约定俗成的次序排列而成的。

14.5.2 羧酸的物理性质

直链的饱和一元羧酸中,$C_1 \sim C_3$ 的羧酸是具有刺激性酸味的液体,$C_4 \sim C_9$ 的羧酸是具有腐败臭味的油状液体,C_{10} 以上的羧酸为无味的蜡状固体。脂肪族二元羧酸和芳香族羧酸都是结晶固体。

羧酸是极性化合物,低级脂肪酸易溶于水,在水中的溶解度随分子量的增加而降低,6 个碳原子以上的羧酸难溶于水而易溶于有机溶剂。多元酸的水溶性大于相同碳原子的一元酸。

直链的饱和一元羧酸的熔、沸点随分子中碳原子数目的增加而升高。熔点的变化有一定的规律性,随着分子中碳原子数目的增加熔点呈锯齿状变化,即含偶数碳的羧酸比相邻的两

个含奇数碳的羧酸的熔点高。

羧酸的沸点比相应分子量的醇还要高，主要原因是羧酸分子之间可以形成氢键，往往以二聚体和多聚体形式存在，当从液体变为气体时，破坏这些氢键需要较高的能量。一些羧酸化合物的物理常数见表14-6。

羧酸二聚体　　　　羧酸多聚体

表14-6　一些羧酸化合物的物理常数

名称(俗名)	沸点/℃	熔点/℃	溶解度/(g/100g 水)	$pK_a^{\ominus}$	
				$pK_{a1}^{\ominus}$	$pK_{a2}^{\ominus}$
甲酸(蚁酸)	100.5	8.4	∞	3.77	
乙酸(醋酸)	118	16.6	∞	4.76	
丙酸(初油酸)	141	−22	∞	4.88	
丁酸(酪酸)	162.5	−4.7	∞	4.82	
戊酸(缬草酸)	187	−34.5	3.7	4.86	
乙二酸(草酸)	157(升华)	189	10	1.23	4.19
丙二酸(缩苹果酸)	140(分解)	135	74	2.83	5.69
丁二酸(琥珀酸)	235(失水)	185	6.8	4.19	5.45
戊二酸	302-304	97.5	63.9	4.34	5.42
己二酸(肥酸)	153	265	2	4.43	5.41
苯甲酸(安息香酸)	249	121.7	0.34	4.17	
苯乙酸	265	78	1.66	4.28	

14.5.3　羧酸的化学性质

羧酸的化学性质主要发生在羧基上。羧基是由羟基和羰基组成的，但并非两者的简单组合，它在一定程度上有羰基、羟基的某些性质，但又与醛、酮中的羰基和醇中的羟基有明显的差异，这是羰基与羟基二者相互影响的结果。由于羧基中的羰基和羟基的氧可形成 p-π 共轭，使羟基氧原子上的电子云密度降低，增强了氢氧键的极性，有利于解离出质子，因此羧酸具有明显的酸性，同时也使羰基的正电性降低，通常不易发生类似醛、酮的亲核加成反应。所以羧基中既不存在典型的羰基，也不存在典型的羟基，而是二者相互影响的统一体。

14.5.3.1　酸性

羧酸具有弱酸性，在水溶液中存在如下的解离平衡：

$$RCOOH + H_2O \rightleftharpoons RCOO^- + H_3O^+$$

对于一元羧酸来说，$pK_a^{\ominus}=3\sim5$，由此可见羧酸的酸性小于强无机酸，比碳酸（$pK_{a1}^{\ominus}=6.73$）和苯酚（$pK_a^{\ominus}=9.96$）的酸性强。羧酸能与碱作用成盐，能分解碳酸盐和碳酸氢盐生成二氧化碳，利用这个性质可以鉴别、分离醇、酚和羧酸类化合物。

$$RCOOH + NaOH \longrightarrow RCOONa + H_2O$$

$$RCOOH + NaHCO_3 \longrightarrow RCOONa + CO_2 + H_2O$$

$$RCOONa + HCl \longrightarrow RCOOH + NaCl$$

羧酸的钠盐和钾盐易溶于水，利用这一性质在制药工业中将含有羧基的药物变成盐类，使水溶性增大。

羧酸的酸性与烃基结构有关。当烃基上（特别是α-碳原子上）连有电负性大的基团（吸电子基团）时，由于它们的吸电子诱导效应，使氢氧键电子云偏向氧原子，氢氧键的极性增强，促进解离，使酸性增大。基团的电负性愈大，数目愈多，距羧基的位置愈近，吸电子诱导效应愈强，则使羧酸的酸性愈强。例如：

$$FCH_2COOH > ClCH_2COOH > BrCH_2COOH > ICH_2COOH > CH_3COOH$$

pK_a　2.66　2.86　2.89　3.16　4.76

$$ClCH_2COOH > Cl_2CHCOOH > Cl_3CCOOH$$

pK_a　2.86　1.29　0.65

$$\underset{\text{Cl}}{CH_3CH_2\underset{|}{C}HCO_2H} > \underset{\text{Cl}}{CH_3\underset{|}{C}HCH_2CO_2H} > \underset{\text{Cl}}{\underset{|}{C}H_2CH_2CH_2CO_2H} > \underset{\text{H}}{\underset{|}{C}H_2CH_2CH_2CO_2H}$$

pK_a　2.86　4.41　4.70　4.82

相反，当烃基上连有斥电子基团时，由于它们的斥电子诱导效应，使羧酸的酸性降低。例如：

$$CH_3COOH > CH_3CH_2COOH > (CH_3)_3CCOOH$$

pK_a　4.76　4.87　5.05

二元羧酸的酸性与两个羧基的相对距离有关，随二元羧酸碳原子数的增加，酸性逐渐减弱。一般来说，二元羧酸的酸性强于相应碳数的一元羧酸。

14.5.3.2　羧酸衍生物的生成

羧基上的羟基可以被多种原子或基团，如卤原子—X、酰氧基 $R-\overset{O}{\overset{\|}{C}}-O-$ 、烷氧基—OR、氨基—NH_2 取代，分别生成酰卤、酸酐、酯和酰胺等羧酸衍生物。

羧酸分子中去掉—OH 后剩余的部分$\left(R-\overset{O}{\overset{\|}{C}}-\right)$称为酰基。所以，羧酸衍生物也称为酰基化合物。

（1）酰卤的生成　羧酸与 PX_3、PX_5（X＝Cl、Br）、$SOCl_2$ 反应生成酰卤。

$$3R-\overset{O}{\overset{\|}{C}}-OH + PCl_3 \longrightarrow 3R-\overset{O}{\overset{\|}{C}}-Cl + H_3PO_3$$

$$R-\overset{O}{\overset{\|}{C}}-OH + PCl_5 \longrightarrow R-\overset{O}{\overset{\|}{C}}-Cl + POCl_3 + HCl$$

$$R-\overset{O}{\overset{\|}{C}}-OH + SOCl_2 \longrightarrow R-\overset{O}{\overset{\|}{C}}-Cl + SO_2 + HCl$$

通常采用羧酸与 $SOCl_2$ 进行反应来制备酰氯，因为反应产物除酰氯外，副产物都是气体，非常容易与反应体系分离，产率高，是合成酰卤的好方法。

酰卤是一类具有高度反应活性的化合物，在有机合成、制药工业中常用作提供酰基的试剂，即作为酰化剂来使用。

（2）酸酐的生成　羧酸在脱水剂（如 P_2O_5）存在下，羧基分子间失水可以生成酸酐。例如：

$$2C_2H_5-\overset{O}{\overset{\|}{C}}-OH \xrightarrow[\triangle]{P_2O_5} \underset{\text{丙酸酐}}{C_2H_5-\overset{O}{\overset{\|}{C}}-O-\overset{O}{\overset{\|}{C}}-C_2H_5} + H_2O$$

1,4-和 1,5-二元羧酸不需脱水剂，加热就可以分子内失水生成酸酐。例如：

$$\text{HC}(=\text{CH})\text{: } HOOC-CH=CH-COOH \xrightarrow{150℃} \text{顺丁烯二酸酐} + H_2O$$

顺丁烯二酸酐(95%)

$$\text{C}_6\text{H}_4(\text{COOH})_2 \xrightarrow{230℃} \text{C}_6\text{H}_4(\text{CO})_2\text{O} + H_2O$$

邻苯二甲酸酐(约100%)

$$H_2C(CH_2-COOH)_2 \xrightarrow{300℃} H_2C(CH_2-CO)_2O + H_2O$$

戊二酸酐

(3) 酯的生成 在强酸催化作用下，羧酸和醇加热可以生成酯。这种酸和醇直接作用生成酯的反应称为酯化反应。

$$RCOOH + R'OH \underset{\triangle}{\overset{H^+}{\rightleftharpoons}} RCOOR' + H_2O$$

酯化反应是一个可逆反应（酯在酸或碱溶液中可以水解，酯在碱性溶液中的水解叫皂化反应），为提高酯的产率，往往让一种廉价的反应物过量，并采用水分离器，使生成的水不断地从反应体系中带出来，使平衡向产物方向移动。

(4) 酰胺的生成 羧酸与氨或胺反应可以生成羧酸的铵盐，将生成的铵盐加热失水可以得到酰胺。

$$RCOOH \xrightarrow{NH_3} RCOONH_4 \xrightarrow[\triangle]{-H_2O} R-\overset{O}{\overset{\|}{C}}-NH_2$$

$$RCOOH \xrightarrow{H_2NR'} RCOONH_3R' \xrightarrow[\triangle]{-H_2O} R-\overset{O}{\overset{\|}{C}}-NHR'$$

14.5.3.3 *脱羧反应*

羧酸分子脱去羧基放出二氧化碳的反应叫脱羧反应。羧酸的无水碱金属盐与碱石灰（NaOH—CaO）共热，则从羧基中脱去 CO_2 生成烃。例如：

$$CH_3COONa + NaOH(CaO) \xrightarrow{\text{热熔}} \underset{99\%}{CH_4} + Na_2CO_3$$

这是实验室制取甲烷的方法。其他直链羧酸盐与碱石灰热熔的产物复杂，无制备意义。

一元羧酸的 α-碳原子上连有强吸电子基或 β-碳原子为羰基时，易发生脱羧。例如：

$$CCl_3COOH \xrightarrow{\triangle} CHCl_3 + CO_2\uparrow$$

$$CH_3\overset{O}{\overset{\|}{C}}CH_2COOH \xrightarrow{\triangle} CH_3\overset{O}{\overset{\|}{C}}CH_3 + CO_2\uparrow$$

乙二酸、丙二酸受热脱羧生成一元酸：

$$\underset{COOH}{\overset{COOH}{|}} \xrightarrow{\triangle} HCOOH + CO_2\uparrow$$

$$H_2C(COOH)_2 \xrightarrow{\triangle} CH_3COOH + CO_2\uparrow$$

$$R_2C(COOH)_2 \xrightarrow{\triangle} R_2CHCOOH + CO_2\uparrow$$

丁二酸、戊二酸受热脱水（不脱羧）生成环状酸酐。

14.5.3.4 还原反应

羧酸很难被还原，只能用强还原剂 $LiAlH_4$ 才能将其还原为相应的伯醇。H_2/Ni、$NaBH_4$ 等都不能使羧酸还原。

$$CH_2{=}C(CH_3)CH_2COOH \xrightarrow{LiAlH_4} CH_2{=}C(CH_3)CH_2CH_2OH$$

14.5.3.5 *α*-氢的反应

与醛、酮中的 α-氢原子相似，羧酸中的 α-碳上的氢原子由于受羧基吸电子作用的影响，变得比较活泼，在少量红磷的催化作用下，可以被卤素（一般用氯或溴）取代，生成 α-卤代酸。

$$RCH_2COOH \xrightarrow[P]{X_2} RCH(X)COOH \xrightarrow[P]{X_2} RCX_2COOH$$

控制好卤素的用量，可以得到一卤代物。例如：

$$CH_3CH_2CH_2CH_2COOH \xrightarrow[70℃]{Br_2,P} CH_3CH_2CH_2CH(Br)COOH \quad 80\%$$

α-卤代酸很活泼，常用来制备 α-羟基酸和 α-氨基酸。

14.6 羧酸衍生物

羧基上的羟基被其他原子或基团取代后所得到的化合物，称为羧酸衍生物，这些衍生物分别是酰卤、酸酐、酯和酰胺。

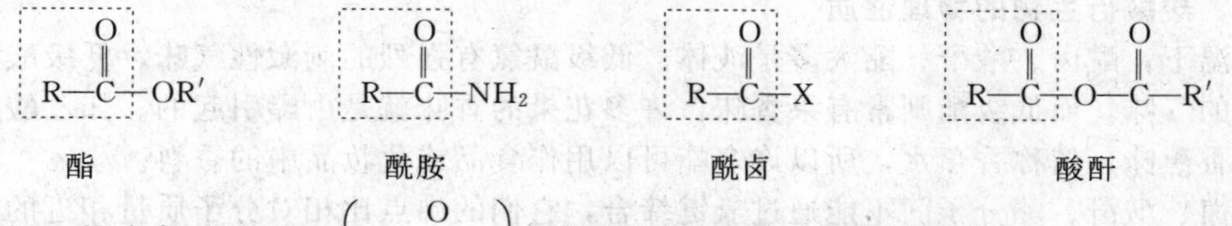

羧酸衍生物中都含有酰基（$R-C(=O)-$），所以它们都属于酰基化合物。

14.6.1 羧酸衍生物的命名

（1）酰卤、酰胺的命名　酰卤、酰胺的命名根据酰基的名称，把相应酰基中的“基”字去掉，称为“某酰某”。例如：

$CH_3CH_2CH_2-C(=O)-Br$　丁酰溴

$C_6H_5-C(=O)-Cl$　苯甲酰氯

$C_6H_5-C(=O)-NH_2$　苯甲酰胺

$CH_3CH_2-C(=O)-NH_2$　丙酰胺

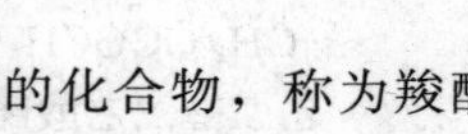

$C_6H_5-NH-C(=O)-CH_3$　乙酰苯胺

若酰胺氮原子上还连有取代基，命名时要在取代基前加字母“N.”，表示取代基是连接在氮原子上的。例如：

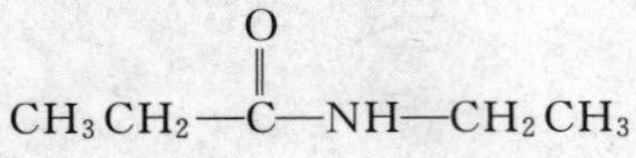

$CH_3CH_2-C(=O)-NH-CH_2CH_3$　　$H_3C-C(=O)-N(CH_3)_2$　　$H_3C-C(=O)-N(CH_3)(CH_2CH_3)$

N-乙基丙酰胺 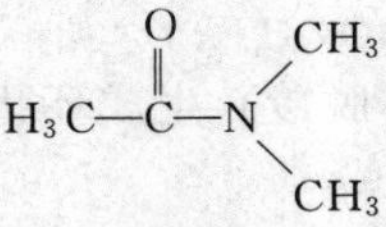　　*N*,*N*-二甲基乙酰胺 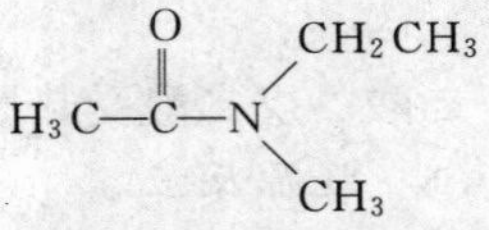　　*N*-甲基-*N*-乙基乙酰胺

(2) 酸酐的命名　根据相应的羧酸来命名。在相应的羧酸名称之后加上一个“酐”字，称为“某酸酐”，或者将“酸”字去掉，称为“某酐”；由不同的羧酸形成的酸酐命名为：某某（酸）酐，一般把简单的羧酸写在前面，复杂的写在后面。例如：

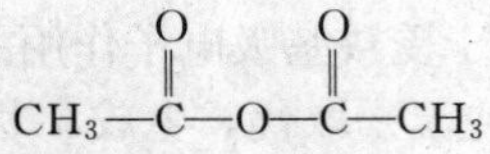

$CH_3-C(=O)-O-C(=O)-CH_3$　　$CH_3-C(=O)-O-C(=O)-CH_2CH_3$　　（邻苯二甲酸酐结构式）

乙(酸)酐 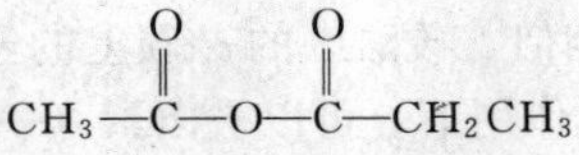　　乙丙(酸)酐 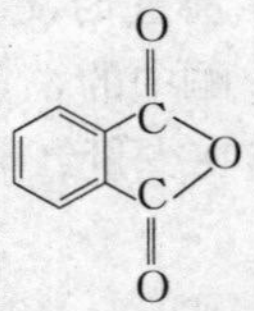　　邻苯二甲酸酐

(3) 酯的命名　根据形成它的羧酸和醇的名称来命名。对于一元醇生成的酯，叫做“某酸某酯”；多元醇生成的酯，一般把“酸”名放在后面，叫做“某醇某酸酯”。例如：

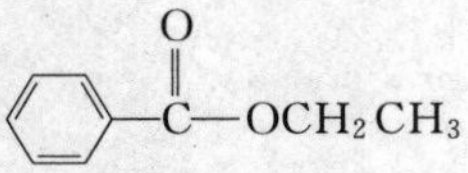

$C_6H_5-C(=O)-OCH_2CH_3$　　$CH_3CH_2-C(=O)-OC_2H_5$　　$COOCH_2CH_3-COOCH_2CH_3$

苯甲酸乙酯 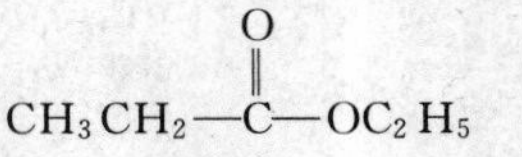　　丙酸乙酯 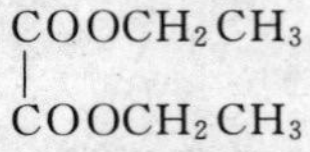　　乙二酸二乙酯

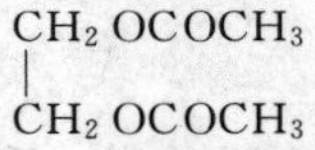

$CH_2OCOCH_3-CH_2OCOCH_3$　　CH_2-ONO_2 / $CH-ONO_2$ / CH_2-ONO_2

乙二醇二乙酸酯 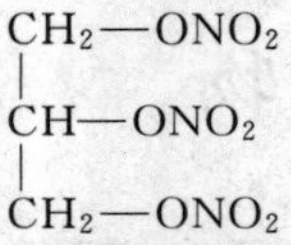　　丙三醇三硝酸酯

14.6.2　羧酸衍生物的物理性质

室温下，酰卤、酸酐、酯大多是液体。低级酰氯有强烈的刺激性气味，低级酸酐有令人不愉快的气味，而低级酯则常有果香味，许多花果的香味就是由酯引起的。如乙酸异戊酯有浓厚的香蕉味，俗称香蕉水，所以许多酯可以用作食品或化妆品中的香料。

酰卤、酸酐、酯分子间不能通过氢键缔合，它们的沸点比相对分子质量相近的羧酸的沸点要低得多。

低级酰氯遇水激烈水解。乙酰氯暴露在空气中即水解放出氯化氢。

酰胺分子间可以通过氨基上的氢原子形成氢键，这种分子间的氢键缔合作用比羧酸分子间的强，所以酰胺的沸点比相对分子质量相近的羧酸的沸点高。低级酰胺（含 $C_5 \sim C_6$）可溶于水，因此 *N*,*N*-二甲基甲酰胺、*N*,*N*-二甲基乙酰胺能与水和大多数有机溶剂以及许多无机液体混溶，它们都是合成纤维腈纶的优良溶剂。

14.6.3　羧酸衍生物的化学性质

羧酸衍生物分子中都含有羰基，因此，它们也都能与亲核试剂（如 H_2O、ROH、NH_3 等）发生取代反应，能被还原剂还原。又由于酰基所连的原子或基团不同，其反应活性也不相同。

(1) 水解反应　酰卤、酸酐、酯和酰胺都可以与水发生反应，生成相应的羧酸。

水解反应进行的难易次序为：酰氯>酸酐>酯>酰胺。

减慢↓

$$R-\overset{O}{\overset{\|}{C}}-Cl + H_2O \xrightarrow{\text{剧烈反应}} RCOOH + HCl$$

$$R-\overset{O}{\overset{\|}{C}}-O-\overset{O}{\overset{\|}{C}}-R + H_2O \xrightarrow[\triangle]{H^+ \text{或} OH^-} 2RCOOH$$

$$R-\overset{O}{\overset{\|}{C}}-OR' + H_2O \xrightarrow[\triangle]{H^+ \text{或} OH^-} RCOOH + R'OH$$

$$R-\overset{O}{\overset{\|}{C}}-NH_2 + H_2O \xrightarrow[\triangle,\text{长时间回流}]{H^+ \text{或} OH^-} RCOOH + NH_4^+$$

乙酰氯与水发生猛烈的放热反应；乙酐则与热水较易作用；酯的水解在没有催化剂存在时进行得很慢；而酰胺或腈的水解常常要在催化剂存在下经长时间的回流才能完成。

（2）醇解反应　酰卤、酸酐、酯和酰胺与醇反应，生成相应的酯。

减慢↓

$$R-\overset{O}{\overset{\|}{C}}-Cl + CH_3CH_2OH \xrightarrow{\text{剧烈反应}} R-\overset{O}{\overset{\|}{C}}-OC_2H_5 + HCl$$

$$R-\overset{O}{\overset{\|}{C}}-O-\overset{O}{\overset{\|}{C}}-R + CH_3CH_2OH \xrightarrow[\triangle]{} R-\overset{O}{\overset{\|}{C}}-OC_2H_5 + RCOOH$$

$$R-\overset{O}{\overset{\|}{C}}-OR' + CH_3CH_2OH \rightleftharpoons R-\overset{O}{\overset{\|}{C}}-OC_2H_5 + R'OH$$

$$R-\overset{O}{\overset{\|}{C}}-NH_2 + CH_3CH_2OH \rightleftharpoons R-\overset{O}{\overset{\|}{C}}-OC_2H_5 + NH_3$$

醇解反应活性：酰卤 >酸酐>酯>酰胺。

酯的醇解反应生成另一种酯，这个反应称为酯交换反应，工业上合成涤纶树脂的单体——对苯二甲酸二乙二醇酯，就是采用酯交换反应制备的。

$$CH_3OOC-C_6H_4-COOCH_3 + 2HOCH_2CH_2OH \xrightarrow[\triangle]{H^+} HOCH_2CH_2OOC-C_6H_4-COOCH_2CH_2OH + 2CH_3OH$$

（3）氨解反应　酰卤、酸酐、酯和酰胺与氨或胺反应，生成酰胺或取代酰胺。

$$R-\overset{O}{\overset{\|}{C}}-Cl + 2NH_3 \longrightarrow R-\overset{O}{\overset{\|}{C}}-NH_2 + NH_4Cl$$

$$R-\overset{O}{\overset{\|}{C}}-O-\overset{O}{\overset{\|}{C}}-R + 2NH_3 \xrightarrow[\triangle]{} R-\overset{O}{\overset{\|}{C}}-NH_2 + RCOONH_4$$

$$R-\overset{O}{\overset{\|}{C}}-OR' + NH_3 \xrightarrow[\triangle]{} R-\overset{O}{\overset{\|}{C}}-NH_2 + R'OH$$

$$R-\overset{O}{\overset{\|}{C}}-NH_2 + R'NH_2(\text{过量}) \xrightarrow[\triangle]{} R-\overset{O}{\overset{\|}{C}}-NHR' + NH_3$$

氨解反应活性：酰卤>酸酐>酯>酰胺。

酰胺与胺的反应是可逆的，必须用过量的胺才能得到 N-取代酰胺，因此反应的实际意义不大。

(4) 与格氏试剂的反应 羧酸衍生物都可以和格氏试剂反应生成叔醇，尤以酯用得最为普遍，它是合成两个相同烷基叔醇的常用方法。例如：

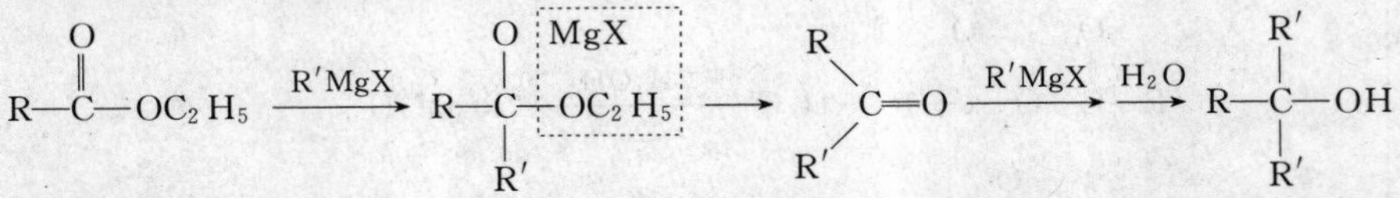

$$R-\overset{O}{\overset{\|}{C}}-OC_2H_5 \xrightarrow{R'MgX} R-\underset{R'}{\overset{O\ MgX}{\overset{|}{C}}}-OC_2H_5 \longrightarrow \begin{matrix}R\\ \ \end{matrix}\!\!\!\!\begin{matrix}\\ \end{matrix} C{=}O\ (R,R') \xrightarrow{R'MgX} \xrightarrow{H_2O} R-\underset{R'}{\overset{R'}{\overset{|}{\underset{|}{C}}}}-OH$$

酯与格氏试剂反应生成酮，由于格氏试剂与酮的反应比酯还快，反应很难停留在酮的阶段，故反应生成叔醇。

(5) 还原反应 酰卤、酸酐、酯和酰胺都比羧酸容易被还原，除酰胺被还原成相应的胺外，酰卤、酸酐和酯均被还原成相应的伯醇。

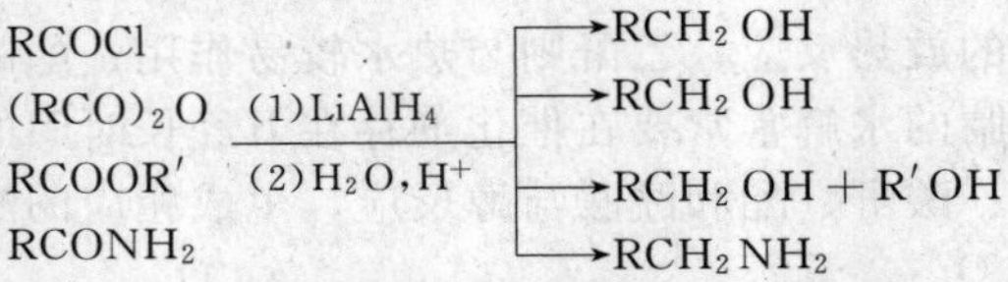

$$\begin{matrix}RCOCl\\ (RCO)_2O\\ RCOOR'\\ RCONH_2\end{matrix} \xrightarrow[(2)H_2O,H^+]{(1)LiAlH_4} \begin{matrix}RCH_2OH\\ RCH_2OH\\ RCH_2OH+R'OH\\ RCH_2NH_2\end{matrix}$$

酯最易被还原，除氢化铝锂外，酯还能被醇和金属钠还原而不影响分子中的不饱和键，这在工业合成中具有实际意义。

(6) 酯缩合反应 酯分子中α-碳上的氢很活泼，含有α-H的酯在强碱（醇钠）的作用下，与另一分子酯发生缩合反应，失去一分子醇，生成β-羰基酯的反应叫做酯缩合反应，又称为克莱森（Claisen）酯缩合反应。例如：

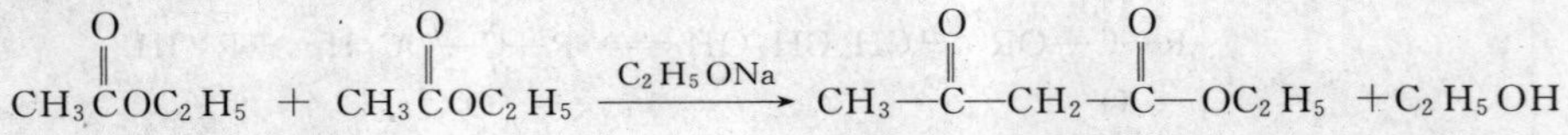

$$CH_3\overset{O}{\overset{\|}{C}}OC_2H_5 + CH_3\overset{O}{\overset{\|}{C}}OC_2H_5 \xrightarrow{C_2H_5ONa} CH_3-\overset{O}{\overset{\|}{C}}-CH_2-\overset{O}{\overset{\|}{C}}-OC_2H_5 + C_2H_5OH$$

乙酰乙酸乙酯

$$2CH_3CH_2\overset{O}{\overset{\|}{C}}-OC_2H_5 \xrightarrow{C_2H_5ONa} CH_3CH_2\overset{O}{\overset{\|}{C}}-\underset{CH_3}{\underset{|}{CH}}-\overset{O}{\overset{\|}{C}}OC_2H_5 + C_2H_5OH$$

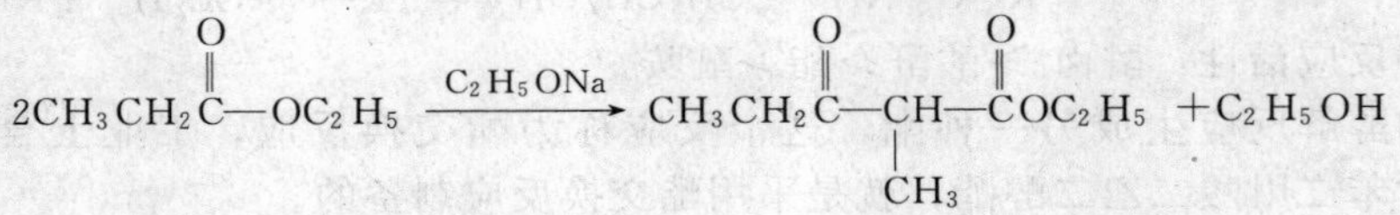

习 题

1. 命名下列醇、酚、醚化合物：

(1) 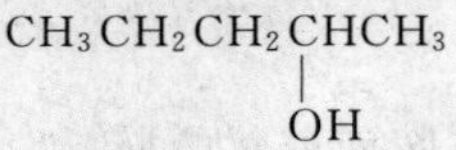 $CH_3CH_2CH_2\underset{OH}{\underset{|}{CH}}CH_3$ (2) $C_6H_5CH_2CH_2OH$ (3) 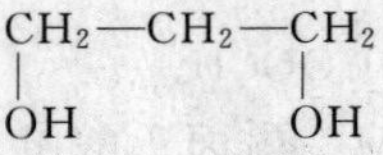 $\underset{OH}{\underset{|}{CH_2}}-CH_2-\underset{OH}{\underset{|}{CH_2}}$

(4) $C_6H_5-CH_2OH$ (5) $H_3C-O-CH_2CH_3$ (6) 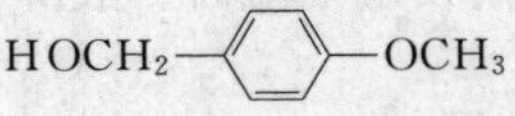 $HOCH_2-C_6H_4-OCH_3$（对位）

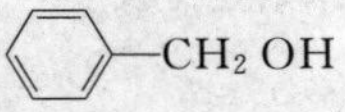

(7) 邻位 OH、CH_2CH_3 取代苯 (8) 邻位 OH、OCH_3 取代苯

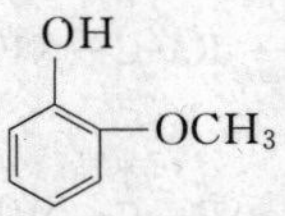

2. 命名下列醛、酮化合物：

(1) 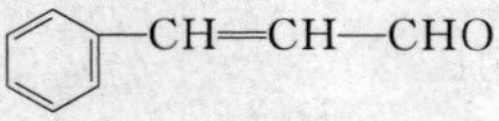 $C_6H_5-CH{=}CH-CHO$ (2) $CH_3CH_2-\underset{O}{\underset{\|}{C}}-\overset{CH_3}{\overset{|}{C}H}CH_3$

(3) $(CH_3)_2CH\underset{CH_3}{\underset{|}{CH}}CHO$ (4) 3,5-二甲基环己酮（环上两个 CH_3，C=O）

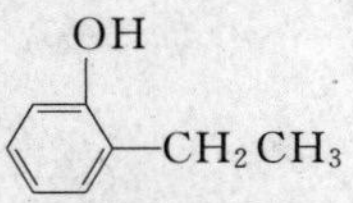

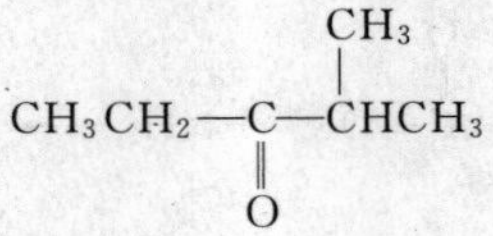

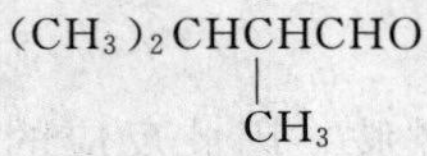

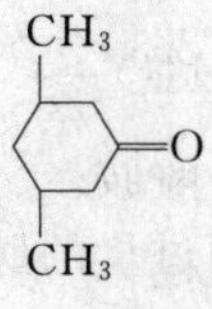

(5) $CH_3-\overset{O}{\overset{\|}{C}}-CH_2-CH_2-\overset{O}{\overset{\|}{C}}-CH_3$

(6) $CH_3O-C_6H_4-CHO$（对位）

3. 命名下列羧酸及其衍生物化合物：

(1) $C_6H_5-\underset{CH_3}{\underset{|}{CH}}-CH_2-COOH$

(2) $HOOC-C_6H_4-COOH$（对位）

(3) 环戊基$-CH_2COOH$

(4) $(H_3C)_2C(COOH)_2$

(5) 3,5-二羟基-4-甲基苯甲酸结构（苯环上 COOH，HO，OH，CH_3）

(6) $CH_3\underset{OH}{\underset{|}{CH}}CH_2COOH$

(7) CH_3COCH_2COOH

(8) $(CH_3CH_2CO)_2O$

(9) $H_3C-C_6H_4-CONH_2$（对位）

4. 写出下列化合物的结构式：

(1) 叔丁基醇

(2) 异丙醚

(3) 3-甲基-1,2-苯二酚

(4) 4-甲基-2-氯苯酚

(5) 2,2-二甲基-1-丁醇

(6) 对羟基苯乙酮

(7) 2,2-二甲基-1-甲氧基丁烷

(8) 苯酐

(9) 2-甲基-丙二酸

(10) α,β-二甲基己酸

(11) 对硝基苯甲酸

(12) 2,3-二羟基丁二酸（酒石酸）

(13) α-甲基丙烯酸甲酯

(14) 3,4,5-三羟基苯甲酸（没食子酸）

5. 完成下列各反应式：

(1) $HO-CH_2-CH_2-OH \xrightarrow{Na}$

(2) $HOCH_2CH_2-C_6H_4-OH + NaOH \longrightarrow$（对位）

(3) $CH_3CH_2CH_2-\underset{}{\overset{OH}{\overset{|}{CH}}}-CH_3 \xrightarrow{KMnO_4}$

(4) $CH_3CH_2CH_2OH \xrightarrow[CH_2Cl_2, 25℃]{\text{沙瑞特试剂}}$

(5) $H_3C-C_6H_4-OCH_3 + HI \longrightarrow$（对位）

(6) 环戊酮$=O + HCN \longrightarrow \xrightarrow[H^+]{H_2O}$

(7) $C_6H_5-CHO + CH_3CH_2MgCl \xrightarrow{\text{乙醚}} \xrightarrow{H_3O^+}$

(8) $C_6H_5-CH_2CHO + H_2N-NH-C_6H_3(NO_2)_2 \longrightarrow$（2,4-二硝基苯肼）

(9) $C_6H_5-CH=CH-CHO \xrightarrow[(2)\ H_2O]{(1)\ NaBH_4}$

(10) $2H_3C-C_6H_4-CHO \xrightarrow{\text{浓 }NaOH}$（对位）

(11) 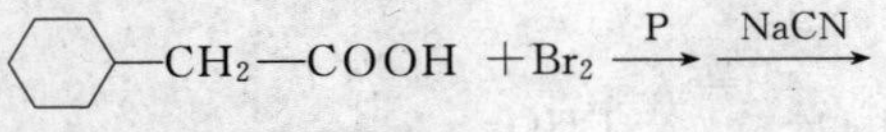 环己基$-CH_2-COOH + Br_2 \xrightarrow{P} \xrightarrow{NaCN}$

(12) 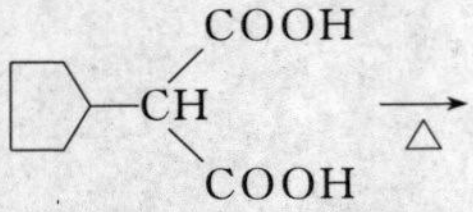 环戊基$-CH(COOH)_2 \xrightarrow{\triangle}$

(13) 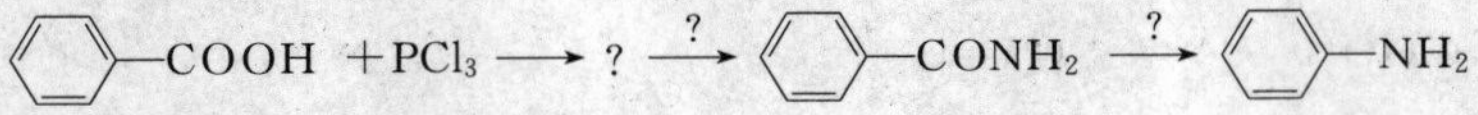 $C_6H_5-COOH + PCl_3 \longrightarrow ? \xrightarrow{?} C_6H_5-CONH_2 \xrightarrow{?} C_6H_5-NH_2$

(14) $2CH_3CH_2CH_2COOH \xrightarrow{P_2O_5}$

(15) $2CH_3CH_2COOC_2H_5 \xrightarrow{C_2H_5ONa}$

6. 下列醇在酸存在下脱水反应的主要产物是什么？

(1) 3,3-二甲基-2-丁醇　　(2) 3-甲基-2-丁醇

(3) 2-甲基-2-丁醇　　(4) 2,3-二甲基-2-丁醇

7. 比较下列各组化合物的酸性强弱（由强到弱排列）：

(1) 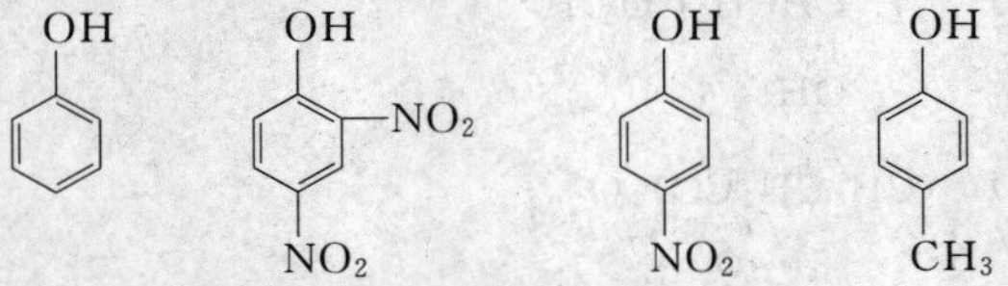 苯酚　2,4-二硝基苯酚　对硝基苯酚　对甲基苯酚

(2) 乙酸　丙酸　甲酸　草酸　丙二酸

(3) CH_3COOH　苯甲酸　苯甲醇　苯酚

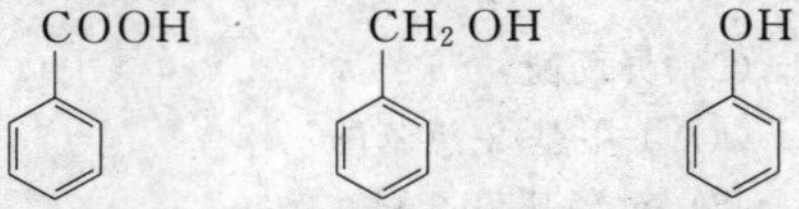

(4) HCOOH　CH_3COOH　C_6H_5COOH　CF_3COOH

8. 指出下列各化合物中哪些可以与氢氰酸加成，哪些可以发生碘仿反应？

(1) $CH_3CH_2CH_2OH$　(2) $CH_3CH_2CH_2CHO$　(3) $CH_3CH_2-\overset{O}{\overset{\|}{C}}-CH_3$

(4) CH_3CHO　(5) 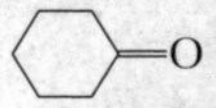 环己酮　(6) 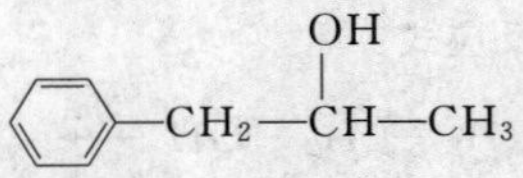 $C_6H_5-CH_2-\overset{OH}{\overset{|}{CH}}-CH_3$

9. 下列化合物中哪些可以进行羟醛缩合反应，哪些可以进行康尼查罗反应？

(1) 2,2-二甲基丙醛　　(2) 对羟基苯甲醛

(3) 3-甲基丁醛　　(4) 4-甲基戊醛

10. 用简单的化学方法区别下列各组化合物：

(1) 邻甲基苯酚、苯甲醚、苯甲醇

(2) 乙醛、乙醇、乙酸

(3) 甲酸、乙酸、丙二酸

(4) 2-戊酮、3-戊酮、环己醇

11. 由指定原料合成下列产物（无机试剂可任选）：

(1) 以乙醇为原料合成丙酸乙酯

(2) 以2-戊酮为原料合成正丁酸

(3) 以乙烯为原料合成正丁醇

12. 某醇 $C_5H_{12}O$ 氧化后生成酮，脱水则生成一种不饱和烃，将此烃氧化可生成酮和羧酸两种产物的混合物，试推测该醇的结构。

13. 有一化合物，分子式为 $C_6H_{14}O$，不与金属钠作用，和过量的浓氢碘酸共热时，生成一种结构的碘代烷，试推测化合物可能的结构。

第 15 章 含氮有机化合物

分子中含有氮元素的有机化合物，统称为含氮化合物。含氮有机化合物种类很多，有硝基化合物、亚硝基化合物、胺、季铵碱、重氮化合物、偶氮化合物、腈等。含氮化合物在生理过程中具有重要的作用。例如，蛋白质、核酸是生物细胞的重要组成部分，是生命活动的物质基础。临床上含氮的药物很多，如巴比妥类、磺胺类药物。本章主要介绍硝基化合物、胺等。

15.1 硝基化合物

烃分子中的氢原子被硝基（—NO_2）取代后所生成的化合物称为硝基化合物。硝基（—NO_2）是它的官能团。硝基化合物与亚硝酸酯（R—ONO）互为同分异构体。

15.1.1 硝基化合物的分类和命名

（1）硝基化合物的分类

① 根据分子中烃基种类的不同，分为脂肪族硝基化合物和芳香族。例如：

脂肪族硝基化合物：CH_3NO_2　　$CH_3CH_2CH_2NO_2$

芳香族硝基化合物：C_6H_5—NO_2　　$C_{10}H_7$—NO_2（2-硝基萘）

② 根据分子中硝基数目的不同，分为一元、二元和多元硝基化合物。例如：

$C_6H_5NO_2$　　$C_6H_4(NO_2)_2$（对位）　　$CH_3C_6H_2(NO_2)_3$（2,4,6-）

③ 根据与硝基所连接碳原子种类的不同，分为伯、仲、叔硝基化合物。例如：

$CH_3CH_2CH_2NO_2$	H_3C—$CH(NO_2)$—CH_3	H_3C—$C(CH_3)(NO_2)$—CH_3
伯硝基化合物	仲硝基化合物	叔硝基化合物

（2）硝基化合物的命名　硝基化合物的命名与卤代烃相似，命名时以烃为母体，硝基作为取代基。例如：

CH_3NO_2	H_3C—$CH(NO_2)$—CH_3	C_6H_5—NO_2
硝基甲烷	2-硝基丙烷	硝基苯
Cl—C_6H_4—NO_2（间位）	O_2N—C_6H_4—NO_2（对位）	$CH_3C_6H_2(NO_2)_3$
间硝基氯苯	对二硝基苯	2,4,6-三硝基甲苯（TNT）

15.1.2 硝基化合物的物理性质

低级的硝基烷是无色液体，微溶于水，能溶解油脂、纤维素酯和许多合成树脂，它们有较大的偶极矩。芳香族的一硝基化合物是无色或淡黄色的液体或固体。芳香族硝基化合物多数是黄色晶体。多硝基化合物通常具有爆炸性，可用作炸药。叔丁基苯的某些多硝基化合物具有类似天然麝香的气味，可用作香料。

硝基化合物的相对密度都大于1。硝基化合物均有毒，皮肤接触或吸入蒸气能和血液中的血红素作用而引起中毒。常见硝基化合物的物理常数见表15-1。

表15-1 常见硝基化合物的物理常数

名称	熔点/℃	沸点/℃	相对密度(d_4^{20})
硝基苯	5.7	210.8	1.2303
邻二硝基苯	118	319	1.565
间二硝基苯	89.8	303	1.571
对二硝基苯	174	299	1.625
均三硝基苯	122	分解	1.688
邻硝基甲苯	−4	222	1.163
间硝基甲苯	16	231	1.157
对硝基甲苯	52	238.5	1.286
2,4-二硝基甲苯	70	300	1.521
α-硝基萘	61	304	1.322

15.1.3 硝基化合物的化学性质

(1) 还原反应 硝基可以被还原，特别是芳香族硝基化合物的还原有很大的实用意义。芳香族硝基化合物在不同的介质中使用不同的还原剂可以得到不同的还原产物。用催化加氢的方法或在酸性介质中用金属（Fe、Sn、Zn）还原，芳香族硝基化合物被还原成相应的胺。

芳香族硝基化合物的还原有很大的工业价值。苯胺在工业上就是由硝基苯经铁粉还原和加氢还原生产的。

$$C_6H_5{-}NO_2 \xrightarrow[\text{或 Fe+HCl}]{H_2,\ Cu,\ 255^\circ C} C_6H_5{-}NH_2$$

(2) 苯环上的亲电取代反应 硝基是间位定位基。由于硝基强的吸电子诱导效应和共轭效应，使苯环上的电子云密度大大下降，亲电取代比苯困难，以至于不能与较弱的亲电试剂发生反应，如硝基苯不发生傅列德尔-克拉夫茨反应。

$$C_6H_5NO_2 \xrightarrow[\text{Fe, 140℃}]{Br_2} m\text{-}BrC_6H_4NO_2$$

$$C_6H_5NO_2 \xrightarrow[H_2SO_4,\ 95℃]{\text{发烟 } HNO_3} m\text{-}C_6H_4(NO_2)_2$$

$$C_6H_5NO_2 \xrightarrow[110℃]{\text{发烟 } H_2SO_4} m\text{-}HO_3SC_6H_4NO_2$$

15.2 胺

15.2.1 胺的分类和命名

(1) 胺的分类　胺可以看作是氨分子中氢原子被烃基取代后的产物。氨分子中的氢原子被一个、两个或三个烃基取代，分别生成伯胺、仲胺和叔胺。

NH_3 氨　　RNH_2 伯胺　　R_2NH 仲胺　　R_3N 叔胺

应注意，这里伯、仲、叔胺的含义和以前醇、卤代烃等的伯、仲、叔含义是不同的，它是由胺分子氮原子上所连接的烃基的个数决定的，而不是由氨基（$-NH_2$）所连接的碳原子的类型决定的。

根据取代烃基类型的不同，胺可以分为脂肪胺和芳香胺两类。取代烃基中至少有一个是芳基的胺称为芳香胺，其余的胺称为脂肪胺。根据分子中氨基的个数，又可把胺分为一元胺和多元胺。

(2) 胺的命名

① 普通命名法　简单的胺一般用普通命名法命名。在“胺”字之前加上烃基的数目和名称，当所连接的烃基不同时，把简单的烃基的名称写在前面，复杂烃基的名称写在后面。例如：

CH_3NH_2 甲胺　　$C_6H_{11}-NH_2$ 环己胺　　$C_6H_5-NH_2$ 苯胺　　$CH_3NHC_2H_5$ 甲乙胺

$(CH_3)_2NH$ 二甲胺　　$(C_2H_5)_3N$ 三乙胺　　$C_6H_5-NH-C_6H_5$ 二苯胺

对于芳胺，如果苯环上还有其他的取代基，则应表示出取代基的相对位置。例如：

对甲苯胺（NH_2、CH_3）　　间硝基苯胺（NH_2、NO_2）　　2,5-二氯苯胺（NH_2、Cl、Cl）

按照多官能团化合物的命名原则，若氨基的优先次序低于其他基团时，氨基则作为取代基命名。例如：

对氨基苯磺酸（SO_3H、NH_2）　　邻氨基苯乙酮（$COCH_3$、NH_2）

在命名芳胺时，当氨基氮原子上同时连有芳基和脂肪烃基时，应在脂肪烃基的名称之前冠以字母“*N*”，以表示脂肪烃基是连在氨基氮原子上；氨基连在侧链上的芳胺，一般以脂肪胺为母体来命名。例如：

$C_6H_5NHCH_3$ N-甲基苯胺　　$C_6H_5N(CH_3)_2$ N,N-二甲基苯胺　　$C_6H_5CH_2CH_2NH_2$ 2-苯乙胺

② 系统命名法　对于构造较复杂的胺常采用系统命名法。命名时把胺当作烃的氨基衍生物，即以烃为母体，氨基作为取代基。

$CH_3CH(CH_3)CH(NH_2)CH(CH_3)CH_3$ 2,4-二甲基-3-氨基戊烷　　$CH_3CH(CH_3)CH_2CH(NHCH_3)CH_2CH_3$ 2-甲基-4-甲氨基己烷

15.2.2 胺的物理性质

室温下，脂肪胺中甲胺、二甲胺、三甲胺和乙胺为气体，其他胺是液体或固体。低级胺具有类似氨的气味，但刺激性较弱。三甲胺具有海鱼或龙虾的特殊气味，丁二胺和戊二胺具有肉腐烂时产生的极臭味。高级胺不易挥发，几乎没有气味。

低级胺由于烃基较小，同时又可以和水通过氢键发生缔合，故易溶于水，随着相对分子质量的增加，溶解度降低。

芳胺是无色液体或固体，毒性较大。胺的物理常数见表15-2。

表15-2　胺的物理常数

名　称	构造式	熔点/℃	沸点/℃	相对密度(d_4^{20})
甲胺	CH_3NH_2	−93.5	−6.3	0.7961(−10℃)
二甲胺	$(CH_3)_2NH$	−96	7.3	0.6604(0℃)
三甲胺	$(CH_3)_3N$	−124	3.5	0.7229(25℃)
乙胺	$CH_3CH_2NH_2$	−80.5	16.6	0.706(0℃)
正丙胺	$CH_3CH_2CH_2NH_2$	−83.6	48.7	0.719
乙二胺	$NH_2CH_2CH_2NH_2$	8.5	117	0.899
己二胺	$H_2N(CH_2)_6NH_2$	42	204.5	0.8313(10℃)
苯胺	$C_6H_5NH_2$	−6	184.5	1.022
N-苯甲胺	$C_6H_5NHCH_3$	−57	193	0.986
N,N-二甲苯胺	$C_6H_5N(CH_3)_2$	2.5	194	0.956
二苯胺	$C_6H_5NHC_6H_5$	53	302	1.159
三苯胺	$(C_6H_5)_3N$	126.5	365	0.774(0℃)

15.2.3 胺的化学性质

(1) 碱性　和氨相似，胺分子中氮原子上的未共用电子对能接受质子形成铵离子，因而显碱性。

$$RNH_2 + H^+ \longrightarrow RNH_3^+$$

胺的碱性强弱可用离解常数 $K_b^\ominus$ 表示。也可用 $pK_b^\ominus$ 表示。胺的碱性如表15-3所列。

表15-3　胺的碱性

胺	$pK_b^\ominus$(25℃)	胺	$pK_b^\ominus$(25℃)
NH_3	4.76	$(CH_3CH_2)_2NH$	3.06
CH_3NH_2	3.38	$(CH_3CH_2)_3N$	3.25
$(CH_3)_2NH$	3.27	$C_6H_5NH_2$	9.40
$(CH_3)_3N$	4.21	$(C_6H_5)_2NH$	13.21
$CH_3CH_2NH_2$	3.36		

在脂肪胺分子中烷基是供电子基，由于它的供电子作用，增加了氮原子上电子云密度，

增强了氮原子结合质子的能力，所以脂肪胺的碱性比氨强。氮原子上所连的脂肪烃基越多，氮原子上电子云密度越大，胺的碱性越强。

在气态时仅有烷基的供电子效应，烷基越多供电子效应越大，胺的碱性越强。氨、甲胺、二甲胺和三甲胺的碱性强弱的顺序是：

$$(CH_3)_3N > (CH_3)_2NH > CH_3NH_2 > NH_3$$

但在水溶液中，胺的碱性的强弱受电子效应、空间效应、溶剂化效应等因素影响，其碱性强弱顺序则为：

$$(CH_3)_2NH > CH_3NH_2 > (CH_3)_3N > NH_3$$

芳香族胺的碱性比氨弱。由于苯环可与氨基氮原子发生吸电子的 p-π 共轭效应，使氮原子上的电子云密度降低，使氨基接受质子的能力减弱，而且随着氮原子上所连苯基的数目增多，这种效应增强，芳香胺的碱性将逐渐减弱。

综上所述，各种胺的碱性强弱顺序为：

脂肪胺＞氨＞芳香胺

由于胺是弱碱，可与强无机酸（硫酸、盐酸）作用生成易溶于水的铵盐；再加入强碱，胺又重新游离出来。利用此性质可对其混合物进行分离、提纯或鉴别。

（2）烷基化反应　氨与烷基化试剂（卤代烷、醇）作用生成胺。生成的伯胺比氨的亲核性强，可以继续与卤代烷反应生成仲胺，再继续反应可以得到叔胺。叔胺再与卤代烷反应则生成季铵盐。使用过量的氨（或胺）则可以抑制进一步反应，得到以伯或仲、叔胺为主的产物。例如：

$$C_6H_5CH_2Cl + C_6H_5NH_2(\text{过量}) \xrightarrow[90℃, 3h, 85\%]{H_2O, NaHCO_3} C_6H_5CH_2NHC_6H_5$$

（3）酰基化反应　伯胺和仲胺与酰卤、酸酐等酰基化试剂作用，氮原子上的氢原子被酰基取代，生成 *N*-取代酰胺或 *N*,*N*-二取代酰胺。

$$RNH_2 + R-\overset{\overset{O}{\|}}{C}-Cl \longrightarrow RNH-\overset{\overset{O}{\|}}{C}-R' + HCl$$

N-取代酰胺

$$R_2NH + R'-\overset{\overset{O}{\|}}{C}-Cl \longrightarrow R_2N-\overset{\overset{O}{\|}}{C}-R' + HCl$$

N,*N*-二取代酰胺

叔胺的氮原子上没有氢原子，不发生酰基化反应。

胺的酰基化产物是有固定熔点的晶体，通过测定熔点，可以鉴别伯、仲胺，也可以将叔胺从混合物中分离出来。而伯、仲胺的酰基化产物经水解后又可得到原来的胺。例如：

$$RCONHR' + H_2O \xrightarrow{H^+ \text{或} OH^-} R'NH_2 + RCOOH$$

芳胺的酰基化反应在有机合成上具有重要的意义。一是在氨基上引入酰基，可以保护氨基，防止氨基被氧化破坏；二是降低氨基对芳环的致活作用，使反应按预期的目标进行。例如，在合成对氨基苯甲酸、对硝基苯胺、邻硝基苯胺等过程中，氮原子上的酰基化格外重要。

$$p\text{-}CH_3C_6H_4NH_2 \xrightarrow{CH_3COCl} p\text{-}CH_3C_6H_4NHCOCH_3 \xrightarrow[H^+]{KMnO_4} p\text{-}HOOCC_6H_4NHCOCH_3 \xrightarrow[H^+]{H_2O} p\text{-}HOOCC_6H_4NH_2$$

（4）与亚硝酸的反应　胺与亚硝酸反应，产物和现象因胺不同而异。由于亚硝酸不稳定，一般是在反应过程中由亚硝酸钠与硫酸或盐酸作用而产生。

脂肪族伯胺与亚硝酸反应，放出氮气，生成醇、烯烃等混合物。例如：

$$CH_3CH_2NH_2 \xrightarrow[HCl]{NaNO_2} CH_3CH_2OH + CH_3CH_2Cl + CH_2{=}CH_2 + N_2\uparrow$$

由于产物是混合物，因此在合成上没有实用价值。但放出的氮气是定量的，因此这个反应可用于氨基（$-NH_2$）的定量分析。

芳香族伯胺与亚硝酸在低温（0～5℃）强酸性介质中反应，生成重氮盐，这个反应叫做重氮化反应。例如：

$$C_6H_5-NH_2 + NaNO_2 + 2HCl \xrightarrow{0\sim5℃} C_6H_5-N_2Cl + NaCl + 2H_2O$$

氯化重氮苯(重氮盐)

有关重氮盐的性质和应用将在有关章节中作介绍。

脂肪族和芳香族的仲胺与 HNO_2 反应，都生成不溶于水的黄色油状或黄色固体的 *N*-亚硝基化合物（致癌物质）。例如：

$$(CH_3)_2NH + NaNO_2 + HCl \longrightarrow (CH_3)_2N-NO + H_2O + NaCl$$

N-亚硝基二甲胺(黄色油状液体)

$$C_6H_5-NH-C_6H_5 + NaNO_2 + HCl \longrightarrow (C_6H_5)_2N-NO + H_2O + NaCl$$

N-亚硝基二苯胺(黄色固体)

N-亚硝基化合物与稀盐酸共热，则水解成原来的仲胺，可以用来鉴别、分离和提纯仲胺。

脂肪族叔胺因氮原子上没有氢原子，一般不与亚硝酸反应，但可与亚硝酸形成一个不稳定的盐，中和后即被分解。

$$R_3N + NaNO_2 + HCl \longrightarrow R_3NH^+NO_2^- + NaCl$$

芳香族叔胺与亚硝酸作用，生成对亚硝基化合物。如对位被其他基团占据，则生成邻位取代物。例如：

$$C_6H_5N(CH_3)_2 + NaNO_2 + HCl \longrightarrow p\text{-}ON-C_6H_4-N(CH_3)_2 + NaCl + H_2O$$

$$p\text{-}CH_3-C_6H_4-N(CH_3)_2 + NaNO_2 + HCl \longrightarrow 4\text{-}CH_3\text{-}2\text{-}NO\text{-}C_6H_3-N(CH_3)_2 + NaCl + H_2O$$

利用亚硝酸与伯、仲和叔胺反应生成的产物不同，鉴别伯、仲和叔胺。

(5) 苯环上的取代反应 氨基是强的邻、对位定位基，苯胺很容易发生亲电取代反应，主要得到邻、对位产物。

① 卤化 苯胺与卤素（氯和溴）能迅速反应，非常容易。例如，常温时在苯胺的水溶液中滴加溴水，立即生成2,4,6-三溴苯胺白色沉淀，反应很难停留在一元取代的阶段。

$$C_6H_5NH_2 + Br_2 \longrightarrow 2,4,6\text{-}Br_3C_6H_2NH_2\downarrow + 3HBr$$

此反应可用于苯胺的定性、定量分析。

若要制取一溴苯胺，必须降低苯环上的电子密度，以使溴化反应较难进行。

② 硝化　由于芳胺很容易被氧化，所以苯胺与硝酸反应时，常伴有氧化反应。为了避免苯胺被硝酸氧化，必须把氨基保护起来，然后再硝化。

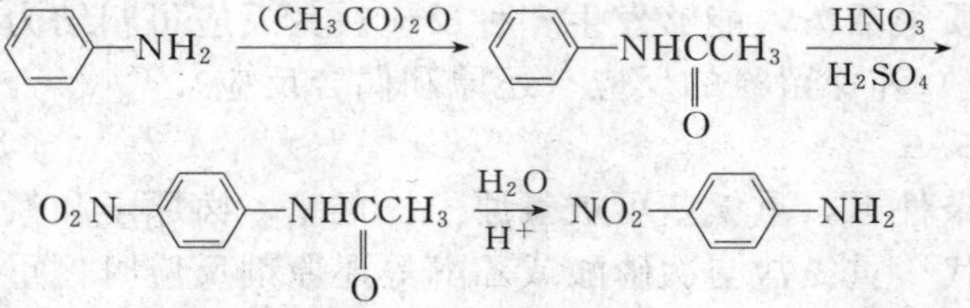

$$C_6H_5-NH_2 \xrightarrow{(CH_3CO)_2O} C_6H_5-NHCCH_3(=O) \xrightarrow[H_2SO_4]{HNO_3}$$

$$O_2N-C_6H_4-NHCCH_3(=O) \xrightarrow[H^+]{H_2O} NO_2-C_6H_4-NH_2$$

③ 磺化　苯胺与浓硫酸混合，可生成苯胺硫酸盐，后者在180～190℃烘焙，即得对氨基苯磺酸。

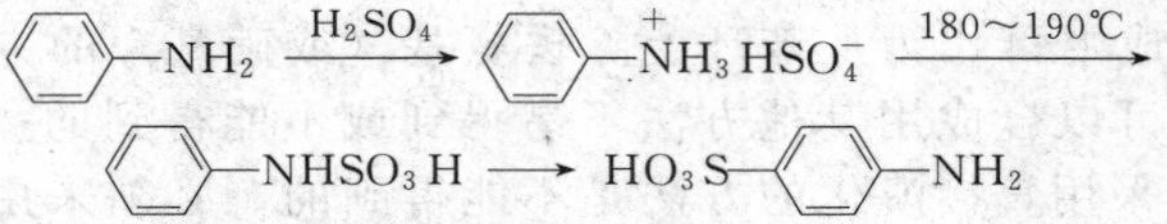

$$C_6H_5-NH_2 \xrightarrow{H_2SO_4} C_6H_5-\overset{+}{N}H_3\,HSO_4^- \xrightarrow{180\sim190℃}$$

$$C_6H_5-NHSO_3H \longrightarrow HO_3S-C_6H_4-NH_2$$

对氨基苯磺酸分子内形成盐，称为内盐（$\overset{+}{N}H_3-C_6H_4-SO_3^-$）。这是工业上生产对氨基苯磺酸的方法。

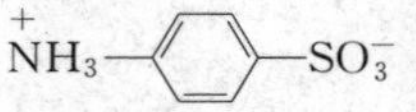

（6）氧化反应　脂肪族胺和芳香族胺都易被氧化，尤其是芳香伯胺更易被氧化。例如，纯的苯胺是无色油状液体，在空气中放置，会逐渐被氧化，颜色逐渐变成黄色、红棕色。苯胺的氧化反应很复杂，氧化产物因氧化剂和反应条件不同而异。苯胺用二氧化锰和硫酸氧化时生成对苯醌：

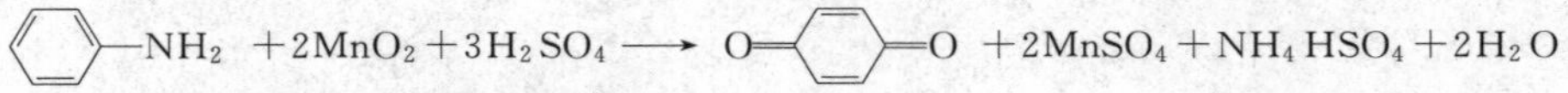

$$C_6H_5-NH_2 + 2MnO_2 + 3H_2SO_4 \longrightarrow O=C_6H_4=O + 2MnSO_4 + NH_4HSO_4 + 2H_2O$$

用酸性重铬酸钾氧化，苯胺生成苯胺黑。

15.3 芳香族重氮和偶氮化合物

芳香族重氮和偶氮化合物都含有—N═N—官能团，如果该官能团的两端都直接与烃基相连，则该化合物叫做偶氮化合物。例如：

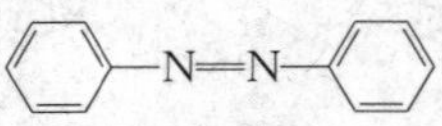

$$C_6H_5-N=N-C_6H_5$$

偶氮苯

如果—N═N—基中只有一边直接与烃基相连，另一边与非碳原子直接相连，这类化合物叫做重氮化合物。例如：

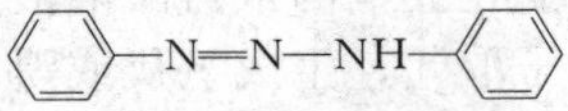

$$C_6H_5-N=N-NH-C_6H_5$$

苯重氮氨基苯

15.3.1 重氮化反应

在低温（0～5℃）及强酸（主要是盐酸和硫酸）的水溶液中，芳香族伯胺与亚硝酸盐反应生成重氮盐，此反应叫做重氮化反应。

$$C_6H_5NH_2 + NaNO_2 + HCl \xrightarrow{0\sim5℃} C_6H_5N_2^+Cl^- + NaCl + H_2O$$

重氮化反应一般在较低温度（0～5℃）下进行。因为重氮盐一般不稳定，温度稍高就要分解。重氮化反应所用的酸，通常是盐酸和硫酸，如果用硫酸，则得 $C_6H_5N_2^+HSO_4^-$，叫做苯重氮硫酸盐。

重氮盐具有盐的性质，溶于水，不溶于有机溶剂。干燥的重氮盐一般极不稳定，而在水溶液中比较稳定。因此重氮化反应一般在水溶液中进行，且不需要分离，可直接使用。

15.3.2 重氮盐的性质及其在有机合成中的应用

重氮盐的化学性质很活泼，能够发生多种反应。其反应可归纳为两大类：失去氮的反应（重氮基被取代的反应）和保留氮的反应（还原和偶合反应）。

15.3.2.1 失去氮的反应

重氮盐在一定的条件下，重氮基可被氢原子、羟基、卤原子和氰基取代，并放出氮气。

（1）被氢原子取代 重氮盐与次磷酸或乙醇等还原剂反应时，重氮基被氢原子取代。

$$ArN_2^+HSO_4^- + H_3PO_2 + H_2O \longrightarrow ArH + H_3PO_3 + N_2\uparrow + H_2SO_4$$

$$Ar\overset{+}{N_2}HSO_4^- + CH_3CH_2OH \longrightarrow ArH + CH_3CHO + N_2\uparrow + H_2SO_4$$

此反应在有机合成上可作为从苯环上除去氨基（或硝基）的方法。通过在芳环上引入氨基和除去氨基，可以合成用其他方法不易得到或不能得到的一些化合物。例如：合成1,3,5-三溴苯，若采用直接溴化的方法是不能得到的，必须采用先引入氨基，然后溴化，再去氨基的方法。

$$C_6H_6 \xrightarrow[H_2SO_4]{HNO_3} C_6H_5NO_2 \xrightarrow[Ni]{H_2} C_6H_5NH_2 \xrightarrow{Br_2} 2,4,6\text{-}Br_3C_6H_2NH_2 \xrightarrow[H_2SO_4,0\sim5℃]{NaNO_2}$$

$$2,4,6\text{-}Br_3C_6H_2\overset{+}{N_2}HSO_4^- \xrightarrow{C_2H_5OH} 1,3,5\text{-}Br_3C_6H_3$$

（2）被羟基取代 重氮盐在酸性水溶液中加热分解，放出氮气，生成酚。

$$Ar\overset{+}{N_2}HSO_4^- + H_2O \xrightarrow{H^+} ArOH + N_2\uparrow + H_2SO_4$$

这种制备酚类的方法，在有机合成上常用来制备用其他方法不易得到的酚。例如，为获得间溴苯酚，通常采用由间溴苯胺经重氮化，再水解制备。

$$C_6H_6 \xrightarrow[H_2SO_4]{HNO_3} C_6H_5NO_2 \xrightarrow[Fe]{Br_2} m\text{-}BrC_6H_4NO_2 \xrightarrow[Ni]{H_2} m\text{-}BrC_6H_4NH_2 \xrightarrow[H_2SO_4,0\sim5℃]{NaNO_2}$$

$$m\text{-}BrC_6H_4\overset{+}{N_2}HSO_4^- \xrightarrow[H_2O]{H^+} m\text{-}BrC_6H_4OH$$

（3）被卤原子取代 重氮盐与氯化亚铜的浓盐酸溶液共热，或与溴化亚铜的氢溴酸溶液共热，重氮基可以被氯原子或溴原子取代，生成氯代或溴代产物。

$$C_6H_5N_2^+Cl^- \xrightarrow[HCl]{CuCl} ArCl + N_2\uparrow$$

$$C_6H_5N_2^+Br^- \xrightarrow[HBr]{CuBr} ArBr + N_2\uparrow$$

有机合成上，利用该反应可制备某些不易或不能用直接卤化法得到的卤素衍生物。例如，合成间二氯苯可采用重氮盐被卤素取代的方法制备。

$$C_6H_6 \xrightarrow[HNO_3]{H_2SO_4} m\text{-}C_6H_4(NO_2)_2 \xrightarrow[Ni]{H_2} m\text{-}C_6H_4(NH_2)_2 \xrightarrow[0\sim5℃]{NaNO_2,HCl} m\text{-}C_6H_4(N_2^+Cl^-)_2 \xrightarrow[HCl]{CuCl} m\text{-}C_6H_4Cl_2$$

(4) 被氰基取代　重氮盐与氰化亚铜的氰化钾水溶液作用，或在铜粉存在下与氰化钾溶液作用，重氮基被氰基取代。

$$C_6H_5N_2^+Cl^- \xrightarrow{KCN+CuCN} C_6H_5CN + N_2\uparrow$$

$$C_6H_5N_2^+HSO_4^- \xrightarrow[Cu]{KCN} C_6H_5CN + N_2\uparrow$$

氰基可以水解成羧基。这是通过重氮盐在苯环上引入羧基的一种方法。

15.3.2.2　保留氮的反应

保留氮的反应，是指重氮盐在反应后，重氮基上的两个氮原子仍保留在产物的分子中。

(1) 还原反应　重氮盐被氯化亚锡和盐酸（或亚硫酸钠等）还原，得到苯肼盐酸盐，加碱中和后即得到苯肼。

$$C_6H_5N_2^+Cl^- \xrightarrow{SnCl_2\text{-}HCl} C_6H_5NHNH_2\cdot HCl \xrightarrow{NaOH} \underset{\text{苯肼}}{C_6H_5NHNH_2}$$

苯肼是一种羰基试剂，用作鉴定醛酮和糖类，它也是有机合成的原料。

(2) 偶合反应　重氮盐与酚或芳胺在适当的条件下反应，生成有颜色的偶氮化合物，这个反应叫做偶合反应。例如：

$$C_6H_5N_2^+Cl^- + C_6H_5OH \xrightarrow[0℃]{NaOH,H_2O} C_6H_5\text{-}N{=}N\text{-}C_6H_4\text{-}OH$$

对羟基偶氮苯(橘红色)

$$C_6H_5N_2^+Cl^- + C_6H_5N(CH_3)_2 \xrightarrow[0℃]{CH_3COONa,H_2O} C_6H_5\text{-}N{=}N\text{-}C_6H_4\text{-}N(CH_3)_2$$

对二甲氨基偶氮苯(黄色)

偶氮化合物通常具有颜色，其中有些可作为染料。由于其分子中含有偶氮基，叫做偶氮染料。偶氮染料是品种最多、应用最广的一类合成染料。

习　题

1. 命名下列化合物：

(1) $H_3C\text{-}C_6H_4\text{-}NH_2$（对位）　(2) $C_6H_5\text{-}N(CH_2CH_3)_2$　(3) $H_3C\text{-}C_6H_4\text{-}NO_2$（对位）

(4) $C_6H_5\text{-}NHCOCH_3$（NHCCH$_3$，C=O）　(5) $CH_3CH_2N(CH_3)CH(CH_3)CH_3$（$CH_3CH_2NCHCH_3$，N 上连 CH_3，CH 上连 CH_3）

2. 写出下列化合物的构造式

(1) 间硝基乙酰苯胺　(2) 对氨基-*N*-甲基苯胺　(3) 1,3-丁二胺

(4) 对羟基偶氮苯

3. 完成下列转变

(1) 甲苯 $\longrightarrow$ 对甲苯胺（4-CH_3-C_6H_4-NH_2）

(2) 2,4-二硝基甲苯（CH_3，2-NO_2，4-NO_2） $\longrightarrow$ 2,4-二氨基甲苯（CH_3，2-NH_2，4-NH_2）

4. 将下列各组化合物按碱性由大到小排列。

(1) 苯胺、*N*-甲基苯胺、乙酰苯胺

(2) 苯胺、2,4-二硝基苯胺、2,4,6-三硝基苯胺

(3) 乙胺、苯胺、氨

5. 写出乙胺、二乙胺、苯胺、*N*-甲基苯胺与乙酐反应所得产物的构造式。

6. 完成下列转变：

（1）CH_3、NH_2 ⟶ CH_3、CN　　（2） ⟶ COOH、COOH

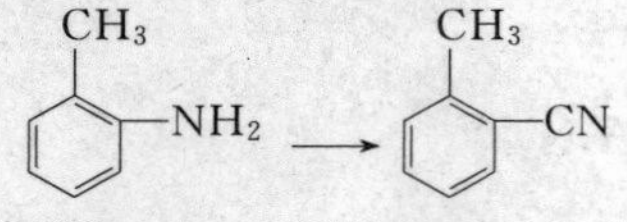

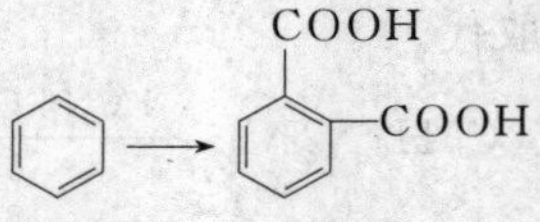

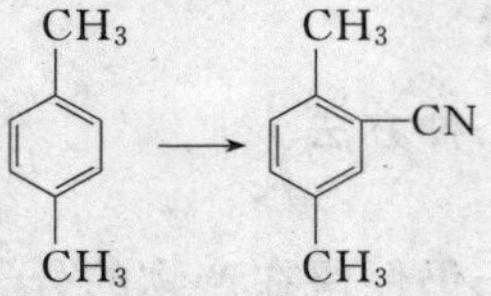

（3）CH_3、CH_3 ⟶ CH_3、CN、CH_3　　（4）CH_3 ⟶ CH_3、NO_2

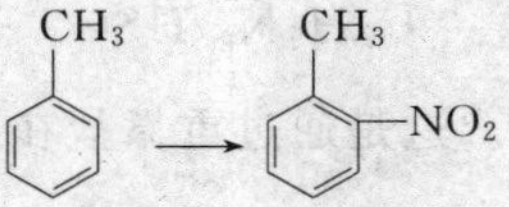

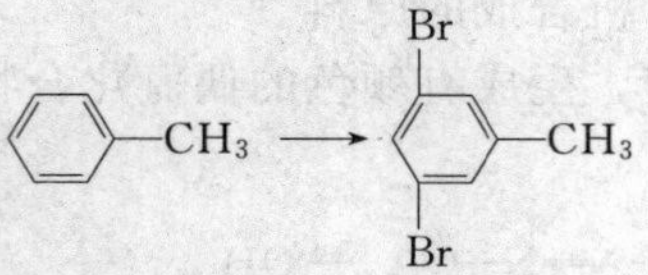

7. 由指定原料合成下列化合物

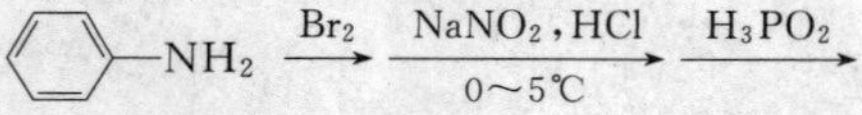

（1）—COOH ⟶ Br、Br—、—COOH、Br

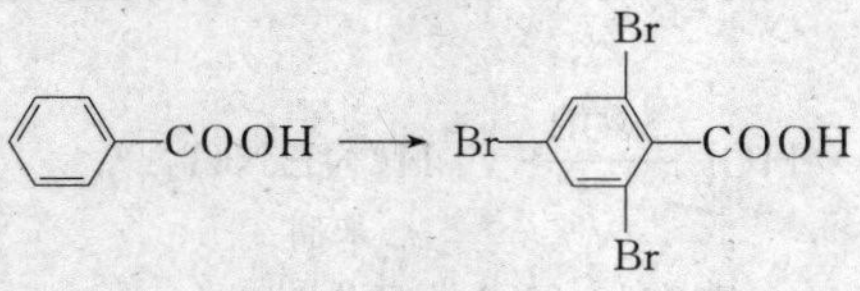

（2）—CH_3 ⟶ Br、—CH_3、Br

（3）—NO_2 ⟶ —OH、Br

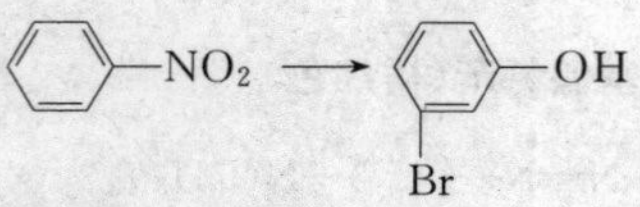

8. 完成下列化学反应式

（1）—NO_2 $\xrightarrow[Fe]{HCl}$ $\xrightarrow[0\sim5℃]{NaNO_2,HCl}$ $\xrightarrow{—NH_2}$

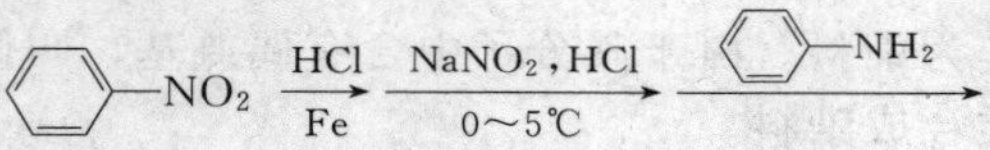

（2）—NH_2 $\xrightarrow{Br_2}$ $\xrightarrow[0\sim5℃]{NaNO_2,HCl}$ $\xrightarrow{H_3PO_2}$

（3）—NH_2 $\xrightarrow{CH_3CH_2Br}$ $\xrightarrow{CH_3CH_2Br}$ $\xrightarrow[0\sim5℃]{—N_2^+Cl^-}$

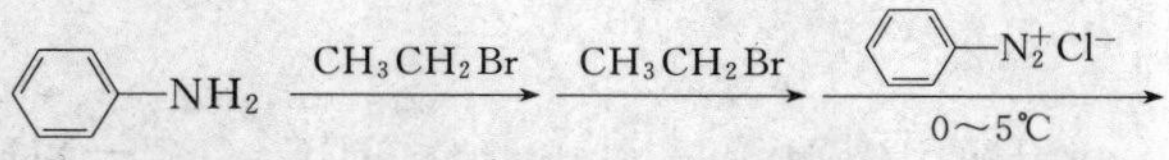

9. 有机物 A 的分子式为 $C_6H_{15}N$，能溶于稀盐酸。室温下与亚硝酸作用放出氮气，得到醇 B。B 能发生碘仿反应，与浓硫酸共热得到烯烃 $CH_3CH=CHCH(CH_3)_2$。试推测 A、B 的构造式。

10. 某化合物 A，分子式为 $C_6H_5Br_2NO_3S$，A 与亚硝酸钠和硫酸作用生成重氮盐，后者与次磷酸（H_3PO_2）共热，生成 $C_6H_4Br_2O_3S$。B 在硫酸作用下，用过热水蒸气处理，生成间二溴苯。A 能够从对氨基苯磺酸经一步反应得到。试推测 A 的结构。

第 16 章　杂环化合物

在环状化合物中，参与成环的原子除碳原子以外，还有其他元素的原子时，这类化合物叫做杂环化合物。一般把除碳原子以外的其他参与成环的原子称为杂原子，最常见的杂原子是氧、硫和氮等。

按照杂环化合物的定义，在前面章节中曾经涉及的一些含氧、含氮的环状化合物，例如：

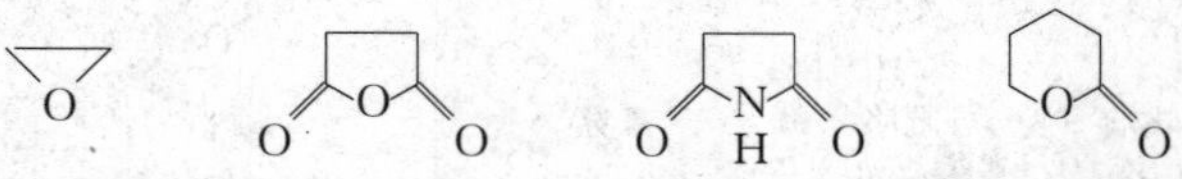

环氧乙烷　　丁二酸酐　　丁二酰亚胺　　δ-戊内酯

等也应属于杂环化合物。但是这些环状化合物，由于在一定条件下容易开环成为链状化合物，同时也容易由开链化合物闭环而得到，在性质上与相应的开链化合物比较接近，所以通常将它们归在脂肪族化合物中而不列入杂环化合物的讨论范围。

杂环化合物是一大类有机物，占已知有机物的三分之一。杂环化合物在人类生活中起着极其重要的作用，并广泛存在于自然界中。如石油、煤焦油和动植物中都含有杂环化合物。很多药物、抗生素、维生素、染料、农药以及近年来出现的高分子材料、生物模拟材料、有机超导材料等也含有杂环化合物。杂环化合物与动物和植物的生长、发育、遗传和变异等都有着非常密切的关系。因此，无论是在理论研究还是在实际应用中杂环化合物都是非常重要和不可忽视的。

16.1　杂环化合物的分类和命名

16.1.1　杂环化合物的分类

杂环化合物按照环的数目可分为单杂环和稠杂环两大类。单杂环中最常见的是五元杂环和六元杂环。稠杂环是由苯环与单杂环或由两个以上的单杂环稠合而成的。在每一类杂环化合物中，又可以按照杂环中所含杂原子的种类和数目分类。

16.1.2　杂环化合物的命名

杂环化合物的命名一般多采用音译法，即按照英文名称音译，选取同音汉字，并在同音汉字左侧加一“口”字旁。见表 16-1。

在命名单杂环化合物的衍生物时，首先要对杂环上的原子进行编号，通常是从杂原子开始，依次用 1、2、3、4、5…表示，并要求取代基的位次尽量小。有时也常以希腊字母 α、β、γ…表示杂环上不同碳原子与杂原子的相对位置，与杂原子相邻的为 α-位，其次是 β-位和 γ-位。五元杂环应有两个 α-位和两个 β-位，而六元杂环则应有两个 α-位、两个 β-位和一个γ-位。例如：

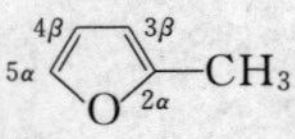

2-甲基呋喃（α-甲基呋喃）　3-硝基吡咯（β-硝基吡咯）　2-溴噻吩（α-溴噻吩）　2,5-二甲基呋喃（α,α-二甲基呋喃）

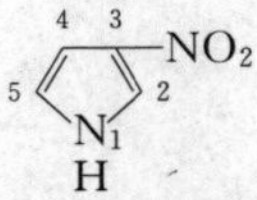

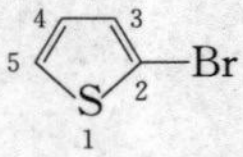

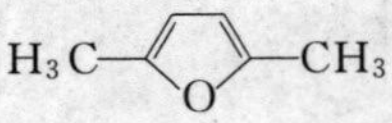

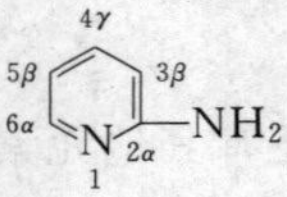

2-氨基吡啶 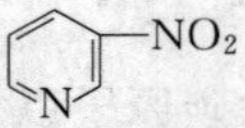　3-硝基吡啶 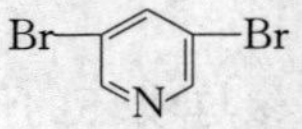　3,5-二溴吡啶

表 16-1　杂环化合物的分类和命名

类别		含一个杂原子			含两个杂原子		
五元杂化	单杂化	 呋喃 furan	 吡咯 pyrrole	 噻吩 thiophene	 噁唑 oxazole	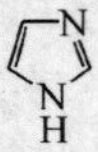 咪唑 imidazole	 噻唑 thiazole
五元杂化	稠杂化	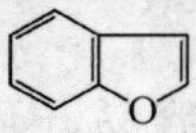 苯并呋喃 benzofuran	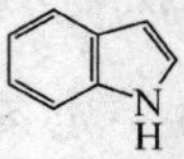 吲哚 indole	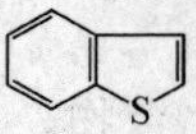 苯并噻吩 benzothiazole	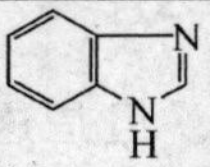 苯并咪唑 benzoimidazole	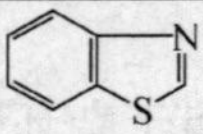 苯并噻唑 benzothiazole	
六元杂化	单杂化		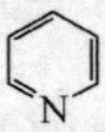 吡啶 pyridine		 哒嗪 pyridazing	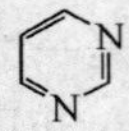 嘧啶 pyrimidine	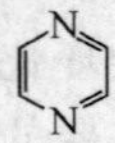 吡嗪 pyrazing
六元杂化	稠杂化	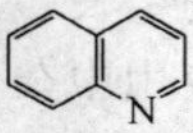 喹啉 quinoline	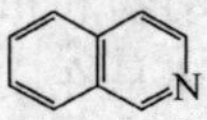 异喹啉 isoquinoline		嘌呤 purine	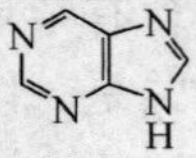	

对于杂环上连有—CHO、—COOH、—SO_3H等基团的化合物，命名时应将杂环名称列于这些基团的名称之前，例如：

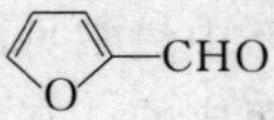

2-呋喃甲醛 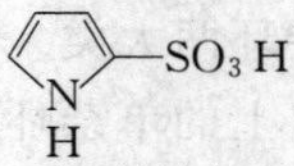　2-吡咯磺酸 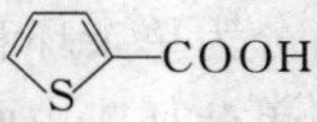　2-噻吩甲酸 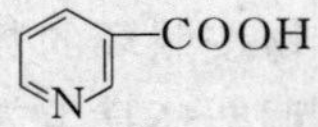　3-吡啶甲酸

如果环上有两个相同的杂原子，则由连有取代基或氢原子的一个杂原子开始编号。若环上有两个或两个以上不同的杂原子，则按照O、S、N的顺序编号，并使杂原子的位次之和尽量小。例如：

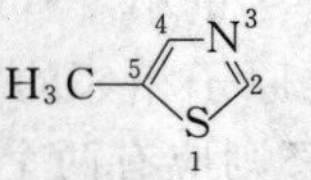

5-甲基噻唑 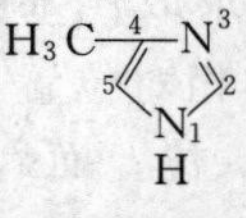　4-甲基咪唑 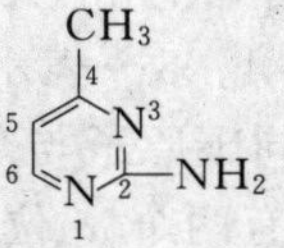　4-甲基-2-氨基嘧啶

16.2 五元杂环化合物

含一个杂原子的典型五元杂环化合物是呋喃、噻吩和吡咯。含两个杂原子的有噻唑、咪唑和吡唑。本节重点讨论呋喃、噻吩和吡咯。

16.2.1 结构与芳香性

呋喃、吡咯和噻吩都是含一个杂原子的五元杂环化合物，它们在结构上的共同特点是组成环的 4 个碳原子和一个杂原子均处于同一个平面上，碳原子和杂原子都以 sp^2 杂化轨道相互重叠形成 σ 键。每个碳原子未参与杂化的 p 轨道上有一个电子，杂原子的 p 轨道上有一对未共用电子对，这 5 个 p 轨道都垂直于环所在的平面，彼此相互平行侧面重叠，形成一个由 5 个轨道和 6 个电子组成的与苯环相似的环状闭合的共轭体系（大 π 键），杂原子上的孤对电子参与共轭，六个 π 电子分布在包括环上五个原子在内的分子轨道。

呋喃、吡咯、噻吩的结构如图 16-1 所示。

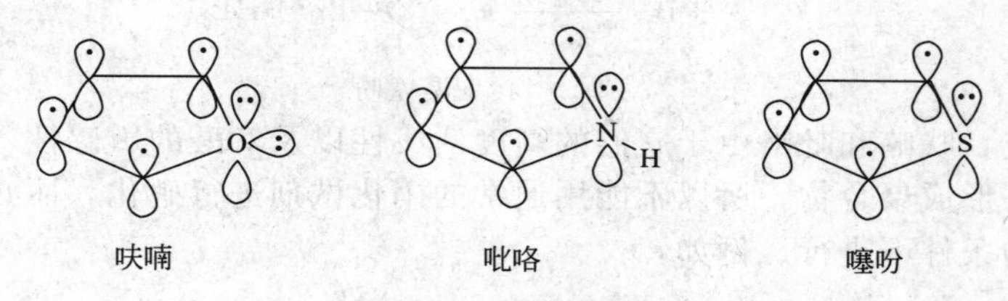

图 16-1 五元杂环化合物的结构

呋喃、吡咯和噻吩在结构上均有六个 π 电子，符合休克尔（Huckel）规则（$4n+2=6$，$n=1$），因此都具有芳香性，被称为芳香杂环化合物。在氧、硫、氮这三个杂原子中，氧的电负性最大，使得氧原子的未共用电子对参与共轭的程度较小，呋喃芳香性也较小；硫的电负性最小，硫原子参与共轭的程度就较大，噻吩芳香性也较大；而氮原子的电负性大于硫小于氧，吡咯芳香性也介于呋喃和噻吩两者之间。但这三个杂环化合物的芳香性都比苯弱，环的稳定性比苯差，所以表现出比苯更活泼的化学性质。它们芳香性由强至弱的次序为：

苯＞噻吩＞吡咯＞呋喃

16.2.2 五元杂环化合物的物理性质

呋喃常温下是无色易挥发的液体，有氯仿气味，沸点 31.4℃，相对密度 $d_4^{20}=0.9336$，难溶于水，易溶于有机溶剂。其蒸气能使浸湿过盐酸的松木片显绿色（即松木片反应），这一现象可用来检验呋喃的存在。

吡咯常温下是无色油状液体，有弱的苯胺气味，沸点 131℃，在空气中易被氧化而变褐色并发生树脂化，其蒸气或醇溶液遇浸湿过盐酸的松木片显红色，此特性反应可用于吡咯的检验。

噻吩常温下是无色而有特殊气味的液体，沸点 84.2℃，熔点－38.2℃，不溶于水，易溶于有机溶剂。不能使浸湿过盐酸的松木片显色，但与靛红一起加热则显蓝色，反应很灵敏，可用于检验噻吩的存在。

16.2.3 五元杂环化合物的化学性质

16.2.3.1 亲电取代反应

由于呋喃、吡咯、噻吩环上杂原子上的未共用电子对参与了环的共轭，形成了一个 5 个原子共用 6 个电子的环状的共轭体系，电子云平均化的结果使环上的电子云密度比苯环升高，杂环得到活化，故它们均比苯容易发生亲电取代反应。但由于杂原子的电负性比碳原子大，杂原子的吸电子诱导效应，使整个环上的电子云密度并不均匀，与杂原子相邻的碳原子电子云密度相对较高，故亲电取代反应通常发生在α-位（2位）上。

（1）卤化反应 呋喃、吡咯、噻吩的化学活性比苯高，一般要采用比较缓和的试剂，在较温和的条件下进行卤化，否则易在环上引入多个卤原子而生成多卤化物。例如：

呋喃 $+Br_2 \xrightarrow[1,4\text{-二氧六环}]{25℃}$ 2-溴呋喃 $+HBr$

2-溴呋喃

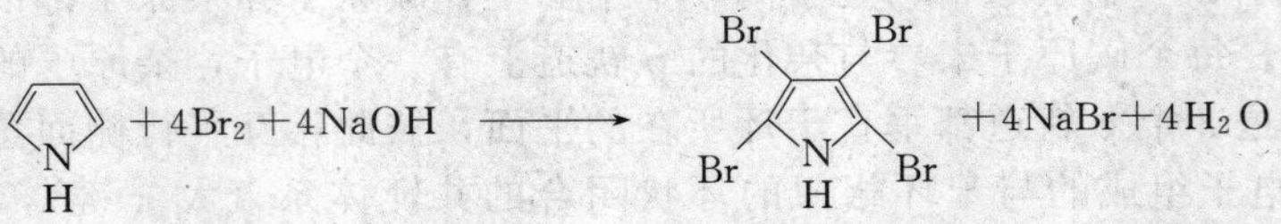

吡咯 $+4Br_2+4NaOH \longrightarrow$ 2,3,4,5-四溴吡咯 $+4NaBr+4H_2O$

2,3,4,5-四溴吡咯

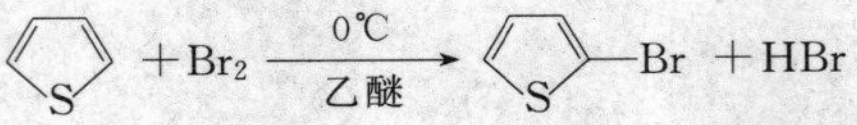

噻吩 $+Br_2 \xrightarrow[\text{乙醚}]{0℃}$ 2-溴噻吩 $+HBr$

2-溴噻吩

（2）硝化反应 呋喃和吡咯由于它们的高度活泼性以及对酸的敏感性，在强酸条件下容易发生分解及开环形成聚合物，所以不能用通常的硝化试剂进行硝化，而必须用特殊的硝化试剂，在较温和的条件下进行。例如：

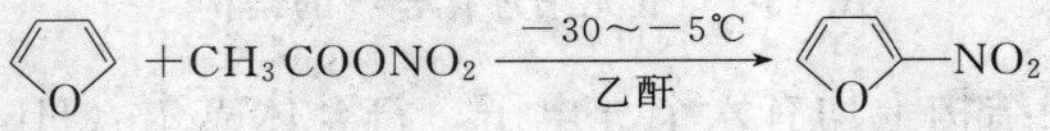

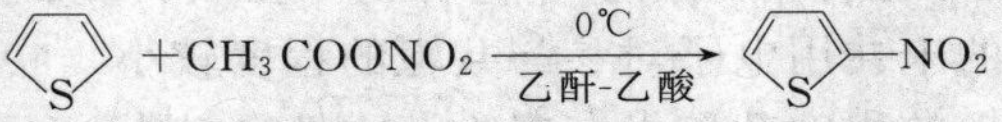

呋喃 $+CH_3COONO_2 \xrightarrow[\text{乙酐}]{-30\sim-5℃}$ 2-硝基呋喃（$-NO_2$）

噻吩 $+CH_3COONO_2 \xrightarrow[\text{乙酐-乙酸}]{0℃}$ 2-硝基噻吩（$-NO_2$）

噻吩虽然可以用一般的硝化试剂进行硝化，但是反应非常猛烈。

（3）磺化反应 一般的磺化试剂均为强酸，由于呋喃和吡咯对强酸的敏感性，所以常选用较温和的磺化试剂（如吡啶-三氧化硫加成物）进行反应。

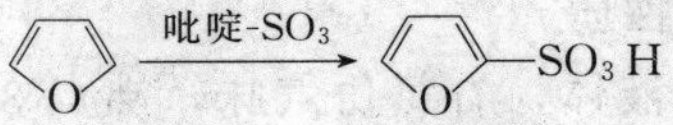

呋喃 $\xrightarrow{\text{吡啶-}SO_3}$ 2-呋喃磺酸（$-SO_3H$）

2-呋喃磺酸

吡咯 $\xrightarrow{\text{吡啶-}SO_3}$ 2-吡咯磺酸（$-SO_3H$）

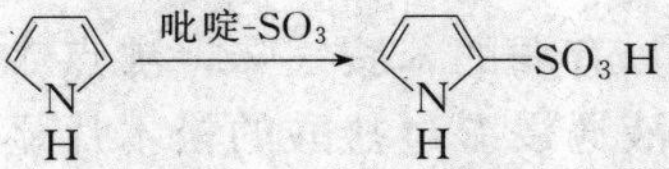

2-吡咯磺酸

与呋喃和吡咯相比，噻吩环比较稳定，因此可以在室温下直接用浓硫酸进行磺化。

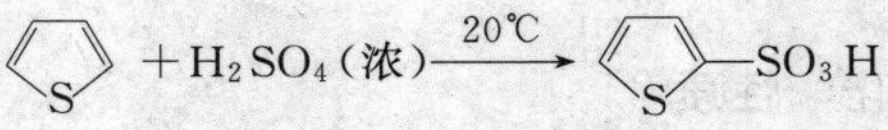

噻吩 $+H_2SO_4(\text{浓}) \xrightarrow{20℃}$ 2-噻吩磺酸（$-SO_3H$）

16.2.3.2 加氢还原反应

呋喃、吡咯和噻吩均可进行催化加氢反应，使芳香杂环失去芳香性变成饱和杂环，生成相应的四氢化物。呋喃和吡咯可用一般催化剂进行加氢反应，例如：

$$\text{呋喃} + 2H_2 \xrightarrow[100℃]{Ni} \text{四氢呋喃}$$

$$\text{吡咯} + 2H_2 \xrightarrow[200℃]{Ni} \text{四氢吡咯}$$

由于多数催化剂都能被含硫化合物“毒化”而失去活性，所以噻吩需要使用特殊催化剂进行加氢反应。

$$\text{噻吩} + 2H_2 \xrightarrow[200℃, 20MPa]{MoS_2} \text{四氢噻吩}$$

16.3　六元杂环化合物

16.3.1　吡啶

吡啶存在于煤焦油、页岩油及骨油中，是具有特殊臭味的无色液体，沸点 115℃，熔点 −42℃，相对密度 0.982，能够与水、乙醇、乙醚等混溶，可以溶解大部分有机物和多种无机盐类，因此吡啶是一种良好的有机溶剂。

16.3.1.1　吡啶的结构

吡啶是典型的芳香六元杂环化合物。吡啶的结构与苯非常相似，组成环的六个原子（1 个氮原子和 5 个碳原子）处于同一平面上，所有成环原子均以 sp^2 杂化轨道相互重叠形成 σ 键。环上的 6 个原子都各有一个未参与杂化的 p 轨道，每一个 p 轨道上均有一个电子，这 6 个 p 轨道与环所在平面垂直，相互平行侧面重叠形成一个环状闭合的共轭体系（大 π 键）。在氮原子上还有一对未共用电子处于 sp^2 杂化轨道中，未参与环的共轭。吡啶的结构如图 16-2 所示。

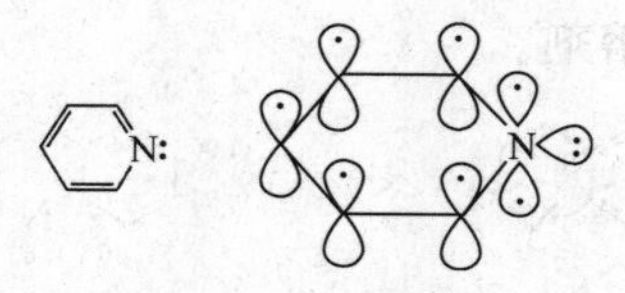

图 16-2　吡啶的结构

16.3.1.2　吡啶的化学性质

（1）碱性　吡啶与吡咯不同，氮原子上的未共用电子对填充在它的一条 sp^2 杂化轨道中，没有参与环的共轭，因此这对电子能够接受质子，吡啶显弱碱性（$pK_b^\ominus=8.8$）。其碱性强于吡咯和苯胺，但比脂肪胺和氨要弱得多。吡啶可与无机酸反应生成盐。例如：

$$\text{吡啶} + HCl \longrightarrow \text{吡啶盐}(N^+-H)\ Cl^-$$

因此利用吡啶可吸收反应中所产生的酸，工业上常将其作为缚酸剂。

（2）取代反应　吡啶虽然是芳香杂环化合物，但由于氮原子的电负性比碳原子强，环上的电子云向氮转移，使得吡啶环碳原子上的电子云密度有所降低，所以吡啶的亲电取代不如苯活泼，与硝基苯类似，一般要在强烈条件下才能发生亲电取代反应，且通常发生在β-位上。例如：

卤代：吡啶 $\xrightarrow[300℃]{Br_2}$ 3-溴吡啶（—Br）

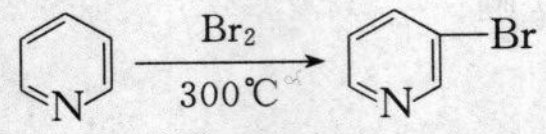

硝化：吡啶 $\xrightarrow[300℃]{H_2SO_4, HNO_3}$ 3-硝基吡啶（—NO_2）

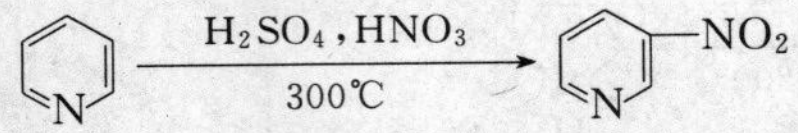

磺化：吡啶 $\xrightarrow[230℃]{H_2SO_4, HgSO_4}$ 3-吡啶磺酸（—SO_3H）

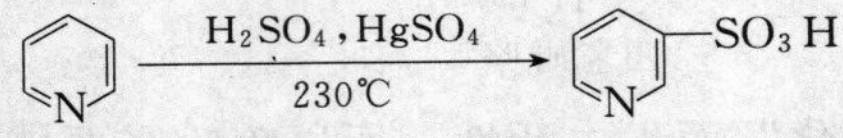

相反，在吡啶的α-位却易与强的亲核试剂发生亲核取代反应。例如：

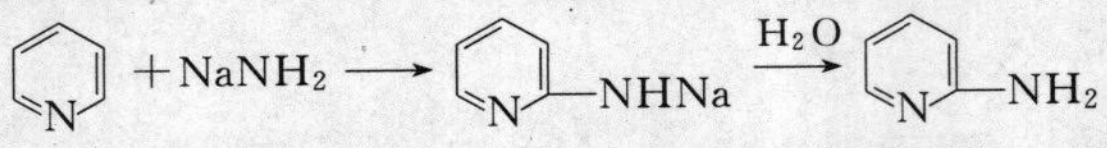

吡啶 $+ NaNH_2 \longrightarrow$ 2-吡啶基—NHNa $\xrightarrow{H_2O}$ 2-吡啶基—NH_2

(3) 氧化与还原　吡啶环比苯环更稳定，不易被氧化剂氧化。吡啶的烷基衍生物被氧化时，同苯一样，总是侧链被氧化成羧基，芳杂环保留而不被破坏，结果生成相应的吡啶甲酸。例如：

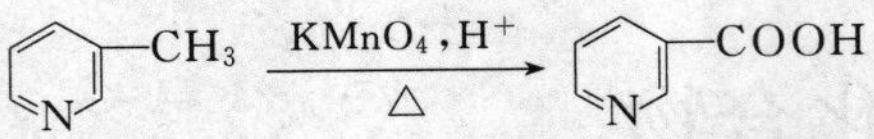

3-甲基吡啶（—CH_3） $\xrightarrow[\triangle]{KMnO_4, H^+}$ 3-吡啶基—COOH

3-吡啶甲酸(烟酸)

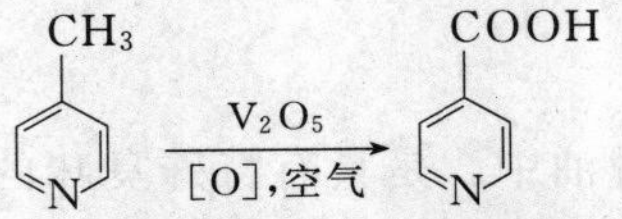

4-甲基吡啶（CH_3） $\xrightarrow[[O], 空气]{V_2O_5}$ 4-吡啶基（COOH）

4-吡啶甲酸(异烟酸)

吡啶经催化氢化或用乙醇及金属钠还原，可得到六氢吡啶。例如：

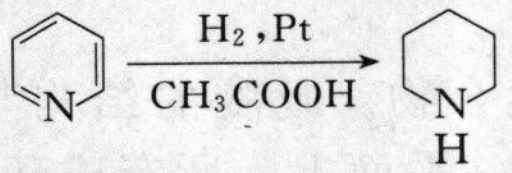

吡啶 $\xrightarrow[CH_3COOH]{H_2, Pt}$ 六氢吡啶（N—H）

六氢吡啶是一种无色液体，具有特殊的臭味，沸点106℃，熔点−7℃，易溶于水和乙醇。六氢吡啶是一环状仲胺，碱性强于吡啶，化学性质与脂肪族仲胺相似，常用作溶剂及有机合成原料等。

16.3.2　喹啉

喹啉是无色油状液体，具有特殊臭味，沸点238℃，相对密度1.095，难溶于水，易溶于有机溶剂，并且是一种高沸点溶剂。

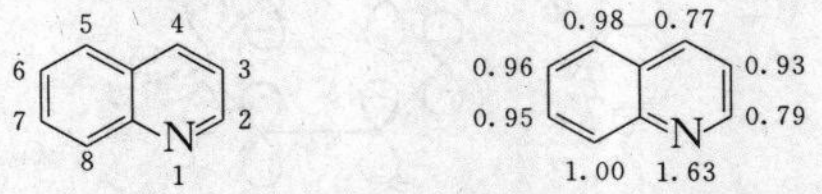

喹啉（编号：N 1，2，3，4，5，6，7，8）　　喹啉各位置电子云密度：0.98（5位），0.77（4位），0.93（3位），0.79（2位），1.63（N），1.00（8位），0.95（7位），0.96（6位）

喹啉是苯环与吡啶环稠合而成的杂环化合物，是苯并吡啶，在一定条件下既可以进行亲电取代反应，也可以进行亲核取代反应。由于氮原子的电负性大于碳原子，喹啉的吡啶环上的氮原子存在着吸电子效应，使吡啶环上电子云密度相对比苯环要低一些，所以喹啉亲电取代反应通常发生在电子云密度较大的苯环上，取代基主要进入5位或8位上。而亲核取代反应通常发生在吡啶环上，取代基主要进入2位或4位。

例如：亲电取代反应。

卤化：喹啉 $\xrightarrow[Ag_2SO_4, \triangle]{浓\ H_2SO_4, Br_2}$ 5-溴喹啉（Br） + 8-溴喹啉（Br）

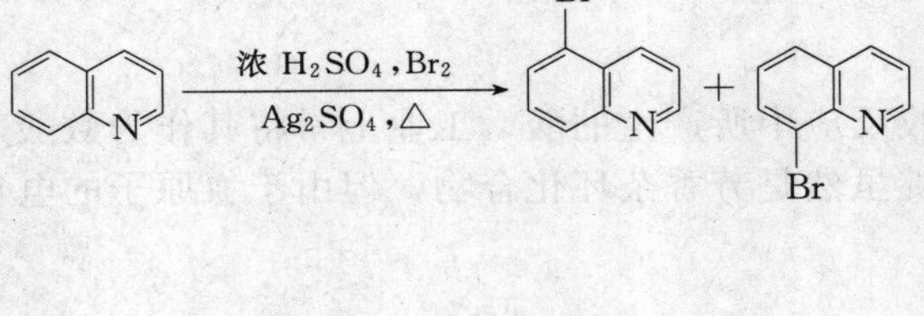

硝化：（喹啉）$\xrightarrow[0℃]{浓 H_2SO_4,浓 HNO_3}$ 5-硝基喹啉（NO_2）＋ 8-硝基喹啉（NO_2）

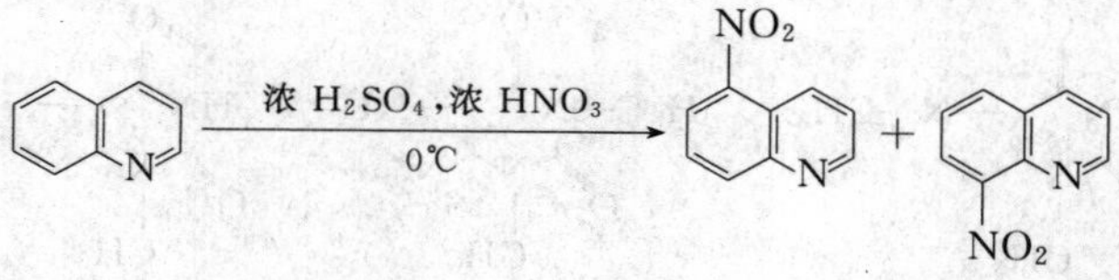

磺化：（喹啉）$\xrightarrow[200℃]{浓 H_2SO_4}$ 8-喹啉磺酸（SO_3H）＋ 5-喹啉磺酸（SO_3H，少量）

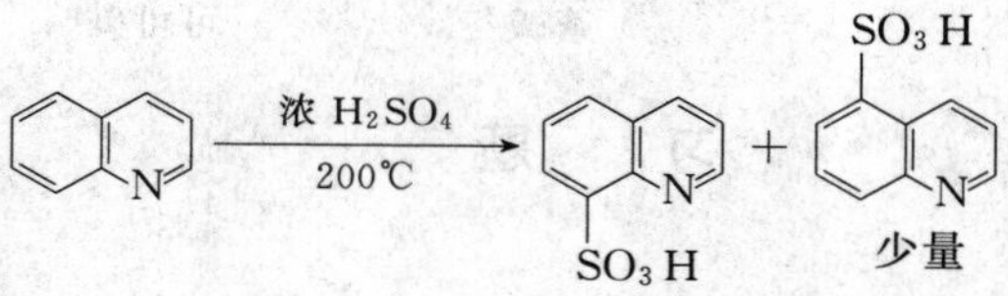

亲核取代反应：（喹啉）$\xrightarrow[100℃]{NaNH_2,二甲苯}$ 2-氨基喹啉（NH_2）

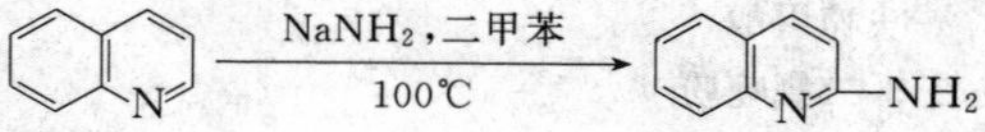

16.3.3 嘌呤

嘌呤是由一个嘧啶环和一个咪唑环稠合而成的杂环化合物。它是两个互变异构体形成的平衡体系，平衡主要在 9*H*-嘌呤一边。

（Ⅰ）9*H*-嘌呤 ⇌ （Ⅱ）7*H*-嘌呤

嘌呤常温下是一无色晶体，熔点 216～217℃，易溶于水，其水溶液为中性，但却能与酸或碱分别形成盐。

嘌呤本身不存在于自然界中，但是它的羟基和氨基衍生物在自然界却分布很广泛。例如腺嘌呤和鸟嘌呤是核酸的组成部分，它们的结构式如下：

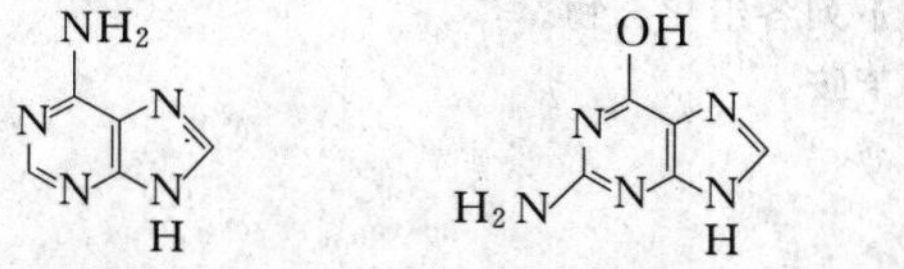

腺嘌呤　　鸟嘌呤

尿酸和咖啡碱也是常见的嘌呤衍生物。尿酸的学名是 2,6,8-三羟基嘌呤，它是人体和高等动物中蛋白质代谢的最终产物，存在于尿液中，正常人的尿中只含有少量的尿酸。尿酸有酮式和烯醇式两种互变异构体，在平衡混合物中酮式占优势。

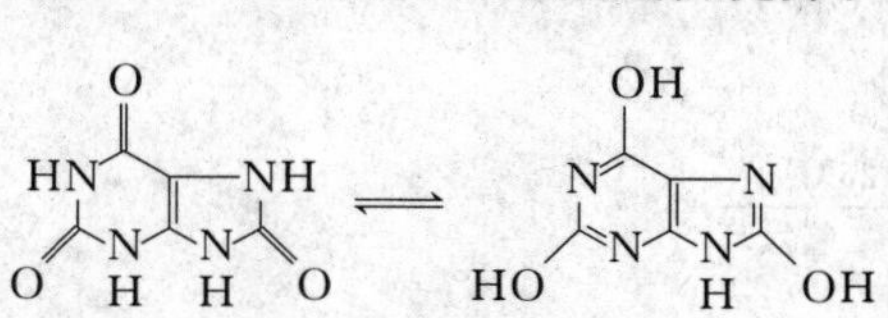

尿酸

黄嘌呤存在于茶叶及动植物组织和人尿中。

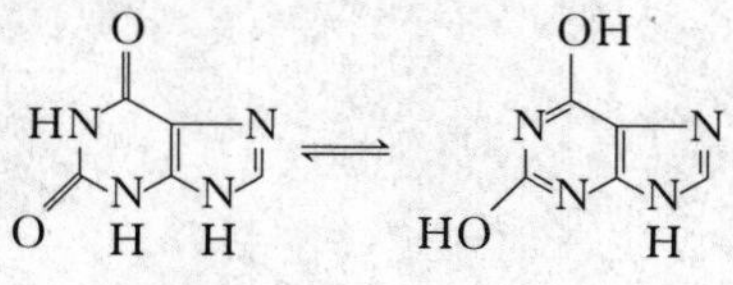

黄嘌呤

咖啡碱、茶碱和可可碱三者都是黄嘌呤的甲基衍生物，存在于茶叶、咖啡和可可中，它们有兴奋中枢神经作用，其中以咖啡碱的作用最强。

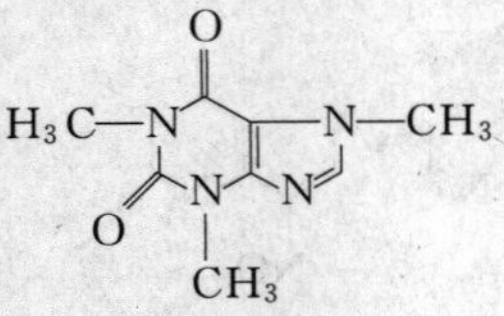

咖啡碱 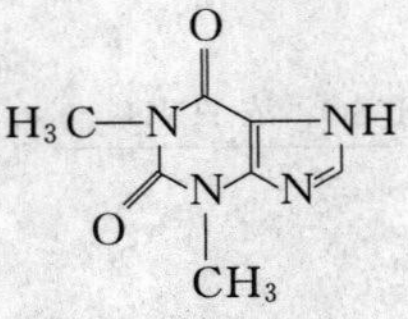　　茶碱 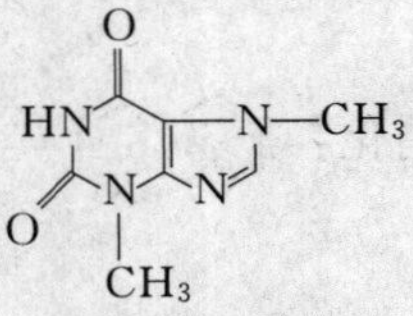　　可可碱

习　题

1. 写出下列化合物的构造式。

（1）β-硝基吡咯　　（2）α-呋喃甲醇

（3）4-甲基吡啶　　（4）2,5-二氯噻吩

（5）8-羟基喹啉　　（6）嘌呤

2. 命名下列化合物。

（1）—COOH　（2）　（3）H_3C—　—CH_3

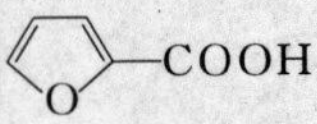

（4）—NH_2　（5）—NO_2　（6）Cl　Cl　H

（7）—COOH　（8）Br　（9）—C_2H_5

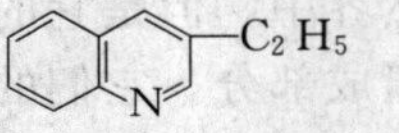

3. 按照碱性由强至弱的顺序排列下列各组化合物。

（1）氨、吡咯、吡啶、苯胺、苄胺

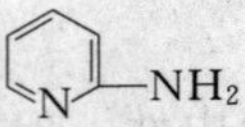

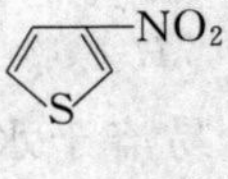

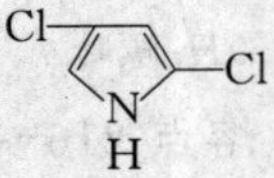

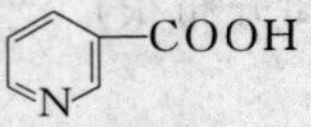

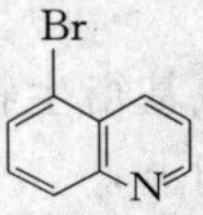

（2）吡啶、六氢吡啶、吡咯

4. 写出下列反应的主要产物。

（1）2　—CHO $\xrightarrow{\text{浓 NaOH}}$

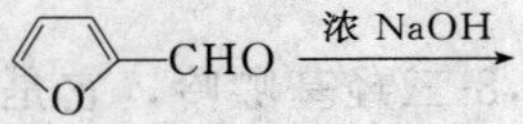

（2）—CHO $+CH_3CH_2CHO \xrightarrow{\text{稀 NaOH}}$

（3）—CH_3 $+Br_2 \xrightarrow[\text{1,4-二氧六环}]{25℃}$

（4）—CH_3 $\xrightarrow[H_2SO_4]{HNO_3}$

（5）H_3C—　H　$\xrightarrow{\text{吡啶-}SO_3}$

（6）—CH_3 $\xrightarrow[Ni]{H_2}$

（7）—CH_3 $\xrightarrow[KMnO_4]{H^+}$? $\xrightarrow{PCl_5}$? $\xrightarrow{NH_3}$

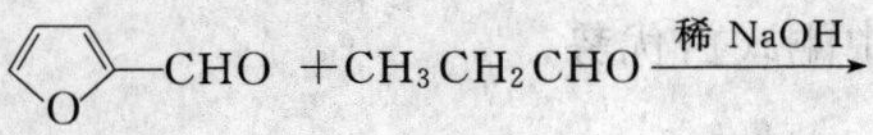

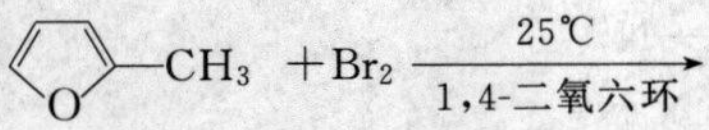

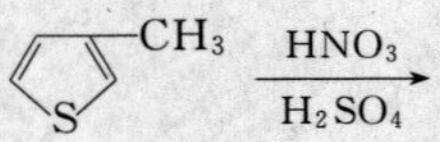

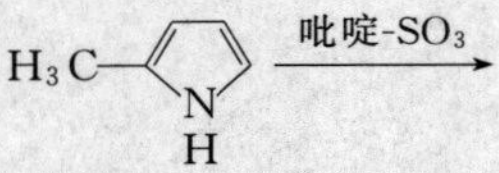

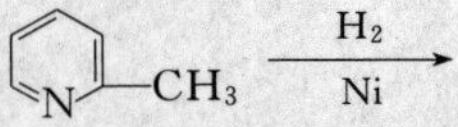

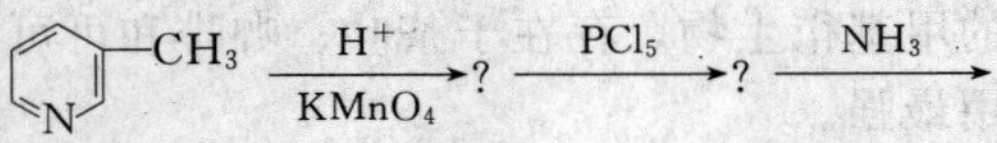

（8） 8-羟基喹啉 $+Br_2 \longrightarrow$

5. 下列化合物发生硝化反应，请用箭头表示主要产物的位置。

3-甲基呋喃　　2-硝基呋喃　　2-甲基吡咯　　2-硝基-5-甲基噻吩

6. 将下列化合物按亲电取代反应的相对活性由大到小排列成序。
苯、吡咯、噻吩、吡啶
7. 用化学方法鉴别下列各组化合物。
（1）吡咯与四氢吡咯　　（2）苯与噻吩
8. 怎样除去苯中的少量噻吩？
9. 某杂环化合物 A（$C_5H_4O_2$），与氧化剂作用生成 B（$C_5H_4O_3$）；加热 B 时生成 C（C_4H_4O），并放出气体；B 能与 $NaHCO_3$ 作用；C 无酸性，也不发生醛酮的反应，但遇盐酸浸过的松木片显绿色。试推测 A、B、C 的结构式。

第 17 章　糖类、脂类、蛋白质和核酸

地球上的生物体不论其细胞的构造简单或复杂，其组成的基本物质都是有机物。这些有机物最主要的是糖类、脂类、蛋白质和核酸。本章简要介绍与生物体组织和生物生命活动密切相关的生物分子——糖类、脂类、蛋白质和核酸。

17.1　糖类化合物

糖又称为碳水化合物，这是一类多羟基的醛、酮或它们的缩合物。最初人们发现，植物果实中的淀粉，茎干中的纤维素，蜂蜜和水果中的葡萄糖、果糖、蔗糖等均由碳、氢、氧三种元素组成，它们的结构通式都可以用 $C_n(H_2O)_m$ 这样一个通式来表示，由此得名碳水化合物。但后来发现，这类化合物并不是由碳和水简单组合而成，有些化合物如鼠李糖（$C_6H_{12}O_5$），它的结构和性质应属于碳水化合物，可其分子式并不符合上述结构通式。有些化合物如乙酸（$C_2H_4O_2$）、甲醛（CH_2O）等，虽然分子式符合上述通式，但其结构和性质与碳水化合物却完全不同。因此称这类化合物为碳水化合物并不十分恰当，“碳水化合物”这一名词已失去了它原有的含义，但因沿用已久，所以至今仍在使用。

糖类化合物广泛存在于自然界中，是绿色植物光合作用的产物。它是一切生物体维持生命活动所需能量的主要来源，也为机体中其他有机物的合成提供原料，是人类不可缺少的主要食物。此外对于植物来说，它还是植物细胞壁的天然“建筑材料”，也是工业生产的原料之一。

糖类化合物常根据其能否水解和水解以后产生的物质的多少分为三类。

（1）单糖　不能进一步水解成更小分子的多羟基醛或多羟基酮称为单糖，如葡萄糖、果糖等。

（2）低聚糖　能够水解成两个、三个或几个单糖分子（一般 2～10 个）的碳水化合物称为低聚糖或寡糖。低聚糖中最重要的是二糖，如麦芽糖、蔗糖等。

（3）多糖　水解以后可产生较多个单糖分子的碳水化合物称为多糖，例如淀粉、纤维素等。多糖也叫高聚糖，属于天然高分子化合物。

17.1.1　单糖

按分子中羰基结构的不同，单糖分为醛糖和酮糖。分子中含有醛基的为醛糖，含有酮基的则为酮糖。这两类单糖又按分子中所含碳原子的数目分为丙醛（酮）糖、丁醛（酮）糖、戊醛（酮）糖、己醛（酮）糖等。碳原子数相同的醛糖和酮糖互为同分异构体。例如：

丙醛糖（甘油醛）	丙酮糖（二羟基丙酮）	丁醛糖	丁酮糖
CHO | * CHOH | CH_2OH	CH_2OH | C=O | CH_2OH	CHO | * CHOH | * CHOH | CH_2OH	CH_2OH | C=O | * CHOH | CH_2OH

17.1.1.1 单糖的构型和标记法

甘油醛分子的结构为

```
       CHO
        |
H—C*—OH
        |
      CH2OH
```

，其中有一个碳原子连有四个不同的原子或基团，这样的碳原子叫做不对称碳原子，也叫手性碳原子，常用 C * 表示。除丙酮糖外，单糖分子中均含有手性碳原子。

单糖的构型至今仍采用 D、L 标记，它以甘油醛为标准来确定。甘油醛的构型为

```
      CHO                CHO
H—┼—OH          HO—┼—H
      CH2OH              CH2OH
   D-甘油醛            L-甘油醛
```

将单糖的构型与甘油醛比较，考虑与羰基相距最远的手性碳原子（相当于 D-甘油醛中手性碳原子）的构型。此构型若与 D-(+)-甘油醛的相同，则称为 D-型；若与 L-(−)-甘油醛的相同，则称为 L-型；广泛分布于自然界的单糖绝大部分都是 D-型。

也可以按照与醛糖相同的方法来确定酮糖的构型。例如以下三个糖的结构式中，用虚线画出的碳原子的构型是完全相同的，故它们均为 D-型糖。

```
                                            CH2OH
                                              |
                         CHO                 C=O
                          |                   |
      CHO              (CHOH)n             (CHOH)m
H—┼—OH           H—┼—OH            H—┼—OH
      CH2OH              CH2OH               CH2OH
   D-甘油醛            D-某醛糖            D-某酮糖
```

17.1.1.2 单糖的结构

（1）开链式结构　单糖的骨架采用链式结构表示时就称为开链式。为了能够正确表示单糖分子中氢原子和羟基的空间排布情况，开链式一般采用费歇尔投影式或其简化式表示。如己醛糖中的 D-葡萄糖，分子组成为 $C_6H_{12}O_6$，其开链式结构的费歇尔投影式如下所示：

```
                    CHO
                     |
                 H—C—OH                  CHO              CHO
                     |                H—┼—OH             ┼—
费歇尔投影式  HO—C—H      简化式   HO—┼—H      或      —┼
                     |                H—┼—OH             ┼—
                 H—C—OH               H—┼—OH             ┼—
                     |                   CH2OH            CH2OH
                 H—C—OH
                     |
                   CH2OH
```

又如己酮糖中的 D-果糖，分子组成为 $C_6H_{12}O_6$，其开链式结构的费歇尔投影式如下所示：

```
                   CH2OH
                     |
                    C=O                 CH2OH              CH2OH
                     |                   ┼=O                ┼=O
费歇尔投影式  HO—C—H      简化式   HO—┼—H      或      —┼
                     |                H—┼—OH             ┼—
                 H—C—OH               H—┼—OH             ┼—
                     |                   CH2                CH2OH
                 H—C—OH
                     |
                   CH2OH
```

（2）氧环式结构 根据单糖的开链式结构，它们应该具有典型的醛基或酮基的性质及反应。但通过仪器分析却找不到独立的羰基特征，经过物理及化学方法证实了结晶状态的单糖中没有链式结构，而是以氧环式结构存在。这是由于单糖分子中同时存在着羟基和羰基，适当位置上的羟基可与羰基反应，生成环状的半缩醛。如D-(＋)-葡萄糖主要以δ-氧环式存在，即第五个碳原子上的羟基与醛基作用，形成半缩醛，这是一个稳定的六元氧环式结构，可用费歇尔投影式表示。

α-D-(＋)-葡萄糖	⇌	D-(＋)-葡萄糖	⇌	β-D-(＋)-葡萄糖
H—C—OH（C1，环经O连C5）		H—C=O（1）		HO—C—H（C1，环经O连C5）
H—C—OH		H—C—OH（2）		H—C—OH
HO—C—H		HO—C—H（3）		HO—C—H
H—C—OH		H—C—OH（4）		H—C—OH
H—C—O		H—C—OH（5）		H—C—O
CH_2OH		CH_2OH（6）		CH_2OH
（环形半缩醛式）		（开链式）		（环形半缩醛式）
36.4%		约0.01%		63.6%

D-葡萄糖由开链式（醛式）转变为氧环式（环形半缩醛式）时，由于羟基可以从羰基的两侧进攻羰基碳原子，所以产生了两种不同构型的葡萄糖。整个反应过程中，也使羰基碳原子由原来的sp^2杂化转变为sp^3杂化，形成一个新的手性碳原子，而分子中原有的其他手性碳原子的构型保持不变。这个新产生的手性碳原子称为苷原子（即半缩醛碳原子），苷原子上连接的羟基称为苷羟基（即半缩醛羟基）。分子中的苷羟基与第五个碳原子上的羟甲基处于碳链同侧的是α-型，处于碳链异侧的就是β-型。这种分子中含有多个手性碳原子的两个异构体中，仅第一个手性碳原子的构型相反，而其他手性碳原子的构型完全相同，互为差向异构体。在糖类化合物中，这种差向异构体又称为异头物。

氧环式葡萄糖分子中的环是由5个碳原子和1个氧原子所组成的六元环，其骨架形式同杂环化合物中的吡喃环相当，故将六元环的糖又称为吡喃糖。与此相似，五元环的糖其骨架与杂环化合物呋喃相当，故又称为呋喃糖。

费歇尔投影式在表示单糖链式结构时比较清楚，但表示环式结构时既不客观又不清楚。用哈武斯（Haworth）透视式表示单糖的环状结构比较好。哈武斯透视式是把单糖的半缩醛（酮）表示为一个平面含氧环，习惯上常把六元环中的氧原子写在右上方。

把费歇尔投影式转变为哈武斯透视式时要注意，投影式中手性碳原子右边的羟基都放在透视式的下面，而把左边的羟基都放在上面，D-型单糖的—CH_2OH放在环的上面。半缩醛羟基在环下面的为α-型，在环上面的为β-型。D-(＋)-葡萄糖的哈武斯透视式可表示为

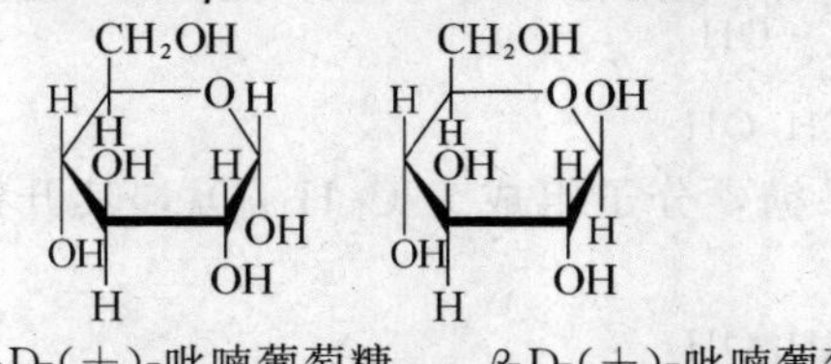

α-D-(＋)-吡喃葡萄糖　　β-D-(＋)-吡喃葡萄糖

17.1.1.3 单糖的化学性质

单糖在常温下均为无色或白色结晶，具有甜味，易溶于极性溶剂而难溶于非极性溶剂，在水中的溶解度非常大，常可形成过饱和溶液——糖浆。单糖可以进行一般羰基和羟基的化学反应。

（1）氧化反应 单糖具有还原性，可被多种氧化剂氧化。在不同的氧化剂作用下，可得到不同的产物。醛糖可以被溴水氧化，产物是糖酸。

$$\begin{array}{c}\text{CHO}\\ \text{H}-\!\!\!\!-\text{OH}\\ \text{HO}-\!\!\!\!-\text{H}\\ \text{H}-\!\!\!\!-\text{OH}\\ \text{H}-\!\!\!\!-\text{OH}\\ \text{CH}_2\text{OH}\\ \text{D-葡萄糖}\end{array} \xrightarrow{Br_2,\ H_2O} \begin{array}{c}\text{COOH}\\ \text{H}-\!\!\!\!-\text{OH}\\ \text{HO}-\!\!\!\!-\text{H}\\ \text{H}-\!\!\!\!-\text{OH}\\ \text{H}-\!\!\!\!-\text{OH}\\ \text{CH}_2\text{OH}\\ \text{D-葡萄糖酸}\end{array}$$

酮糖不能被溴水所氧化，以此可区别醛糖和酮糖。

醛糖被硝酸氧化时，可生成糖二酸。

$$\begin{array}{c}\text{CHO}\\ \text{H}-\!\!\!\!-\text{OH}\\ \text{HO}-\!\!\!\!-\text{H}\\ \text{H}-\!\!\!\!-\text{OH}\\ \text{H}-\!\!\!\!-\text{OH}\\ \text{CH}_2\text{OH}\\ \text{D-葡萄糖}\end{array} \xrightarrow{HNO_3} \begin{array}{c}\text{COOH}\\ \text{H}-\!\!\!\!-\text{OH}\\ \text{HO}-\!\!\!\!-\text{H}\\ \text{H}-\!\!\!\!-\text{OH}\\ \text{H}-\!\!\!\!-\text{OH}\\ \text{COOH}\\ \text{D-葡萄糖二酸}\end{array}$$

醛糖和酮糖都能够被托伦试剂、斐林试剂这样的弱氧化剂所氧化，分别得到银镜和氧化亚铜砖红色沉淀。例如：

$$\begin{array}{c}\text{CHO}\\ \text{H}-\!\!\!\!-\text{OH}\\ \text{HO}-\!\!\!\!-\text{H}\\ \text{H}-\!\!\!\!-\text{OH}\\ \text{H}-\!\!\!\!-\text{OH}\\ \text{CH}_2\text{OH}\end{array} +2Ag^+ +2OH^- \longrightarrow \begin{array}{c}\text{COOH}\\ \text{H}-\!\!\!\!-\text{OH}\\ \text{HO}-\!\!\!\!-\text{H}\\ \text{H}-\!\!\!\!-\text{OH}\\ \text{H}-\!\!\!\!-\text{OH}\\ \text{CH}_2\text{OH}\end{array} +2Ag\downarrow +H_2O$$

$$\begin{array}{c}\text{CHO}\\ \text{H}-\!\!\!\!-\text{OH}\\ \text{HO}-\!\!\!\!-\text{H}\\ \text{H}-\!\!\!\!-\text{OH}\\ \text{H}-\!\!\!\!-\text{OH}\\ \text{CH}_2\text{OH}\end{array} +2Cu^{2+} +4OH^- \longrightarrow \begin{array}{c}\text{COOH}\\ \text{H}-\!\!\!\!-\text{OH}\\ \text{HO}-\!\!\!\!-\text{H}\\ \text{H}-\!\!\!\!-\text{OH}\\ \text{H}-\!\!\!\!-\text{OH}\\ \text{CH}_2\text{OH}\end{array} +Cu_2O\downarrow +2H_2O$$

由此可知，不能用托伦试剂、斐林试剂这样的弱氧化剂来区别醛糖和酮糖。

在生物体内通过特殊酶的作用，醛糖可被氧化为醛糖酸。

$$\begin{array}{c}\text{CHO}\\ \text{H}-\!\!\!\!-\text{OH}\\ \text{HO}-\!\!\!\!-\text{H}\\ \text{H}-\!\!\!\!-\text{OH}\\ \text{H}-\!\!\!\!-\text{OH}\\ \text{CH}_2\text{OH}\\ \text{D-葡萄糖}\end{array} \xrightarrow{HNO_3} \begin{array}{c}\text{CHO}\\ \text{H}-\!\!\!\!-\text{OH}\\ \text{HO}-\!\!\!\!-\text{H}\\ \text{H}-\!\!\!\!-\text{OH}\\ \text{H}-\!\!\!\!-\text{OH}\\ \text{COOH}\\ \text{D-葡萄糖醛酸}\end{array}$$

醛糖酸很难用化学方法合成，在生物体内D-葡萄糖醛酸有着很重要的意义，因为很多含有羟基的有毒物质都是通过D-葡萄糖醛酸苷的形式由尿液排出体外。

(2) 还原反应　糖分子中的羰基与醛和酮中的相似，也可以被还原成羟基。采用催化氢化或硼氢化钠等还原剂，都可使糖中的羰基还原成羟基，生成多元醇，被称为糖醇。例如：

$$\begin{array}{c}\text{CHO}\\ \text{H}-\!\!\!\!-\text{OH}\\ \text{HO}-\!\!\!\!-\text{H}\\ \text{H}-\!\!\!\!-\text{OH}\\ \text{H}-\!\!\!\!-\text{OH}\\ \text{CH}_2\text{OH}\\ \text{D-葡萄糖}\end{array} \xrightarrow[\text{加压},\ \triangle]{H_2,\ Ni} \begin{array}{c}\text{CH}_2\text{OH}\\ \text{H}-\!\!\!\!-\text{OH}\\ \text{HO}-\!\!\!\!-\text{H}\\ \text{H}-\!\!\!\!-\text{OH}\\ \text{H}-\!\!\!\!-\text{OH}\\ \text{CH}_2\text{OH}\\ \text{D-葡萄糖醇}\end{array}$$

D-葡萄糖醇又叫山梨糖醇，工业上应用这一反应来制备山梨糖醇。山梨糖醇是无色、无臭、无毒的晶体，稍有甜味和吸湿性，是合成树脂、炸药、维生素C、表面活性剂等的原料。

（3）成脎反应 单糖与苯肼作用，首先是分子中的羰基与苯肼生成苯腙，当苯肼过量时，生成的苯腙可继续反应，最终的产物叫做脎。例如：

```
     CHO                              CH=NNHC6H5                                CH=NNHC6H5
  H──┼──OH                         H──┼──OH                                     |
 HO──┼──H     C6H5NHNH2           HO──┼──H      过量C6H5NHNH2                    C=NNHC6H5
  H──┼──OH   ──────────→           H──┼──OH    ──────────────→              HO──┼──H
  H──┼──OH                         H──┼──OH                                  H──┼──OH
     CH2OH                            CH2OH                                  H──┼──OH
                                                                                CH2OH
   D-葡萄糖                        D-葡萄糖苯腙                                 D-葡萄糖脎
```

酮糖也可以与苯肼反应形成脎。可见无论是醛糖还是酮糖，成脎反应都只发生在 C_1 及 C_2 上，其他碳原子不参与反应。因此，单糖只要是碳原子数相同，除 C_1 和 C_2 的其他碳原子的构型也完全相同时，它们与过量苯肼反应都将得到相同的脎。如上述反应中的D-葡萄糖和D-果糖，经成脎反应后得到的D-葡萄糖脎和D-果糖脎实际上是同一个脎。

糖脎是黄色晶体，不溶于水，不同的糖脎晶型不同，成脎所需的时间不同，熔点也不同，所以可以用此反应来鉴别糖。

（4）成苷反应 单糖的氧环式结构中的苷羟基就相当于半缩醛或半缩酮中的羟基，可以和醇、酚等含有羟基的化合物反应，生成缩醛或缩酮。在糖化学中，把这种缩醛或缩酮称做糖苷。在D-葡萄糖的甲醇溶液中通入氯化氢，可生成 α-D-(+)-甲基葡萄糖苷和 β-D-(+)-甲基葡萄糖苷。

α-D-葡萄糖 + CH_3OH $\xrightarrow{HCl}$ α-D-甲基葡萄糖苷 （环上 C_1：H，OCH_3）

α-D-葡萄糖　　α-D-甲基葡萄糖苷

β-D-葡萄糖 + CH_3OH $\xrightarrow{HCl}$ β-D-甲基葡萄糖苷 （环上 C_1：OCH_3，H）

β-D-葡萄糖　　β-D-甲基葡萄糖苷

苷是一种缩醛或缩酮，因此比较稳定。糖一旦形成苷，分子中就失去了苷羟基，也就不能再转变成开链式结构，因此就无羰基的特征。但是糖苷如果用酶或酸性水溶液处理后，还可水解成原来的糖。

17.1.1.4 重要的单糖

（1）D-葡萄糖 自然界中分布最广的已醛糖就是D-葡萄糖，它存在于葡萄汁或其他种类的果汁、动物的血液、淋巴液、脊髓液中，并以多糖或糖苷的形式存在于许多植物的种子、根、叶或花中。D-葡萄糖是无色或白色结晶，熔点为146℃，易溶于水，微溶于乙醇，不溶于乙醚和烃类，其甜度是蔗糖的70%。自然界存在的天然葡萄糖都是D-型的右旋体，故在商品中，常常以“右旋糖”代表葡萄糖。

D-葡萄糖不但是合成维生素C（抗坏血酸）等药物的重要原料，而且还作为营养剂广泛应用在医药上，具有强心、利尿、解毒等功效。在食品工业中也有许多应用，如生产糖浆、糖果等。另外，还可作为还原剂应用于印染工业上。

（2）D-果糖　在酮糖中D-果糖是一个重要的己酮糖，它存在于水果和蜂蜜中，是白色晶体，熔点102～104℃，易溶于水，也可溶于乙醇和乙醚中，是最甜的糖。自然界中存在的天然果糖都是D-型的左旋体。故常被称做“左旋糖”。

果糖能够与间苯二酚的稀盐酸溶液发生颜色反应，呈现鲜红色，这也是酮糖共有的反应。所以，可以利用此颜色反应来区别醛糖和酮糖。

17.1.2 二糖

二糖也叫双糖，是低聚糖中最重要的一类。二糖可以看作是由两分子单糖失水形成的化合物，根据不同的失水方式可将二糖划分成还原性二糖和非还原性二糖两大类。

17.1.2.1 还原性二糖

还原性二糖可以看作是由一分子单糖的半缩醛羟基与另一分子单糖的醇羟基（常是C_4上的羟基）失水而形成的。在这样的二糖分子中，有一个单糖单位已形成苷，而另一单糖单位却仍留有一个半缩醛羟基，可以开环形成链式。这类二糖具有一般单糖的性质，如：可与托伦试剂、斐林试剂反应而具有还原性，并可与过量苯肼成脎。因此这类二糖就被称为还原性二糖。最常见的还原性二糖有麦芽糖、纤维二糖、乳糖等。

（1）麦芽糖　麦芽糖的分子组成是$C_{12}H_{22}O_{11}$，用无机酸或麦芽糖酶水解，只得到D-葡萄糖，说明该糖是由两分子D-葡萄糖失水缩合而得到的。实验事实证明，麦芽糖分子是由一分子α-D-葡萄糖C_1上的苷羟基与另一分子α-D-葡萄糖或β-D-葡萄糖C_4上的醇羟基失水缩合而成。一般称连接两个单糖之间的C—O—C键为糖苷键，所以麦芽糖分子中的两个葡萄糖之间是以α-1,4-苷键相连的。由于麦芽糖分子中还有一分子葡萄糖留有苷羟基，故有α-和β-两种构型，其结构式分别如下：

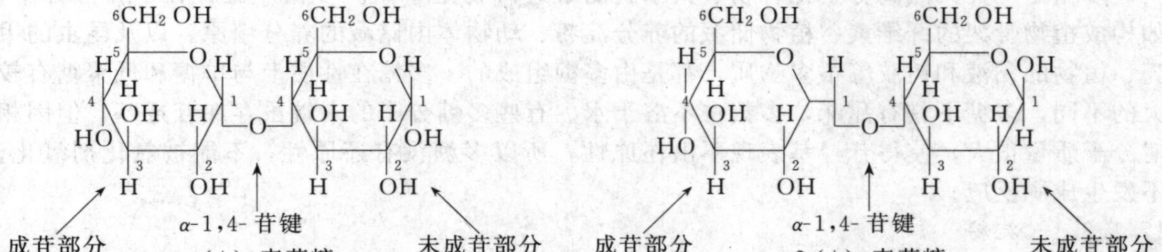

成苷部分　α-1,4-苷键　未成苷部分

α-(+)-麦芽糖

成苷部分　α-1,4-苷键　未成苷部分

β-(+)-麦芽糖

麦芽糖是饴糖的主要成分，其甜度是蔗糖的40%左右，常温下为无色结晶，熔点160～165℃，麦芽糖在自然界中并不以游离状态存在，它是淀粉经淀粉酶水解以后的产物，所以是组成淀粉的基本单位。

（2）纤维二糖　纤维二糖的分子组成与麦芽糖相同，也是$C_{12}H_{22}O_{11}$，经酸水解也可得到两分子D-葡萄糖，所以它同样是由两分子D-葡萄糖彼此以第一和第四个碳原子通过氧原子相连而成的还原性二糖，与麦芽糖的区别仅在于成苷部分的葡萄糖中的半缩醛羟基的构型不同，即组成纤维二糖的两分子葡萄糖是以β-1,4-苷键相连的。同样由于纤维二糖分子中还有一分子葡萄糖留有苷羟基，故也有α-和β-两种构型，其结构式分别如下：

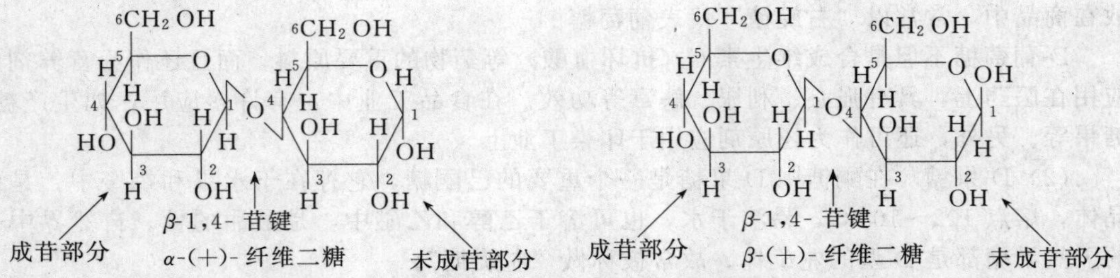

成苷部分 β-1,4-苷键 α-(+)-纤维二糖 未成苷部分

成苷部分 β-1,4-苷键 β-(+)-纤维二糖 未成苷部分

纤维二糖也是无色晶体，熔点225℃，为右旋糖。并且同麦芽糖一样，在自然界中也不是以游离状态存在，它是纤维素水解过程的中间产物，故是构成纤维素的基本单位。

17.1.2.2 非还原性二糖

由两个单糖的半缩醛羟基失水缩合而成的二糖称为非还原性二糖，且这两个单糖都称为苷，这样形成的二糖不能再转变成开链式，不能与托伦试剂、斐林试剂反应，也不与苯肼作用成脎。最常见的非还原性二糖是蔗糖，它是由一分子α-D-葡萄糖C_1上的苷羟基与一分子β-D-果糖C_2上的苷羟基失水缩合而成，此糖苷键称为α,β-1,2-苷键，分子中不再含有苷羟基，两个单糖均已形成苷，故蔗糖既是葡萄糖苷也是果糖苷。

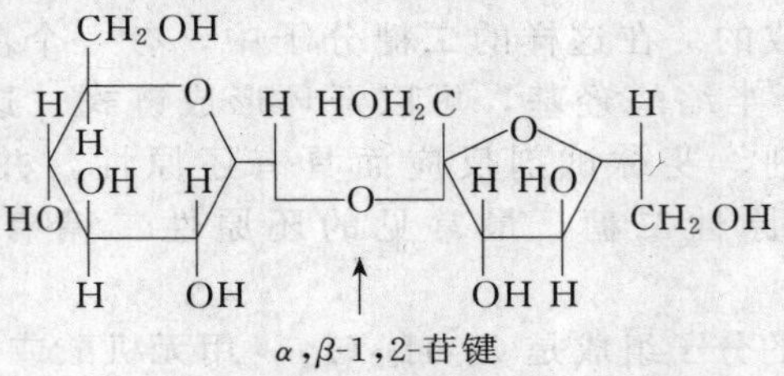

α,β-1,2-苷键

(+)-蔗糖

在自然界中分布最广的二糖就是蔗糖，所有光合植物中都含有蔗糖，如甜菜和甘蔗中含量最高，故又称其为甜菜糖。它是一种无色晶体，易溶于水，熔点180℃。蔗糖的甜度超过葡萄糖，但亚于果糖。

17.1.3 多糖

多糖是一类天然高分子化合物，其水解的最终产物是单糖。多糖广泛存在于自然界中，如构成植物骨架的纤维素、植物储藏的养分淀粉、动物体内储藏的养分糖原，以及昆虫的甲壳、植物的黏液和树胶等很多物质，都是由多糖组成的。多糖在性质上与单糖和低聚糖有较大的不同，多糖不具有甜味，多数也不溶于水。有些多糖分子的末端虽存在苷羟基，但因相对分子质量很大，使得苷羟基表现不出还原性，所以多糖没有还原性，不能被氧化剂氧化，不发生成脎反应。

17.1.3.1 淀粉

淀粉的分子组成为$(C_6H_{10}O_5)_n$，是一种无味、白色、无定形固体，不溶于一般的有机溶剂，没有还原性。淀粉是多种植物的养料储备形式，大多存在于植物的种子及根部，特别是以米、麦、红薯和土豆等农作物中含量最丰富。它是绿色植物光合作用的产品，也是人类不可缺少的重要食物。淀粉经淀粉酶水解可得麦芽糖，在酸作用下可彻底水解成D-(+)-葡萄糖，所以可将淀粉看作是麦芽糖或葡萄糖的高聚物。

淀粉由直链淀粉和支链淀粉两部分构成，这两部分在结构和性质上都有一定区别，在淀粉中所占的比例也随植物的种类而异。一般淀粉中10%～30%为直链淀粉，70%～90%为支链淀粉。

(1) 直链淀粉 直链淀粉是由D-葡萄糖通过α-1,4-苷键连接而成的链状高分子化合物，其相对分子质量一般比支链淀粉要小。其结构可用哈武斯式表示如下：

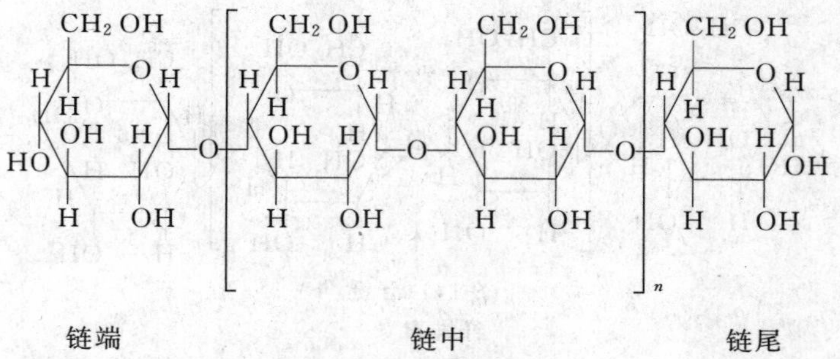

链端　　链中　　链尾

直链淀粉

直链淀粉的结构并不是几何概念上的直线形，而是在分子内氢键的作用下，卷曲成螺旋状结构。这种螺旋状结构每盘旋一周约需六个葡萄糖单位，由此形成的孔穴空间恰好能够容纳碘分子，从而借助范德华力形成蓝色配合物。另外，这种螺旋结构似紧密堆积的线圈，不利于水分子的接近，故难溶于水。

(2) 支链淀粉　支链淀粉也是由D-葡萄糖所构成，但连接方式与直链淀粉有所不同，D-葡萄糖分子之间除了以α-1,4-苷键连接外，还有α-1,6-苷键的连接方式，这就导致了支链的出现，大约相隔20～25个葡萄糖单位出现一个分支。其结构可用哈武斯式表示如下：

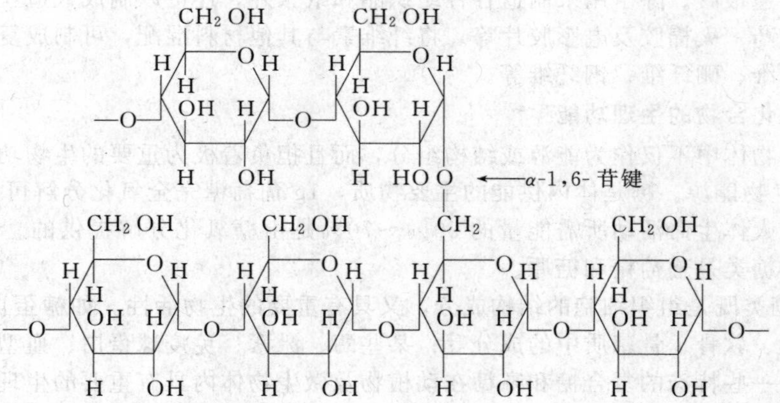

←α-1,6-苷键

支链淀粉

支链淀粉与直链淀粉相比，不但含有更多的葡萄糖单位，而且具有高度分支，不像直链淀粉那样结构紧密，所以有利于水分子的接近，能溶于水。支链淀粉遇碘呈红紫色，以此可区别于直链淀粉。

17.1.3.2　纤维素

纤维素的组成也是$(C_6H_{10}O_5)_n$。是无色、无味具有不同形态的固体纤维状物质，不溶于水及一般的有机溶剂，加热则分解，没有熔化现象，纤维素也不具有还原性。纤维素是自然界中分布非常广泛的一种多糖，是植物细胞壁的主要成分，构成植物的支持组织。棉花中纤维素的含量最高，可达98%，几乎是纯的纤维素，其次亚麻中纤维素的含量是80%，木材中的含量为50%，一般植物的茎和叶中的纤维素含量约为15%。

纤维素是由D-葡萄糖分子之间通过β-1,4-苷键连接而成的高分子化合物。其结构的哈武斯式如下：

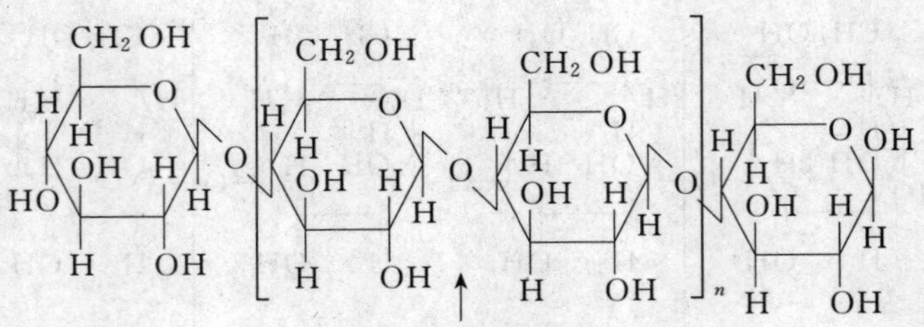

β-1,4-苷键

纤维素

纤维素的相对分子质量要比淀粉大很多，水解也比淀粉困难。一般需要在酸性溶液中，加热、加压条件下，纤维素可水解生成纤维二糖，彻底水解的最终产物是D-葡萄糖。

纤维素虽然与直链淀粉一样，是没有分支的链状分子，但是由于连接葡萄糖单位的是β-1,4-苷键，所以它不卷曲成螺旋状，而是借助分子间氢键，纤维素分子的链与链之间像麻绳一样拧在一起，这样就形成坚硬的、不溶于水的纤维状高分子，构成了理想的植物细胞壁。

人体消化道分泌出的淀粉酶不能水解纤维素，所以人们不能以纤维素作为自己的营养物质。但是可以食用一些如大麦、玉米、水果、蔬菜等含有纤维素的食物，来增加肠胃的蠕动，有助于食物的消化吸收。

纤维素用途很广。除了用来制造各种纺织品和纸张外，还可以制成人造丝、人造棉、玻璃纸、无烟火药、火棉胶及电影胶片等。将纤维素与其他材料混配，可制成复合材料，如玻璃纤维、碳纤维、硼纤维、钢纤维等。

17.1.4　糖类化合物的生理功能

糖类在生物体中不仅作为能源或结构组分，而且担负着极为重要的生物功能。

① 作为生物能源。糖是体内供能的主要物质，1g 葡萄糖完全氧化分解可释放约 15.7kJ 的能量。估计人体生命活动所需能量的 50%～70%是由糖氧化分解提供的。人体内氧化分解供能的主要糖类是葡萄糖和糖原。

② 结合糖类既是组织细胞的结构成分，又具有重要的生物活性。如糖蛋白、蛋白多糖，成为结缔组织、软骨、骨基质中的成分等；某些酶、激素、免疫球蛋白、血型物质的化学本质是糖蛋白。一些特殊的复合糖和寡糖在动植物及微生物体内具有重要的生理功能，与机体免疫、细胞识别、信息传递等紧密相关。

③ 转变为其他物质。糖分解代谢过程中的中间成分，在一定条件下可转变为三脂酰甘油，也可以转变为某些营养非必需氨基酸。

17.2　脂类

脂类是油脂和类脂的总称。油脂包括油和脂肪；类脂主要包括磷脂、糖脂以及甾族化合物等。

17.2.1　油脂

17.2.1.1　油脂的组成、结构

油脂是油和脂肪的总称，是甘油与脂肪酸组成的中性酯。室温下呈液态的油脂称为油，通常来源于植物；室温下呈固态或半固态的油脂称为脂肪，通常来源于动物。天然油脂是含各种高级脂肪酸甘油酯的混合物，此外还含有少量游离脂肪酸、高级醇、高级烃、维生素和色

素等。

自然界存在的油脂是多种物质的混合物，其主要成分是三脂酰甘油，医学上常称甘油三酯。甘油酯可分为单甘油酯和混甘油酯。组成单甘油酯的 3 个脂肪酸是相同的，而混甘油酯所含的 3 个脂肪酸则不相同。油脂的结构可表示如下：

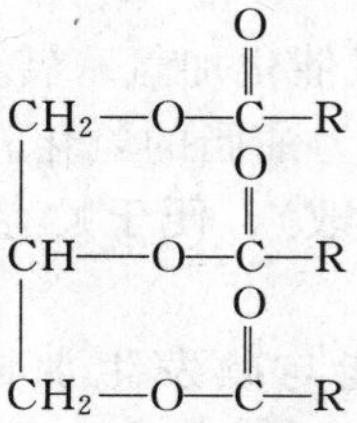

$$\begin{array}{l} CH_2-O-\overset{\overset{\displaystyle O}{\|}}{C}-R \\ |\\ CH-O-\overset{\overset{\displaystyle O}{\|}}{C}-R \\ |\\ CH_2-O-\overset{\overset{\displaystyle O}{\|}}{C}-R \end{array} \qquad \begin{array}{l} CH_2-O-\overset{\overset{\displaystyle O}{\|}}{C}-R \\ |\\ CH-O-\overset{\overset{\displaystyle O}{\|}}{C}-R' \\ |\\ CH_2-O-\overset{\overset{\displaystyle O}{\|}}{C}-R'' \end{array}$$

单甘油酯 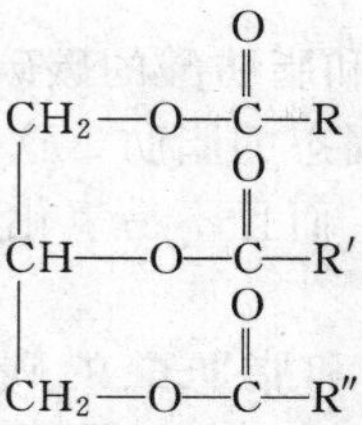　　　　混甘油酯（$R \neq R' \neq R''$）

组成油脂的脂肪酸分为饱和脂肪酸和不饱和脂肪酸。常见脂肪酸为 16～22 个偶数碳原子的直链羧酸。饱和脂肪酸主要是软脂酸和硬脂酸；不饱和脂肪酸主要是油酸、亚油酸、亚麻酸、花生四烯酸、EPA 和 DHA 等。多数脂肪酸在体内都可以通过代谢合成，但亚油酸、亚麻酸、花生四烯酸等多双键不饱和脂肪酸，哺乳动物自身不能合成，必须由食物供给，故称为营养必需脂肪酸。营养必需脂肪酸对人体的健康是必不可少的。目前，已发现一些多双键不饱和脂肪酸具有广泛而重要的生物活性，对于稳定细胞膜、调控基因表达、维持细胞因子和脂蛋白平衡、促进生长发育和抗心脑血管疾病有着重要的意义。EPA 和 DHA 在深海鱼的脂肪中含量很高，习惯上称为鱼油。鱼油具有健脑促智、降血脂、降血压、抗血栓和抗炎作用。通常含不饱和脂肪酸甘油酯成分较多的油脂，熔点较低，在室温下呈液态；而含饱和脂肪酸甘油酯成分较多的油脂，在室温下呈固态。

17.2.1.2 油脂的性质

纯净的油脂为无色、无味、无臭的中性物质。天然油脂（尤其是来源于植物的油脂）常因混有色素、维生素和游离脂肪酸而带有特殊的颜色和气味。油脂的相对密度都小于 1，不溶于水，易溶于乙醚、苯及热乙醇等有机溶剂，可以利用这些溶剂提取动植物组织中的油脂。天然油脂都是混合物，所以无恒定的熔点和沸点；不饱和脂肪酸的熔点比相应的饱和脂肪酸低，油脂的熔点随分子中不饱和脂肪酸的含量增加而降低。

油脂是脂肪酸的甘油酯，具有酯的典型反应。此外，构成各种油脂的脂肪酸都不同程度含有碳碳双键，还可以发生加成反应、氧化反应等。

（1）皂化反应　在氢氧化钠（或氢氧化钾）水溶液中可以完全水解，生成甘油和高级脂肪酸钠盐（或钾盐）。高级脂肪酸的钠盐（或钾盐）称为肥皂，此反应称皂化反应。

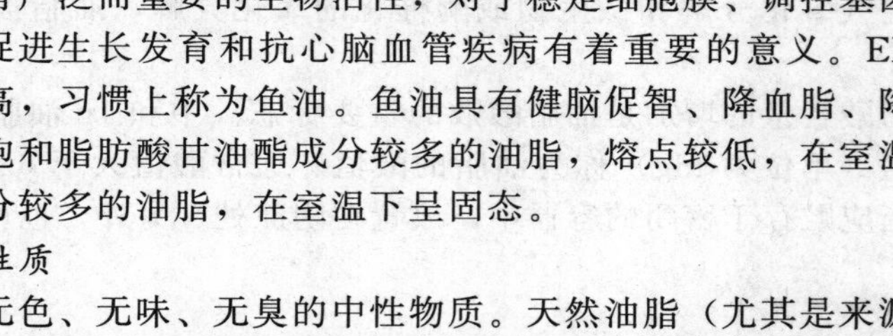

$$\begin{array}{l} CH_2-O-\overset{\overset{\displaystyle O}{\|}}{C}-R \\ |\\ CH-O-\overset{\overset{\displaystyle O}{\|}}{C}-R' \\ |\\ CH_2-O-\overset{\overset{\displaystyle O}{\|}}{C}-R'' \end{array} + 3NaOH \xrightarrow{\triangle} \begin{array}{l} CH_2-OH \\ | \\ CH-OH \\ | \\ CH_2-OH \end{array} + \underset{\text{肥皂}}{\begin{array}{l} RCOONa \\ R'COONa \\ R''COONa \end{array}}$$

1g 油脂完全皂化时所需氢氧化钾的质量（单位为 mg），称为皂化值。皂化值的大小与油脂的平均相对分子质量成反比，根据皂化值的大小可以推测油脂的平均相对分子质量。另外，各种油脂都有一定的皂化值范围，根据皂化值的大小可以判断油脂的纯度，皂化值越大，油脂的纯度越大。

人体摄入的油脂主要在酶的催化下在小肠内进行水解，此过程即为消化。水解产物通过小肠壁被吸收，进一步合成人体自身的脂肪。

(2) 加成反应 含不饱和脂肪酸的油脂，分子中的不饱和双键可以与氢、卤素等试剂发生加成反应。

① 加氢 油脂中不饱和脂肪酸的碳碳双键可以催化加氢，转化为含饱和脂肪酸的油脂，使液态的油变为半固态或固态的脂肪，这一过程称为油脂的氢化，又称为油脂的硬化。硬化后的油脂，不仅熔点升高，而且不易氧化变质（酸败），便于贮存和运输。还可以利用这一反应制造人造奶油等。

② 加碘 油脂中不饱和脂肪酸的碳碳双键能与碘发生加成反应。从一定量的油脂所能吸收碘的质量，可以测定油脂的不饱和程度。通常将100g油脂所能吸收的碘的质量（单位为g）称为油脂的碘值。油脂的碘值越大，说明油脂的不饱和程度越高。由于单质碘与碳碳双键的加成反应很慢，所以碘值是用氯化碘或溴化碘与油脂反应而得的。研究表明，长期食用低碘值的油脂（含饱和脂肪酸较多的油脂），可导致动脉硬化等疾病，对人体健康有害，所以科学家建议人们多食用含不饱和脂肪酸多的油脂（植物油、鱼油等）。

(3) 酸败 油脂在空气中放置时间过长，会产生难闻的气味，这种变化称为酸败。引起酸败的主要原因有空气氧化分解和微生物或酶催化的氧化分解，油脂被氧化生成了低级的醛、酮、酸等物质。

油脂中游离脂肪酸含量的增加是油脂酸败的重要标志。中和1g油脂中的游离脂肪酸所需要氢氧化钾的质量（单位为mg）称为油脂的酸值。通常酸值大于6.0的油脂不宜食用。为了防止酸败，油脂应贮存于密闭的容器中，放置在阴凉处。另外，也可以添加适当的抗氧化剂防止氧化。

17.2.2 类脂

17.2.2.1 磷脂

磷脂是一类含磷的脂类化合物，广泛分布于动植物组织中，在动物的脑和神经组织、骨髓、心、肝、肾等器官中以及蛋黄、植物的种子及胚芽、大豆中都含有丰富的磷脂。磷脂是构成细胞原生质的固定组成成分。磷脂水解后可以得到醇、脂肪酸、磷酸和含氮有机碱等4种不同种类的物质。磷脂中常见的是卵磷脂、脑磷脂和鞘磷脂。

(1) 卵磷脂 卵磷脂又称磷脂酰胆碱或胆碱磷酸甘油酯，卵磷脂是白色蜡状固体，难溶于水和丙酮，易溶于乙醚、乙醇和氯仿。在脑、神经、肾上腺、红细胞中含量很高，尤其在蛋黄中含量更高，可达8%～10%。卵磷脂的结构式为

$$
\begin{array}{l}
\qquad\qquad\qquad\quad CH_2-O-\overset{\displaystyle O}{\overset{\|}{C}}-R \\
R'-\overset{\displaystyle O}{\overset{\|}{C}}-O-\overset{|}{\underset{|}{C}}-H \\
\qquad\qquad\qquad\quad CH_2-O-\overset{\displaystyle O}{\overset{\|}{P}}-O-CH_2CH_2\overset{+}{N}(CH_3)_3 \\
\qquad\qquad\qquad\qquad\qquad\quad \underset{\displaystyle O^-}{|}
\end{array}
$$

天然的卵磷脂是几种磷脂酰胆碱的混合物。组成卵磷脂的高级脂肪酸中，常见的有软脂酸、硬脂酸、油酸、亚油酸、亚麻酸和花生四烯酸等。胆碱在人体内与脂肪代谢关系密切，可促使油脂迅速生成磷脂，因而可以防止脂肪在肝内大量存积。研究表明，卵磷脂对防止肝硬化、动脉粥样硬化、大脑功能缺陷和记忆障碍等多种疾病有效。

(2) 脑磷脂　脑磷脂又称磷脂酰乙醇胺或乙醇胺磷酸甘油酯，脑磷脂与卵磷脂共存于动植物的各种组织器官中。脑磷脂与卵磷脂的结构颇为相似，不同之处在于脑磷脂的结构中含氮有机碱是胆胺（也称乙醇胺或β-氨基乙醇）而不是胆碱。脑磷脂的结构式为

```
                               O
                               ‖
        O      CH2—O—C—R
        ‖       |
R′—C—O—C—H
                |      O
                |      ‖           +
               CH2—O—P—O—CH2CH2NH3
                       |
                       O−
```

脑磷脂易溶于乙醚，难溶于丙酮和冷乙醇，利用其在冷乙醇中溶解度小的性质，可将脑磷脂与卵磷脂分离。脑磷脂极易吸水，在空气中易被氧化成黑褐色。脑磷脂与血液凝固有关，它与蛋白质可以组成凝血激酶。

在脑磷脂和卵磷脂的分子中，既有疏水长链的烃基，又有亲水的偶极离子，所以磷脂类化合物是一类具有生理活性的表面活性剂，在生物体细胞膜中起着重要的生理作用。此外，在各种酶的催化下，磷脂水解并生成一系列的化学信息分子，如花生四烯酸、前列腺素、前列环素、白三烯等。

(3) 鞘磷脂　鞘磷脂是鞘脂的一种，是一个长链不饱和醇——鞘氨醇（神经氨基醇）与脂肪酸、磷酸和胆碱各1分子结合而成的化合物，是不含甘油的磷脂。鞘磷脂是白色晶体，在空气中不易被氧化。鞘磷脂难溶于丙酮和乙醚，易溶于热乙醇。鞘磷脂是构成细胞膜的重要磷脂之一，大量存在于脑和神经组织中。其结构式为

```
                 H                              O
                 |                              ‖                  +
CH3(CH2)12—C=C—CH—CH—CH2—O—P—O—CH2CH2N(CH3)3
                    |   |    |                   |
                    H  OH   NH                   O−
                            |
                            C=O
                            |
                            R
```

在机体不同组织中，发现组成鞘磷脂的脂肪酸也不相同。鞘磷脂水解后得到的脂肪酸有软脂酸、硬脂酸、榈焦油酸、15-二十四碳烯酸（神经烯酸）等。

17.2.2.2　糖脂

糖脂是含有糖成分的脂类，可分为糖鞘脂和甘油糖脂两类。糖鞘脂是含有糖、脂肪酸、神经氨基醇，而不含磷酸、胆碱或胆胺的类脂，常与磷脂共存。各种糖脂所含的脂肪酸和糖类各不相同。糖脂中最重要的脑苷脂，是最简单的中性糖鞘脂，主要存在于脑和神经组织中。

糖脂是白色蜡状物，溶于热乙醇、丙酮和苯中，难溶于乙醚。糖脂是细胞表面的重要成分。

磷脂、糖脂和蛋白质是组成生物膜的重要成分。生物膜不仅是细胞结构的组织形式，而且也是生命活动的主要基础结构，许多基本生命过程如能量转换、物质运输、信息传递与识别等都与生物膜有关。

17.2.3　甾族化合物

甾族化合物也称类固醇化合物，广泛存在于生物体内，并在动植物生命活动中起着重要的作用。

甾族化合物的共同特点是分子中都含有一个环戊烷与氢化菲稠合的基本骨架，命名为环戊烷并氢化菲，4个环分别用A、B、C、D表示，环上的碳原子有固定的编号。在C_{10}、C_{13}处常连有甲基R^1和R^2，称为角甲基；C_{17}处常连有含碳原子数较多的侧链R^3。甾族化合物的"甾"字形象地表示了这类化合物的基本骨架，"田"表示4个环，"巛"表示3个侧链。

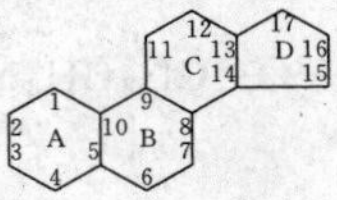

环戊烷并氢化菲 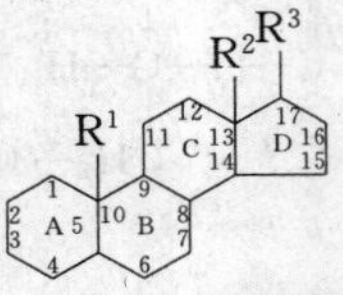　　甾族化合物基本骨架

甾族化合物的结构较为复杂，在分子中的A、B、C、D 4个环中，每相邻的两个环之间都可以按顺式或反式稠合。此外，环上有多个手性碳原子，甾族化合物的立体化学结构十分复杂。甾族化合物主要分为甾醇、胆甾酸和甾类激素等。

甾醇是饱和或不饱和的仲醇，广泛存在于动植物组织中。根据来源不同，甾醇分为动物甾醇和植物甾醇两类。

(1) 胆固醇　胆固醇又名胆甾醇，是最早发现的一种甾族化合物，最初是从胆结石中得到的固体醇，因而得名。胆固醇的结构为

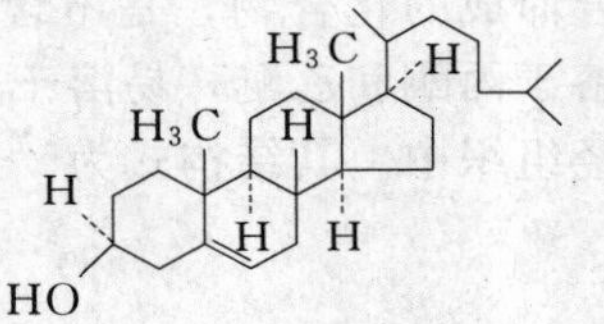

胆固醇是无色或略带黄色的结晶，熔点为148℃，难溶于水，易溶于热乙醇、乙醚、氯仿等有机溶剂。

胆固醇存在于动物的各种组织中，100mL正常人的血清约含200mg总胆固醇（游离胆固醇和胆固醇酯）。胆固醇在人体中约含140g，是机体内主要的固醇物质，它既是细胞膜的重要成分，又是合成类固醇激素、维生素D及胆甾酸等生物活性物质的前体。人体内胆固醇的来源，一是从膳食中摄取，人类每天从膳食中可摄取0.3～0.8g的胆固醇，主要来自动物内脏、脑、蛋黄和奶油等；二是人体组织细胞自己合成。当人体内胆固醇摄取过多或代谢发生障碍时，血液中胆固醇含量就会增加，这是促进动脉血管硬化的主要原因，也是结石的主要原因。

7-脱氢胆固醇也是一种动物固醇，它可由胆固醇在酶的催化下氧化生成。胆固醇分子中C_7、C_8各脱去一个H原子形成一个双键，即成为7-脱氢胆固醇，所以在7-脱氢胆固醇分子的B环中有共轭双键。

7-脱氢胆固醇存在于皮肤组织中，经紫外线照射发生化学反应，B环开环而形成维生素D_3（又称胆钙化醇）。因此，多晒太阳是获取维生素D_3最简易的方法。

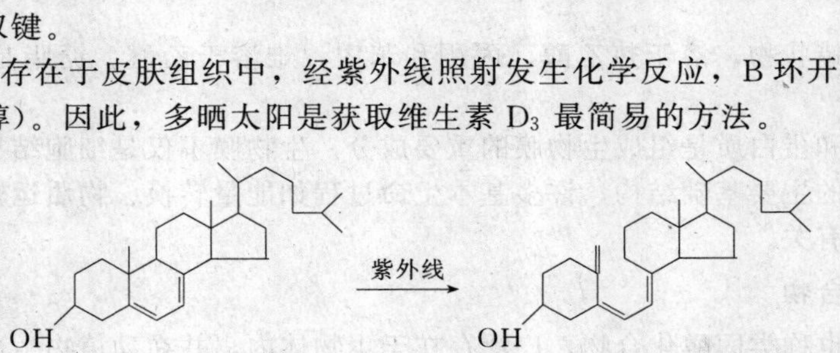

紫外线

7-脱氢胆固醇　　维生素D_3

维生素 D_3 参与调节钙磷代谢，是从小肠中吸收 Ca^{2+} 过程中的关键化合物。体内维生素 D_3 浓度过低，会引起 Ca^{2+} 缺乏，不足以维持骨骼的正常生长发育。

（2）胆甾酸　在动物的胆汁中除含胆甾醇外，还含有几种结构与胆甾醇类似的羧酸，统称为胆甾酸，如胆酸、脱氧胆酸、鹅胆酸和石胆酸等，它们都是以胆固醇为原料直接合成的。其中最重要的是胆酸和脱氧胆酸，它们的结构分别如下：

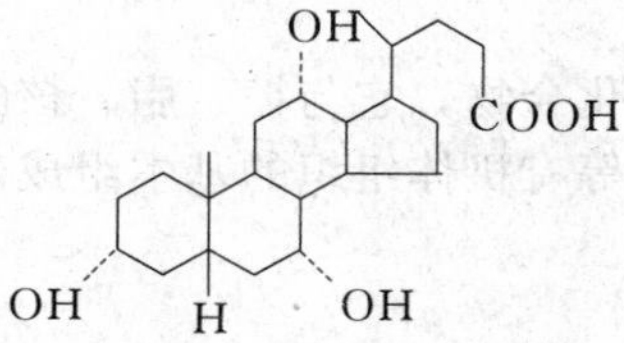

OH COOH OH H OH

胆酸

OH COOH OH H

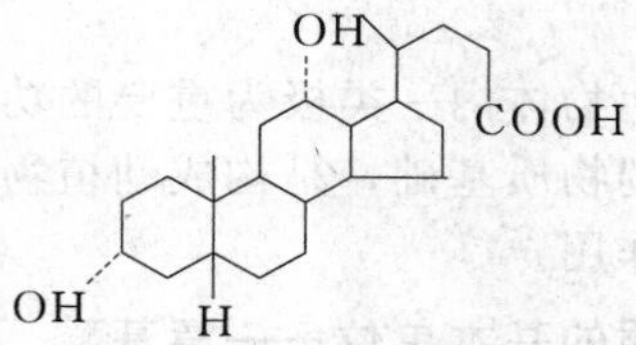

脱氧胆酸

胆甾酸在胆汁中与甘氨酸（H_2NCH_2COOH）或牛磺酸（$H_2NCH_2CH_2SO_3H$）通过酰胺键结合成甘氨胆甾酸或牛磺胆甾酸，这种结合胆甾酸总称为胆汁酸，体内的胆汁酸是由胆固醇演变而成的。在碱性环境中，胆汁酸是以钠盐或钾盐的形式存在，形成胆汁酸盐。

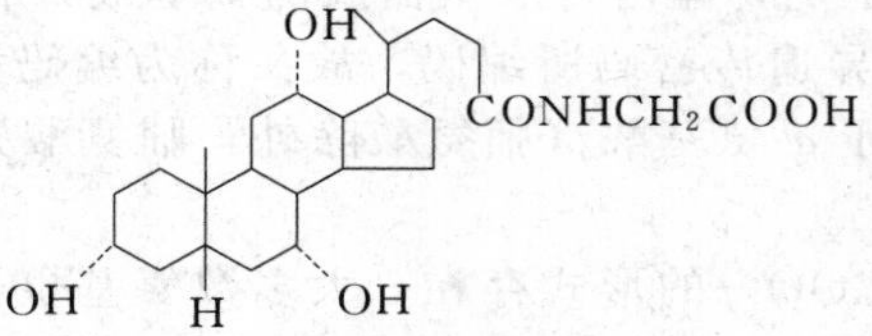

OH $CONHCH_2COOH$ OH H OH

甘氨胆甾酸

OH $CONHCH_2CH_2SO_3H$ OH H OH

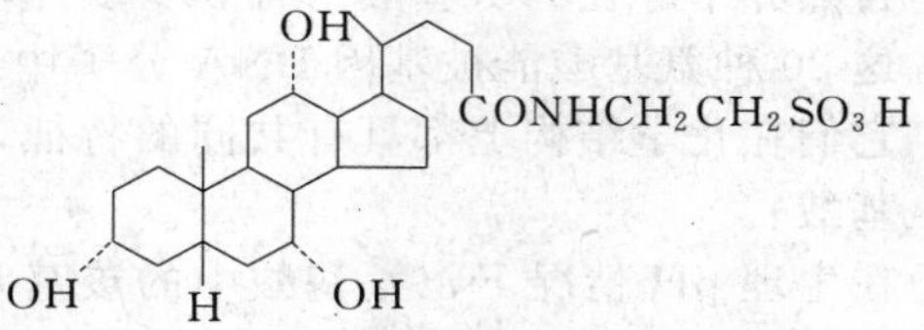

牛磺胆甾酸

胆汁酸盐分子中既含有亲水的羟基、羧基或磺酸基，又含有疏水的甾环，因此是一种良好的表面活性剂。其生理作用是使油脂在肠中乳化，易于水解、消化和吸收，因此胆汁酸盐被称为“生物肥皂”，同时它还有助于类脂在水溶液中的运输。临床上常用于治疗胆汁分泌不足所引起疾病的利胆药，就是甘氨胆酸钠和牛磺胆酸钠的混合物。此外，胆汁酸盐还可使胆汁中的胆固醇分散形成可溶性的微团，避免结晶而形成结石。

17.2.4 脂类的主要生理功能

脂类是组成生物体的重要成分，脂肪和类脂在人体内的分布很不相同。人体脂肪的含量易受营养和运动等因素的影响而变化。类脂是构成细胞生物膜的重要结构和功能成分。脂类的生理功能因其成分、组成和部位等的不同，而发挥不同的生理功用和效能。

① 脂肪是贮存能量和供应能量的重要物质。人体 20%～30%的能量就是由脂肪提供的，在空腹或饥饿等特殊情况下，脂肪氧化所供给的能量可满足人体 50%以上的能量需求。如果摄取的营养物质超过了正常的需要量，那么大部分要转变成脂肪并在适宜的组织中积累下来；而当营养不够时，又可以对其进行分解供给机体能量。

② 生物机体表面的脂肪组织不易导热，可防止热量散失而保持体温。内脏周围的脂肪组织还能缓冲外界的机械冲击，使内脏器官免受损伤。

③ 食物中脂溶性维生素必须溶解于脂质中才能在机体中运输并被机体吸收和利用。脂肪可协助脂溶性维生素 A、维生素 D、维生素 E、维生素 K 和胡萝卜素等的吸收。

④ 参与构成生物膜骨架的主要是磷脂、胆固醇、膜蛋白等。类脂作为细胞的表面物质，不仅可起到屏障、选择性通透的作用，还与细胞识别、组织免疫等有密切关系。

⑤ 类脂在体内可转变成多种主要的生理活性物质，如类固醇、激素等，含量虽很少，但却具有专一的重要生物活性。

17.3 蛋白质

蛋白质是生物体内一类极为重要的功能大分子化合物，它与糖、脂、核酸等生物大分子共同构成生命的物质基础，是构成动植物和微生物等有机体组织的基本组成部分，在机体内起着多种生理作用。

17.3.1 蛋白质的基本单位——氨基酸

氨基酸是蛋白质水解的最终产物，也是组成各种蛋白质的基本结构单位。在生命现象中起重要作用的蛋白质都是由氨基酸通过肽键（酰胺键）连接而成。蛋白质分子中氨基酸的种类、数量、排列顺序和理化性质的不同，可以形成种类繁多、结构复杂、生物功能各异的蛋白质。

17.3.1.1 氨基酸的结构

自然界中存在的氨基酸约有300多种，但存在于生物体内合成蛋白质的氨基酸只有20种。这20种氨基酸能被基因DNA分子中所含的特异遗传密码所编码，故又称为编码氨基酸。它们在化学结构上都具有共同的特征，即均属于α-氨基酸（脯氨酸除外，脯氨酸为α-亚氨基酸）。

在生理pH情况下，氨基酸中的羧基几乎以—COO—的形式存在，大多数氨基也主要以$—NH_3^+$的形式存在，可用通式表示如下：

$$\underset{\displaystyle |\atop \displaystyle NH_3^+}{R—CH—COO^-}$$

式中，R代表侧链基团，不同的α-氨基酸只是R基团的不同。

20种编码氨基酸除R基团为H的甘氨酸外，其他各种氨基酸分子中的α-碳原子均为手性碳原子，故具有旋光性。

氨基酸的构型通常采用D、L标记法。从蛋白质水解得到α-氨基酸（除甘氨酸外）都属于L-型。

17.3.1.2 氨基酸的分类和命名

氨基酸的命名虽可采用系统命名法，但习惯上往往根据其来源或某些特性而采用俗名。如天冬氨酸源于天门冬植物，甘氨酸因具有甜味而得名。

根据R基团的结构和性质，氨基酸有不同的分类方法，如按R基团的化学结构可分为脂肪族氨基酸、芳香族氨基酸、杂环氨基酸和杂环亚氨酸。根据氨基酸侧链R基团的极性及所带电荷，将20种编码氨基酸分为两大类：极性氨基酸和非极性氨基酸（见表17-1），这对于研究蛋白质的空间折叠形式将大有裨益。

不同蛋白质中所含氨基酸的种类和数目各异，有些氨基酸在人体内不能合成或合成数量不足，必须由食物蛋白质补充才能维持机体的正常生长发育，这类氨基酸称为营养必需氨基酸，主要有8种（见表17-1中带“*”者）。蛋白质含有的营养必需氨基酸数量越多，其营养价值越高。

表 17-1 20 种编码氨基酸

极性状况	带电荷状况	氨基酸名称	缩写符号	单字符号	化学结构式	pI
极性氨基酸	不带电荷	丝氨酸	Ser	S	$HO-CH_2-CH(NH_3^+)-COO^-$	5.68
		苏氨酸*	Thr	T	$CH_3-CH(OH)-CH(NH_3^+)-COO^-$	5.60
		天冬酰胺	Asn	N	$H_2N-C(=O)-CH_2-CH(NH_3^+)-COO^-$	5.41
		谷氨酰胺	Gln	Q	$H_2N-C(=O)-CH_2-CH_2-CH(NH_3^+)-COO^-$	5.65
		酪氨酸	Tyr	Y	$HO-C_6H_4-CH_2-CH(NH_3^+)-COO^-$	5.66
		半胱氨酸	Cys	C	$HS-CH_2-CH(NH_3^+)-COO^-$	5.07
	带负电荷	天冬氨酸	Asp	D	$^-O-C(=O)-CH_2-CH(NH_3^+)-COO^-$	2.98
		谷氨酸	Glu	E	$^-O-C(=O)-CH_2-CH_2-CH(NH_3^+)-COO^-$	3.22
	带正电荷	组氨酸	His	H	(咪唑鎓环, HN^+, NH)$-CH_2-CH(NH_3^+)-COO^-$	7.59
		赖氨酸*	Lys	K	$H_3\overset{+}{N}-CH_2CH_2CH_2CH_2-CH(NH_3^+)-COO^-$	9.74
		精氨酸	Arg	R	$H_2N-C(=NH_2^+)-NHCH_2CH_2CH_2-CH(NH_3^+)-COO^-$	10.76
非极性氨基酸		甘氨酸	Gly	G	$H-CH(NH_3^+)-COO^-$	5.97
		丙氨酸	Ala	A	$CH_3-CH(NH_3^+)-COO^-$	6.02
		缬氨酸*	Val	V	$(H_3C)_2CH-CH(NH_3^+)-COO^-$	5.97
		亮氨酸*	Leu	L	$(H_3C)_2CH-CH_2-CH(NH_3^+)-COO^-$	5.98
		异亮氨酸*	Ile	I	$CH_3-CH_2-CH(CH_3)-CH(NH_3^+)-COO^-$	6.02

续表

极性状况	带电荷状况	氨基酸名称	缩写符号	单字符号	化学结构式	p*I*
非极性氨基酸		苯丙氨酸*	Phe	F	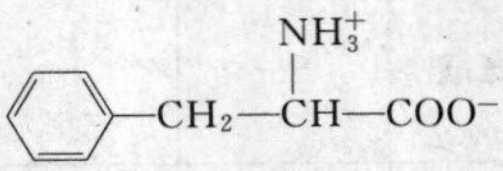 $C_6H_5-CH_2-CH(NH_3^+)-COO^-$	5.48
		甲硫氨酸*	Met	M	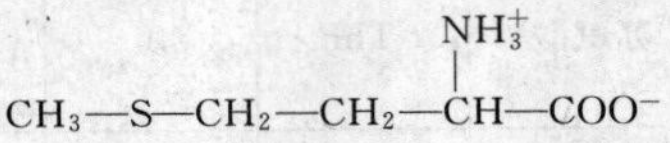 $CH_3-S-CH_2-CH_2-CH(NH_3^+)-COO^-$	5.75
		脯氨酸	Pro	P	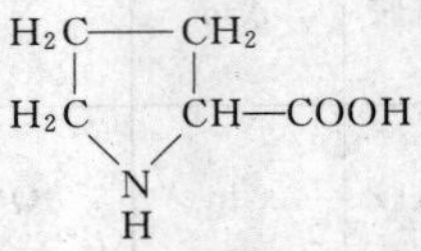 吡咯烷环（H_2C-CH_2，H_2C，N-H）$-CH-COOH$	6.48
		色氨酸*	Trp	W	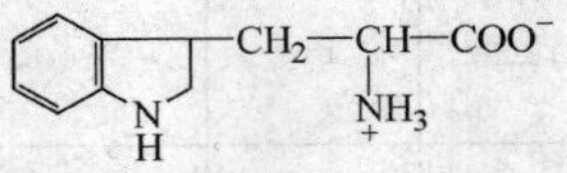 吲哚环（N-H）$-CH_2-CH(NH_3^+)-COO^-$	5.89

注：表中带*为营养必需氨基酸。

17.3.1.3 氨基酸的性质

组成蛋白质的氨基酸均为无色晶体。熔点较高，一般在200℃以上，加热易分解放出二氧化碳，而不熔融。α-氨基酸大多难溶于有机溶剂，而易溶于强酸、强碱等极性溶剂中，在水中的溶解度也各异。

(1) 两性离解与等电点　氨基酸分子中具有碱性的氨基和酸性的羧基，能分别与酸或碱作用生成盐，所以具有两性。

在不同pH值的氨基酸溶液中，氨基酸以阳离子、偶极离子和阴离子三种形式存在，它们之间形成一种动态平衡。氨基酸在溶液中的电离状态如下：

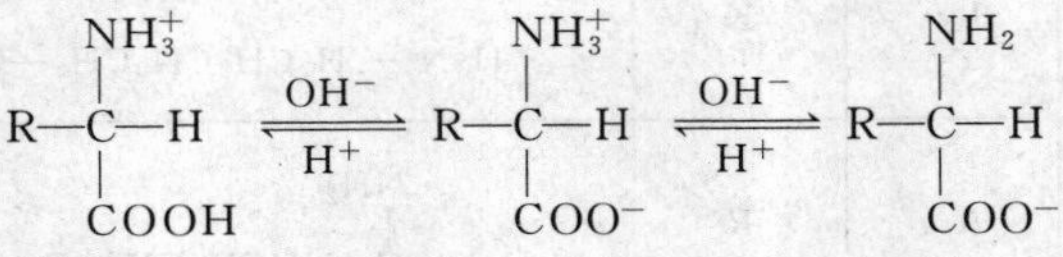

$$\underset{\substack{(\text{I})\\ pH<pI}}{R-\overset{NH_3^+}{\overset{|}{C}}-H \atop \quad | \atop \quad COOH} \underset{H^+}{\overset{OH^-}{\rightleftharpoons}} \underset{\substack{(\text{II})\\ pH=pI}}{R-\overset{NH_3^+}{\overset{|}{C}}-H \atop \quad | \atop \quad COO^-} \underset{H^+}{\overset{OH^-}{\rightleftharpoons}} \underset{\substack{(\text{III})\\ pH>pI}}{R-\overset{NH_2}{\overset{|}{C}}-H \atop \quad | \atop \quad COO^-}$$

当溶液中加入适量酸时，(Ⅲ)中的$-NH_2$接受质子，平衡左移，氨基酸主要以偶极离子形式(Ⅱ)存在，所带的正、负电荷相等，净电荷为零，呈电中性，在电场中也不泳动。这种使氨基酸处于等电状态时溶液的pH值，称为该氨基酸的等电点，用p*I*表示。当氨基酸处于等电点时，再加入一定量的酸，此时$pH<pI$，则(Ⅱ)中的$-COO^-$接受质子，平衡继续左移，氨基酸主要以(Ⅰ)的阳离子形式存在，它在电场中向负极移动。相反，若在已达到平衡的氨基酸溶液中加入适量的碱后，此时$pH>pI$，(Ⅱ)中的$-NH_3^+$给出质子，平衡右移，氨基酸主要以(Ⅲ)的阴离子形式存在，它在电场中向正极移动。

各种氨基酸由于其组成和结构不同，因此具有不同的等电点p*I*值。p*I*是氨基酸的一种特征参数，每种氨基酸都有各自的p*I*（见表17-1）。

(2) 显色反应　氨基酸与茚三酮的水合物在溶液中共热，经过一系列反应，最终生成蓝紫色的化合物，称为罗曼紫。

$$2\,(\text{茚三酮}) + H_3\overset{+}{N}-\underset{R}{\underset{|}{CH}}-COO^- \longrightarrow (\text{蓝紫色化合物}) + RCHO + CO_2\uparrow + 3H_2O$$

但亚氨基酸（脯氨酸和羟脯氨酸）呈黄色。根据 α-氨基酸与茚三酮反应后所生成化合物的颜色深浅程度以及释放出 CO_2 的体积，也可定量测定氨基酸。

具有特殊 R 基团的氨基酸，可以与某些试剂产生独特的颜色反应，如蛋白黄反应、米伦反应（Millon 反应）和乙醛酸反应等（见表 17-2）。这些颜色反应可作为氨基酸、多肽和蛋白质的定性和定量分析基础。

表 17-2　鉴别具有特殊 R 基团氨基酸的颜色反应

反应名称	试剂	颜色	鉴别的氨基酸
蛋白黄反应	浓硝酸，再加碱	深黄色或橙红色	苯丙氨酸、酪氨酸、色氨酸
米伦反应(Millon 反应)	硝酸亚汞、硝酸汞和硝酸混合液	红色	酪氨酸
乙醛酸反应	乙醛酸和浓硫酸	两液层界面处呈紫红色环	色氨酸
亚硝酰铁氰化钠反应	亚硝酰铁氰化钠溶液	红色	半胱氨酸

17.3.2 肽

一个氨基酸的 α-羧基和另一个氨基酸的 α-氨基脱水缩合而成的化合物称为肽。氨基酸之间脱水后形成的键称为肽键，又称为酰胺键。由两分子氨基酸脱水生成的肽称为二肽；三个氨基酸分子脱水而成的肽为三肽，以此类推，多个氨基酸残基组成的即为多肽。

17.3.2.1 肽的结构

例如：

$$H_2N-\underset{R}{\underset{|}{CH}}-\underset{O}{\underset{\|}{C}}-\boxed{OH + H}-\underset{H}{\underset{|}{N}}-\underset{R'}{\underset{|}{CH}}-\underset{O}{\underset{\|}{C}}-OH \xrightarrow{-H_2O} H_2N-\underset{R}{\underset{|}{CH}}-\boxed{\overset{O}{\overset{\|}{C}}-\underset{H}{\underset{|}{N}}}-\underset{R'}{\underset{|}{CH}}-\underset{O}{\underset{\|}{C}}-OH$$

肽键　　二肽

在肽链中各个氨基酸单位在结合过程中失去羧基上的羟基和氨基上的氢后，已不是完整的氨基酸，故剩余部分称为氨基酸残基。

天然存在的肽分子大小不等，绝大多数的肽是链状分子。蛋白质分子中的氨基酸残基通过肽键连接成的链状结构称为多肽链，一般可用通式表示如下：

$$H_3\overset{+}{N}-\underset{R^1}{\underset{|}{CH}}-CO-NH-\underset{R^2}{\underset{|}{CH}}-CO-NH-\underset{R^3}{\underset{|}{CH}}-CO-NH-\underset{R^4}{\underset{|}{CH}}-CO\cdots NH-\underset{R^n}{\underset{|}{CH}}-COO^-$$

在肽链的一端保留着未结合的$-NH_3^+$，称为氨基末端或 N-端，而另一端则保留着未结合的$-COO^-$，称为羧基末端或 C-端。

多肽分子中构成多肽链的基本化学键是肽键，肽键与相邻两个 α-碳原子所组成的基团（$-C_\alpha-CO-NH-C_\alpha-$）称为肽单元。多肽链就是由许多重复的肽单元连接而成的，它们构成多肽链的主链骨架。

17.3.2.2 生物活性肽

生物体内存在着一类具有活性的肽类，称为活性肽，它们在体内一般含量较少，结构多样，却起着重要的生理作用。动物体内控制和调节代谢的激素、脑内的神经递质、微生物中的一些抗生素等都是肽类。神经肽、脑啡肽和多肽生长因子都是生物活性肽。

神经肽是体内传递信息的多肽，主要分布在神经组织中，包括垂体肽、脑啡肽、内阿片肽、速激肽等，它们承担着重要而复杂的生理功能，如痛觉、记忆、情绪和行为等。

脑啡肽的作用极其广泛，包括对神经、精神、呼吸、循环、内分泌、感觉、运动等功能的调节，特别是对疼痛的调节作用尤为突出。研究脑啡肽的作用对阐明脑的功能，特别是痛觉机理具有重要意义。

多肽生长因子对细胞分裂、增殖有重要作用。从分子水平上研究它们在细胞调控过程中的作用，将使人们对正常细胞和肿瘤细胞的增殖过程有深入了解，对肿瘤病因控制和治疗将起重要作用。

17.3.3 蛋白质

17.3.3.1 蛋白质的元素组成

蛋白质是一类含氮的高分子化合物，相对分子质量从10000到10000000以上。蛋白质分子结构复杂，种类繁多，在人体内约有1000000种以上的蛋白质，其质量占人体干重的45%。蛋白质的组成因来源不同而有所差别，但从各种生物组织中提取的蛋白质都含有碳元素（50%～55%）、氢元素（6.0%～7.0%）、氧元素（20%～24%）和氮元素（15%～17%）；大多数蛋白质还含有硫元素（0～4%）；有些蛋白质含有磷元素；还有少量蛋白质含有微量金属元素（如铁、铜、锌、锰等）；个别蛋白质还含有碘元素。

17.3.3.2 蛋白质的结构

蛋白质与多肽均为氨基酸的多聚物，它们都由各种氨基酸残基通过肽键相连。蛋白质的功能和活性不仅取决于多肽链的氨基酸组成、数目及排列顺序，而且还与其空间结构密切相关。根据长期研究蛋白质结构的结果，已确认蛋白质结构有不同层次，人们为了认识方便通常将其分为一级、二级、三级和四级。

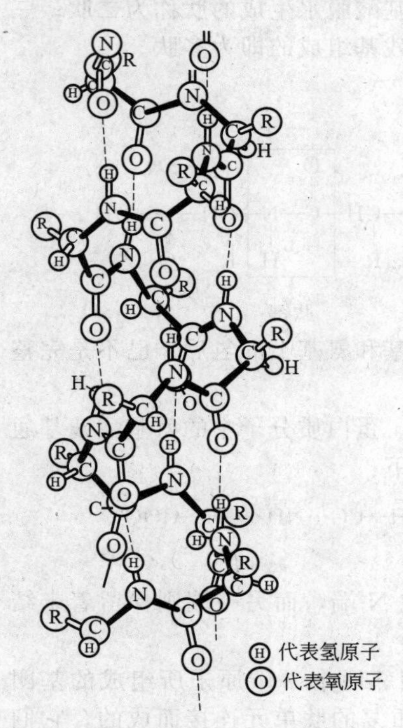

图17-1 α-螺旋结构示意图

（1）蛋白质的一级结构 蛋白质分子的一级结构是指蛋白质分子的多肽链上各种氨基酸残基的排列顺序。肽键是一级结构中连接氨基酸残基的主要化学键。每一种特定的蛋白质都有其特定的氨基酸排列顺序，不同蛋白质分子的多肽链数量及长度差别很大，有些蛋白质分子有一条多肽链，有的蛋白质分子则由两条或多条多肽链构成。不同种属相同功能的蛋白质分子在氨基酸的组成和顺序上稍有差异。

（2）蛋白质的二级结构 蛋白质的二级结构是指蛋白质分子多肽链的主链骨架在空间盘曲折叠形成的方式。天然蛋白质一般均含有α-螺旋、β-折叠层、β-转角的结构，这些都是二级结构的内容。α-螺旋结构是蛋白质主链的一种典型结构方式（见图17-1）。绝大多数蛋白质分子中所存在的α-螺旋是右手螺旋。

在蛋白质分子中，可以同时存在上述几种二级结构或以某种二级结构为主的结构形式，这取决于各种残基在形成二级结构时具有的不同倾向或能力。例如，谷氨酸、甲硫氨酸、丙氨酸残基最易形成α-螺旋；缬氨酸、异亮氨酸残基最有可能形成β-折叠层；而脯氨酸、甘氨酸、天冬酰胺和丝氨酸残基在β-转角的构象中最常见。

(3) 蛋白质的三级结构　三级结构是蛋白质分子在二级结构的基础上进一步盘曲折叠形成的三维结构，是多肽链在空间的整体排布。三级结构的形成和稳定主要依靠侧链 R 基团的相互作用，相互作用力有氢键、盐键、疏水作用力、范德华力和二硫键。

在蛋白质分子中形成的氢键一般有两种，一种是在主链之间形成；另一种可在侧链 R 基团之间形成。

盐键又称离子键。许多氨基酸侧链为极性基团，在生理 pH 条件下能离解成阳离子或阴离子，阴、阳离子之间借静电引力形成盐键。

疏水作用力是由氨基酸残基上的非极性基团为避开水相而聚积在一起的集合力。疏水作用力是维持蛋白质空间结构最主要的稳定力量。

在蛋白质分子表面上的极性基团之间、非极性基团之间或极性基团与非极性基团之间的电子云相互作用而发生极化。它们相互吸引，但又保持一定距离而达到平衡，此时的结合力为范德华力。

二硫键又称硫硫键或二硫桥，是由两个半胱氨酸残基的两个巯基之间脱氢形成的。二硫键可将不同肽链或同一条肽链的不同部位连接起来，对维持和稳定蛋白质的构象具有重要作用。二硫键越多，蛋白质分子的稳定性也越高。同时，二硫键也是一种保持蛋白质生物活性的重要价键，如胰岛素分子中的链间二硫键断裂，则其生物活性也丧失。

氢键、盐键、疏水作用力和范德华力等分子间作用力比共价键弱得多，称为次级键。虽然次级键键能小，稳定性差，但次级键数量众多，在维持蛋白质空间构象中起着重要作用。

(4) 蛋白质的四级结构　作为表达特定功能的单位时，蛋白质由两条或两条以上具有三级结构的多肽链通过疏水作用力、盐键等次级键相互缔合而成，每一个具有三级结构的多肽链称为亚基。蛋白质的四级结构是指蛋白质分子中亚基的立体排布、亚基间相互作用与接触部位的布局，但不包括亚基内部的空间结构。维系蛋白质四级结构中各亚基间的缔合力主要是疏水作用力。

17.3.3.3 蛋白质的性质

蛋白质分子是由氨基酸残基组成的，它的分子末端保留有α-氨基和α-羧基，同时组成肽链的α-氨基酸残基侧链上还含有各种官能团，因此具有类似氨基酸的理化性质，如两性离解和等电点等；但是蛋白质是高分子化合物，还具有胶体和变性等性质。

(1) 蛋白质的两性离解和等电点　蛋白质分子和氨基酸类似，也是一种两性电解质，具有两性离解和等电点的性质，在不同的 pH 值时可离解为阳离子或阴离子。蛋白质分子在水溶液中存在下列离解平衡：

$$\underset{pH<pI}{P\begin{matrix}\diagup COOH\\ \diagdown NH_3^+\end{matrix}} \underset{H^+}{\overset{OH^-}{\rightleftharpoons}} \underset{pH=pI}{P\begin{matrix}\diagup COO^-\\ \diagdown NH_3^+\end{matrix}} \underset{H^+}{\overset{OH^-}{\rightleftharpoons}} \underset{pH>pI}{P\begin{matrix}\diagup COO^-\\ \diagdown NH_2\end{matrix}}$$

蛋白质在溶液中的带电状态主要取决于溶液的 pH 值。当蛋白质所带的正、负电荷数相等时，净电荷为零，此时溶液的 pH 值称为蛋白质的等电点（pI）。不同的蛋白质各具有特定的等电点。

在等电点时，因蛋白质所带净电荷为零，不存在电荷相互排斥作用，蛋白质颗粒易聚积而沉淀析出，此时蛋白质的溶解度、黏度、渗透压、膨胀性及导电能力等都最小。若蛋白质溶液的 pH 值小于等电点，则蛋白质主要以阳离子形式存在，在电场中向负极泳动；反之，若蛋白质溶液的 pH 值大于等电点，则蛋白质主要以阴离子形式存在，在电场中向正极泳动，这种现象称为电泳。不同的蛋白质其颗粒大小、形状不同，在溶液中带电荷的性质和数量也不同，因此它们在电场中泳动的速率必然不同，常利用这种性质来分离、提纯蛋白质。

(2) 蛋白质的胶体性质　蛋白质分子的相对分子质量大，分子颗粒的直径一般在 1～100nm 之间，属于胶体分散系，因此蛋白质具有胶体溶液的特性，如布朗运动、丁铎尔效应以及不能透过半透膜、具有吸附性等。当蛋白质分子在水溶液中时，暴露在分子表面的许多亲水基团（如氨基、羧基、羟基、巯基以及酰氨基等）可结合水，使水分子在其表面定向排列形成一层水化膜，将蛋白质分子互相隔开，从而使蛋白质颗粒均匀地分散在水中难以聚集沉淀；同时，蛋白质溶液在非等电点时，其分子表面总带有一定的同性电荷，同性电荷相斥而阻止蛋白质分子凝聚，相同的电荷还与其周围电荷相反的离子形成稳定的双电层，这些是蛋白质溶液作为稳定的胶体系统的主要原因。

人体的细胞膜、线粒体膜和血管壁等都是具有半透膜性质的生物膜，蛋白质分子有规律地分布在膜内，对维持细胞内外的水和电解质平衡具有重要的生理意义。

(3) 蛋白质的沉淀　维持蛋白质溶液稳定的主要因素是蛋白质分子表面的水化膜和所带的电荷，如果用物理或化学的方法破坏稳定蛋白质溶液的这两种因素，则蛋白质分子发生凝聚，并从溶液中沉淀析出，这种现象称为蛋白质的沉淀。有多种使蛋白质发生沉淀的方法。

① 盐析　向蛋白质溶液中加入高浓度的中性盐而使蛋白质沉淀析出的现象称为盐析。常用的盐析剂有硫酸铵、硫酸钠、氯化钠和硫酸镁等。盐析作用的实质是破坏蛋白质分子表面的水化膜并中和其所带的电荷，从而使蛋白质产生沉淀。不同的蛋白质其水化程度和所带电荷也不相同，因而所需的各种中性盐的浓度各异，可以利用此种特性，调节盐的浓度，使不同的蛋白质分段沉淀析出，达到分离蛋白质的目的，这种蛋白质分离的方法称为分段盐析。例如，在血清中加入硫酸铵至浓度为 2.0mol/L 时，球蛋白首先析出；滤去球蛋白，再加入硫酸铵至浓度为 3.3～3.5mol/L，则清蛋白析出。

用盐析法得到的蛋白质仍保持生物活性并不变性，经过透析法或凝胶色谱法除掉盐后的蛋白质又能溶于水，因此盐析法是一种有效的分离提纯方法。

② 有机溶剂沉淀蛋白质　在蛋白质溶液中加入乙醇、丙酮和甲醇等一些极性较大的有机溶剂时，由于这些有机溶剂与水的亲和力较大，能破坏蛋白质颗粒的水化膜而使蛋白质沉淀。有机溶剂沉淀蛋白质也是常用的分离蛋白质的方法之一，但使用有机溶剂时，如不注意用量，容易使蛋白质的生物活性丧失，一般常用浓度较稀的有机溶剂在低温下操作，使蛋白质沉淀析出。产生的沉淀不宜在有机溶剂中放置过久，以防止蛋白质变性而失去活性。医用消毒酒精就是利用变性的原理杀灭病菌的。

17.3.3.4 蛋白质的变性和复性

蛋白质分子在受到某些物理因素（如热、高压、紫外线及 X 射线照射等）或化学因素（如强酸、强碱、尿素、重金属盐及三氯乙酸等）的作用时，可改变或破坏蛋白质分子空间结构，致使蛋白质生物活性丧失以及理化性质改变，这种现象统称为蛋白质的变性。性质改变后的蛋白质称为变性蛋白。变性作用使蛋白质分子的空间结构遭受破坏，从而使酶、抗体、激素等失去活性。

蛋白质变性的实质是蛋白质分子的空间结构改变或破坏，一般并不涉及一级结构的改变。如果去除变性因素，有些蛋白质仍可恢复或部分恢复其原有的构象和功能，这一过程称为蛋白质的复性。

蛋白质的变性具有重要的实际意义，如常用高温、紫外线和酒精等进行消毒，就是促使细菌或病毒的蛋白质变性而失去致病和繁殖能力；临床上急救重金属盐中毒病人，常先服用大量牛奶和蛋清，使蛋白质在消化道中与重金属盐结合成变性蛋白，从而阻止有毒重金属离子被人体吸收；同样，在制备或保存酶、疫苗、激素和抗血清等蛋白质制剂时，必须考虑选择合适的条件，防止其生物活性的降低或丧失。

17.3.3.5 蛋白质的颜色反应

蛋白质是一种结构复杂的高分子化合物，分子内存在许多肽键和某些带有特殊基团的氨基酸残基，因此可以与不同的试剂产生各种特有的颜色反应。这些颜色反应常用于蛋白质的定性和定量分析，表 17-3 列出了几种主要的蛋白质的颜色反应。

表 17-3 蛋白质的颜色反应

反应名称	试剂	颜色	作用基团
缩二脲反应	强碱、稀硫酸铜溶液	紫色或紫红色	肽键
茚三酮反应	稀茚三酮溶液	蓝紫色	氨基
蛋白黄反应	浓硝酸，再加碱	深黄色或橙红色	苯环
米伦反应(Millon 反应)	硝酸亚汞、硝酸汞和硝酸混合液	红色	酚羟基
亚硝酰铁氰化钠反应	亚硝酰铁氰化钠溶液	红色	巯基

17.3.4 蛋白质的功能

蛋白质几乎在所有的生物过程中起着关键作用，从最简单的病毒、细菌等微生物到各种动植物，直至高等动物和人类，一切生命过程和种族的繁衍活动都与蛋白质的合成、分解和变化密切相关。蛋白质不仅决定物种的形状和新陈代谢的类型，而且在构成生命的呼吸、心跳、消化、排泄、营养运输、神经传导以及遗传信息控制等生命现象中，最终都是通过蛋白质来表达和实现的，因此，没有蛋白质就没有生命。

各种蛋白质均有其特定的结构和功能。在物质代谢、肌肉收缩、机体防御、细胞信息传递、个体生长发育、组织修复等方面，蛋白质发挥着其他任何物质均不可代替的作用，因此蛋白质是生命活动的物质基础。

17.4 核酸

核酸是一种普遍存在于生物体内的具有复杂结构和重要功能的生物大分子。天然存在的核酸主要有两类，一类是脱氧核糖核酸（DNA），另一类是核糖核酸（RNA）。

在自然界中，人、动物、植物和微生物中都含有核酸。核酸不仅与生命的遗传编译、生长发育和细胞分化等有关，而且还与生命的异常现象，如肿瘤、遗传病、代谢病等有关。

17.4.1 核酸的组成

核酸分为脱氧核糖核酸（DNA）和核糖核酸（RNA），其中 DNA 携带遗传信息，是遗传的物质基础，而 RNA 参与细胞内遗传信息的表达，指导蛋白质的生物合成。RNA 又可分成多种类型：信使 RNA（mRNA）、核糖体（rRNA）；还有核内不均一 RNA（hnRNA）、核内小 RNA（snRNA）、反义 RNA（asRNA）等。不同种类的 RNA 结构和功能各不相同。

核酸完全水解产生嘌呤和嘧啶等碱性物质、戊糖（核糖或脱氧核糖）和磷酸的混合物。核酸部分水解则产生核苷和核苷酸。每个核苷分子含一分子碱基和一分子戊糖，每分子核苷酸部分水解后除产生核苷外，还有一分子磷酸。核酸的各种水解产物可用色谱或电泳等方法分离鉴定。核酸的连续水解过程可总结为图 17-2。

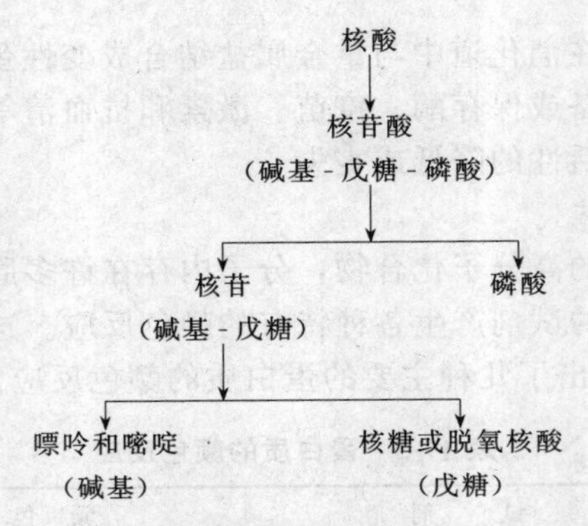

图 17-2 核酸连续水解的降解产物

DNA 和 RNA 的性质和生物功能不同是因为它们的物质组成与结构不同。RNA 主要是由腺嘌呤、鸟嘌呤、胞嘧啶和尿嘧啶四种碱基与核糖结合构成；而 DNA 是由腺嘌呤、鸟嘌呤、胞嘧啶和胸腺嘧啶四种碱基与脱氧核糖结合构成。

17.4.1.1 碱基

核酸中的碱基分为嘌呤碱和嘧啶碱两类。核酸中所含有的嘌呤碱主要有腺嘌呤（A）和鸟嘌呤（G）两种；所含的嘧啶碱主要有胞嘧啶（C）、尿嘧啶（U）和胸腺嘧啶（T）等。RNA 和 DNA 中都含有胞嘧啶，而尿嘧啶仅存在于 RNA 中，胸腺嘧啶只存在于 DNA 中，各种碱基的化学结构如下：

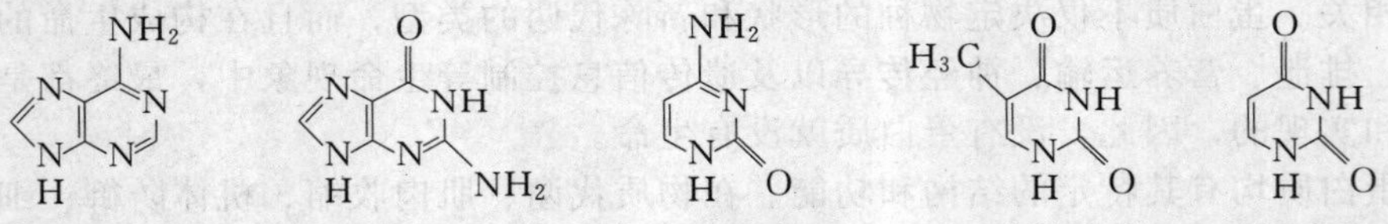

腺嘌呤　　鸟嘌呤　　胞嘧啶　　胸腺嘧啶　　尿嘧啶

嘌呤碱和嘧啶碱的结构中都含有共轭双键，其对波长为 260nm 左右的紫外线有强烈的吸收。每一种碱基各有其特殊的紫外吸收光谱，因此又可以利用此性质定性地鉴别各种不同的碱基。

核酸分子中的碱基间可以形成氢键，这对稳定核酸分子的二级结构起着至关重要的作用。

17.4.1.2 戊糖

核酸因为其中所含的戊糖不同而分成 RNA 和 DNA 两类。RNA 中含 β-D-核糖，DNA 中含 β-D-脱氧核糖，其结构如下：

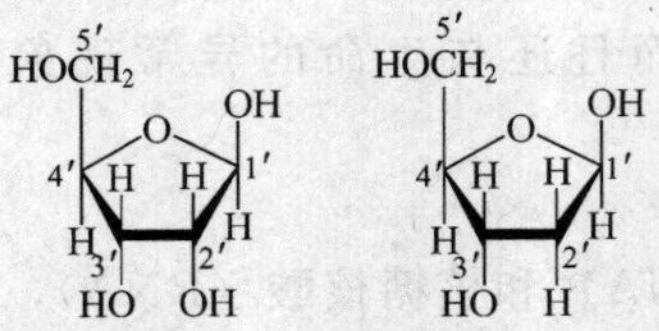

核糖　　脱氧核糖

17.4.1.3 核苷

碱基与戊糖通过糖苷键缩合形成核苷或脱氧核苷，戊糖与碱基之间相连的 C—N 键一般称为 N-糖苷键。它是由戊糖的第一位碳原子（C_1'）与嘧啶碱的第一位氮原子（N_1）或嘌呤碱的第九位氮原子（N_9）相连而成的。为了区别于碱基中的碳原子编号，戊糖中的碳原子标以 C_1'、C_2' 等。核苷的名称按其组成成分而命名，根据戊糖的不同称为核苷或脱氧核苷。例如：

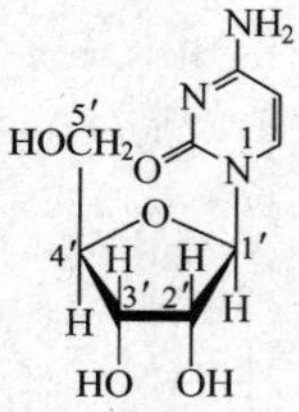

胞嘧啶核苷
（胞苷）

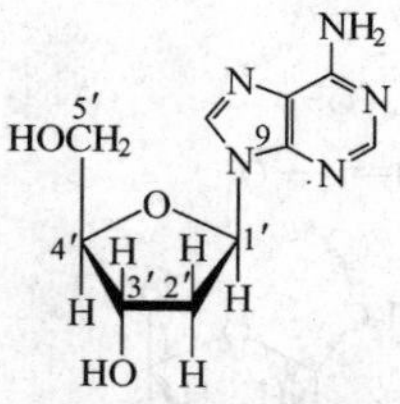

腺嘌呤脱氧核苷
（脱氧腺苷）

17.4.1.4 核苷酸

核苷中戊糖的羟基被磷酸酯化形成核苷酸，核苷酸是核苷的磷酸酯。核苷酸也称为单核苷酸，它是构成核酸分子的基本单元，多个单核苷酸聚合即形成多核苷酸，也称为核酸。根据分子中所含的戊糖不同，含有核苷的称为核苷酸；含有脱氧核苷的称为脱氧核苷酸。通常把核苷酸和脱氧核苷酸统称为核苷酸。尽管核苷或脱氧核苷中的戊糖有多个羟基可以被磷酸酯化，但自然界存在的游离核苷酸多为5'-核苷，即戊糖分子中C_5'位羟基磷酸化形成的核苷酸。核苷酸和脱氧核苷酸的结构如下：

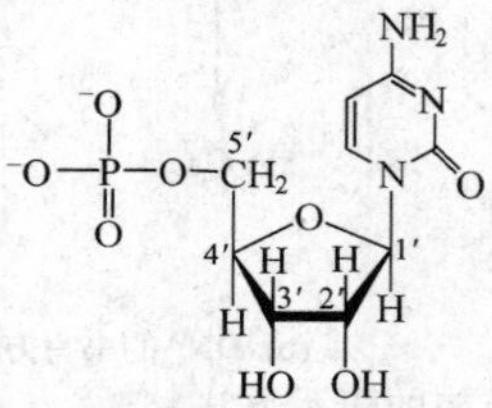

胞嘧啶核苷酸
（胞苷酸）

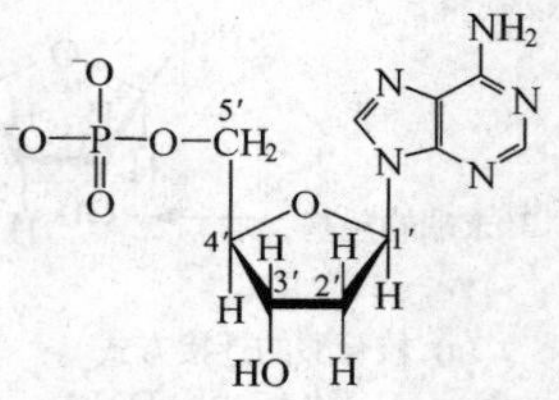

腺嘌呤脱氧核苷酸
（脱氧腺苷酸）

在核酸分子中是核苷酸构成了核酸的骨架结构，但单一的核苷酸不参与遗传信息的储存与表达，DNA和RNA对遗传信息的携带和传递是依靠核酸中碱基排列顺序的变化而实现的。

17.4.2 核酸的结构

DNA和RNA的一级结构是指其分子中核苷酸的排列顺序，称为核苷酸序列。无论是核糖核酸还是脱氧核糖核酸，它们构成单元的差异主要是戊糖上所连接的碱基不同而引起的，因此核苷酸的排列顺序就是碱基的排列顺序，称为碱基序列。二级结构和三级结构是指核酸的空间结构，即核酸中链内或链与链之间通过氢键折叠卷曲而形成的构象。

17.4.2.1 DNA的一级结构

DNA是由脱氧核苷按照一定的排列顺序与磷酸以磷酸二酯键相连形成的多聚脱氧核苷酸。DNA分子中脱氧核苷酸的排列顺序——核苷酸序列称为DNA的一级结构。这四种含有不同碱基的脱氧核苷，在通过磷酸二酯键相互连接时具有严格的方向性：前一个核苷的3'位羟基与下一个核苷的5'位磷酸形成3',5'-磷酸二酯键，从而构成没有分支的线性大分子。它的两个末端分别称为5'末端（游离磷酸基）和3'末端（游离羟基）。DNA单链的结构如图17-3(a)。用结构式来表示DNA的一级结构比较烦琐，可以用简写的方式如图17-3(b)所示。但要注意：按照规则，DNA的书写应从5'末端到3'末端。

17.4.2.2 DNA的二级结构

1953年，核酸的研究取得了历史性的突破，年仅25岁的美国生物化学家James Watson和37岁的英国生物物理学家Francis Crick综合了当时生物学领域的最新研究成果，巧妙地提出了著名的DNA双螺旋结构模型。这一模型的提出对生物学的发展具有划时代的意义，两人因此而获得了1962年诺贝尔医学奖。

DNA分子的空间构型呈右手双螺旋结构［见图17-4(a)］。目前认为蛋白质和DNA间的识别与这种空间构型有关。

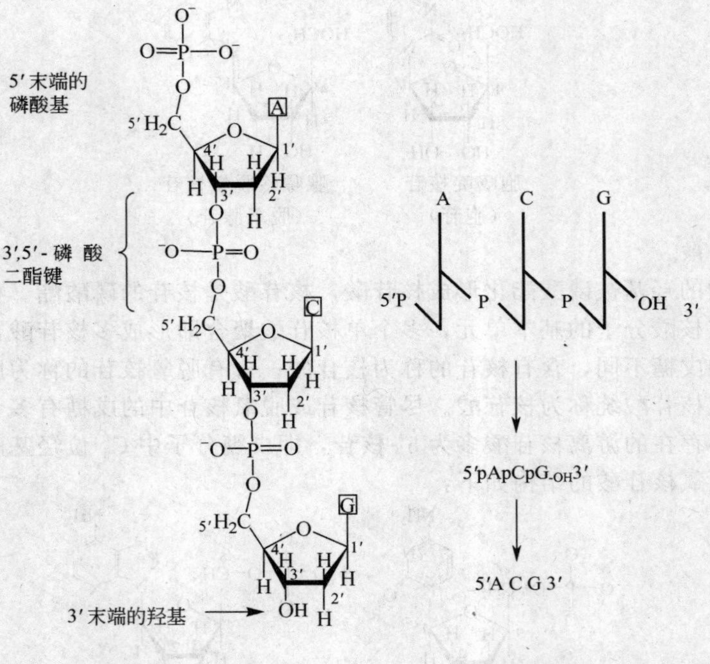

5′末端的磷酸基

3′,5′-磷酸二酯键

3′末端的羟基

5′P　A　P　C　P　G　OH　3′

5′pApCpG-OH3′

5′A C G 3′

(a) 核苷酸的连接方式　　(b) DNA的书写方式

图 17-3　DNA 一级结构的表示方法

DNA 是由两条相互缠绕的多核脱氧核苷酸链构成双螺旋结构，每条链亲水的脱氧核糖基和磷酸基骨架位于链的外侧，而碱基位于内侧。两条链中的碱基之间以氢键相结合，两条链呈反平行走向：一条链的走向是 5′→3′；另一条链的走向是 3′→5′，如图 17-4(b) 所示。

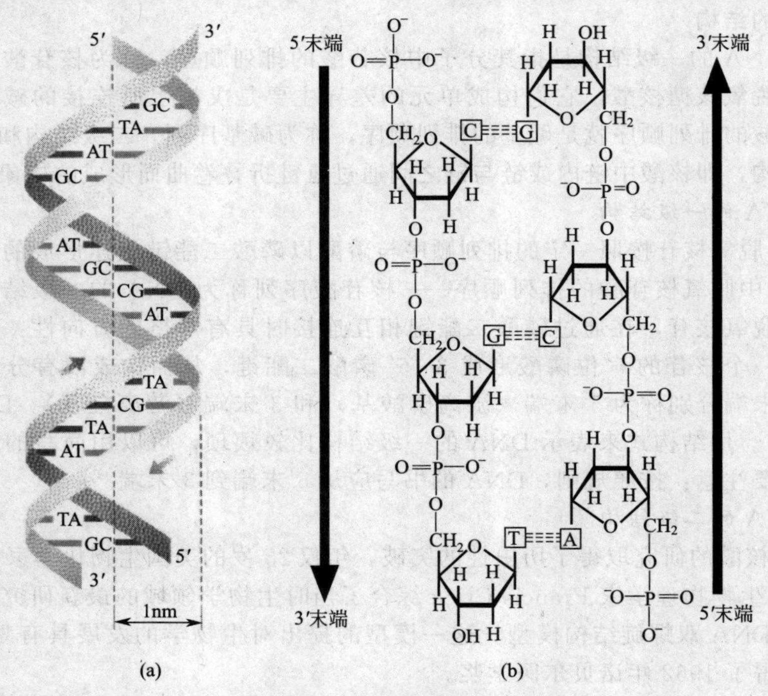

图 17-4　DNA 双螺旋结构示意图

由于DNA分子中所含的四种碱基结构不同，使其形成氢键的方式不同，因此产生了固定的配对方式，称为互补配对，即鸟嘌呤（G）始终与胞嘧啶（C）配对形成三个氢键；腺嘌呤（A）总是与胸腺嘧啶（T）配对，形成两个氢键（见图17-5）。由于总是大的双环嘌呤与小的单环嘧啶配对，两个碱基能够整齐地插入脱氧核糖基和磷酸基链间的空隙，维持着合适的空间构型。所以GC和AT的配对无论是从形成最多的氢键考虑，还是从空间效应考虑都是最稳定的构型。

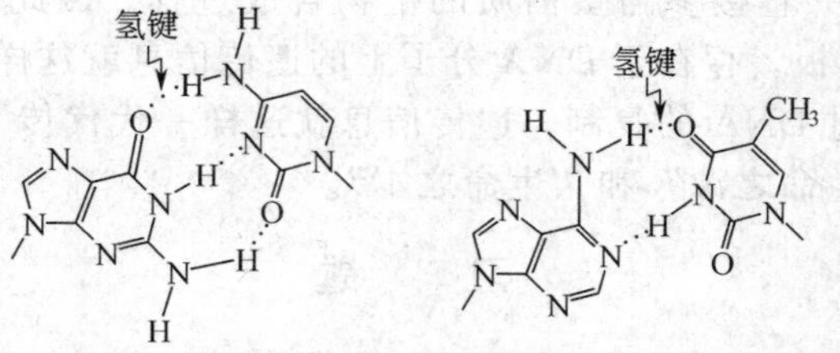

(a) 鸟嘌呤与胞嘧啶　　(b) 腺嘌呤与胸腺嘧啶

图17-5　鸟嘌呤与胞嘧啶及腺嘌呤与胸腺嘧啶之间的互补碱基配对

17.4.3　核酸的性质

核酸的性质与其组成及结构是密切相关的。核酸分子中含有嘌呤碱、嘧啶碱、磷酸和核糖或脱氧核糖，其中含有共轭双键、糖苷键、磷酸二酯键和氢键；还有羟基、自由氨基和磷酸基等。这些结构和基团的特点，决定了整个核酸分子的特性，是核酸特性的物质基础。

（1）一般理化性质　DNA为白色纤维状固体，RNA为白色粉末，它们都是极性化合物，微溶于水，它们的钠盐在水中的溶解度较大。DNA和RNA都不溶于乙醇、乙醚、氯仿等有机溶剂。DNA可以被乙醇沉淀。

（2）核酸的酸碱性　在核酸分子中磷酸将两个核苷连接在一起，每个磷酸在形成磷酸二酯键后，其残基还可以再释放一个H^+，因此可以把核酸看成是多元酸。核酸分子中还有碱性基团，如碱基杂环上的氮原子及环上的氨基。所以核酸是酸碱两性物质，具有较强的酸性，等电点一般较低。

（3）核酸的紫外吸收　核酸分子中的嘧啶和嘌呤环的共轭体系对紫外线有强烈的吸收，一般在波长260nm左右有最大吸收峰。蛋白质在280nm左右有最大吸收，利用这一性质可以鉴定核酸样品中的蛋白杂质。利用核酸紫外吸收的特性，还可以测定它在细胞中的分布。细胞的紫外线照相就是利用核酸强烈吸收紫外线的特性而成像的。

（4）DNA的变性与复性　DNA分子中的氢键和碱基堆积力维系着DNA分子的空间结构。当外界条件改变使氢键和碱基堆积力被破坏时，DNA的双螺旋结构就会松散，甚至解链变成两条单链，使DNA分子的空间结构改变，从而引起DNA理化性质和生物学功能改变，这种现象称为DNA变性。DNA变性后，仅是二级结构——双螺旋结构被破坏，其一级结构——核苷酸间的共价键并未受到影响。一般地，加热、强酸和射线等都可以使DNA变性。

DNA在变性以后，其理化性质和生物学功能都会发生显著的变化，最重要的表现为黏度降低，沉降速率增高，紫外吸收增大，生物功能减小或消失。

在DNA变性以后，当导致DNA变性的因素解除后，DNA因变性而分开的两条单链可以再度聚合成原来的双螺旋结构，其原有的性质可以得到部分的恢复，这就是DNA的复性。由加热变性的DNA骤然冷却至低温时，DNA不能复性；只有在缓慢降温时才可以复性。DNA浓度较高时，两条互补链彼此相碰的概率增加，易于复性；而对于分子量很大的线状单链，其在溶液中的移动速度受到影响，减少了互补链的碰撞机会，不利于复性。

17.4.4　核酸的生物功能

核酸在生物的遗传变异、生长发育以及蛋白质的合成中起着重要作用。核酸在生物体内主要与蛋白质结合成核蛋白而存在，它即是蛋白质生物合成不可缺少的物质，又是生物遗传的物质基础。

DNA 主要存在细胞核中，它们是遗传信息的携带者，DNA 的结构决定着生物合成蛋白质的特定结构，并保证将这种遗传特性传给下一代。RNA 主要存在于细胞质中，它们是以 DNA 为模板而形成的，并直接参与蛋白质的生物合成过程。因此，DNA 是 RNA 的模板，而 RNA 又是蛋白质的模板。存在于 DNA 分子上的遗传信息就这样通过 DNA 传递给 RNA，然后传递给蛋白质。通过 DNA 的复制，遗传信息就这样一代代传下去，正因为有这样的功能，人们把核酸誉为“生命之源”和“生命之本”。

习　　题

1. 写出下列各糖的构型式。
　(1) α-D-呋喃果糖（哈武斯式）　(2) β-D-甘露糖（氧环式）
　(3) D-(＋)-葡萄糖的对映体（开链式）　(4) β-D-吡喃半乳糖（哈武斯式）
2. 指出下列各化合物是否能够还原斐林试剂？为什么？

(1) OCH_3—CH—$(CHOH)_3$—CH—CH_2OH（CH 与 CH 之间经 O 成环）　(2) CH_2OH—C=O—CH_2OH　(3) O=CH—$(CHOH)_3$—CH—CH_2OH（CH 与 CH 之间经 O 成环）　(4) CH_2OH—$(CHOH)_3$—CH_2OH

3. 写出下列双糖的吡喃环型结构式，指出糖苷键的类型，并指出哪一部分单糖可以形成开链式。
　(1) 麦芽糖　(2) 蔗糖　(3) 纤维二糖
4. 指出下列哪些糖是还原糖，哪些是非还原糖？
　(1) D-阿拉伯糖　(2) D-甘露糖
　(3) 淀粉　(4) 纤维素

(5) CH_2OH；H，O，OCH_3；H；OH，H；HO，H；H，OH

(6)
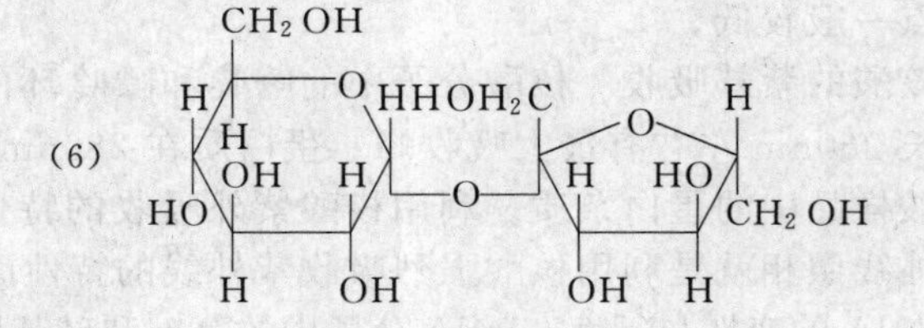

5. 用简单的化学方法鉴别下列各组糖。
　(1) 蔗糖和葡萄糖　(2) 葡萄糖和果糖　(3) 麦芽糖和蔗糖　(4) 纤维素和淀粉
6. 写出 D-半乳糖与下列试剂反应的主要产物。
　(1) 溴水　(2) 硝酸　(3) 过量苯肼　(4) 羟胺
　(5) CH_3OH，HCl　(6) $NaBH_4$　(7) HCN，再酸性水解　(8) H_2，Ni
7. 哪些 D-己醛糖用硝酸氧化后可生成内消旋糖二酸？请写出它们的费歇尔投影式。
8. 哪些 D-己醛糖与过量苯肼作用可以形成相同脎？
9. 将 D-木糖还原，是否会得到有旋光活性的多元醇？为什么？
10. 写出下列糖的结构式。
　(1) 已知某己醛糖不是 D-葡萄糖，用硝酸氧化生成 D-葡萄糖二酸
　(2) 某糖和过量苯肼作用生成 D-葡萄糖脎，但不被溴水氧化
　(3) 某戊醛糖和过量苯肼作用生成 D-木糖脎，被硝酸氧化生成有旋光活性的糖二酸
11. 两个具有旋光活性的丁醛糖 A 和 B，与苯肼作用生成相同的脎。用硝酸氧化，A 和 B 都生成含有四个

碳的二元酸，A 氧化得到的二元酸有旋光活性，B 氧化得到的无旋光活性。推出 A 和 B 的结构式。

12. 有一个 D 构型的己醛糖 A，经氧化后得到有旋光活性的二酸 B，将 A 递降为戊醛糖后再氧化，得不旋光的二酸 C。与 A 生成相同脎的另一个己醛糖 D，氧化后得不旋光的二酸 E。试推测 A、B、C、D、E 的构型。（递降是指从醛基一端去掉一个碳原子，变成低一级的醛糖）
13. 写出下列化合物的结构式：

    （1）胆固醇　　（2）卵磷脂
14. 油脂的主要成分是什么？写出油脂的一般结构式。
15. 什么是皂化值、碘值和酸值？它们各代表什么意义？
16. 什么是营养必需脂肪酸？
17. 油脂和磷脂在结构上有什么区别？
18. 卵磷脂和脑磷脂的水解产物有什么不同？
19. 胆甾酸、胆汁酸和胆盐有什么区别？
20. 将亮氨酸和精氨酸溶于 pH＝6.8 的缓冲溶液中，在直流电场中它们会向同一方向泳动吗？
21. 什么是必需氨基酸？
22. α-氨基酸在酸性溶液中一定以阳离子的形式存在，而在碱性溶液中一定以阴离子的形式存在，对吗？
23. 蛋白质的一级结构和空间结构指的是什么？它们之间有何关系？
24. 什么是蛋白质的等电点？蛋白质处于等电点时有什么特征？
25. 解释下列名词：

    （1）核苷　（2）单核苷酸　（3）核酸　（4）磷酸二酯键

    （5）核酸的一级结构　（6）核酸的二级结构　（7）DNA 双螺旋结构的特点
26. 什么叫做碱基互补配对规律？
27. 将核酸完全水解后可以得到哪些组分？DNA 与 RNA 完全水解后产物有何不同？
28. DNA 与 RNA 的二级结构有何异同？
29. 为什么 DNA 溶液的黏度比 RNA 溶液黏度大？
30. DNA 变性后，其一级结构是否会发生改变？为什么？

附　录

附表 1　常见的物质的 $\Delta_f H_m^\ominus$、$\Delta_f G_m^\ominus$ 和 $S_m^\ominus$（298.15K）

物　质	$\Delta_f H_m^\ominus$ /(kJ/mol)	$\Delta_f G_m^\ominus$ /(kJ/mol)	$S_m^\ominus$ /[J/(K·mol)]	物　质	$\Delta_f H_m^\ominus$ /(kJ/mol)	$\Delta_f G_m^\ominus$ /(kJ/mol)	$S_m^\ominus$ /[J/(K·mol)]
Ag(s)	0	0	42.55	Na(s)	0	0	51.0
Ag_2O(s)	−31.05	−11.20	121.3	Na_2CO_3(s)	−1130.68	−1044.44	134.98
Al(s)	0	0	28.3	$NaHCO_3$(s)	−950.81	−851.0	101.7
Al_2O_3(α,刚玉)	−1675.7	−1582.3	50.93	NaCl(s)	−411.15	−384.14	72.13
Br_2(l)	0	0	152.23	Na_2O(s)	−416	−377	72.8
Br_2(g)	30.91	3.11	245.46	Na_2SO_4(s)	−1387.08	−1270.16	149.58
C(s,金刚石)	1.895	2.90	2.38	N_2(g)	0	0	191.61
C(s,石墨)	0	0	5.74	NH_3(g)	−46.11	−16.45	192.45
CCl_4(s)	135.4	−65.20	216.4	NO(g)	90.25	86.55	210.76
CO(g)	−110.52	−137.17	197.67	NO_2(g)	33.18	51.31	240.06
CO_2(g)	−393.51	−394.36	213.74	N_2O(g)	82.05	104.20	219.85
Ca(s)	0	0	41.4	N_2O_4(g)	9.16	97.89	304.29
$CaCO_3$(s,方解石)	−1206.92	−1128.8	92.9	N_2O_5(g)	11.3	115.1	355.7
CaO(s)	−635.09	−604.03	39.75	O_2(g)	0	0	205.14
$Ca(OH)_2$(s)	−986.59	−896.69	76.1	O_3(g)	142.7	163.2	238.93
Cl_2(g)	0	0	223.07	P(s,α,白磷)	0	0	41.1
Cu(s)	0	0	33.15	P(红磷,三斜)	−18	−12	22.8
CuO(s)	−157.3	−129.7	42.63	P_4(g)	58.91	24.5	280.0
Cu_2O(s)	−168.6	−146.0	93.14	S(s,正交)	0	0	31.80
F_2(g)	0	0	202.78	S_8(g)	102.3	46.63	430.98
Fe	0	0	27.3	SO_2(g)	−296.83	−300.19	248.22
$FeCl_2$(s)	−341.8	−302.3	117.9	SO_3(g)	−395.72	−371.06	256.76
$FeCl_3$(s)	−399.5	−334.1	142	Si(s)	0	0	18.8
FeO(s)	−272.0			$SiCl_4$(l)	−687.0	−619.83	240
Fe_2O_3(s,赤铁矿)	−824.2	742.2	87.40	$SiCl_4$(g)	−657.01	−616.98	330.7
Fe_3O_4(s,磁铁矿)	−1118.4	1015.4	146.4	SiO_2(s,石英)	−910.94	−856.64	41.84
H_2(g)	0	0	130.68	SiO_2(s,无定形)	−903.49	−850.70	46.9
HBr(g)	−36.40	−53.45	198.70	Zn(s)	0	0	41.6
HCl(g)	−92.31	−95.30	186.91	$ZnCO_3$(s)	−394.4	−731.52	82.4
HF(g)	−271.1	−273.2	173.78	$ZnCl_2$(s)	−415.1	−369.40	111.5
HI(g)	26.48	1.70	206.59	ZnO(s)	−348.28	−318.30	43.64
HNO_3(g)	−135.06	−74.72	266.38	CH_4(g)	−74.81	−50.72	186.26
HNO_3(l)	−174.10	−80.71	155.60	C_2H_6(g)	−84.68	−32.82	229.60
H_3PO_4(s)	−1279	−1119	110.5	C_3H_8(g)	−103.85	−23.37	270.02
H_2S(g)	−20.63	−33.56	205.79	C_2H_4(g)	52.26	68.15	219.56
H_2O(l)	−285.83	−237.13	69.91	C_2H_2(g)	226.73	209.20	200.94
H_2O(g)	−241.82	−228.57	188.83	C_6H_6(l)	49.04	124.45	173.26
I_2(s)	0	0	116.14	C_6H_6(g)	82.93	129.73	269.31
I_2(g)	62.44	19.33	260.69	CH_3OH(l)	−238.66	−166.27	126.8
Mg(s)	0	0	32.5	C_2H_5OH(l)	−277.69	−174.78	160.7
$MgCl_2$(s)	−641.83	−592.3	89.5	HCOOH(l)	−424.72	−361.35	128.95
MgO(s)	−601.83	−569.55	27	C_2H_5COOH(l)	−484.5	−389.9	159.8
$Mg(OH)_2$(s)	−924.66	−833.68	63.14	$(NH_2)_2CO$(s)	−332.9	−196.7	104.6

附表 2　弱酸、弱碱的离解常数

（1）弱酸的离解常数（298.15K）

弱　酸	离解常数 $K_a^{\ominus}$
H_3AsO_4	$K_{a1}^{\ominus}=6.0\times10^{-3}$；　$K_{a2}^{\ominus}=1.0\times10^{-7}$；　$K_{a3}^{\ominus}=3.2\times10^{-12}$
H_3AsO_3	$K_{a1}^{\ominus}=6.3\times10^{-10}$
H_3BO_3	$K_{a1}^{\ominus}=5.8\times10^{-10}$
$H_2B_4O_7$	$K_{a1}^{\ominus}=1.0\times10^{-4}$；　$K_{a2}^{\ominus}=1.0\times10^{-9}$
HBrO	$K_a^{\ominus}=2.0\times10^{-9}$
H_2CO_3	$K_{a1}^{\ominus}=4.2\times10^{-7}$；　$K_{a2}^{\ominus}=5.6\times10^{-11}$
HCN	$K_a^{\ominus}=6.2\times10^{-10}$
H_2CrO_4	$K_{a1}^{\ominus}=9.5$；　$K_{a2}^{\ominus}=3.2\times10^{-7}$
HClO	$K_a^{\ominus}=2.8\times10^{-8}$
HF	$K_a^{\ominus}=6.6\times10^{-4}$
HIO	$K_a^{\ominus}=2.3\times10^{-11}$
HIO_3	$K_a^{\ominus}=0.16$
H_5IO_6	$K_{a1}^{\ominus}=2.8\times10^{-2}$；　$K_{a2}^{\ominus}=5.0\times10^{-9}$
H_2MnO_4	$K_{a2}^{\ominus}=7.1\times10^{-11}$
HNO_2	$K_a^{\ominus}=7.2\times10^{-4}$
H_2O_2	$K_{a1}^{\ominus}=2.2\times10^{-12}$
H_3PO_4	$K_{a1}^{\ominus}=6.9\times10^{-3}$；　$K_{a2}^{\ominus}=6.2\times10^{-8}$；　$K_{a3}^{\ominus}=4.8\times10^{-13}$
H_3PO_3	$K_{a1}^{\ominus}=6.3\times10^{-2}$；　$K_{a2}^{\ominus}=2.0\times10^{-7}$
H_2SO_4	$K_{a2}^{\ominus}=1.0\times10^{-2}$
H_2SO_3	$K_{a1}^{\ominus}=1.3\times10^{-2}$；　$K_{a2}^{\ominus}=6.3\times10^{-8}$
H_2S	$K_{a1}^{\ominus}=1.1\times10^{-7}$；　$K_{a2}^{\ominus}=1.3\times10^{-13}$
HSCN	$K_a^{\ominus}=1.41\times10^{-1}$
H_2SiO_3	$K_{a1}^{\ominus}=1.7\times10^{-10}$；　$K_{a2}^{\ominus}=1.6\times10^{-12}$
$H_2C_2O_4$	$K_{a1}^{\ominus}=5.4\times10^{-2}$；　$K_{a2}^{\ominus}=6.4\times10^{-5}$
HCOOH	$K_a^{\ominus}=1.77\times10^{-4}$
CH_3COOH	$K_a^{\ominus}=1.75\times10^{-5}$
$ClCH_2COOH$	$K_a^{\ominus}=1.4\times10^{-3}$
CH_3CH_2COOH	$K_a^{\ominus}=5.5\times10^{-5}$
H_4Y	$K_{a1}^{\ominus}=1.0\times10^{-2}$；　$K_{a2}^{\ominus}=2.1\times10^{-3}$；　$K_{a3}^{\ominus}=6.9\times10^{-7}$；　$K_{a3}^{\ominus}=5.5\times10^{-11}$

（2）弱碱的离解常数（298.15K）

弱　酸	离解常数 $K_b^{\ominus}$	弱　酸	离解常数 $K_b^{\ominus}$
$NH_3\cdot H_2O$	1.8×10^{-5}	$C_6H_5NH_2$	4×10^{-10}
NH_2-NH_2	9.8×10^{-7}	C_5H_5N	1.5×10^{-9}
NH_2OH	9.1×10^{-9}	$(CH_2)_6N_4$	1.4×10^{-9}

附表3 溶度积常数（298.15K）

难溶电解质	$K_{sp}^{\ominus}$	难溶电解质	$K_{sp}^{\ominus}$
$AgCl$	1.77×10^{-10}	Cu_2S	2.5×10^{-48}
$AgBr$	5.35×10^{-13}	CuS	6.3×10^{-36}
AgI	8.52×10^{-17}	$CuCO_3$	1.4×10^{-10}
$AgOH$	2.0×10^{-8}	$Fe(OH)_2$	8.0×10^{-16}
Ag_2SO_4	1.20×10^{-5}	$Fe(OH)_3$	4×10^{-38}
Ag_2SO_3	1.50×10^{-14}	$FeCO_3$	3.2×10^{-11}
Ag_2S	6.3×10^{-50}	FeS	6.3×10^{-18}
Ag_2CO_3	8.46×10^{-12}	$Hg(OH)_2$	3.0×10^{-26}
$Ag_2C_2O_4$	3.40×10^{-11}	Hg_2Cl_2	1.3×10^{-18}
Ag_2CrO_4	1.12×10^{-12}	Hg_2Br_2	5.6×10^{-23}
$Ag_2Cr_2O_7$	2.0×10^{-7}	Hg_2I_2	4.5×10^{-29}
Ag_3PO_4	1.4×10^{-16}	Hg_2CO_3	8.9×10^{-17}
$Al(OH)_3$	1.3×10^{-33}	$HgBr_2$	6.2×10^{-20}
As_2S_3	2.1×10^{-22}	HgI_2	2.8×10^{-29}
$Au(OH)_3$	5.5×10^{-46}	Hg_2S	1.0×10^{-47}
BaF_2	1.0×10^{-6}	HgS(红)	4×10^{-53}
$Ba(OH)_2\cdot8H_2O$	2.55×10^{-4}	HgS(黑)	1.6×10^{-52}
$BaSO_4$	1.08×10^{-10}	LiF	3.8×10^{-3}
$BaSO_3$	8×10^{-7}	$K_2[PtCl_6]$	1.1×10^{-5}
$BaCO_3$	5.1×10^{-9}	$La(OH)_3$	2.0×10^{-19}
BaC_2O_4	1.6×10^{-7}	$Mg(OH)_2$	1.8×10^{-11}
$BaCrO_4$	1.17×10^{-10}	$MgCO_3$	3.5×10^{-8}
$Ba_3(PO_4)_2$	3.4×10^{-23}	$Mn(OH)_2$	1.9×10^{-13}
$Be(OH)_2$	1.6×10^{-22}	MnS(无定形)	2.5×10^{-10}
$Bi(OH)_3$	4×10^{-30}	MnS(结晶)	2.5×10^{-13}
$BiOCl$	1.8×10^{-31}	$MnCO_3$	1.8×10^{-11}
$BiO(NO_3)$	2.82×10^{-3}	$Ni(OH)_2$(新析出)	2.0×10^{-15}
Bi_2S_3	1×10^{-97}	$NiCO_3$	6.6×10^{-9}
$CaSO_4$	9.1×10^{-6}	α-NiS	3.2×10^{-19}
$CaCO_3$	2.8×10^{-9}	$Pb(OH)_2$	1.2×10^{-15}
$Ca(OH)_2$	5.5×10^{-6}	$Pb(OH)_4$	3.2×10^{-66}
CaF_2	2.7×10^{-11}	PbF_2	2.7×10^{-8}
$CaC_2O_4\cdot H_2O$	4×10^{-9}	$PbCl_2$	1.6×10^{-5}
$Ca_3(PO_4)_2$	2.07×10^{-29}	$PbBr_2$	4.0×10^{-5}
$Cd(OH)_2$	5.27×10^{-15}	PbI_2	7.1×10^{-9}
CdS	8.0×10^{-27}	$PbSO_4$	1.6×10^{-8}
$Co(OH)_2$	1.6×10^{-15}	$PbCO_3$	7.4×10^{-14}
$Co(OH)_3$	1.6×10^{-44}	$PbCrO_4$	2.8×10^{-13}
$CoCO_3$	1.4×10^{-13}	PbS	1.3×10^{-28}
α-CoS	4.0×10^{-21}	$Sn(OH)_2$	1.4×10^{-28}
β-CoS	2.0×10^{-25}	$Sn(OH)_4$	1.0×10^{-56}
$Cr(OH)_3$	6.3×10^{-31}	SnS	1.0×10^{-25}
$CsClO_4$	3.95×10^{-3}	$SrCO_3$	1.1×10^{-10}
$Cu(OH)$	1×10^{-14}	$SrCrO_4$	2.2×10^{-5}
$Cu(OH)_2$	2.2×10^{-20}	$Zn(OH)_2$	1.2×10^{-17}
$CuCl$	1.2×10^{-6}	$ZnCO_3$	1.4×10^{-11}
$CuBr$	5.3×10^{-9}	α-ZnS	1.6×10^{-24}
CuI	1.1×10^{-12}	β-ZnS	2.5×10^{-22}

附表4 标准电极电势（298.15K）

（1）在酸性溶液中

电 对	电 极 反 应	$\varphi^{\ominus}$/V
Li^{+}/Li	$Li^{+}+e^{-} \rightleftharpoons Li$	−3.045
K^{+}/K	$K^{+}+e^{-} \rightleftharpoons K$	−2.925
Ba^{2+}/Ba	$Ba^{2+}+2e^{-} \rightleftharpoons Ba$	−2.91
Ca^{2+}/Ca	$Ca^{2+}+2e^{-} \rightleftharpoons Ca$	−2.87
Na^{+}/Na	$Na^{+}+e^{-} \rightleftharpoons Na$	−2.714
Mg^{2+}/Mg	$Mg^{2+}+2e^{-} \rightleftharpoons Mg$	−2.37
Be^{2+}/Be	$Be^{2+}+2e^{-} \rightleftharpoons Be$	−1.85
Al^{3+}/Al	$Al^{3+}+3e^{-} \rightleftharpoons Al$	−1.66
Mn^{2+}/Mn	$Mn^{2+}+2e^{-} \rightleftharpoons Mn$	−1.17
Zn^{2+}/Zn	$Zn^{2+}+2e^{-} \rightleftharpoons Zn$	−0.763
Cr^{3+}/Cr	$Cr^{3+}+3e^{-} \rightleftharpoons Cr$	−0.86
Fe^{2+}/Fe	$Fe^{2+}+2e^{-} \rightleftharpoons Fe$	−0.440
Cd^{2+}/Cd	$Cd^{2+}+2e^{-} \rightleftharpoons Cd$	−0.403
$PbSO_4/Pb$	$PbSO_4+2e^{-} \rightleftharpoons Pb+SO_4^{2-}$	−0.356
Co^{2+}/Co	$Co^{2+}+2e^{-} \rightleftharpoons Co$	−0.29
Ni^{2+}/Ni	$Ni^{2+}+2e^{-} \rightleftharpoons Ni$	−0.25
AgI/Ag	$AgI+e^{-} \rightleftharpoons Ag+I^{-}$	−0.152
Sn^{2+}/Sn	$Sn^{2+}+2e^{-} \rightleftharpoons Sn$	−0.136
Pb^{2+}/Pb	$Pb^{2+}+2e^{-} \rightleftharpoons Pb$	−0.126
H^{+}/H_2	$2H^{+}+2e^{-} \rightleftharpoons H_2$	0.0000
$AgBr/Ag$	$AgBr+e^{-} \rightleftharpoons Ag+Br^{-}$	0.071
Cu^{2+}/Cu^{+}	$Cu^{2+}+2e^{-} \rightleftharpoons Cu^{+}$	0.34
$AgCl/Ag$	$AgCl+e^{-} \rightleftharpoons Ag+Cl^{-}$	0.2223
Cu^{+}/Cu	$Cu^{+}+e^{-} \rightleftharpoons Cu$	0.52
I_2/I^{-}	$I_2+2e^{-} \rightleftharpoons 2I^{-}$	0.545
$H_3AsO_4/HAsO_2$	$H_3AsO_4+2H^{+}+2e^{-} \rightleftharpoons HAsO_2+2H_2O$	0.581
$HgCl_2/Hg_2Cl_2$	$2HgCl_2+2e^{-} \rightleftharpoons HgCl_2+2Cl^{-}$	0.63
O_2/H_2O_2	$O_2+2H^{+}+2e^{-} \rightleftharpoons H_2O_2$	0.69
Fe^{3+}/Fe^{2+}	$Fe^{3+}+3e^{-} \rightleftharpoons Fe^{2+}$	0.771
Hg_2^{2+}/Hg	$Hg_2^{2+}+2e^{-} \rightleftharpoons 2Hg$	0.907
Ag^{+}/Ag	$Ag^{+}+e^{-} \rightleftharpoons Ag$	0.7991
Hg^{2+}/Hg	$Hg^{2+}+2e^{-} \rightleftharpoons Hg$	0.8535
Cu^{2+}/CuI	$Cu^{2+}+I^{-}+e^{-} \rightleftharpoons CuI$	0.907
Hg^{2+}/Hg_2^{2+}	$2Hg^{2+}+2e^{-} \rightleftharpoons Hg_2^{2+}$	0.911
NO_3^{-}/HNO_2	$NO_3^{-}+3H^{+}+2e^{-} \rightleftharpoons HNO_2+H_2O$	0.94
NO_3^{-}/NO	$NO_3^{-}+4H^{+}+3e^{-} \rightleftharpoons NO+2H_2O$	0.957
HIO/I^{-}	$HIO+H^{+}+2e^{-} \rightleftharpoons I^{-}+H_2O$	0.985
HNO_2/NO	$HNO_2+H^{+}+e^{-} \rightleftharpoons NO+H_2O$	0.996
$Br_2(l)/Br^{-}$	$Br_2+2e^{-} \rightleftharpoons 2Br^{-}$	1.065
IO_3^{-}/HIO	$IO_3^{-}+5H^{+}+4e^{-} \rightleftharpoons HIO+2H_2O$	1.14
IO_3^{-}/I_2	$2IO_3^{-}+12H^{+}+10e^{-} \rightleftharpoons I_2+6H_2O$	1.19
ClO_4^{-}/ClO_3^{-}	$ClO_4^{-}+2H^{+}+2e^{-} \rightleftharpoons ClO_3^{-}+H_2O$	1.19
O_2/H_2O	$O_2+4H^{+}+4e^{-} \rightleftharpoons 2H_2O$	1.229
MnO_2/Mn^{2+}	$MnO_2+4H^{+}+2e^{-} \rightleftharpoons Mn^{2+}+2H_2O$	1.23
HNO_2/N_2O	$2HNO_2+4H^{+}+4e^{-} \rightleftharpoons N_2O+3H_2O$	1.297
Cl_2/Cl^{-}	$Cl_2+2e^{-} \rightleftharpoons 2Cl^{-}$	1.3583

续表

电　　对	电　极　反　应	$\varphi^{\ominus}$/V
$Cr_2O_7^{2-}/Cr^{3+}$	$Cr_2O_7^{2-}+14H^++6e^- \rightleftharpoons 2Cr^{3+}+7H_2O$	1.36
ClO_4^-/Cl^-	$ClO_4^-+8H^++8e^- \rightleftharpoons Cl^-+4H_2O$	1.389
ClO_4^-/Cl_2	$2ClO_4^-+16H^++14e^- \rightleftharpoons Cl_2+8H_2O$	1.392
ClO_3^-/Cl^-	$ClO_3^-+6H^++6e^- \rightleftharpoons Cl^-+3H_2O$	1.45
PbO_2/Pb^{2+}	$PbO_2+4H^++2e^- \rightleftharpoons Pb^{2+}+2H_2O$	1.46
ClO_3^-/Cl_2	$2ClO_3^-+12H^++10e^- \rightleftharpoons Cl_2+6H_2O$	1.468
BrO_3^-/Br^-	$BrO_3^-+6H^++6e^- \rightleftharpoons Br^-+3H_2O$	1.44
$BrO_3^-/Br_2(l)$	$2BrO_3^-+12H^++10e^- \rightleftharpoons Br_2(l)+6H_2O$	1.5
MnO_4^-/Mn^{2+}	$MnO_4^-+8H^++5e^- \rightleftharpoons Mn^{2+}+4H_2O$	1.51
$HClO/Cl_2$	$2HClO+2H^++2e^- \rightleftharpoons Cl_2+2H_2O$	1.630
MnO_4^-/MnO_2	$MnO_4^-+4H^++3e^- \rightleftharpoons MnO_2+2H_2O$	1.70
H_2O_2/H_2O	$H_2O_2+2H^++2e^- \rightleftharpoons 2H_2O$	1.763
$S_2O_8^{2-}/SO_4^{2-}$	$S_2O_8^{2-}+2e^- \rightleftharpoons 2SO_4^{2-}$	1.96
FeO_4^-/Fe^{3+}	$FeO_4^-+8H^++4e^- \rightleftharpoons Fe^{3+}+4H_2O$	2.20
BaO_2/Ba	$BaO_2+4H^++2e^- \rightleftharpoons Ba^{2+}+2H_2O$	2.365
$XeF_2/Xe(g)$	$XeF_2+2H^++2e^- \rightleftharpoons Xe(g)+2HF$	2.64
$F_2(g)/F^-$	$F_2(g)+2e^- \rightleftharpoons 2F^-$	2.87
$F_2(g)/HF(aq)$	$F_2(g)+2H^++2e^- \rightleftharpoons 2HF(aq)$	3.053
$XeF/Xe(g)$	$XeF+e^- \rightleftharpoons Xe(g)+F^-$	3.4

（2）在碱性溶液中

电　　对	电　极　反　应	$\varphi^{\ominus}$/V
$Ca(OH)_2/Ca$	$Ca(OH)_2+2e^- \rightleftharpoons Ca+2OH^-$	(−3.02)
$Mg(OH)_2/Mg$	$Mg(OH)_2+2e^- \rightleftharpoons Mg+2OH^-$	−2.69
$[Al(OH)_4]/Al$	$[Al(OH)_4]+4e^- \rightleftharpoons Al+4OH^-$	−2.26
SiO_3^{2-}/Si	$SiO_3^{2-}+3H_2O+4e^- \rightleftharpoons Si+6OH^-$	(−1.697)
$Cr(OH)_3/Cr$	$Cr(OH)_3+3e^- \rightleftharpoons Cr+3OH^-$	(−1.48)
$[Zn(OH)_4]^{2-}/Zn$	$Zn(OH)_4+4e^- \rightleftharpoons Zn+4OH^-$	−1.285
$HSnO_2^-/Sn$	$HSnO_2^-+H_2O+2e^- \rightleftharpoons Sn+3OH^-$	−0.91
H_2O/H_2	$2H_2O+2e^- \rightleftharpoons H_2+2OH^-$	−0.828
$[Fe(OH)_4]^-/[Fe(OH)_4]^{2-}$	$[Fe(OH)_4]^-+2e^- \rightleftharpoons [Fe(OH)_4]^{2-}$	−0.73
$Ni(OH)_2/Ni$	$Ni(OH)_2+2e^- \rightleftharpoons Ni+2OH^-$	−0.72
AsO_2^-/As	$AsO_2^-+2H_2O+3e^- \rightleftharpoons As+4OH^-$	−0.66
AsO_4^{3-}/AsO_2^-	$AsO_4^{3-}+2H_2O+2e^- \rightleftharpoons AsO_2^-+4OH^-$	−0.67
SO_3^{2-}/S	$SO_3^{2-}+3H_2O+4e^- \rightleftharpoons S+6OH^-$	−0.59
$SO_3^{2-}/S_2O_3^{2-}$	$2SO_3^{2-}+3H_2O+4e^- \rightleftharpoons S_2O_3^{2-}+6OH^-$	−0.576
NO_2^-/NO	$NO_2^-+H_2O+e^- \rightleftharpoons NO+2OH^-$	(−0.46)
S/S^{2-}	$S+2e^- \rightleftharpoons S^{2-}$	−0.48
$CrO_4^{2-}/[Cr(OH)_4]^-$	$CrO_4^{2-}+4H_2O+3e^- \rightleftharpoons [Cr(OH)_4]^-+4OH^-$	−0.12
O_2/HO_2^-	$O_2+H_2O+2e^- \rightleftharpoons HO_2^-+OH^-$	−0.076
$Co(OH)_3/Co(OH)_2$	$Co(OH)_3+e^- \rightleftharpoons Co(OH)_2+OH^-$	0.17
O_2/OH^-	$O_2+2H_2O+4e^- \rightleftharpoons 4OH^-$	0.401
ClO^-/Cl_2	$2ClO^-+2H_2O+2e^- \rightleftharpoons Cl_2+4OH^-$	0.421
MnO_4^-/MnO_4^{2-}	$MnO_4^-+e^- \rightleftharpoons MnO_4^{2-}$	0.56
MnO_4^-/MnO_2	$MnO_4^-+2H_2O+3e^- \rightleftharpoons MnO_2+4OH^-$	0 60
MnO_4^{2-}/MnO_2	$MnO_4^{2-}+2H_2O+2e^- \rightleftharpoons MnO_2+4OH^-$	0.62
HO_2^-/OH^-	$HO_2^-+H_2O+2e^- \rightleftharpoons 3OH^-$	0.867
ClO^-/Cl	$ClO^-+H_2O+2e^- \rightleftharpoons Cl^-+2OH^-$	0.890
O_3/OH^-	$O_3+H_2O+2e^- \rightleftharpoons O_2+2OH^-$	1.246

附表 5 常见配离子的稳定常数（298.15K）

金属离子	离子强度	n	$\lg\beta_n$
氨配合物			
Ag^{+}	0.1	1,2	3.40,7.05
Cd^{2+}	0.1	1,…,6	2.60,4.65,6.04,6.92,6.6 ,4.9
Co^{2+}	0.1	1,…,6	2.05,3.62,4.61,5.31,5.43,4.75
Cu^{2+}	2	1,…,4	4.13,7.61,10.48,13.32
Ni^{2+}	0.1	1,…,6	2.75,4.95,6.64,7.79,8.50,8.49
Zn^{2+}	0.1	1,…,4	2.27,4.61,7.01,9.06
氟配合物			
Al^{3+}	0.53	1,…,6	6.1,11.15,15.0,17.7,19.4,19.7
Fe^{3+}	0.5	1,2,3	5.2,9.2,11.9
Th^{4+}	0.5	1,2,3	7.7,13.5,18.0
TiO^{2+}	3	1,…,4	5.4,9.8,13.7,17.4
Sn^{4+}	*	6	25
Zr^{4+}	2	1,2,3	8.8,16.1,21.9
氯配合物			
Ag^{+}	0.2	1,…,4	2.9,4.7,5.0,5.9
Hg^{2+}	0.5	1,…,4	6.7,13.2,14.1,15.1
碘配合物			
Cd^{2+}	*	1,…,4	2.4,3.4,5.0,6.15
Hg^{2+}	0.5	1,…,4	12.9,23.8,27.6,29.8
氰配合物			
Ag^{+}	0～0.3	1,…,4	—,21.1,21.8,20.7
Cd^{2+}	3	1,…,4	5.5,10.6,16.3,18.9
Cu^{+}	0	1,…,4	—,24.0,28.6,30.3
Fe^{2+}	0	6	35.4
Fe^{3+}	0	6	43.6
Hg^{2+}	0.1	1,…,4	18.0,34.7,38.5,41.5
Ni^{2+}	0.1	4	31.3
Zn^{2+}	0.1	4	16.7
硫氰酸配合物			
Fe^{3+}	*	1,…,5	2.3,4.2,5.6,6.4,6.4
Hg^{2+}	1	1,…,4	—,16.1,19.0,20.9
硫代硫酸配合物			
Ag^{+}	0	1,2	8.82,13.5
Hg^{2+}	0	1,2	29.86,32.26
柠檬酸配合物			
Al^{3+}	0.5	1	20.0
Cu^{2+}	0.5	1	18
Fe^{3+}	0.5	1	25
Ni^{2+}	0.5	1	14.3
Pb^{2+}	0.5	1	12.3
Zn^{2+}	0.5	1	11.4
磺基水杨酸配合物			
Al^{3+}	0.1	1,2,3	12.9,22.9,29.0
Fe^{3+}	3	1,2,3	14.4,25.2,32.2
乙酰丙酮配合物			
Al^{3+}	0.1	1,2,3	8.1,15.7,21.2
Cu^{2+}	0.1	1,2	7.8,14.3
Fe^{3+}	0.1	1,2,3	9.3,17.9,25.1
邻二氮菲配合物			
Ag^{+}	0.1	1,2	5.02,12.07
Cd^{2+}	0.1	1,2,3	6.4,11.6,15.8
Co^{2+}	0.1	1,2,3	7.0,13.7,20.1
Cu^{2+}	0.1	1,2,3	9.1,15.8,21.0
Fe^{2+}	0.1	1,2,3	5.9,11.1,21.3
Hg^{2+}	0.1	1,2,3	—,19.65,23.35
Ni^{2+}	0.1	1,2,3	8.8,17.1,24.8
Zn^{2+}	0.1	1,2,3	6.4,12.15,17.0
乙二胺配合物			
Ag^{+}	0.1	1,2	4.7,7.7
Cd^{2+}	0.1	1,2	5.47,10.02
Cu^{2+}	0.1	1,2	10.55,19.6
Co^{2+}	0.1	1,2,3	5.89,10.72,13.82
Hg^{2+}	0.1	1	23.42
Ni^{2+}	0.1	1,2,3	7.66,14.06,18.59
Zn^{2+}	0.1	1,2,3	5.71,10.37,12.08

注：表中 * 表示离子强度不定。

参 考 文 献

[1] 高职高专化学教材组编. 无机化学. 第2版. 北京：高等教育出版社，2000.
[2] 高职高专化学教材组编. 分析化学. 第2版. 北京：高等教育出版社，2000.
[3] 高职高专化学教材组编. 有机化学. 第2版. 北京：高等教育出版社，2000.
[4] 胡伟光主编. 无机化学. 北京：化学工业出版社，2001.
[5] 于世林，苗凤琴编. 分析化学. 第2版. 北京：化学工业出版社，2001.
[6] 张法庆主编. 有机化学. 北京：化学工业出版社，2002.
[7] 天津大学无机化学教研室编. 无机化学. 第3版. 北京：高等教育出版社，2002.
[8] 大连理工大学无机化学教研室编. 无机化学. 第3版. 北京：高等教育出版社，1990.
[9] 华东理工大学分析化学教研室，成都科学技术大学分析化学教研室编. 分析分学. 第4版. 北京：高等教育出版社，1995.
[10] 高鸿宾主编. 有机化学. 第4版. 北京：高等教育出版社，2006.
[11] 吴英绵等. 基础化学. 北京：高等教育出版社，2006.
[12] 慕慧主编. 基础化学. 北京：科学出版社，2001.
[13] 贾之慎等. 无机及分析化学. 第2版. 北京：高等教育出版社，2008.
[14] 曾昭琼主编. 有机化学实验. 第3版. 北京：高等教育出版社，2000.
[15] 宋天佑等. 无机化学. 北京：高等教育出版社，2004.
[16] 潘亚芬等. 基础化学. 北京：清华大学出版社，北京交通大学出版社，2005.
[17] 南京大学编写组. 无机及分析化学. 第4版. 北京：高等教育出版社，2006.

元素周期表

IUPAC 2013

氧化态(单质的氧化态为0，未列入；常见的为红色)

以 $^{12}C=12$ 为基准的原子量(注✦的是半衰期最长同位素的原子量)

示例：95 Am 镅▲ $5f^7 7s^2$ 243.06138(2)✦ (+2 +3 +4 +5 +6)
- 95 — 原子序数
- Am — 元素符号(红色的为放射性元素)
- 镅▲ — 元素名称(注▲的为人造元素)
- $5f^7 7s^2$ — 价层电子构型

s区元素　p区元素　d区元素　ds区元素　f区元素　稀有气体

族 周期	1 IA	2 IIA	3 IIIB	4 IVB	5 VB	6 VIB	7 VIIB	8	9 VIIIB(VIII)	10	11 IB	12 IIB	13 IIIA	14 IVA	15 VA	16 VIA	17 VIIA	18 VIIIA(0)	电子层
1	1 H 氢 $1s^1$ 1.008 −1 +1																	2 He 氦 $1s^2$ 4.002602(2)	K
2	3 Li 锂 $2s^1$ 6.94 +1	4 Be 铍 $2s^2$ 9.0121831(5) +2											5 B 硼 $2s^2 2p^1$ 10.81 +3	6 C 碳 $2s^2 2p^2$ 12.011 −4 +2 +4	7 N 氮 $2s^2 2p^3$ 14.007 −3 −2 −1 +1 +2 +3 +4 +5	8 O 氧 $2s^2 2p^4$ 15.999 −2 −1	9 F 氟 $2s^2 2p^5$ 18.998403163(6) −1	10 Ne 氖 $2s^2 2p^6$ 20.1797(6)	L K
3	11 Na 钠 $3s^1$ 22.98976928(2) −1 +1	12 Mg 镁 $3s^2$ 24.305 +2											13 Al 铝 $3s^2 3p^1$ 26.9815385(7) +3	14 Si 硅 $3s^2 3p^2$ 28.085 −4 +2 +4	15 P 磷 $3s^2 3p^3$ 30.973761998(5) −3 −2 +1 +3 +5	16 S 硫 $3s^2 3p^4$ 32.06 −2 +2 +4 +6	17 Cl 氯 $3s^2 3p^5$ 35.45 −1 +1 +3 +5 +7	18 Ar 氩 $3s^2 3p^6$ 39.948(1)	M L K
4	19 K 钾 $4s^1$ 39.0983(1) −1 +1	20 Ca 钙 $4s^2$ 40.078(4) +2	21 Sc 钪 $3d^1 4s^2$ 44.955908(5) +3	22 Ti 钛 $3d^2 4s^2$ 47.867(1) −1 0 +2 +3 +4	23 V 钒 $3d^3 4s^2$ 50.9415(1) 0 ±1 +2 +3 +4 +5	24 Cr 铬 $3d^5 4s^1$ 51.9961(6) −3 0 ±1 ±2 +3 +4 +5 +6	25 Mn 锰 $3d^5 4s^2$ 54.938044(3) −2 0 ±1 +2 +3 +4 +5 +6 +7	26 Fe 铁 $3d^6 4s^2$ 55.845(2) −2 0 ±1 +2 +3 +4 +5 +6	27 Co 钴 $3d^7 4s^2$ 58.933194(4) 0 ±1 +2 +3 +4 +5	28 Ni 镍 $3d^8 4s^2$ 58.6934(4) 0 ±1 +2 +3 +4	29 Cu 铜 $3d^{10} 4s^1$ 63.546(3) +1 +2 +3 +4	30 Zn 锌 $3d^{10} 4s^2$ 65.38(2) +1 +2	31 Ga 镓 $4s^2 4p^1$ 69.723(1) +1 +3	32 Ge 锗 $4s^2 4p^2$ 72.630(8) +2 +4	33 As 砷 $4s^2 4p^3$ 74.921595(6) −3 +3 +5	34 Se 硒 $4s^2 4p^4$ 78.971(8) −2 +2 +4 +6	35 Br 溴 $4s^2 4p^5$ 79.904 −1 +1 +3 +5 +7	36 Kr 氪 $4s^2 4p^6$ 83.798(2) +2 +4	N M L K
5	37 Rb 铷 $5s^1$ 85.4678(3) −1 +1	38 Sr 锶 $5s^2$ 87.62(1) +2	39 Y 钇 $4d^1 5s^2$ 88.90584(2) +3	40 Zr 锆 $4d^2 5s^2$ 91.224(2) +1 +2 +3 +4	41 Nb 铌 $4d^4 5s^1$ 92.90637(2) 0 ±1 +2 +3 +4 +5	42 Mo 钼 $4d^5 5s^1$ 95.95(1) 0 ±1 ±2 +3 +4 +5 +6	43 Tc 锝▲ $4d^5 5s^2$ 97.90721(3)✦ 0 ±1 +2 +3 +4 +5 +6 +7	44 Ru 钌 $4d^7 5s^1$ 101.07(2) 0 +1 +2 +3 +4 +5 +6 +7 +8	45 Rh 铑 $4d^8 5s^1$ 102.90550(2) 0 ±1 +2 +3 +4 +5 +6	46 Pd 钯 $4d^{10}$ 106.42(1) 0 +1 +2 +3 +4	47 Ag 银 $4d^{10} 5s^1$ 107.8682(2) +1 +2 +3	48 Cd 镉 $4d^{10} 5s^2$ 112.414(4) +1 +2	49 In 铟 $5s^2 5p^1$ 114.818(1) +1 +3	50 Sn 锡 $5s^2 5p^2$ 118.710(7) +2 +4	51 Sb 锑 $5s^2 5p^3$ 121.760(1) −3 +3 +5	52 Te 碲 $5s^2 5p^4$ 127.60(3) −2 +2 +4 +6	53 I 碘 $5s^2 5p^5$ 126.90447(3) −1 +1 +3 +5 +7	54 Xe 氙 $5s^2 5p^6$ 131.293(6) +2 +4 +6 +8	O N M L K
6	55 Cs 铯 $6s^1$ 132.90545196(6) −1 +1	56 Ba 钡 $6s^2$ 137.327(7) +2	57~71 La~Lu 镧系	72 Hf 铪 $5d^2 6s^2$ 178.49(2) +1 +2 +3 +4	73 Ta 钽 $5d^3 6s^2$ 180.94788(2) 0 ±1 +2 +3 +4 +5	74 W 钨 $5d^4 6s^2$ 183.84(1) 0 ±1 ±2 +3 +4 +5 +6	75 Re 铼 $5d^5 6s^2$ 186.207(1) 0 ±1 +2 +3 +4 +5 +6 +7	76 Os 锇 $5d^6 6s^2$ 190.23(3) 0 +1 +2 +3 +4 +5 +6 +7 +8	77 Ir 铱 $5d^7 6s^2$ 192.217(3) 0 ±1 +2 +3 +4 +5 +6	78 Pt 铂 $5d^9 6s^1$ 195.084(9) 0 +2 +3 +4 +5 +6	79 Au 金 $5d^{10} 6s^1$ 196.966569(5) +1 +2 +3 +5	80 Hg 汞 $5d^{10} 6s^2$ 200.592(3) +1 +2 +3	81 Tl 铊 $6s^2 6p^1$ 204.38 +1 +3	82 Pb 铅 $6s^2 6p^2$ 207.2(1) +2 +4	83 Bi 铋 $6s^2 6p^3$ 208.98040(1) −3 +3 +5	84 Po 钋 $6s^2 6p^4$ 208.98243(2)✦ −2 +2 +4 +6	85 At 砹 $6s^2 6p^5$ 209.98715(5)✦ ±1 +3 +5 +7	86 Rn 氡 $6s^2 6p^6$ 222.01758(2)✦ +2	P O N M L K
7	87 Fr 钫▲ $7s^1$ 223.01974(2)✦ +1	88 Ra 镭 $7s^2$ 226.02541(2)✦ +2	89~103 Ac~Lr 锕系	104 Rf 𬬻▲ $6d^2 7s^2$ 267.122(4)✦	105 Db 𬭊▲ $6d^3 7s^2$ 270.131(4)✦	106 Sg 𬭳▲ $6d^4 7s^2$ 269.129(3)✦	107 Bh 𬭛▲ $6d^5 7s^2$ 270.133(2)✦	108 Hs 𬭶▲ $6d^6 7s^2$ 270.134(2)✦	109 Mt 鿏▲ $6d^7 7s^2$ 278.156(5)✦	110 Ds 𫟼▲ 281.165(4)✦	111 Rg 𬬭▲ 281.166(6)✦	112 Cn 鿔▲ 285.177(4)✦	113 Nh 鿭▲ 286.182(5)✦	114 Fl 𫓧▲ 289.190(4)✦	115 Mc 镆▲ 289.194(6)✦	116 Lv 𫟷▲ 293.204(4)✦	117 Ts 鿬▲ 293.208(6)✦	118 Og 鿫▲ 294.214(5)✦	Q P O N M L K

★ 镧系	57 La★ 镧 $5d^1 6s^2$ 138.90547(7) +3	58 Ce 铈 $4f^1 5d^1 6s^2$ 140.116(1) +2 +3 +4	59 Pr 镨 $4f^3 6s^2$ 140.90766(2) +3 +4	60 Nd 钕 $4f^4 6s^2$ 144.242(3) +2 +3 +4	61 Pm 钷▲ $4f^5 6s^2$ 144.91276(2)✦ +3	62 Sm 钐 $4f^6 6s^2$ 150.36(2) +2 +3	63 Eu 铕 $4f^7 6s^2$ 151.964(1) +2 +3	64 Gd 钆 $4f^7 5d^1 6s^2$ 157.25(3) +3	65 Tb 铽 $4f^9 6s^2$ 158.92535(2) +3 +4	66 Dy 镝 $4f^{10} 6s^2$ 162.500(1) +3 +4	67 Ho 钬 $4f^{11} 6s^2$ 164.93033(2) +3	68 Er 铒 $4f^{12} 6s^2$ 167.259(3) +3	69 Tm 铥 $4f^{13} 6s^2$ 168.93422(2) +2 +3	70 Yb 镱 $4f^{14} 6s^2$ 173.045(10) +2 +3	71 Lu 镥 $4f^{14} 5d^1 6s^2$ 174.9668(1) +3
★ 锕系	89 Ac★ 锕 $6d^1 7s^2$ 227.02775(2)✦ +3	90 Th 钍 $6d^2 7s^2$ 232.0377(4) +3 +4	91 Pa 镤 $5f^2 6d^1 7s^2$ 231.03588(2) +3 +4 +5	92 U 铀 $5f^3 6d^1 7s^2$ 238.02891(3) +3 +4 +5 +6	93 Np 镎 $5f^4 6d^1 7s^2$ 237.04817(2)✦ +3 +4 +5 +6 +7	94 Pu 钚 $5f^6 7s^2$ 244.06421(4)✦ +3 +4 +5 +6 +7	95 Am 镅▲ $5f^7 7s^2$ 243.06138(2)✦ +2 +3 +4 +5 +6	96 Cm 锔▲ $5f^7 6d^1 7s^2$ 247.07035(3)✦ +3 +4	97 Bk 锫▲ $5f^9 7s^2$ 247.07031(4)✦ +3 +4	98 Cf 锎▲ $5f^{10} 7s^2$ 251.07959(3)✦ +2 +3 +4	99 Es 锿▲ $5f^{11} 7s^2$ 252.0830(3)✦ +2 +3	100 Fm 镄▲ $5f^{12} 7s^2$ 257.09511(5)✦ +2 +3	101 Md 钔▲ $5f^{13} 7s^2$ 258.09843(3)✦ +2 +3	102 No 锘▲ $5f^{14} 7s^2$ 259.1010(7)✦ +2 +3	103 Lr 铹▲ $5f^{14} 6d^1 7s^2$ 262.110(2)✦ +3